建筑砂浆技术解读 470 问

张秀芳　赵立群　王甲春　编著

中国建材工业出版社

图书在版编目（CIP）数据

建筑砂浆技术解读470问/张秀芳，赵立群，王甲春编著．—北京：中国建材工业出版社，2009.8（2013.4重印）

ISBN 978-7-80227-402-0

Ⅰ．建… Ⅱ．①张…②赵…③王… Ⅲ．砌筑砂浆—问答 Ⅳ．TQ177.6-44

中国版本图书馆 CIP 数据核字（2009）第135378号

内 容 简 介

本书以问答的形式阐述了发展预拌砂浆的必要性、发展现状及存在的问题，系统介绍了砂浆原材料及墙体材料的种类、性能及特点，分别论述了湿拌砂浆、干混砂浆及现场拌制砂浆的优缺点、主要性能，重点介绍了各品种砂浆，如砌筑砂浆、抹灰砂浆、粘结类砂浆（如界面处理砂浆、瓷砖粘结砂浆、外保温系统用粘结砂浆等）、地面类砂浆（如自流平砂浆、耐磨砂浆等）的特点及主要性能、配制技术、检测方法、施工工艺以及应注意的问题等，还介绍了砌体工程、抹灰工程等的施工要点及砂浆的质量验收等。本书后还附有 JG/T 230—2007《预拌砂浆》等有关最新标准。

本书可供从事建筑砂浆的研究、生产应用及检测的工程技术人员、科研工作者及管理人员了解建筑砂浆的基本知识和应用技术，并掌握其检测方法，也可作为从事土木工程设计、研究、施工的各类技术人员的专业技术参考资料。

建筑砂浆技术解读470问

张秀芳　赵立群　王甲春　编著

出版发行：中国建材工业出版社
地　　址：北京市西城区车公庄大街6号
邮　　编：100044
经　　销：全国各地新华书店
印　　刷：北京鑫正大印刷有限公司
开　　本：787mm×1092mm　1/16
印　　张：22
字　　数：561千字
版　　次：2009年8月第1版
印　　次：2013年4月第2次
书　　号：ISBN 978-7-80227-402-0
定　　价：68.00元

本社网址：www.jccbs.com.cn
本书如出现印装质量问题，由我社发行部负责调换。联系电话：（010）88386906

前　言

　　我国传统的建筑砂浆生产是在现场由施工单位自行拌制而成，其缺陷也日益显现出来，如砂浆质量不稳定、材料浪费大、砂浆品种单一、文明施工程度低以及污染环境等，这些因素推动了预拌砂浆的发展。预拌砂浆是近年来随着建筑业科技进步和文明施工要求发展起来的新型建筑材料，具有高性能、品种全、效率高、使用方便、节能节材、对环境污染小、便于文明施工等优点，可以节约水泥，不用石灰，节约能源，减少 CO_2 排放，减少砂浆用量，大量利用粉煤灰等工业废渣，还可以促进推广应用散装水泥。预拌砂浆在品质、效率、经济和环保等方面的优越性，随着研究开发和推广应用已日益显现出来，正被人们所逐步认识。正如混凝土实现商品化一样，砂浆商品化是国际发展潮流，也是建筑业发展到一定水平的标志。因此，逐步取消现场拌制砂浆，采用工业化生产的预拌砂浆势在必行。

　　预拌砂浆在我国还属于新生事物，人们认识它、接受它还需要一个过程，预拌砂浆在我国的全面使用还需要相当长的时间，现场拌制砂浆还会在一些地区使用，因此，本书除了重点介绍湿拌砂浆、干混砂浆外，还简要介绍了现场拌制砂浆的优缺点以及砂浆配制、质量控制等。本书以问答的形式，对砂浆的原材料、性能特点、配制技术、生产设备与工艺、施工与应用以及工程质量要求等作了较为详细、系统的论述，以方便相关行业的技术人员、施工人员更好地了解、掌握和使用好建筑砂浆。

　　本书在编写过程中，收集和选用了国内外有关建筑砂浆及材料科学的论著、报告等，参考了最新版本的标准、规范，本书的编写也得到了章银祥、余红发、魏民、王桂玲等许多同仁、业内人士的大力支持，在此深表谢意。

　　由于时间仓促及编者水平有限，书中不当之处在所难免，敬请广大读者指正。

编者
2009 年 6 月

目 录

一 概 述 ... 1

1. 什么是建筑砂浆？有哪些种类？ ... 1
2. 什么是预拌砂浆？ ... 1
3. 为什么要发展预拌砂浆？ ... 1
4. 预拌砂浆与现场拌制砂浆相比有哪些优势？ ... 2
5. 预拌砂浆有哪些优越性？ ... 2
6. 发展预拌砂浆有哪些经济效益与社会效益？ ... 3
7. 湿拌砂浆与干混砂浆有哪些异同？ ... 3
8. 在墙体改革中推广应用预拌砂浆有何必要性？ ... 4
9. 有关预拌砂浆方面的标准有哪些？ ... 5
10. 我国对发展预拌砂浆都有哪些政策、规定？ ... 5
11. 分期分批禁止现场搅拌砂浆的城市有哪些？ ... 6
12. 干混砂浆在国外的发展情况如何？ ... 7
13. 预拌砂浆在国内的发展情况如何？ ... 7
14. 上海市是如何推进预拌砂浆发展的？ ... 8
15. 上海是如何推广预拌砂浆的？ ... 9
16. 上海市预拌砂浆发展的现状如何？ ... 10
17. 我国预拌砂浆发展的现状与国外相比有哪些差距？ ... 10
18. 预拌砂浆发展中存在哪些问题？ ... 11
19. 如何看待预拌砂浆的价格？ ... 11
20. 如何从观念上转变对预拌砂浆的认识？ ... 12
21. 预拌砂浆管理上存在哪些问题？如何采取对策？ ... 13
22. 采取哪些对策加快预拌砂浆在我国的发展步伐？ ... 14

二 原材料 ... 16

23. 建筑砂浆所用原材料都有哪些？ ... 16
24. 对预拌砂浆原材料有哪些要求？ ... 16

（一）胶凝材料 ... 16

25. 什么是胶凝材料？有哪些种类？ ... 16
26. 水泥都有哪些品种？ ... 17
27. 水泥新标准有哪些变化？ ... 17

28. 硅酸盐水泥有何特性？	18
29. 普通硅酸盐水泥有何特性？	18
30. 矿渣水泥有何特性？	18
31. 火山灰水泥有何特性？	18
32. 粉煤灰水泥有何特性？	19
33. 复合水泥有何特性？	19
34. 砌筑水泥有何特性？	19
35. 如何测定砌筑水泥的保水性？	19
36. 什么是铝酸盐水泥？有何特性？	20
37. 什么是硫铝酸盐水泥？有何特性？	20
38. 什么是石膏？有哪些特征？	20
39. 建筑石膏的硬化机理是什么？	21
40. 建筑石膏有哪些特性？	21
41. 石膏有哪些用途？	22
42. 什么是石灰？有哪些品种？	22
43. 石灰是如何生产的？	22
44. 为什么不能直接使用生石灰？	23
45. 生石灰熟化时为何要加入足量的水？	23
46. 如何熟化石灰？	23
47. 石灰是如何硬化的？	23
48. 对生石灰的品质有何要求？	24
49. 对生石灰粉的品质有何要求？	24
50. 对消石灰粉的品质有何要求？	24
51. 建筑工程中如何使用石灰？	25
52. 欠火石灰或过火石灰有什么影响？	25
53. 石灰对砂浆性能有哪些影响？	25
54. 石灰如何贮存和运输？	25

（二）集料 ··· 25

55. 建筑砂浆用细集料都有哪些？	25
56. 什么是砂的细度模数？	26
57. 什么是砂的颗粒级配？	26
58. 建筑砂浆对砂的含泥量及泥块含量有何要求？	27
59. 对砂中的有害物质含量有何要求？	27
60. 什么是集料的碱-集料反应？	27
61. 集料在砂浆中有哪些作用？	27
62. 如何选用建筑砂浆用砂？	28
63. 选用建筑砂浆用集料时需考虑哪些因素？	28
64. 人工砂有哪些特性？	29

65. 人工砂对砂浆性能有哪些影响？ ………………………………………… 30
66. 人工砂的生产工艺有哪些？ ……………………………………………… 30
67. 什么是尾矿砂？ …………………………………………………………… 31
68. 能否用人工砂代替天然砂？ ……………………………………………… 31

(三) 轻集料 …………………………………………………………………………… 32

69. 什么是轻集料？如何分类？ ……………………………………………… 32
70. 什么是天然轻集料？ ……………………………………………………… 32
71. 什么是浮石？ ……………………………………………………………… 32
72. 什么是人造轻集料？ ……………………………………………………… 33
73. 什么是膨胀珍珠岩？有何特点？ ………………………………………… 33
74. 什么是膨胀蛭石？ ………………………………………………………… 33
75. 轻集料有哪些性能？ ……………………………………………………… 33
76. 轻集料的生产工艺有哪些？ ……………………………………………… 34

(四) 保水增稠材料 …………………………………………………………………… 35

77. 什么是保水增稠材料？ …………………………………………………… 35
78. 保水增稠材料有什么作用？ ……………………………………………… 35
79. 保水增稠材料有哪些品种？ ……………………………………………… 36
80. 为什么保水增稠材料应是非石灰类产品？ ……………………………… 37
81. 预拌砂浆中为什么都掺有保水增稠材料？ ……………………………… 37
82. 保水增稠材料的保水性为什么不是越高越好？ ………………………… 38
83. 如何合理使用保水增稠材料？ …………………………………………… 38
84. 什么是砌筑砂浆增塑剂？ ………………………………………………… 39
85. 什么是纤维素醚？有哪些品种？ ………………………………………… 40
86. 纤维素有哪些常见品种？各有何特点？ ………………………………… 41
87. 纤维素醚有哪些功能？ …………………………………………………… 44
88. 影响纤维素醚保水性的因素有哪些？ …………………………………… 45
89. 如何选用纤维素醚？ ……………………………………………………… 46
90. 什么是淀粉醚？有何特性？ ……………………………………………… 46
91. 什么是膨润土？ …………………………………………………………… 46
92. 膨润土在砂浆中的作用机理是什么？ …………………………………… 47

(五) 外加剂 …………………………………………………………………………… 47

93. 预拌砂浆中如何选用外加剂？ …………………………………………… 47
94. 减水剂有哪些品种？各有什么特点？ …………………………………… 47
95. 对减水剂的技术要求有哪些？ …………………………………………… 48
96. 砂浆中掺加减水剂需注意哪些问题？ …………………………………… 49
97. 缓凝剂有哪些品种？ ……………………………………………………… 49

98. 湿拌砂浆中为什么掺入缓凝剂? ……………………………………… 50
99. 湿拌砂浆为什么要用专用缓凝剂? …………………………………… 50
100. 湿拌砂浆专用缓凝剂与普通混凝土用缓凝剂有什么不同? ………… 50
101. 引气剂有哪些品种? …………………………………………………… 50
102. 引气剂在砂浆中有什么作用? ………………………………………… 51
103. 消泡剂有什么作用? …………………………………………………… 51

(六)矿物掺合料 ……………………………………………………………… 52

104. 什么是活性矿物掺合料?都有哪些品种? …………………………… 52
105. 什么是粉煤灰?有哪些种类? ………………………………………… 52
106. 粉煤灰在砂浆中能发挥哪些作用? …………………………………… 53
107. 砂浆中如何正确选用粉煤灰? ………………………………………… 53
108. 对粉煤灰有哪些技术要求? …………………………………………… 54
109. 砂浆中掺入粉煤灰后对砂浆性能有哪些影响? ……………………… 54
110. 什么是粒化高炉矿渣粉? ……………………………………………… 55
111. 矿渣粉在砂浆中有哪些作用? ………………………………………… 56
112. 矿渣粉砂浆与使用矿渣水泥相比有何优点? ………………………… 57
113. 对矿渣粉有哪些技术要求? …………………………………………… 57
114. 什么是矿渣粉的活性指数?如何测定? ……………………………… 58
115. 什么是硅灰?有哪些特性? …………………………………………… 58
116. 对硅灰有哪些技术要求? ……………………………………………… 58
117. 硅灰在砂浆中可发挥哪些作用? ……………………………………… 59
118. 什么是沸石粉?有哪些特性? ………………………………………… 59
119. 什么是吸铵值? ………………………………………………………… 59
120. 沸石粉有哪些技术要求? ……………………………………………… 60
121. 沸石粉在砂浆中有哪些作用? ………………………………………… 60
122. 沸石粉应用于砂浆中有哪些规定? …………………………………… 60

(七)添加剂和填料 …………………………………………………………… 61

123. 添加剂有何作用? ……………………………………………………… 61
124. 粘结剂在砂浆中有何作用? …………………………………………… 61
125. 什么是可再分散乳胶粉? ……………………………………………… 61
126. 可再分散乳胶粉有哪些品种? ………………………………………… 62
127. 可再分散乳胶粉的组成是什么? ……………………………………… 62
128. 可再分散乳胶粉的制备工艺如何? …………………………………… 63
129. 可再分散乳胶粉有哪些技术指标? …………………………………… 64
130. 可再分散乳胶粉在砂浆中发挥的作用是什么? ……………………… 65
131. 可再分散乳胶粉可改善砂浆的哪些性能? …………………………… 65
132. 可再分散乳胶粉对砂浆强度有什么影响? …………………………… 66

133. 可再分散乳胶粉的作用机理是什么？ ··· 66
134. 什么是可再分散乳胶粉的最低成膜温度（MFT）？ ···························· 68
135. 什么是可再分散乳胶粉的玻璃化温度（T_g）？ ································ 68
136. 如何对可再分散乳胶粉进行进厂检验？ ··· 68
137. 水泥砂浆中掺入纤维有何作用？ ··· 69
138. 纤维在砂浆中有什么作用？ ··· 69
139. 纤维的阻裂机理是什么？ ·· 69
140. 预拌砂浆中常用哪些纤维？ ··· 69
141. 什么是耐碱玻璃纤维？ ··· 70
142. 什么是维纶纤维？有何特点？ ··· 70
143. 什么是腈纶纤维？有何特点？ ··· 70
144. 什么是丙纶纤维？有何特点？ ··· 71
145. 什么是木质纤维？ ·· 71
146. 什么是复合纤维？有何特点？ ··· 72
147. 怎样选择预拌砂浆用颜料？ ·· 73
148. 颜料应用中应注意哪些问题？ ··· 73
149. 砂浆中常用的填料有哪些？ ·· 73

三　墙体材料 ··· 75

150. 为什么要发展新型墙体材料？ ·· 75
151. 新型墙体材料有哪些种类？依据的标准是什么？ ····························· 76
152. 什么是砖？如何分类？ ··· 77
153. 什么是烧结砖？ ·· 77
154. 什么是烧结多孔砖？有何特点？ ··· 78
155. 什么是烧结空心砖？有何特点？ ··· 78
156. 烧结多孔砖、烧结空心砖的热工性能如何？ ···································· 78
157. 什么是烧结普通砖？ ·· 79
158. 什么是砌块？ ·· 79
159. 砌块都有哪些专用术语？ ··· 80
160. 混凝土小型空心砌块有什么特点？ ··· 81
161. 轻集料混凝土小型空心砌块有什么特点？ ······································ 81
162. 如何提高混凝土小型空心砌块的保温性能？ ·································· 81
163. 什么是加气混凝土砌块？ ··· 82
164. 蒸压加气混凝土（砌块）有哪些特点？ ··· 82
165. 蒸压加气混凝土适用于哪些建筑？ ··· 83
166. 建筑物的哪些部位不得使用蒸压加气混凝土墙体？ ························· 84
167. 我国建筑板材的生产情况如何？ ··· 84
168. 为什么石膏制品具有"呼吸作用"？此种"呼吸作用"是否会引起石膏制品的
　　 变形或开裂？ ·· 84

四 湿拌砂浆 ... 85

- 169. 什么是湿拌砂浆？有哪些品种？ ... 85
- 170. 湿拌砂浆有哪些特点？ ... 85
- 171. 湿拌砂浆有哪些优缺点？ ... 86
- 172. 湿拌砂浆采用什么符号表示？如何标记？ ... 86
- 173. 湿拌砂浆有哪些技术要求？ ... 87
- 174. 湿拌砂浆的凝结时间为什么划分为 8h、12h、24h？ ... 87
- 175. 湿拌抹灰砂浆为什么要有拉伸粘结强度的规定？ ... 88
- 176. 什么是湿拌砂浆的重塑？ ... 88
- 177. 砂浆重塑有什么限制条件？ ... 89
- 178. 湿拌砂浆的运输和储存有哪些要求？ ... 89

五 干混砂浆 ... 90

- 179. 什么是干混砂浆？有哪些品种？ ... 90
- 180. 干混砂浆有哪些优缺点？ ... 90
- 181. 普通干混砂浆的凝结时间为什么要求在 3~8h？ ... 93
- 182. 干混抹灰砂浆为什么要有拉伸粘结强度的规定？ ... 93
- 183. 干混砂浆的储存期为什么有的是 3 个月？有的是 6 个月？ ... 93

六 现场拌制砂浆 ... 94

- 184. 现场拌制砂浆有哪些品种和作用？ ... 94
- 185. 现场拌制砂浆有哪些缺点？ ... 95
- 186. 现场拌制砂浆存在哪些问题？ ... 95
- 187. 传统建筑砂浆为什么易发生空鼓、开裂？ ... 96
- 188. 现场拌制砂浆对原材料有哪些要求？ ... 96
- 189. 现场拌制砂浆如何计量？ ... 97
- 190. 现场拌制砂浆如何控制质量？ ... 97
- 191. 现场拌制砂浆为何逐渐被预拌砂浆所取代？ ... 97

七 砂浆品种 ... 99

（一）砌筑砂浆 ... 99

- 192. 什么是砌筑砂浆？ ... 99
- 193. 对砌筑砂浆的基本要求是什么？ ... 99
- 194. 砌筑砂浆的技术要求有哪些？ ... 99
- 195. 对砌筑砂浆原材料有何要求？ ... 100
- 196. 砌筑砂浆有哪些品种和要求？ ... 101
- 197. 干混砌筑砂浆有哪些种类？ ... 101

198. 湿拌砌筑砂浆的稠度如何确定？ …………………………………… 102
199. 砌筑砂浆的保水性为什么不是越高越好？ …………………………… 103
200. 对砌筑砂浆的密度有何要求？ …………………………………… 103
201. 如何选择预拌砌筑砂浆？ ………………………………………… 104
202. 为什么要发展薄层砌筑砂浆？ …………………………………… 104
203. 新型墙体材料对砌筑砂浆的要求有哪些不同？ ……………………… 105
204. 加气混凝土砌块为何要采用专用的砌筑砂浆和抹面砂浆？ ………… 105
205. 对混凝土小型空心砌块配筋砌体用的砌筑砂浆有何要求？ ………… 106
206. 砌筑砂浆为什么要进行砌体力学性能检验？ ………………………… 107
207. 提高砌筑砂浆强度对砌体力学性能有哪些作用？ ………………… 108
208. 如何设计砌筑砂浆的配合比？ …………………………………… 108
209. 湿拌砂浆的配合比如何设计？ …………………………………… 110

（二）抹灰砂浆 …………………………………………………… 112

210. 抹灰砂浆有哪些品种？ …………………………………………… 112
211. 抹灰砂浆的技术要求有哪些？ …………………………………… 113
212. 干混抹灰砂浆有哪些技术指标？ ………………………………… 114
213. 为什么用抗压强度等级划分抹灰砂浆的种类？ …………………… 115
214. 预拌抹灰砂浆与传统抹灰砂浆的强度等级是如何划分的？ ………… 115
215. 预拌抹灰砂浆与传统抹灰砂浆有哪些不同？ ……………………… 116
216. 预拌抹灰砂浆与现场拌制抹灰砂浆有何区别？ …………………… 116
217. 为什么规定抹灰砂浆的粘结强度指标？ …………………………… 117
218. 湿拌抹灰砂浆的稠度如何确定？ ………………………………… 118
219. 抹灰砂浆的保水性为什么不是越高越好？ ………………………… 118
220. 如何选用抹灰砂浆？ ……………………………………………… 118
221. 薄层抹灰砂浆的技术要求有哪些？ ……………………………… 119
222. 薄层抹灰砂浆的施工要点有哪些？ ……………………………… 120
223. 什么是干法施工？有何特点？ …………………………………… 120
224. 抹灰前为什么要用界面处理砂浆对基层进行处理？ ……………… 121
225. 抹灰层出现空鼓、开裂与脱落的原因是什么？ …………………… 122
226. 砂浆最常见的质量问题是什么？为何出现这些问题？ …………… 122

（三）地面砂浆 …………………………………………………… 122

227. 地面砂浆有哪些品种和要求？ …………………………………… 122
228. 现场拌制地面砂浆与干混地面砂浆有何对应关系？ ……………… 123

（四）粘结砂浆 …………………………………………………… 123

229. 什么是粘结砂浆？ ………………………………………………… 123
230. 粘结砂浆的适用范围有哪些？ …………………………………… 123

231. 粘结砂浆的原材料有哪些? ……………………………………………… 123
232. 什么是瓷砖粘结砂浆？常见的瓷砖粘结砂浆分为哪些种类? ……… 124
233. 传统粘贴瓷砖的方法是什么？有什么弊病? …………………………… 124
234. 瓷砖粘结砂浆的特点有哪些? …………………………………………… 124
235. 瓷砖粘结砂浆的材料组成是什么? ……………………………………… 125
236. 瓷砖粘结砂浆的分类有哪些？适用的范围是什么? …………………… 126
237. 瓷砖粘结砂浆的技术要求有哪些? ……………………………………… 127
238. 瓷砖粘结砂浆标准中对检测用瓷砖有什么规定? ……………………… 127
239. 对粘结砂浆的施工有哪些要求? ………………………………………… 128
240. 常用的瓷砖粘贴施工方法有哪些? ……………………………………… 128
241. 如何测试水泥基瓷砖粘结砂浆的拉伸粘结强度? ……………………… 128
242. 如何测定水泥基瓷砖粘结砂浆的晾置时间? …………………………… 132
243. 如何测定水泥基瓷砖粘结砂浆的抗滑移性? …………………………… 132
244. 什么是粘结石膏? ………………………………………………………… 133
245. 粘结石膏的主要原材料有哪些? ………………………………………… 134
246. 如何配制粘结石膏? ……………………………………………………… 134
247. 粘结石膏的生产工艺流程是什么? ……………………………………… 136
248. 粘结石膏的主要技术性能有哪些? ……………………………………… 136
249. 粘结石膏用于内保温工程中的施工工艺如何? ………………………… 136

（五）界面处理砂浆 …………………………………………………………… 139

250. 什么是界面处理砂浆? …………………………………………………… 139
251. 界面处理砂浆有哪些特点? ……………………………………………… 139
252. 对界面处理砂浆的原材料有哪些技术要求? …………………………… 139
253. 界面处理砂浆的技术要求有哪些? ……………………………………… 139
254. 常见的界面处理砂浆的配合比是什么? ………………………………… 140
255. 界面处理砂浆的施工有哪些要求? ……………………………………… 140
256. 界面处理砂浆的适用范围? ……………………………………………… 141
257. 界面处理砂浆的分类有哪些? …………………………………………… 141
258. 如何测定界面处理砂浆的拉伸粘结强度? ……………………………… 141
259. 如何测定界面处理砂浆的晾置时间? …………………………………… 143
260. 如何测定界面处理砂浆的剪切粘结强度? ……………………………… 144

（六）耐磨地坪砂浆 …………………………………………………………… 145

261. 什么是耐磨地坪砂浆? …………………………………………………… 145
262. 耐磨地坪砂浆主要有哪些种类? ………………………………………… 145
263. 常见耐磨地坪砂浆的配合比有哪些? …………………………………… 146
264. 对耐磨地坪砂浆的技术要求有哪些? …………………………………… 147
265. 耐磨地坪砂浆的施工工艺如何? ………………………………………… 147

266. 如何测定耐磨地坪砂浆的抗压和抗折强度? ……………………… 148
267. 如何测定耐磨地坪砂浆的耐磨度比? ………………………………… 148
268. 如何测定耐磨地坪砂浆的表面硬度? ………………………………… 150

(七) 耐腐蚀地坪砂浆 ………………………………………………………… 150
269. 什么是耐腐蚀地坪砂浆? ……………………………………………… 150
270. 常见的耐腐蚀地坪砂浆的种类有哪些? ……………………………… 150
271. 常见的耐腐蚀地坪砂浆的典型配合比有哪些? ……………………… 151

(八) 防水砂浆 ………………………………………………………………… 153
272. 什么是防水砂浆? ……………………………………………………… 153
273. 防水砂浆的主要种类有哪些? 各有什么特点? …………………… 154
274. 聚合物水泥防水砂浆的主要种类有哪些? …………………………… 156
275. 聚合物水泥防水砂浆的技术要求有哪些? …………………………… 159
276. 防水砂浆的施工技术要求有哪些? …………………………………… 159
277. 丙烯酸酯共聚乳液砂浆的施工工艺如何? …………………………… 160
278. 有机硅防水砂浆的施工工艺如何? …………………………………… 162
279. 氯丁胶乳防水砂浆的施工工艺如何? ………………………………… 163
280. 聚合物水泥防水砂浆的工程应用实例 ………………………………… 163
281. 如何制备聚合物水泥防水砂浆试验用试样? ………………………… 165
282. 如何测定聚合物水泥防水砂浆的凝结时间? ………………………… 165
283. 如何测定聚合物水泥防水砂浆涂层抗渗压力? ……………………… 167
284. 如何测定聚合物水泥防水砂浆的抗压和抗折强度? ………………… 168
285. 如何测定聚合物水泥防水砂浆的拉伸粘结强度? …………………… 168
286. 如何测定聚合物水泥防水砂浆的耐碱性? …………………………… 169
287. 如何测定聚合物水泥防水砂浆的耐热性? …………………………… 169
288. 如何测定聚合物水泥防水砂浆的抗冻性(冻融循环)? …………… 169
289. 如何测定聚合物水泥防水砂浆的收缩率? …………………………… 169

(九) 自流平地坪砂浆 ………………………………………………………… 172
290. 什么是自流平地坪砂浆? 常见有哪些种类? ……………………… 172
291. 自流平地坪砂浆有哪些种类? 其特点是什么? …………………… 173
292. 水泥基自流平地坪砂浆的特点有哪些? ……………………………… 173
293. 水泥基自流平地坪砂浆的主要原材料有哪些? ……………………… 173
294. 自流平砂浆使用中要注意哪些事项? ………………………………… 174
295. 自流平砂浆的技术要求有哪些? ……………………………………… 174
296. 自流平砂浆的施工工艺如何? ………………………………………… 175
297. 如何制备自流平砂浆试验用试样? …………………………………… 176
298. 如何测定自流平砂浆的流动度? ……………………………………… 176

299. 如何测定自流平砂浆的拉伸粘结强度? …………………………… 177
300. 如何测定自流平砂浆的耐磨性? …………………………………… 178
301. 如何测定自流平砂浆的尺寸变化率? ……………………………… 179
302. 如何测定自流平砂浆的抗冲击性? ………………………………… 179
303. 如何测定自流平砂浆的抗压、抗折强度? ………………………… 180

（十）灌浆砂浆 ……………………………………………………………… 180

304. 什么是灌浆砂浆? …………………………………………………… 180
305. 灌浆砂浆的种类及要求是什么? …………………………………… 181
306. 水泥基灌浆砂浆的特点是什么? …………………………………… 181
307. 水泥基灌浆砂浆的主要原材料及参考配方是什么? ……………… 182
308. 如何制备水泥基灌浆砂浆试验用试样? …………………………… 182
309. 如何测定水泥基灌浆砂浆的粒径? ………………………………… 183
310. 如何测定水泥基灌浆砂浆的凝结时间? …………………………… 183
311. 如何测定水泥基灌浆砂浆的泌水率? ……………………………… 184
312. 如何测定灌浆砂浆的流动度? ……………………………………… 185
313. 如何测定水泥基灌浆砂浆的抗压强度? …………………………… 186
314. 如何测定水泥基灌浆砂浆的竖向膨胀率? ………………………… 186
315. 如何测定水泥基灌浆砂浆的钢筋握裹强度? ……………………… 187
316. 如何测定水泥基灌浆砂浆对钢筋锈蚀作用? ……………………… 188

（十一）保温系统用粘结砂浆与抹面砂浆 ………………………………… 192

317. 什么是保温系统用配套砂浆? ……………………………………… 192
318. 保温系统用粘结砂浆与抹面砂浆的主要原材料有哪些? ………… 192
319. 对聚苯板薄抹灰外墙外保温系统用配套砂浆的技术要求有哪些? … 192
320. 建筑外墙外保温系统对抹面砂浆有哪些要求? …………………… 193
321. 常见的建筑墙体外墙外保温系统有哪些类型? …………………… 194
322. 膨胀聚苯板薄抹灰外墙外保温体系的构造是什么? 对其配套砂浆有哪些要求? … 194
323. 膨胀聚苯板薄抹灰外墙外保温系统的施工工艺如何? …………… 196
324. 如何测定外保温粘结砂浆和抹面砂浆的拉伸粘结强度? ………… 197
325. 如何测定外保温粘结砂浆与抹面砂浆的可操作时间? …………… 198

（十二）填缝剂 ……………………………………………………………… 198

326. 什么是填缝剂? ……………………………………………………… 198
327. 填缝剂的主要特点有哪些? ………………………………………… 199
328. 填缝剂的主要原材料和参考配方是什么? ………………………… 199
329. 常见的水泥基填缝剂的种类有哪些? 技术要求是什么? ………… 199
330. 如何进行填缝剂的施工? …………………………………………… 200
331. 什么是石膏基填缝剂? ……………………………………………… 200

332. 石膏基填缝剂的原材料有哪些？ ……………………………… 201
333. 石膏基填缝剂的参考配方是什么？ ……………………………… 202

（十三）饰面砂浆 …………………………………………………… 202

334. 什么是饰面砂浆？常见的种类有哪些？ ……………………… 202
335. 水泥基饰面砂浆的特点有哪些？ ……………………………… 203
336. 饰面砂浆的主要原材料组成及参考配方有哪些？ …………… 203
337. 饰面砂浆的技术要求有哪些？ ………………………………… 204
338. 饰面砂浆的施工工艺如何？ …………………………………… 204
339. 如何测定饰面砂浆的可操作时间？ …………………………… 205
340. 如何测定饰面砂浆的初期干燥抗裂性？ ……………………… 205
341. 如何测定饰面砂浆的吸水量？ ………………………………… 205
342. 如何测定饰面砂浆的拉伸粘结强度？ ………………………… 206
343. 如何测定饰面砂浆的抗泛碱性？ ……………………………… 207

（十四）修补砂浆 …………………………………………………… 208

344. 什么是修补砂浆？ ……………………………………………… 208
345. 常用的修补砂浆的种类有哪些？ ……………………………… 208
346. 无机修补砂浆的特点有哪些？ ………………………………… 208
347. 聚合物改性修补砂浆的特点有哪些？ ………………………… 209

（十五）石膏基砂浆 ………………………………………………… 209

348. 什么是石膏基砂浆？ …………………………………………… 209
349. 什么是自流平石膏砂浆？ ……………………………………… 209
350. 自流平石膏砂浆的原材料有哪些？各有什么要求？ ………… 210
351. 自流平石膏砂浆的配合比有什么要求？ ……………………… 211
352. 自流平石膏砂浆的生产工艺有什么要求？ …………………… 213
353. 自流平石膏砂浆的技术性能有什么要求？ …………………… 214
354. 什么是建筑石膏腻子？ ………………………………………… 214
355. 建筑石膏腻子的主要原材料有哪些？ ………………………… 215
356. 建筑石膏腻子的常见配合比是什么？如何调整？ …………… 216
357. 建筑石膏腻子的生产设备有哪些？ …………………………… 216
358. 建筑石膏腻子的主要技术性能有哪些？ ……………………… 218
359. 如何检测建筑石膏腻子？ ……………………………………… 219

（十六）加气混凝土专用砂浆 ……………………………………… 220

360. 加气混凝土砌块为什么要配用专用砂浆？ …………………… 220
361. 加气混凝土砌块建筑对砂浆的要求有哪些？ ………………… 220
362. 加气混凝土专用砂浆的主要原材料有哪些？ ………………… 221

八　生产及运输 222

 363. 对湿拌砂浆生产设备及设施有哪些要求？ 222
 364. 湿拌砂浆的典型生产工艺如何？ 222
 365. 湿拌砂浆原材料的计量允许偏差是如何确定的？ 223
 366. 为什么对湿拌砂浆的搅拌时间做出规定？ 224
 367. 干混砂浆生产采用哪些设备？ 224
 368. 干混砂浆的典型生产工艺如何？ 225
 369. 干混砂浆的生产设备有哪些类型？ 225
 370. 干混砂浆生产线是如何构成的？ 227
 371. 犁刀式混合机的工作原理是什么？ 234
 372. 散装干混砂浆运输系统各有哪些特点？ 235
 373. 如何设计散装干混砂浆筒仓？应注意哪些问题？ 236
 374. 如何检验散装普通干混砂浆的均匀性？ 237

九　砂浆性能及检验方法 239

（一）砂浆拌合物的性能及检验方法 239

 375. 如何采集砂浆试验用样？ 239
 376. 如何制备砂浆试样？ 239
 377. 如何测定砂浆的稠度？ 239
 378. 如何测定砂浆的表观密度？ 240
 379. 如何测定砂浆的分层度？ 241
 380. 砂浆保水性有什么意义？ 241
 381. 如何测定砂浆的保水性？ 242
 382. 如何测定砂浆的凝结时间？ 243
 383. 如何用仪器法测定砂浆的含气量？ 244
 384. 如何用密度法测定砂浆的含气量？ 244

（二）硬化砂浆性能及检验方法 245

 385. 如何制作砂浆立方体抗压强度试件？ 245
 386. 不同底模对砂浆试件抗压强度有何影响？ 246
 387. 如何测定砂浆立方体试件的抗压强度？ 247
 388. 如何制作砂浆棱柱体抗压和抗折强度试件？ 248
 389. 如何测定砂浆棱柱体试件的抗折、抗压强度？ 248
 390. 什么是压折比？ 249
 391. 粘结强度有何意义？ 250
 392. 如何测定普通砂浆的拉伸粘结强度？ 250
 393. 如何测定砂浆的抗渗性能？ 251

394. 如何检验砂浆的抗冻性能？ 252
395. 如何测定砂浆的自然干燥收缩值？ 253
396. 如何测定砂浆的弹性模量？ 254

十　工程质量验收 257

（一）砌体工程施工质量验收 257

397. 砌体工程验收依据哪个标准？ 257
398. 砌体施工质量控制等级分为哪三级？ 257
399. 对砌筑砂浆用水泥有何要求？ 257
400. 对砌筑砂浆用砂有何要求？ 258
401. 配制水泥石灰砌筑砂浆时，为何不得使用脱水硬化的石灰膏或消石灰粉？ 258
402. 对砌筑砂浆中的其他掺加料有何要求？ 259
403. 砌筑砂浆用外加剂有何要求？ 259
404. 现场拌制混合砂浆时如何控制石灰膏的稠度？ 259
405. 现场拌制砌筑砂浆为何应通过试验室试配？ 259
406. 对砌筑砂浆有什么技术要求？ 260
407. 砌体施工中当用水泥砂浆代替水泥混合砂浆时，为何应重新确定砂浆强度等级？ 260
408. 现场拌制砂浆对搅拌有何规定？ 260
409. 现场取样时为何要求在砂浆搅拌机出料口随机取样？ 261
410. 砌筑砂浆强度是如何验收的？ 261
411. 什么情况下可采用现场检验方法检验砂浆和砌体强度？ 261
412. 现场检验砌筑砂浆抗压强度的方法有哪些？ 262
413. 如何采用贯入法评定砌筑砂浆抗压强度？ 262
414. 如何采用冲击法检测硬化砂浆抗压强度？ 264
415. 如何采用回弹法评定砌筑砂浆抗压强度？ 264
416. 如何采用筒压法评定砌筑砂浆抗压强度？ 266
417. 如何采用推出法评定砌筑砂浆抗压强度？ 267
418. 如何采用砂浆片剪切法评定砌筑砂浆抗压强度？ 269
419. 如何用点荷法评定砌筑砂浆抗压强度？ 271
420. 如何用射钉法评定砌筑砂浆抗压强度？ 273
421. 基础墙体为何不得采用多孔砖和混合砂浆砌筑？ 274
422. 砌筑砖砌体时，砖为何应提前浇水湿润？ 274
423. 砌筑时蒸压（养）砖的产品龄期为何不应小于28d？ 274
424. 砖墙的常见砌筑形式有哪些？ 274
425. 砖砌体施工时应注意哪些方面？ 275
426. 砌筑时为何多孔砖的孔洞应垂直于受压面？ 277
427. 砖砌体工程采用铺浆法砌筑时，对铺浆长度有何要求？ 277

428. 砖砌体的灰缝为何应横平竖直，厚薄均匀？ …………………………… 277
429. 砖砌体的竖向灰缝为何不得出现透明缝、瞎缝和假缝？ …………… 277
430. 对砖砌体水平灰缝的砂浆饱满度有何要求？ ………………………… 277
431. 砌体临时间断处为何要设置留槎？ …………………………………… 278
432. 混凝土小型空心砌块砌体工程对小砌块有何要求？ ………………… 278
433. 小砌块砌筑时是否可对小砌块提前浇水？ …………………………… 278
434. 混凝土小砌块砌体所用砂浆为何宜使用专用砌筑砂浆？ …………… 278
435. 如何砌筑小砌块？ ……………………………………………………… 279
436. 小砌块墙体施工时应注意哪些方面？ ………………………………… 279
437. 对小砌块砌体灰缝的砂浆饱满度有何要求？ ………………………… 280
438. 如何控制小砌块墙体灰缝的宽度？ …………………………………… 280
439. 如何防止混凝土小砌块外墙出现渗水？ ……………………………… 280
440. 采取哪些控制措施可防止混凝土小型空心砌块墙体产生裂缝？ …… 281
441. 配筋砌体工程对砂浆层厚度有何要求？ ……………………………… 281
442. 蒸压加气混凝土砌块的施工要点有哪些？ …………………………… 282
443. 什么是冬期施工？ ……………………………………………………… 283
444. 冬期施工对原材料有何要求？ ………………………………………… 283
445. 冬期施工如何留置砂浆试块？ ………………………………………… 284
446. 冬期施工对砖是否浇水？ ……………………………………………… 284
447. 冬期施工对现场拌制砂浆有何要求？ ………………………………… 284
448. 冬期施工什么情况下可采用掺盐砂浆法？ …………………………… 284

（二）抹灰工程施工质量验收 ………………………………………………… 285

449. 什么是抹灰工程？ ……………………………………………………… 285
450. 抹灰工程的质量验收依据哪些标准？ ………………………………… 285
451. 抹灰工程对原材料有哪些要求？ ……………………………………… 285
452. 抹灰工程常用的纤维材料有哪些？ …………………………………… 286
453. 施工时对抹灰厚度有何要求？ ………………………………………… 286
454. 抹灰工程施工前有何要求？ …………………………………………… 287
455. 对抹灰层有何要求？ …………………………………………………… 287
456. 对一般抹灰工程的质量有何规定？ …………………………………… 287
457. 如何划分抹灰工程的检验批？检查数量有何规定？ ………………… 287
458. 抹灰层出现空鼓、开裂、脱落等缺陷的原因是什么？如何防治？ … 288
459. 造成墙面起泡、开花或有抹纹的原因是什么？如何防治？ ………… 288
460. 如何防治墙面抹灰层析白？ …………………………………………… 289
461. 混凝土顶板抹灰层出现空鼓、裂缝的原因是什么？如何防治？ …… 289
462. 墙裙、踢脚线水泥砂浆空鼓、裂缝的原因及防治措施是什么？ …… 290
463. 如何防治接槎有明显抹纹、色泽不匀的缺陷？ ……………………… 290
464. 如何防治阳台、雨篷、窗台等抹灰饰面在水平和垂直方向不一致的缺陷？ … 290

（三）地面工程施工质量验收 ··· 291
 465. 地面工程施工质量验收依据哪个标准? ····································· 291
 466. 水泥砂浆面层对原材料及配合比有何要求? ····························· 291
 467. 对水泥砂浆面层有何要求? ··· 291
 468. 地面铺设砂浆时应提前做好哪些工作? ····································· 291
 469. 地面砂浆施工完后如何进行养护? ·· 292
 470. 地面砂浆施工应采取哪些防控裂缝的措施? ····························· 292
 471. 水泥砂浆地面面层为何应在室内装饰工程基本完工后进行? ········· 293
 472. 如何留置砂浆试块? ·· 293

附　录 ·· 294

 附录 1　相关标准 ·· 294
 附录 2　预拌砂浆（JG/T 230—2007） ·· 296
 附录 3　通用硅酸盐水泥（GB 175—2007） ···································· 317
 附录 4　砂浆、混凝土防水剂（JC 474—2008） ······························ 324

主要参考文献 ·· 332

一 概 述

1. 什么是建筑砂浆？有哪些种类？

答：建筑砂浆是指由无机胶凝材料、细集料、掺合料、水，以及根据性能确定的其他组分按适当比例配合、拌制并经硬化而成的建筑工程材料，在建筑工程中主要起粘结、衬垫及传递应力等作用。根据砂浆的生产特点分为施工现场拌制的砂浆和由专业生产厂生产的预拌砂浆。

根据砂浆在建筑工程中的用途可分为砌筑类、抹灰类、地面类、粘结类、装饰类、保温类等砂浆。前三类砂浆是目前国内使用量大、用途广的砂浆品种，其中砌筑类砂浆是将砖（块材）粘结成一个整体，即墙体；抹灰类砂浆是涂抹在墙体表面，一方面起着找平墙体的作用，另一方面起着保护墙体的作用，它既保证了建筑的使用条件，又装饰了墙体；地面类砂浆不仅保护了楼板及地坪，而且使地面表面平整，有利于装饰装修，同时还具有防潮、耐磨等性能。合理使用砂浆对节约胶凝材料、方便施工、提高工程质量起着重要的作用。

2. 什么是预拌砂浆？

答：预拌砂浆是指由专业生产厂生产的湿拌砂浆或干混砂浆。湿拌砂浆是指由水泥、细集料、矿物掺合料、外加剂和水，以及根据性能确定的其他组分，按一定比例，在搅拌站经计量、拌制后，运至使用地点，在规定时间内使用完毕的湿拌拌合物。干混砂浆是指经干燥筛分处理的集料与水泥，以及根据性能确定的其他组分，按一定比例在专业生产厂混合而成，在使用地点按规定比例加水或配套组分拌合使用的干混拌合物。

3. 为什么要发展预拌砂浆？

答：我国传统的建筑砂浆生产是在现场由施工单位自行拌制而成的，其缺陷也日益显示出来，如砂浆质量差且不稳定、品种单一、文明施工程度低以及污染环境等，这些因素促进了预拌砂浆的发展。预拌砂浆是近年来随着建筑业科技进步和文明施工要求发展起来的新型建筑材料，具有产品质量高、品种全、生产效率高、使用方便、对环境污染小、便于文明施工等优点。它可以大量利用粉煤灰、矿渣粉、建筑垃圾等工业和建筑废弃材料，并可促进推广应用散装水泥。预拌砂浆在品质、效率、经济和环保等方面的优越性，随着研究开发和推广应用已日益显示出来，正被人们所逐步认识。正如混凝土实现商品化一样，砂浆商品化是国际发展潮流，也是建筑业发展到一定水平的标志。因此，逐步取消现场拌制砂浆，采用工业化生产的预拌砂浆势在必行。目前我国已经开始积极推广应用预拌砂浆，使用量正在逐年迅速增长。

推广使用预拌砂浆是减少城市污染、改善大气环境、节约资源、发展散装水泥、保证建筑工程质量、提高建筑施工现代化水平、实现资源综合利用、促进文明施工、实现可持续发展的一项重要举措。目前我国推广使用预拌砂浆的条件已经具备，时机已经成熟，已分期分批地在我国逐步推广应用。

4. 预拌砂浆与现场拌制砂浆相比有哪些优势？

答：现场拌制砂浆所用原材料品种单一，且采用人工配料、自由落体式搅拌机搅拌，因此砂浆性能较差且质量不稳定，空鼓、开裂、脱落现象非常普遍；现场拌制砂浆属劳动密集型、手工作坊式生产，生产效率低，产品单一，投资虽小，但产品质量不稳定；现场堆放原材料，占用土地，生产过程中产生废水、废物、噪声，既污染环境，又不利于文明施工，属于逐步淘汰的生产方式。

预拌砂浆是工厂化生产的砂浆，有专业技术人员进行砂浆的研发工作，可根据工程需要随时调整砂浆的性能，使砂浆质量得以保证。通常砂浆中掺有较多的外加剂、添加剂等，从根本上改善了砂浆的性能，且砂浆品种多、功能齐全。另外，砂浆配料采用自动化、微机化控制，产品质量稳定可靠。由此可见，预拌砂浆不是简单地从现场移到工厂生产，预拌砂浆是高质量的砂浆，推广预拌砂浆是建筑施工技术进步的一项重要技术经济措施，是保证建筑工程质量、提高建筑施工现代化水平、促进文明施工的一项重要技术手段。另外，预拌砂浆可以使用建筑垃圾、煤矸石、钢渣等工业固体废弃物制造成的人工机制砂代替天然砂，可节约天然资源，且对产品品质无不良影响，还可消纳粉煤灰等工业废弃物，这样既可以利废，又可以减少环境破坏，达到节能减排的目的。

预拌砂浆与现场拌制砂浆的性能比较见表4-1。

表4-1 预拌砂浆与现场拌制砂浆的性能比较

现场拌制砂浆	预拌砂浆
砂源不稳定、不均匀，含杂质，含泥量过大，影响质量	精选砂，电脑自动配料，砂级配合理，比例均匀，质量稳定
水泥与砂的配比全凭经验，计量粗略，造成材料的不确定性，且质量不稳定，渗水、收缩、龟裂、剥落现象常常发生	科学配方，专业性强，质量稳定，品种丰富，可根据需要实现防水、抗收缩、抗龟裂、抗菌、耐磨、防潮、保温、装饰等功能
保水性差，泌水严重，并产生分离现象	保水性好，泌水少甚至无泌水
不便于输送，不利于机械化施工，劳动强度高	便于储存及输送，可大规模机械化施工，劳动强度低，大大提高生产效率，浪费少，节约成本
环境污染大	环境污染小，有利于环保

5. 预拌砂浆有哪些优越性？

答：预拌砂浆的优越性可概括为一多、二快、三好、四省。

一多是指砂浆的品种多。欧洲的干混砂浆产品已经达到几百种，包括砌筑、抹灰、粘结、修补、装饰等几大类砂浆，每类又有几个到几十个品种。在我国，有产品标准的砂浆大约有20个品种。随着预拌砂浆在我国的快速发展以及研究领域的不断深入，品种更多、功能更强的新品种砂浆将不断被开发、应用。而配制这些具有不同功能、不同用途的砂浆需要专门的技术和专业技术人员，只有专业化砂浆生产厂才可能实现。

二快是指备料快、施工快。湿拌砂浆由工厂运到现场后储存在专用容器中，随用随取；干混砂浆使用时只需加水或配套液体搅拌即可，且能根据使用量、施工速度调整搅拌量。而现场拌制砂浆需要购置原材料，还要有足够的场地堆放，施工时还要分别计量、搅拌，费时、费工，且效率低、进度慢。

三好是指保水性好、可操作性好、耐久性好。预拌砂浆是由具有丰富经验的专业技术人员根据工程需要而研制的，砂浆的品质得到了保证，另外，砂浆采用专业设备进行配制，保证了砂浆配料准确，混合均匀。而现场拌制砂浆缺乏有经验的专业技术人员管理，且管理水平落后，难以保证砂浆的质量。

四省是省工、省料、省钱、省心。预拌砂浆备料快、施工快，可大幅度降低工时；预拌砂浆配料合理，可避免不必要的材料浪费；预拌砂浆系专业化生产，产品质量好，既可避免现场拌制时的材料浪费，又可避免因质量问题造成的返工，还可减少后期的维修费用，虽然预拌砂浆的单方成本增加，但综合成本减少；预拌砂浆备料、施工简便，且质量好，比现场拌制砂浆省心。

6. 发展预拌砂浆有哪些经济效益与社会效益？

答：发展预拌砂浆是节约资源、保护环境的重大技术经济措施，是建筑建材领域推进增长方式转变、调整产业产品结构的重要内容，具有显著的社会效益、经济效益和环境效益，是一件利国利民、造福子孙的大事。另外，发展特种用途砂浆将可以替代一些进口产品，解决一些工程对材料性能的特殊要求。预拌砂浆的推广应用将为材料生产企业和建筑施工企业带来较好的经济效益和社会效益。

①发展预拌砂浆可提高产品的质量及生产效率，且使用方便。

②预拌砂浆质量的稳定带来了产品的高性能，可提高建筑工程质量，大大减少后期维修费用。

③虽然砂浆成本提高，但施工过程可节省开支以及最终产品的高质量和耐久性，无论从短期还是长期来看，都具有明显的经济效益。

④砂浆中大量掺用工业废弃物，不仅节约资源、减少环境污染，而且还可降低产品成本。

⑤研制开发新型、不同用途的砂浆品种，扩大预拌砂浆的应用领域，通过开发新品种砂浆，来满足新型建筑技术的需要，并开发新的施工技术。

⑥有利于水泥产业结构和产品结构的调整，有利于发展散装水泥。

⑦有利于保护环境，改善环境质量，维护生态平衡，减少建筑施工粉尘对大气环境的影响。

7. 湿拌砂浆与干混砂浆有哪些异同？

答：（1）相同点

①均由专业生产厂生产供应。

②有专业技术人员进行砂浆配合比设计、配方研制以及砂浆质量控制，从根本上保证了砂浆的质量。

（2）不同点

①砂浆状态及存放时间不同　湿拌砂浆是将包括水在内的全部组分搅拌而成的湿拌拌合

物，可在施工现场直接使用，但需在砂浆凝结之前使用完毕，最长存放时间不超过24h；干混砂浆是将干燥物料混合均匀的干混混合物，以散装或袋装形式供应，该砂浆需在施工现场加水或配套液体搅拌均匀后使用。干混砂浆储存期较长，通常为3个月或6个月。

②生产设备不同　目前湿拌砂浆大多由混凝土搅拌站生产，而干混砂浆则由专门的混合设备生产。

③品种不同　由于湿拌砂浆采用湿拌的形式生产，不适于生产黏度较高的砂浆，因此砂浆品种较少，目前只有砌筑、抹灰、地面等砂浆品种；而干混砂浆生产出来的是干状物料，不受生产方式限制，因此砂浆品种繁多，但原材料的品种要比湿拌砂浆多很多，且复杂得多。

④砂的处理方式不同　湿拌砂浆用砂不需烘干，而干混砂浆用砂需经烘干处理。

⑤运输设备不同　湿拌砂浆要采用搅拌运输车运送，以保证砂浆在运输过程中不产生分层、离析；散装干混砂浆采用罐车运送，袋装干混砂浆采用汽车运送。

8. 在墙体改革中推广应用预拌砂浆有何必要性？

答： 据统计，我国建筑砂浆中墙体用的砂浆（砌筑和抹面砂浆）大约要占建筑砂浆用量的96%以上，不仅砂浆用量大，而且由于墙体材料品种多、性能各异，对墙体用砂浆的性能要求也不尽相同。十多年来的墙材革新实践证明，用传统的普通砂浆是难以满足新型墙体材料的要求，唯有用与之相匹配的预拌砂浆，才能较好地保证工程质量。

在我国墙体材料中，目前替代黏土砖的新型墙体材料品种繁多，如粉煤灰或煤矸石烧结制品、蒸压灰砂砖、蒸压粉煤灰砖、混凝土砌块、混凝土砖、加气混凝土砌块和板材、石膏制品等，这些产品由于自身强度、收缩变形、吸水性能和表面状态等各不相同，对与之相配套的砌筑砂浆和抹面砂浆的粘结性、保水性和稠度等就提出了不同要求，如粉煤灰加气混凝土是一种多孔结构的轻质材料，强度低、密度小，对砂浆吸水速度慢而吸水率大，导致砂浆收缩变形大，加上表面有浮灰，影响砂浆粘结力，容易产生裂缝和空鼓，因此它要求抹面砂浆既要保水性好，又要粘结力强，同时要有较好的抵抗收缩变形能力。与实心黏土砖相比，新型墙体材料的块体较大、坐浆面较小，而普通砂浆的黏聚性较差，在砌筑过程中容易造成灰缝饱满度差。可见，普通砂浆已难以满足新型墙体材料的要求，需要研制开发与之相匹配的专用砂浆。而专用砂浆，通常根据性能要求掺入保水增稠材料、外加剂等材料，由于原材料品种多，保水增稠材料、外加剂等掺量小，对配料比和混合搅拌要求更严格，故在现场拌制是难以达到要求的，只有工厂化生产的预拌砂浆才能保证产品质量。

目前，在新型墙体材料推广应用中，普遍出现的质量问题是裂缝、剥落、空鼓等弊病，除了与墙体材料本身的质量和性能有关外，更重要的原因是抹面砂浆或砌筑砂浆的性能与这些基材性能不匹配。因此采用传统工艺生产的普通砂浆，不仅不利于保护环境、节约材料，更为重要的是砂浆质量和性能不能适应不同基材性能的要求，不能保证工程质量。

因此，应针对不同墙体材料的特点和用处、施工技术、甚至不同气候条件，系统研发和配制与之相适应的抹面砂浆和砌筑砂浆，开发多品种、多用途的墙体预拌砂浆，这既是墙体改革的需要，也是预拌砂浆本身发展的需要。

9. 有关预拌砂浆方面的标准有哪些？

答：我国第一部关于预拌砂浆方面的产品标准是 1994 年国家建材工业局颁布的《陶瓷墙地砖胶粘剂》（JC/T 547—1994），该标准的出台标志着我国预拌砂浆从此逐步走上正规化发展的道路，该标准于 2005 年进行了修订。进入 21 世纪，我国加快了标准规范的制订工作，相继出台了一系列干混砂浆方面的产品标准，主要有：

《建筑室内用腻子》（JG/T 3049—1998）；

《混凝土小型空心砌块砌筑砂浆》（JC 860—2000）；

《蒸压加气混凝土用砌筑砂浆与抹面砂浆》（JC 890—2001）；

《混凝土地面用水泥基耐磨材料》（JC/T 906—2002）；

《混凝土界面处理剂》（JC/T 907—2002）；

《膨胀聚苯板薄抹灰外墙外保温系统》（JG 149—2003）；

《建筑外墙用腻子》（JG/T 157—2004）；

《粉刷石膏》（JC/T 517—2004）；

《胶粉聚苯颗粒外墙外保温系统》（JG 158—2004）；

《聚合物水泥防水砂浆》（JC/T 984—2005）；

《地面用水泥基自流平砂浆》（JC/T 985—2005）；

《水泥基灌浆材料》（JC/T 986—2005）；

《陶瓷墙地砖胶粘剂》（JC/T 547—2005）；

《建筑保温砂浆》（GB/T 20473—2006）；

《陶瓷墙地砖填缝剂》（JC/T 1004 - 2006）；

《石膏基自流平砂浆》（JC/T 1023 - 2007）；

《墙体饰面砂浆》（JC/T 1024 - 2007）；

《粘结石膏》（JC/T 1025 - 2007）。

以上标准均为特种干混砂浆单一产品标准。随着预拌砂浆在我国的快速发展，量大面广的普通砂浆、湿拌砂浆也急需制订相应的标准规范来规范这一新兴行业的健康、稳步发展。为此，建设部于 2007 年 8 月 22 日发布了建设部行业标准《预拌砂浆》JG/T 230—2007，这是第一部关于预拌砂浆方面的综合性行业标准，该标准分别对湿拌砂浆和干混砂浆这两类共 18 个品种砂浆进行了详细的规定，并分别给出其性能指标要求。该标准已于 2008 年 2 月 1 日起实施。

10. 我国对发展预拌砂浆都有哪些政策、规定？

答：为在我国推广应用预拌砂浆，国家有关部门先后下发了很多文件。早在 1999 年，国家建材局发布的《新型建材制品导向目录》就已将预拌砂浆作为重点发展和鼓励项目之一，可享受设备进口等有关税收的优惠。2003 年商务部、公安部、建设部、交通部下发了《关于限期禁止在城市城区现场搅拌混凝土通知》，要求："各城市要根据本地实际情况制定发展预拌混凝土和干拌砂浆规划及使用管理办法，采取有效措施，扶持预拌混凝土和干拌砂浆的发展，确保建筑工程预拌混凝土和干拌砂浆供应。"2004 年，建设部下发了《建设部推广应用和限制使用技术》，将预拌砂浆（干混砂浆）列为推广应用范围。2006 年国家发改委等部门下发了《关于加快水泥工业结构调整的若干意见的通知》，强调"大力发展预拌砂浆和商品混凝土，大中型城市要禁止现场搅拌混凝土，条件成熟的地区应限制现场搅拌砂浆。"

我国各地有关部门也非常重视预拌砂浆在保证施工质量、提高施工文明水平以及节能环保方面的重要作用，开展了循序渐进地推行和指导工作。如上海于2000年2月发布了《关于在本市建设工程使用预拌（商品）砂浆的通知》，2002年上海市建委、上海市环保局联合下发了《关于在本市建筑工程使用预拌（商品）砂浆的通知》，2003年1月发布了《上海市预拌（商品）砂浆产品认定管理办法》，2004年上海市在《上海市扬尘污染防治管理办法》中规定施工单位应当使用预拌砂浆。之后，上海市有关主管部门还多次发文要求加快预拌砂浆的发展步伐，并规范预拌砂浆的有序发展。

在北京，北京市建委分别于2004年1月和2006年4月发布了《关于在本市建设工程中使用预拌砂浆的通知》。在广州，广州市建委于2005年4月发布了《关于我市建设工程推广使用干混砂浆和预拌砂浆的通知》。2005年天津市在《天津市发展散装水泥管理办法》中规定："应当逐步推广使用预拌砂浆。"2007年5月天津市建委等联合发布了《关于在本市城区、滨海新区施工现场禁止搅拌砂浆的通知》，对预拌砂浆的生产企业、使用单位给予政策上的优惠，对违反规定的企业予以处罚。截止到2006年底，全国已有16个城市（省）制定了推广使用预拌砂浆的政策，这些政策的出台为预拌砂浆在我国的发展起到了有力的推动作用。

2007年6月6日，商务部、公安部、建设部等六部委联合发布了《关于在部分城市限制禁止现场搅拌砂浆工作的通知》。可见，各级政府部门非常重视预拌砂浆在我国的推广和应用，并给予政策上的扶持。

11. 分期分批禁止现场搅拌砂浆的城市有哪些？

答：2007年6月6日，商务部、公安部、建设部、交通部、质检总局、环保总局以商改发［2007］205号文下发了《关于在部分城市限期禁止现场搅拌砂浆工作的通知》，分期分批开展禁止在施工现场使用水泥搅拌砂浆工作，并在工程中使用预拌砂浆。第一批从2007年9月1日起，第二批从2008年7月1日起，第三批从2009年7月1日起禁止在施工现场使用水泥搅拌砂浆，具体城市如下：

第一批（10个）：北京、天津、上海、郑州、广州、深圳、南京、常州、大连、葫芦岛。

第二批（33个）：重庆、杭州、石家庄、武汉、长沙、哈尔滨、南昌、沈阳、合肥、西安、成都、昆明、贵州、济南、青岛、烟台、威海、桂林、洛阳、大庆、南宁、宁波、珠海、佛山、东莞、马鞍山、苏州、无锡、镇江、扬州、遵义、安顺、六盘水。

第三批（86个）：长春、太原、银川、乌鲁木齐、西宁、兰州、呼和浩特、海口、三亚、淄博、泰安、潍坊、黄石、宜昌、襄樊、十堰、唐山市、邢台、廊坊、新乡、南阳、安阳、濮阳、焦作、平顶山、开封、齐齐哈尔、牡丹江、佳木斯、双鸭山、鹤岗、柳州、梧州、玉林、汕头、中山、惠州、清远、湛江、包头、赤峰、九江、赣州、新余、温州、嘉兴、绍兴、鞍山、抚顺、本溪、丹东、锦州、阜新、辽阳、营口、朝阳、芜湖、蚌埠、淮南、淮北、黄山、宝鸡、咸阳、大同、阳泉、长治、运城、临汾、晋中、朔州、晋城、忻州、徐州、连云港、南通、淮安、盐城、泰州、宿迁、都匀、凯里、兴义、毕节、铜仁。

12. 干混砂浆在国外的发展情况如何？

答：干混砂浆最早起源于欧洲。早在 19 世纪，奥地利就发明了建筑干混砂浆。到 20 世纪 60 年代，欧洲的干混砂浆得到迅速发展，主要原因是第二次世界大战后，欧洲需要大量建设，但由于当时劳动力短缺（特别是缺少有经验的技术工人），劳动力成本十分昂贵，市场要求缩短施工工期、降低成本和提高质量，而现场拌制砂浆技术已无法满足这些要求；另外，粉状外加剂的发明和拌料技术的进步也促进了干混砂浆的发展。机械化施工及预混合砂浆的使用，可以提高生产效率，且对劳动者的熟练程度要求降低，到 20 世纪 70～80 年代，干混砂浆在欧美形成了一个新兴的产业。

自 20 世纪 60 年代以来，世界各地已建立起许多产量达百万吨的现代化干混砂浆生产厂。德国是世界干混砂浆最发达的国家之一，1974 年德国干混砂浆的产量仅为 10 万 t，1986 年就增长到 300 万 t。到 2000 年，德国已有年产 10 万 t 生产规模以上的工厂 150 多家，大约每 55 万人口就拥有一家干混砂浆厂。

2004 年全球干混砂浆产量约 1.8 亿 t，其中欧洲为 9000 万 t。在欧洲国家中，平均每 100 万人口的城市，就有两个干混砂浆生产厂，其规模一般为 30～50 万 t/年，干混砂浆已占建筑砂浆的 80% 以上，现场搅拌砂浆量越来越少。

在欧洲，干混砂浆产品已经达到几百种，包括砌筑、抹灰、粘结、修补、装饰砂浆等几大类，每类都有几个到几十个品种。大量生产的干混砂浆产品有：砌筑砂浆、抹灰砂浆、腻子（内墙和外墙）、瓷砖粘结剂、自流平砂浆、外墙外保温砂浆、粉末涂料、修补修复砂浆等。

13. 预拌砂浆在国内的发展情况如何？

答：我国从 20 世纪 80 年代开始研究引进预拌砂浆技术，90 年代末开始出现具有一定规模的预拌砂浆生产企业。进入 21 世纪以来，在各级政府部门的积极推动下，预拌砂浆厂如雨后春笋般在我国蓬勃发展起来。我国的预拌砂浆产业开始呈现蓬勃发展的局面，预拌砂浆行业进入一个快速发展的时期，已形成一定的规模。但与欧洲的成熟市场相比，我国的干混砂浆产业还很小，实际产量还不足德国一个国家的产量。据 2005 年的统计数据，全国 2 万 t 以上规模的干混砂浆生产企业有 131 家，设计能力 1854 万 t，实际产量 406.6 万 t。2006 年实际产量超过 700 万 t。

2006 年中国建筑业协会材料分会砂浆工作部对全国干混砂浆情况进行了两项问卷调查，调查样本总量为 151 份，其中对六地区干混砂浆生产企业的设计能力、实际生产能力的调查结果见表 13-1。

表 13-1　六地区干混砂浆生产企业的设计能力、实际生产能力

	年份	北京	上海	天津	广东	广州	大连
企业数量（家）	—	—	67	30	15	27	3
总能力（万 t）	—	200	1100	120	179.5	185	103.5
总产量（万 t）	2003		5	1.56	11.43	25	1.43
	2004	—	48.2	1.75	24.9	35	31.7
	2005	52.6	90.4	2.48	45.94	48	52.3

续表

	年份	北京	上海	天津	广东	广州	大连
总产量占当地建筑砂浆的比重（%）	2003	—	0.3	1.3	—	4.2	—
	2004	—	3.2	1.4	—	5.6	—
	2005	5.26	6.0	1.45	—	7.6	—
2005年总能力发挥（%）		26.3	8.2	2.06	25.6	25.9	50.5

从上表看到，2006年上海市干混砂浆生产企业67家，干混砂浆生产能力为1100万t，2005年实际产量仅为90.4万t，实际产量仅为设计能力的8.2%，上海是我国开展预拌砂浆科研工作最早的城市之一，也是目前预拌砂浆发展最快的城市之一，干混砂浆产量居全国第一。表13-1中的统计数据只来自全国预拌砂浆发展较好、较快的大城市，其平均产能只发挥了23%，干混砂浆实际产量远远未达到其生产能力。

14. 上海市是如何推进预拌砂浆发展的？

答：上海市对预拌砂浆的推广与应用十分重视，相应出台了一系列的文件，为预拌砂浆的发展应用创造了良好的社会环境。

2000年2月上海市建筑业管理办公室发布了《关于上海市建设工程推行试用商品砂浆的通知》。《通知》规定：自2000年3月1日起在上海市范围内的建设工程施工中试用并逐步推行使用商品砂浆。《通知》的发布为商品砂浆的推广应用拉开了序幕，此后经大量工程的试点应用，使得商品砂浆及其配套应用技术日臻完善成熟。

2002年9月上海市建委和市环保局联合发布了《关于在本市建设工程使用预拌（商品）砂浆的通知》。《通知》规定：自2003年1月1日起，本市内环线以内的新开工工程必须使用商品砂浆。自2003年7月1日起，本市外环线以内的新开工工程，以及市郊区（县）城镇地区新开工公共建筑和住宅工程必须使用商品砂浆。自2004年1月1日起，本市范围内的新开工工程全部使用商品砂浆。

为了适应本市建设工程用砂浆成品化、商品化的需要，保证商品砂浆的生产质量和工程质量，根据《上海市建设工程材料管理条例》的要求，上海市建筑建材业管理办公室于2003年1月发布了《上海市预拌（商品）砂浆产品认定管理办法》。其中，第三条规定了本市对建设工程用商品砂浆实行认定管理。第四条明确了市建筑、建材业管理办公室是本市商品砂浆生产和使用的监督管理部门，市建材发展应用管理办公室和市建材质量质监站具体负责实施本市商品砂浆的日常管理工作。第五条确定了商品砂浆生产企业必须具备的技术条件和试验室条件。第六条提出了生产企业申请认定的条件、要求、程序。本办法的发布一方面可以防止一哄而上，盲目投资，限制小规模作坊式生产单位的发展，另一方面也加快了符合条件企业的发展。

2004年7月1日实施上海市人民政府令（2004）第23号《上海市扬尘污染防治管理办法》，该《办法》以法规的形式再次重申，为了防止建设工程的扬尘污染，建设工程应当使用商品砂浆。而且还明确了执法主体，规范了执法程序，加大了执法力度。

为了贯彻落实该《办法》，市建委和环保局又联合下发了沪建[2004]620号《上海市建设工程使用预拌砂浆若干规定》，并于2004年10月5日实施。该《规定》进一步强调了在本市范围内的建设工程必须使用商品砂浆。其中第五条规定了建设项目设计单位应当按规定要求选用预拌砂浆;工程监理单位应当按规定要求实施监理;对设计、施工不符合相关要求的,应当要求施工单位改正或者报告建设单位要求设计单位改正。第六条明确了市建材业管理办公室应当加强预拌砂浆使用监督管理。市或区(县)散装水泥管理部门、建设工程安全质量监督机构、建筑材料质量监督机构,应当加强施工现场预拌砂浆使用的日常监督检查,并将监督检查结果予以公布。2008年上海市建委又在迎世博600天专项检查中将预拌砂浆的使用列入了检查内容。

15. 上海是如何推广预拌砂浆的?

答: 上海市作为一个国际化大都市,近年来,城镇化建设规模不断扩大,每年在建的工程总量达4000万m^2,预拌混凝土的年使用量连续2年达到5000万m^3,预计预拌砂浆的年使用量将超过1000万t。由此可见,预拌砂浆有着广阔的发展前景。

上海采取"干湿并举"(干混砂浆和湿拌砂浆同时发展)方针,逐步培育预拌砂浆市场。2003年起,按照《上海市预拌(商品)砂浆产品认定管理办法》的有关规定,建立了一整套市场培育管理体系。至2006年底,生产企业已达56家,生产能力合计960万t(图15-1)。预拌砂浆的市场供应量从2003年的5万t发展到2006年的92万t(图15-2)。

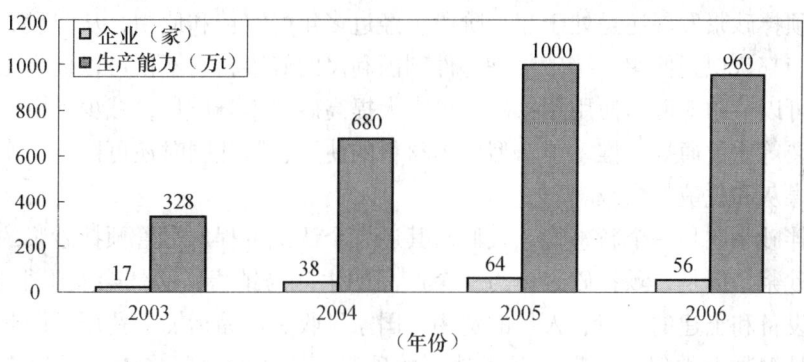

图15-1 预拌砂浆生产企业和生产能力

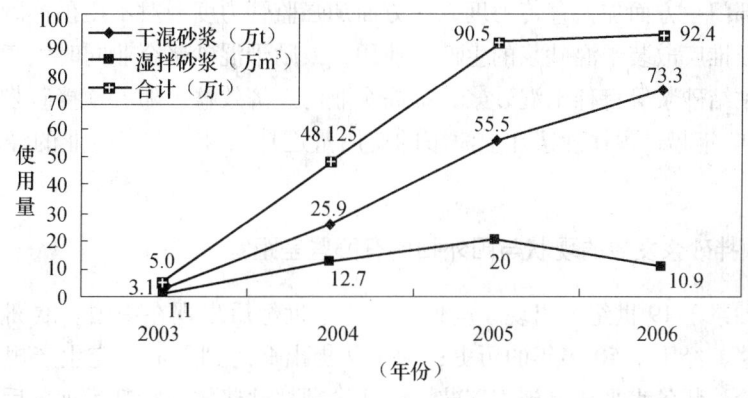

图15-2 预拌砂浆使用量发展

图15-1表明,从2003~2006年,上海市预拌砂浆产量逐年增长,其间2003~2005年是一个快速增长阶段,2005~2006年出现了停滞不前的情况。从图15-2湿拌砂浆和干混砂

浆的比例分析，2004年推广初期，湿拌砂浆的用量占到总量的46%，干混砂浆用量占总量的54%。2005年3月国产散装干混砂浆成套技术研发成功后，湿拌砂浆逐步被干混砂浆取代，其比例2005年为38.6%，2006年下降为20.6%，说明散装干混砂浆的应用是大势所趋（散装干混砂浆的发展情况如图15-3所示）。

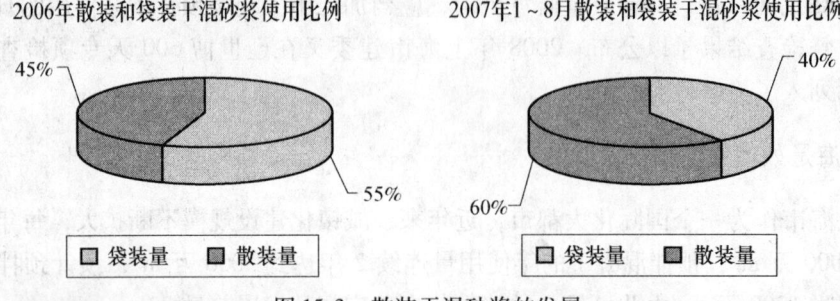

图15-3 散装干混砂浆的发展

16. 上海市预拌砂浆发展的现状如何？

答：从2003年初，上海市预拌砂浆生产企业数量为8家，到2006年12月，生产企业发展到60余家，布点合理，设计年产量达到1000万t，基本满足了需求。

上海市预拌砂浆发展还是处于起步阶段。经过多年的宣传和使用，从建设、设计、施工到监理，人们都认识到使用预拌砂浆是一件利国利民的好事，它不仅可以提高工程质量，保护环境，还可以节约能源。使用预拌砂浆可大大提高砂浆本身质量，减少了由砂浆质量引起的墙体渗漏裂等质量通病，推动了新型墙体材料的使用，与此同时还可以节约水泥，不用石灰，消化粉煤灰和脱硫粉煤灰。

由于预拌砂浆还是一个新事物，人们对其还有个认识过程。尽管预拌砂浆的材料成本已经低于现拌砂浆，但是，预拌砂浆作为一个产品的生产与销售，必然会发生很多费用，如：企业的生产设备和土建的折旧、人员的费用、国家税收、产品运输等费用。因此，预拌砂浆的价格和商品混凝土类似，肯定比现场拌制的砂浆高，政府部门也颁布了相应的定额。但是，由于监管力度和处罚力度不够，2006年普通预拌砂浆实际使用量只有近100万t。为此，政府监管部门一方面加大宣传力度，一方面加强监管力度，对不用预拌砂浆的企业加以处罚，同时积极推广散装干混砂浆的生产与使用，鼓励干混砂浆企业同时生产保温砂浆、界面处理砂浆和粘结砂浆等特种干混砂浆，提高企业的经济效益。随着预拌砂浆推广和监督力度加强，从2007年起，预拌砂浆在上海市的使用量逐月回升，生产企业的经济效益也逐步好转。

17. 我国预拌砂浆发展的现状与国外相比有哪些差距？

答：干混砂浆于19世纪末出现在奥地利，一个世纪后出现在中国。欧洲从发明到大规模生产干混砂浆，经历了50多年的历史；中国从提出概念到形成一定生产规模，只有十几年的时间。无论从装备水平还是施工工艺上，我国预拌砂浆的现状都远远落后于国外发达国家，大体上相当于其60~70年代的技术水平。2004年全球干混砂浆产量约1.8亿t，其中欧洲为9000万t，而我国2005年干混砂浆的实际产量只有406.6万t，产量不足世界产量的1%。虽然我国的水泥产量是世界产量的40%。在我国，劳动力廉价，目前建筑施工仍以手工作业为主，现代化的施工机具还没有广泛使用，施工效率低，施工质量稳定性差。

18. 预拌砂浆发展中存在哪些问题？

答：预拌砂浆发展中存在以下问题：

（1）价格表面较高

为了改善砂浆性能以及满足工程需要，预拌砂浆中常常需要掺入保水增稠材料、外加剂、添加剂等材料，而这些材料的价格要比水泥、砂贵得多，且干混砂浆用砂需经过筛分、烘干处理，导致预拌砂浆的成本要高于现场拌制砂浆，这就使得用户对使用预拌砂浆可能产生一定的抵触心理。中国劳动力成本便宜，建筑商也不愿意自主选择使用预拌砂浆。这一点与国外不同，国外用户使用干混砂浆的原因主要在于对建筑高质量的需求，而且国外劳动力成本高，用户也愿意选择使用干混砂浆。因此，价格是制约预拌砂浆推广的一个重要因素。

实际上，人们在比较成本时，往往只考虑了原材料成本，而忽略了预拌砂浆带来的高品质，以及使用预拌砂浆在减少施工现场污染、减少材料浪费、改善环境、加快施工进度、减少建筑物的维修率、延长服役期和使用寿命等方面产生的综合效应。

（2）政策不到位

因目前的政策仅对工作类型、区域及使用预拌砂浆的时间做出了规定，未对违规将受到何种处罚做出说明，因此不执行政策法规的现象相当普遍。政策不到位也是造成目前市场使用的是特种砂浆，而普通砂浆使用量较少的主要原因。由于预拌砂浆的价格较高，单靠市场推动难度比较大，目前的推广还主要靠政策的力量。虽然六部委出台了《关于在部分城市限期禁止现场搅拌砂浆工作的通知》，但这些政策的执行力度不够。

（3）宣传力度不够

预拌砂浆在我国属于新生事物，大多数人还不了解其特点和优点，甚至有些施工人员对使用预拌砂浆还有抵触情绪，在一定程度上阻碍了预拌砂浆的推广。

（4）施工水平落后

我国劳动力低廉，目前建筑施工仍以手工作业为主，现代化的施工机具还没有广泛应用，造成施工效率低、施工质量稳定性差，制约了预拌砂浆施工应用技术的发展。

（5）技术装备水平低

目前我国预拌砂浆生产企业的设备状况大体可分为两类：一类是全套进口的生产线。这类企业生产设备较先进，产品质量较稳定，但其一次性投资较大。如投资一条年产10万 t 干混砂浆的生产线，全部引进国外的生产设备与技术，大约需要 2000~3000 万元，此外还要考虑塔式厂房所需要的钢结构、储汽罐或储油罐、原料的装卸、搬运产品的叉车等辅助设备。由于投资较大，一般企业难以承受。另一类是国产设备，但国产设备实际使用中设备故障率高、维修量大、生产效率较低。由于生产设备的不完善，产品的稳定性一般较前一类企业差。目前，除少数从国外引进先进设施的企业外，前期投产的国内绝大多数干混砂浆企业采用的是国产设备。

19. 如何看待预拌砂浆的价格？

答：（1）干混砂浆材料成本和费用的构成

尽管普通干混砂浆原材料成本低于现场拌制砂浆，但由于干混砂浆是工厂化生产，不可避免地要有设备投入，场地费、人工费、运费等以及必要的利润、税收（图19-1），其综合成本肯定要比现场拌制砂浆高很多。

（2）使用预拌砂浆对工程造价的影响

预拌砂浆推广的最大阻力来自于经济方面的压力，施工单位采购预拌砂浆的成本必然高于现场拌制的砂浆。对现场拌制砂浆，国家对施工单位仅征收3.41%的营业税，而

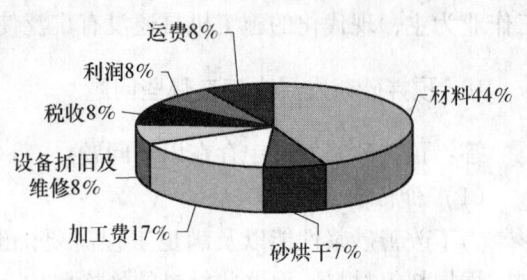

图19-1　干混砂浆费用构成

砂浆的加工成本大大低于预拌砂浆。据目前的市场情况，普通干混砂浆的出厂价约为210元/t，比传统砂浆平均高60元/t（传统砂浆为105元/m³）。按每平方米建筑需使用砂浆0.165m³计算，增加成本17.32元/m²。在平均施工面积十几万平方米左右的住宅工程中，工程总造价从表面上看可能会相差数百万元。

但是，散装干混砂浆在运输和使用过程中处于全封闭状态，没有损耗，而现场拌制砂浆存在着包装水泥5%的损耗，剔除6%的砂含水量和5mm以上筛余部分5%~10%，石灰膏因体积计量而产生的8%~15%损耗，以及现场材料实际吨位不足等情况。据此测算，使用预拌砂浆可给建设工程带来36.80元/m³的隐性利润。因此，使用散装干混砂浆的实际费用比现场拌制砂浆增加105元/m³-36.80元/m³=68.2元/m³。建筑面积成本上升68.2元/m³×0.165m³/m²=11.25元/m²。如果再考虑节省现场搅拌人工50%、电费30%，使用预拌砂浆，特别是散装干混砂浆，砂浆实际使用量比理论计算减少20%左右等因素，使用预拌砂浆与现场拌制砂浆相比，实际造价提高得非常有限。

由于使用预拌砂浆所带来的材料浪费减少、损耗降低、节省人工等好处在合同中不能得到充分体现，又缺乏实践体会，如仅从价格上比较，使用方是不情愿使用预拌砂浆的。

使用干混砂浆每平方米建筑面积可节约能源2.6kg标煤，减排二氧化碳38.7kg。为了能源节约和环境保护，职能部门应深入分析使用预拌砂浆对工程造价的影响，"解剖麻雀"，对使用预拌砂浆的"人工、材料、机械"耗量进行实测，以制订更经济合理的政策。对生产企业在经济上予以支持，鼓励建设工程中使用散装干混砂浆。

生产企业、业主和承包商应勇于承担起社会责任，增强节能减排意识，加强管理和成本分析。通过具体工程实例分析，对使用预拌砂浆的工程，进行工程实际发生的材料耗量、人工耗量、工程进度和质量等全面测算和分析，做到心中有数。

20. 如何从观念上转变对预拌砂浆的认识？

答：（1）转变建设各方对非结构材料不够重视的观念

建设、施工和监理方对结构材料非常重视，对钢筋、预拌混凝土和砌块等材料的质量把关十分严格。砌筑砂浆作为结构材料，在结构施工阶段，都愿意使用预拌砂浆。但是，到了装饰装修阶段，用量较大的抹灰砂浆由于不属于结构材料，就算发生质量事故，也可以返工重修，还有的质量问题发生在保修期之后，使用预拌砂浆积极性大大降低，推广阻力骤然增大。

（2）传统现场拌制砂浆无法满足新型墙体材料发展的要求

传统现场拌制砂浆远远落后于新型墙体材料的发展，已不能适应新型墙体材料的砌筑和

抹灰要求，砌体的抗压强度和抗剪强度普遍较低，而使用预拌砂浆可提高砌体的抗压强度和抗剪强度。中国工程标准化协会砌体结构委员会也非常关注预拌砂浆的发展，在编制国标《墙体材料统一应用技术规范》中引入专用砂浆的概念。

（3）建筑节能工程的实施离不开预拌砂浆

发展预拌砂浆可以推动建筑节能工作，提高墙体质量和抹灰层质量，减少空鼓、起壳和开裂的质量通病；墙体平整度的提高，可减少粘结剂用量，提高 EPS 板、XPS 板的粘结质量，提高板之间的平整度，可减少抹面砂浆用量，减少裂缝发生率。所以，使用预拌砂浆，不仅可提高外墙外保温的施工质量，而且还可减少聚合物水泥砂浆的用量。使用预拌砂浆还可以提高建筑防水工程的施工质量，基层砂浆质量的提高和墙体裂缝的减少可保障防水基层的质量。

（4）对策

建设方和施工方应提高对预拌砂浆的认识，应从质量、工效、环保、新材料的推广使用和建筑节能等方面综合考虑。预拌砂浆作为商品，价格是比传统砂浆要贵，但是，预拌砂浆的耐久性和质量是传统砂浆无法比拟的，预拌砂浆不是简单地替代传统砂浆，预拌砂浆的发展将对施工工艺、新型墙体材料推广和工程质量带来质的变化，对工程质量的保障和提高具有非常显著的作用，并可大幅度减少工程维护费用。

随着企业质量意识的日益提高，对品牌和企业形象日益重视和对预拌砂浆认知的深入，就如混凝土商品化和建筑节能发展一样，预拌砂浆将日益被接受，并发展成为一种必不可少的商品。

21. 预拌砂浆管理上存在哪些问题？如何采取对策？

答：预拌砂浆管理上存在以下问题：

（1）市场的培育和应用不同步

从 2000～2006 年，上海市政府主管部门颁布了一系列文件，指导上海地区预拌砂浆的生产与应用。预拌砂浆生产企业积极响应政府号召，在市场培育过程中，生产企业从最初的 10 家，供应能力仅 150 万 t，发展到目前企业 56 家，供应能力 960 万 t，已基本满足上海地区的市场需求。然而，在建工程中，预拌砂浆的使用率低，造成了产能虚假"过剩"和预拌砂浆价格的下降。但是，由于市场的培育和应用不同步，造成生产企业经营困难，预拌砂浆发展遇到了严重困难。随着 2007 年六部委发文，要求在全国部分城市分批实施禁止现场搅拌砂浆，上海预拌砂浆市场开始回暖，用量逐步增大。

（2）预拌砂浆与传统砂浆质量控制的差别

预拌砂浆的使用和管理与传统砂浆有很大区别。传统砂浆发生质量事故时，施工方由于集原材料采购、搅拌和施工于一体，施工方无理由推卸责任。而使用预拌砂浆发生工程质量问题时，则可能存在产品质量问题、也可能是施工质量问题的情况。因此，生产企业和施工企业会产生扯皮现象。这里，要具体问题具体分析。如果是产品质量问题，那么生产企业应承担责任；如果是施工质量问题，那么生产企业要据理力争。另外，施工方对预拌砂浆的材性、施工性认识不足，也会造成工程质量事故。因此，作为生产企业应多宣传其产品特性和注意事项，施工企业也应认真考察生产企业的质量保证体系，多了解和掌握预拌砂浆的特性，双方共同使用好预拌砂浆。

采取对策如下：

（1）对政府管理部门

加大监管力度、提高预拌砂浆使用率是解决预拌砂浆"产能过剩"和无序竞争的最有效办法。

使用预拌砂浆不能单纯考虑预拌砂浆带来的成本上升，而要考虑使用预拌砂浆后带来的隐性效益。政府主管部门要加大宣传力度和科研投入，将发展预拌砂浆与推广新型墙体材料和建筑节能工作联系在一起，全盘考虑，进一步推广和使用预拌砂浆。

预拌砂浆市场培育应参考建筑节能和墙体改革的经验，政府主管部门要有切实可行的监管办法，对检查中发现未按规定使用预拌砂浆的相关建设单位、施工单位及监理单位要采取相应措施。政府各相关职能部门应加强协作与沟通，从节能减排的高度提高认识推广使用预拌砂浆的意义，不能"走过场"。

（2）对企业

使用方不应只算经济账，应从工程质量、工期和维护等方面综合分析。节能减排不仅仅是政府的宏观要求，也是每个企业应尽的义务。使用预拌砂浆不是简单地取代目前的现场拌制砂浆，而是有个从量变到质变的过程。建设方和施工方应从结构工程着手，提升整体建设工程技术水平，从设计、材料到施工等方面提升整体结构工程质量，通过提高砂浆质量达到减少砂浆用量和提高工效目的，从而提高综合经济效益。

预拌砂浆生产企业应从提高产品质量和发展高品质产品方面来引导市场。在质量上应健全质量保证体系，向使用方详细介绍产品性能和使用特点，做好售后服务工作。同时通过科研开发来降低生产成本，发展高品质砂浆产品以吸引使用方。

22. 采取哪些对策加快预拌砂浆在我国的发展步伐？

答：推广使用预拌砂浆，不但可以提高工程质量，改善施工条件，提高劳动生产率。而且有利于水泥散装化的推行和粉煤灰等工业废渣的综合利用，有利于其他新材料、新工艺、新技术在建筑业的发展，更有利于城市的环境保护，是一项利国利民、造福子孙的技术革命，具有广阔的推广应用前景。但是，作为一项新生事物，人们必然对此有个从认识到认知的过程，而且还有反复，在其推广应用过程中会遇到各种问题，如处理不当，将会极大地影响预拌砂浆的推广，甚至可能扼杀这一新生事物。所以，我们也要像推广商品混凝土和推广新型墙体材料一样，扎扎实实地努力工作，一步一步地推广预拌砂浆，不断将科学技术应用于预拌砂浆的生产与应用中去。提升预拌砂浆的品质，最终使预拌砂浆成为一种必需的建筑材料。因此，在预拌砂浆的推广应用时期，应做好以下几个方面的工作：

（1）政策上的引导和扶持

尽管预拌砂浆的使用在欧洲等一些发达国家已有很长的历史，但在中国仍然是一个新生事物。对于这一新生事物，必然有一个认识过程。特别是预拌砂浆的价格大幅度提高，使人们还难以接受。因此，预拌砂浆的推广过程将是一个艰难的过程，需要得到各级政府部门的帮助。政府部门也应该在政策上给予引导和扶持，使这一新生事物逐步走上正常的轨道。

由于矿物掺合料对预拌砂浆的性能有一定的改善作用，且能充分利用这些工业废弃物，加大资源综合利用率，提高预拌砂浆绿色化水平，保护环境，并降低砂浆的生产成本，因此应大力提倡适量掺用矿物掺合料，并给予政策上的优惠条件。

(2) 正确地认识和使用预拌砂浆

预拌砂浆不是一种单一产品，而是一种非常大的产品系列，性能复杂且差异很大。预拌砂浆的价格与性能之间有着非常密切的关系，如果不能正确地认识和使用预拌砂浆，或者过分地强调低造价而在要求较高的场合使用了低档次的预拌砂浆，就会产生各种问题，引起人们对预拌砂浆的错误认识；或者过分地追求高档化而在普通场合使用高档次预拌砂浆，增加工程造价，造成不必要的浪费。这些都将影响预拌砂浆的形象，影响预拌砂浆的推广，影响预拌砂浆的健康发展。因此，正确地认识和使用预拌砂浆并不是一件容易的事，需要加强应用技术的研究，需要普及教育，需要对施工人员进行培训，使砂浆的高性能化与施工人员的高素质化协调发展。

(3) 完善预拌砂浆方面的法规

目前，我国在预拌砂浆方面的法规还不健全，缺乏系统性、全面性、一致性。砂浆商品化后，必然带来责任和利益的冲突，而解决这一问题的最好方法是依靠法规。随着预拌砂浆在我国快速的发展，技术文件、标准等技术法规体系也要不断地建立和完善，以引导预拌砂浆这一新兴产业向着健康、稳定的方向发展。

二 原 材 料

23. 建筑砂浆所用原材料都有哪些？

答：建筑砂浆是一种功能性材料，通常与基体共同构成一个整体，如砌筑砂浆，是将砖、砌块等块材粘结为一个整体，共同承受荷载；抹灰砂浆是涂抹在基层表面，除了可获得平整的表面外，还起到保护基层的作用，并抵抗外界的侵袭。因此，除了要求砂浆具有一定的强度外，还要求砂浆具有较好的保水性、粘结性等，有些砂浆还要满足抗裂、抗冻融、抗渗、抗冲击以及防水、耐高温、保温隔热等要求。为了满足这些性能要求，砂浆中除了含有普通原材料，如胶凝材料、细集料、矿物掺合料外，通常还要掺入一些特殊材料，如保水增稠材料、增粘材料、外加剂、纤维、颜料等。砂浆组分少则四五种，多则可达十几种，这就使得砂浆的组成更加复杂和多样化。

24. 对预拌砂浆原材料有哪些要求？

答：预拌砂浆不同于传统砂浆，除了要求具有一定的强度外，更重要的是要求具有良好的保水性、粘结性、可施工性等。为了保证砂浆获得良好的和易性，砂浆中通常需要掺入保水增稠材料，如纤维素醚、稠化粉、增塑剂等。因湿拌砂浆是由专业生产厂搅拌好后运到施工现场的，且运送的方量较多，不能很快使用完，需要在施工现场储存一段时间，因此，保水增稠材料和起缓凝作用的外加剂就成为湿拌砂浆必不可少的组成材料。这两种成分使得湿拌砂浆在实际使用前能够长时间保持可操作性，并应在砂浆硬化之前使用完毕，且一经使用又能正常凝结硬化。

预拌砂浆所用的原材料繁多，再加上预拌砂浆在我国的发展刚刚起步，如何控制好原材料质量就显得格外重要。原材料不仅决定了预拌砂浆的工作性能和使用性能，更重要的是其表现出的耐久性能和建筑物的使用寿命息息相关。

（一）胶凝材料

25. 什么是胶凝材料？有哪些种类？

答：胶凝材料一般分为无机胶凝材料和有机胶凝材料两大类。通常建筑上所用的胶凝材料是指无机胶凝材料，它是指这样一类无机粉末材料，当其与水或水溶液拌合后所形成的浆体，经过一系列的物理、化学作用后，能逐渐硬化并形成具有强度的人造石。

无机胶凝材料一般分为水硬性胶凝材料和气硬性胶凝材料两大类。气硬性胶凝材料只能在空气中硬化，而不能在水中硬化，如石灰、石膏、镁质胶凝材料等，这类材料一般只适用于地上或干燥环境，而不适宜潮湿环境，更不能用于水中。水硬性胶凝材料既能在空气中硬化，又能在水中硬化，这类材料通常称为水泥，如硅酸盐水泥、铝酸盐水泥、硫铝酸盐水泥等。

用于混凝土中的水泥，如硅酸盐水泥、普通硅酸盐水泥、矿渣水泥等都可用于砂浆中。对于某些干混砂浆，如自流平砂浆、灌浆砂浆、快速修补砂浆、堵漏剂等，因要求其具有早强快硬的特性，常常采用铝酸盐水泥、硫铝酸盐水泥、铁铝酸盐水泥等。

26. 水泥都有哪些品种？

答：根据组成，水泥可分为硅酸盐水泥、铝酸盐水泥、硫铝酸盐水泥等。硅酸盐水泥是土木建筑工程中用量最大、用途最广的一类水泥，它是以硅酸盐水泥熟料作为主要组分，根据混合材料的品种和掺量分为硅酸盐水泥、普通硅酸盐水泥、矿渣硅酸盐水泥、火山灰质硅酸盐水泥、粉煤灰硅酸盐水泥和复合硅酸盐水泥。各品种水泥的组分和代号见表 26-1。

表 26-1 硅酸盐水泥的组分和代号（GB 175—2007）

品种	代号	组分（%）				
		熟料+石膏	粒化高炉矿渣	火山灰质混合材料	粉煤灰	石灰石
硅酸盐水泥	P·Ⅰ	100	—	—	—	—
	P·Ⅱ	≥95	≤5	—	—	—
		≥95	—	—	—	≤5
普通硅酸盐水泥	P·O	≥80 且 <95	>5 且 ≤20^a			
矿渣硅酸盐水泥	P·S·A	≥50 且 <80	>20 且 ≤50^b	—	—	—
	P·S·B	≥30 且 <50	>50 且 ≤70^b	—	—	—
火山灰质硅酸盐水泥	P·P	≥60 且 <80	—	>20 且 ≤40^c	—	—
粉煤灰硅酸盐水泥	P·F	≥60 且 <80	—	—	>20 且 ≤40^d	—
复合硅酸盐水泥	P·C	≥50 且 <80	>20 且 ≤50^e			

a 本组分材料为符合本标准第 5.2.3 条的活性混合材料，其中允许用不超过水泥质量 8% 且符合本标准第 5.2.4 条的非活性混合材料，或不超过水泥质量 5% 且符合本标准第 5.2.5 条的窑灰代替。
b 本组分材料为符合 GB/T 203 或 GB/T 18046 的活性混合材料，其中允许用不超过水泥质量 8% 且符合本标准第 5.2.3 条的活性混合材料或符合本标准第 5.2.4 条的非活性混合材料或符合本标准第 5.2.5 条的窑灰中的任一种材料代替。
c 本组分材料为符合 GB/T 2847 的活性混合材料。
d 本组分材料为符合 GB/T 1596 的活性混合材料。
e 本组分材料为由两种（含）以上符合本标准第 5.2.3 条的活性混合材料或/和符合本标准第 5.2.4 条的非活性混合材料组成，其中允许用不超过水泥质量 8% 且符合本标准第 5.2.5 条的窑灰代替。掺矿渣时混合材料掺量不得与矿渣硅酸盐水泥重复。

27. 水泥新标准有哪些变化？

答：2008 年 6 月 1 日起实施的 GB 175—2007《通用硅酸盐水泥》新标准，将 GB 175—1999《硅酸盐水泥、普通硅酸盐水泥》、GB 1344—1999《矿渣硅酸盐水泥、火山灰质硅酸盐水泥及粉煤灰硅酸盐水泥》和 GB 12958—1999《复合硅酸盐水泥》三本标准整合为一本标准，统称为通用硅酸盐水泥。新标准在技术要求、混合材料品种及掺量、合格判定等方面都做了较大的变动，取消了 32.5、32.5R 级的普通硅酸盐水泥，根据混合材料的掺量将矿渣硅酸盐水泥分为 A 型和 B 型，增加了氯离子限量的要求，即水泥中氯离子含量不大于 0.06%。新标准规定的各品种水泥的强度等级如下：

硅酸盐水泥：42.5，42.5R，52.5，52.5R，62.5，62.5R；
普通硅酸盐水泥：42.5，42.5R，52.5，52.5R；

矿渣硅酸盐水泥：32.5，32.5R，42.5，42.5R，52.5，52.5R；
火山灰质硅酸盐水泥：32.5，32.5R，42.5，42.5R，52.5，52.5R；
粉煤灰硅酸盐水泥：32.5，32.5R，42.5，42.5R，52.5，52.5R；
复合硅酸盐水泥：32.5，32.5R，42.5，42.5R，52.5，52.5R。

28. 硅酸盐水泥有何特性？

答：硅酸盐水泥不掺混合材或混合材掺量很少（≤5%），水泥强度等级较高，因此硅酸盐水泥适用于配制高强混凝土和预应力混凝土等，而不适用于配制普通砂浆。因为，配制普通砂浆时，为了满足砂浆工作性能要求，通常对水泥用量有最小值的限制，因而砂浆强度等级相对较低；如用硅酸盐水泥配制砂浆，这样所配制出的砂浆强度相对较高，势必造成水泥的浪费，而且砂浆的工作性能也不好。

29. 普通硅酸盐水泥有何特性？

答：普通硅酸盐水泥只掺用少量的混合材，水泥强度等级适中，是目前建筑工程中用量最大的一种水泥。当用普通硅酸盐水泥配制砂浆时，由于水泥强度较高，配制出的砂浆强度较高，造成水泥浪费，而当水泥用量少时，砂浆保水性较差，容易泌水。为了解决这一问题，通常在砂浆中掺入活性矿物掺合料，如粉煤灰等，这样既可以降低水泥的用量，又可以改善砂浆的和易性。

30. 矿渣水泥有何特性？

答：矿渣水泥中水泥熟料矿物的含量比硅酸盐水泥少得多，而且混合材在常温下水化反应比较缓慢，因此凝结硬化较慢。早期强度较低，但在硬化后期（28d以后），由于水化产物增多，使水泥石强度不断增长，最后将超过硅酸盐水泥。一般来说，矿渣掺入量越多，早期强度越低，但后期强度增长率越大。

矿渣水泥需要较长时间的潮湿养护，外界温度对硬化速度的影响比硅酸盐水泥敏感。低温时，硬化速度较慢，早期强度显著降低；而采用蒸汽养护等湿热处理，可有效加快其硬化速度，且后期强度仍再增长。

矿渣水泥中混合材掺量较多，需水量较大，保水性较差，泌水性较大，拌制混凝土或砂浆时容易析出多余水分，在水泥石内部形成毛细管通道或粗大孔隙，降低均匀性。另外，矿渣水泥的干缩性较大，如养护不当，在未充分水化之前干燥，则易产生裂纹。因此矿渣水泥的抗冻性、抗渗性和抵抗干湿交替循环性能均不及普通水泥。

但矿渣水泥具有较好的化学稳定性，抗淡水、海水和硫酸盐侵蚀能力较强，这是因为矿渣水泥石中的游离氢氧化钙以及铝酸盐含量较少，宜用于水工和海港工程。另外，矿渣水泥的水化热较低，具有较好的耐热性，可用于大体积混凝土工程或耐热混凝土工程。

31. 火山灰水泥有何特性？

答：火山灰水泥强度发展与矿渣水泥相似，早期发展慢，后期发展较快。后期强度增长是由于混合材中的活性氧化物与氢氧化钙作用形成比硅酸盐水泥更多的水化硅酸钙凝胶所致。环境条件对其强度发展影响显著，环境温度低，凝结、硬化显著变慢；在干燥环境中，强度停止增长，且容易出现干缩裂缝，所以不宜用于冬期施工。

与矿渣水泥相似，火山灰水泥石中游离氢氧化钙含量低，也具有较高的抗硫酸盐侵蚀的性能。在酸性水中，特别是碳酸水中，火山灰水泥的抗蚀性较差，在大气中 CO_2 的长期作用下水化产物会分解，而使水泥石结构遭到破坏，因而这种水泥的抗大气稳定性较差。

火山灰水泥的需水量和泌水性与所掺混合材的种类有关，采用硬质混合材如凝灰岩时，则需水量与硅酸盐水泥相近，而采用软质混合材如硅藻土等时，则需水量较大、泌水性较小，但收缩变形较大。

32. 粉煤灰水泥有何特性？

答：粉煤灰球形玻璃体颗粒表面比较致密且活性较低，不易水化，故粉煤灰水泥水化硬化较慢，早期强度较低，但后期强度可以赶上甚至超过普通水泥。

由于粉煤灰颗粒的结构比较致密，内比表面积小，而且含有球状玻璃体颗粒，其需水量小，配制成的砂浆、混凝土和易性好，因此该水泥的干缩性小，抗裂性较好。

粉煤灰水泥水化热低，抗硫酸盐侵蚀能力较强，但次于矿渣水泥，适用于水工和海港工程。粉煤灰水泥抗碳化能力差，抗冻性较差。

但粉煤灰水泥泌水较快，易引起失水裂缝，因此在混凝土和砂浆凝结期间宜适当增加抹面次数。在硬化早期还宜加强养护，以保证混凝土和砂浆强度的正常发展。

33. 复合水泥有何特性？

答：复合水泥的特性取决于其所掺混合材料的种类、掺量及相对比例，其特性与矿渣水泥、火山灰水泥、粉煤灰水泥有不同程度的相似之处，其适用范围可根据其掺入的混合材种类，参照其他混合材水泥适用范围选用。

34. 砌筑水泥有何特性？

答：砌筑水泥的特点是混合材掺量高（≥50%），水泥强度低，水泥成本低。由于砂浆的强度等级普遍较低，用普通硅酸盐水泥或其他品种硅酸盐水泥配制砂浆，往往造成砂浆强度较高，水泥浪费大，且砂浆的保水性不好。使用砌筑水泥可以在不增加砂浆成本的前提下，增加水泥用量，从而保证砂浆具有良好的保水性，且强度富裕系数小。

砌筑水泥主要用于普通砌筑、抹灰砂浆、垫层混凝土等，不适用于结构混凝土。

35. 如何测定砌筑水泥的保水性？

答：由于砌筑水泥主要用于配制建筑砂浆，因而对砌筑水泥提出了保水性的要求，并规定其保水性不低于80%。砂浆的保水性是指吸水处理后砂浆中保留的水的质量，并用原始水量的质量百分数表示。保水性的测定方法如下：

首先称量干燥试模［内径（100±1）mm，内部有效深度（25±1）mm 的圆形刚性试模］和8张未使用的滤纸的质量。然后称取（450±2）g 水泥，（1350±5）g ISO 标准砂，量取（225±1）mL 水，按《水泥胶砂强度检验方法（ISO 法）》（GB/T 17671）制备砂浆，并按《水泥胶砂流动度测定方法》（GB/T 2419）测定砂浆流动度，调整水量以水泥胶砂流动度在 180～190mm 范围内的用水量为准。当砂浆流动度在 180～190mm 范围内时，将搅拌锅中剩余的砂浆在低速下重新搅拌15s，然后用刮刀将砂浆装满试模并抹平表面。

称量装满砂浆的试模。用滤网盖住砂浆表面，并在滤网顶部放上8张已称量的滤纸，滤纸上放上刚性底板［直径（110±5）mm，厚度（5±1）mm 的圆形无孔刚性底板］，将试模翻转180°倒放在一平面上，并在倒转的试模底上放上质量为 2kg 的铁砣。5min±5s 后拿掉铁砣，再翻转过去，去掉刚性底板、滤纸和滤网，称量滤纸质量。再按上述方法重复试验一次。

① 按下式计算吸水前砂浆中的水量：

$$Z = \frac{Y(W-U)}{1350+450+Y}$$

式中　U——空模的质量，g；
　　　W——装满砂浆的试模质量，g；
　　　Y——制备流动度值为 180~190mm 的砂浆的用水量，g。

② 按下式计算保水性：

$$R = \frac{[Z-(X-V)]100}{Z}$$

式中　V——吸水前 8 张滤纸的质量，g；
　　　X——吸水后 8 张滤纸的质量，g；
　　　Z——吸水前砂浆中的水量，g。

计算两次试验的保水性的平均值，精确至整数。如果两个试验值与平均值偏差 >2%，重做试验，再用一批新拌的砂浆做两组试验。

36. 什么是铝酸盐水泥？有何特性？

答：铝酸盐水泥是以矾土和石灰石作为主要原料，按适当比例配合后进行烧结或熔融，再经粉磨而成，也称为高铝水泥或矾土水泥。

铝酸盐水泥具有硬化迅速、水泥石结构比较致密、强度发展很快、晶型转化会引起后期强度下降等特点。铝酸盐水泥的最大特点是早期强度增长速度极快，24h 即可达到其极限强度的 80% 左右，Al_2O_3 含量越高，凝固速度越快，早期强度越高。但铝酸盐水泥硬化时放热量大、放热速度极快，1d 放热量即可达到总量的 70%~80%，而硅酸盐水泥要放出同样的热量则需 7d。因此，铝酸盐水泥不适于大体积工程，但比较适合于低温环境和冬期施工。另外，铝酸盐水泥还具有较好的抗硫酸盐性能、耐高温的特性。

由于铝酸盐水泥具有的这些特点，常被用来配制要求具有早强快硬的材料，如自流平砂浆、灌浆砂浆、快速修补砂浆、堵漏剂等。

37. 什么是硫铝酸盐水泥？有何特性？

答：硫铝酸盐水泥是以铝质原料（如矾土）、石灰质原料（如石灰石）和石膏，按适当比例配合后，煅烧成含有适量无水硫铝酸钙的熟料，再掺适量石膏，共同磨细而成。

硫铝酸盐水泥凝结时间很快，水泥硬化也快，早期强度高，其抗硫酸盐侵蚀能力强，抗渗性好。但硫铝酸盐水泥水化放热量大，适宜于冬期施工。

38. 什么是石膏？有哪些特征？

答：石膏是一种气硬性胶凝材料，由天然二水石膏（$CaSO_4·2H_2O$）脱水形成半水石膏。

由于加热条件不同，半水石膏可形成 α 型和 β 型两种不同的形态。若将二水石膏置于具有

0.13MPa、124℃的过饱和蒸汽条件下蒸炼脱水，脱出的水是液体，则得到 α 型半水石膏，也称为高强石膏。其晶粒较粗，调制成可塑性浆体的需水量较小，凝结时间较慢，硬化后强度较高。若将二水石膏置于炉窑中煅烧，脱出的水是水蒸气，则得到 β 型半水石膏，也称建筑石膏。其晶体较细，调制成一定稠度的浆体时，需水量较大，凝结时间较快，硬化后强度较低。

建筑石膏是一种白色粉末，密度约为 $2.60 \sim 2.75 \text{g/cm}^3$，堆积密度为 $800 \sim 1000 \text{kg/m}^3$。

39. 建筑石膏的硬化机理是什么？

答：建筑石膏与水拌和后，可调制成可塑性浆体，经过一段时间反应后，将失去塑性，并凝结硬化成具有一定强度的固体。

半水石膏加水后进行下面的化学反应：

$$CaSO_4 \cdot \frac{1}{2}H_2O + 1\frac{1}{2}H_2O \longrightarrow CaSO_4 \cdot 2H_2O + Q$$

半水石膏加水后发生溶解，生成不稳定的饱和溶液，溶液中的半水石膏水化后生成二水石膏。由于二水石膏在水中的溶解度比半水石膏小得多，所以半水石膏的饱和溶液对二水石膏来说就成了过饱和溶液，因此二水石膏很快析晶。由于二水石膏的析出，破坏了原有半水石膏溶解的平衡状态，这样促进了半水石膏不断地溶解和水化，直到半水石膏完全溶解。在这个过程中，浆体中的游离水分逐渐减少，二水石膏胶体微粒不断增加，浆体稠度增大，可塑性逐渐降低，即"凝结"；随着浆体继续变稠，胶体微粒逐渐凝聚成为晶体，晶体逐渐长大、共生并相互交错，使浆体产生强度，并不断增长，即"硬化"。实际上，石膏的凝结和硬化是一个连续的、复杂的物理化学变化过程。

40. 建筑石膏有哪些特性？

答：建筑石膏有以下特性：

①凝结硬化快　建筑石膏凝结硬化速度快，一般与水拌和后，在常温下几分钟即可初凝，30min 内可达终凝。凝结时间可通过掺加缓凝剂或促凝剂进行调节。

②可调节湿度　石膏的水化产物是二水石膏，而二水石膏的脱水温度较低，大约为 120℃。当空气湿度较低时，二水石膏可释放出部分结晶水，生成半水石膏，使环境的湿度增加。当空气湿度较高时，半水石膏又可以从环境中吸收水分，形成二水石膏，同时使环境的湿度降低，对环境湿度具有调节功能。

③防火性能好　石膏硬化后的水化物是含水的二水石膏，它含有相当于全部质量21%左右的结晶水。一般温度下，结晶水是稳定的，当温度达到100℃以上时，结晶水开始分解，并在面向火源的表面上产生一层水蒸气幕，起到阻止火焰蔓延和温度升高的作用。

④不收缩　石膏在凝结硬化过程中，体积略有膨胀，硬化时不出现裂纹。

⑤质量轻　建筑石膏的水化，理论需水量只占半水石膏质量的18.6%，但实际上为使石膏浆体具有一定的可塑性，往往需加水 60%~80%，多余的水分在硬化过程中逐渐蒸发，使硬化后的石膏留有大量的孔隙，一般孔隙率约为 50%~60%，因此建筑石膏硬化后质量轻、强度较低，但导热性较低、吸声性较好。

⑥耐水性、抗冻性和耐热性差　建筑石膏硬化后，具有很强的吸湿性和吸水性，在潮湿的环境中，晶体间的粘结力削弱，强度明显降低，在水中晶体还会溶解而引起破坏；若石膏

吸水后受冻，则孔隙内的水分结冰，产生体积膨胀，使硬化后的石膏体破坏。所以，石膏的耐水性和抗冻性较差。另外，二水石膏在温度过高（超过65℃）的环境中，会脱水分解，造成强度降低。因此建筑石膏不宜用于潮湿和温度过高的环境中。

41. 石膏有哪些用途？

答：石膏在建筑材料工业中的应用十分广泛：(1) 用石膏作胶凝材料配制石膏基砂浆，如粉刷石膏、粘结石膏、石膏基自流平砂浆等；(2) 用石膏加工制作石膏制品，主要有纸面石膏板、纤维石膏板及装饰石膏板等，石膏板具有轻质、保温绝热、吸声、不燃和可锯可钉等性能，还可调节室内温湿度，而且原料来源广泛、工艺简单、成本低；(3) 生产水泥及水泥制品时，用石膏作为调凝剂等。

42. 什么是石灰？有哪些品种？

答：石灰是一种气硬性胶凝材料，是将以 $CaCO_3$ 为主要成分的原料（如石灰石），经过适当的煅烧，分解和排出二氧化碳所得到的成品，其主要成分是 CaO。通常根据加工方法，将石灰分成以下几种：

①块状生石灰：由原料煅烧而成的白色疏松结构的块状物，主要成分为 CaO。

②磨细生石灰：由块状生石灰磨细而成的细粉，主要成分为 CaO。

③消石灰（也称熟石灰）：将生石灰用适量的水经消化和干燥制成的粉末，主要成分为 $Ca(OH)_2$。

④石灰膏：将生石灰用过量水（约为生石灰体积的3~4倍）消化，或将消石灰与水拌和，所得具有一定稠度的膏状物，主要成分为 $Ca(OH)_2$ 和水。

43. 石灰是如何生产的？

答：石灰石原料在适当的温度下煅烧，碳酸钙分解，释放出 CO_2，得到以 CaO 为主要成分的生石灰，反应式如下：

$$CaCO_3 \xrightarrow{900℃} CaO + CO_2 \uparrow$$

因煅烧石灰的体积比原来石灰石的体积一般只缩小10%~15%，所以石灰具有多孔结构。

生石灰是一种白色或灰色的块状物质，因石灰原料中常含有一些碳酸镁成分，所以经煅烧生成的生石灰中，也相应含 MgO 的成分。按照《建筑生石灰》JC/T 479—1992 的规定，MgO 含量≤5%时，称为钙质生石灰；MgO 含量>5%时，称镁质生石灰。若将块状生石灰磨细，则可得到生石灰粉。

在实际生产中，为了加快石灰石的分解过程，使原料充分煅烧，并考虑到热损失，通常将煅烧温度提高至1000~1200℃。若煅烧温度过低、煅烧时间不充分，则 $CaCO_3$ 不能完全分解，将生成欠火石灰。欠火石灰使用时，产浆量较低，质量较差，降低了石灰的利用率；若煅烧温度过高，将生成颜色较深、密度较大的过火石灰，它的表面常被黏土杂质融化形成的玻璃釉状物包覆，熟化很慢，使得石灰硬化后它仍继续熟化而产生体积膨胀，引起局部隆起和开裂而影响工程质量。所以在生产过程中，应根据原材料的性质严格控制煅烧温度。

二 原材料

44. 为什么不能直接使用生石灰？

答：石灰与水作用后，迅速水化生成氢氧化钙，并放出大量热量，其反应式如下：
$$CaO + H_2O \longrightarrow Ca(OH)_2 + 64.9kJ$$

石灰和水作用后，石灰浆体大量放热，在最初1h所放出的热量几乎是普通水泥1d放热量的9倍，是28d放热量的3倍，如此大的放热量，使水变成蒸汽而沸腾，从而破坏了石灰的凝聚-结晶结构，致使石灰浆体变成松散毫无联系的消石灰，而不能像其他胶凝材料那样凝结和硬化。因此，使用生石灰时，应先加水拌和消化成消石灰或石灰膏，然后再使用。

45. 生石灰熟化时为何要加入足量的水？

答：生石灰熟化时要放出大量的热，使熟化速度加快，当温度过高，且水量不足时，会造成$Ca(OH)_2$凝聚在CaO周围，阻碍熟化进行，而且还会产生逆方向，所以要加入大量的水，并不断搅拌散热，控制温度不至于过高。

46. 如何熟化石灰？

答：工地上熟化石灰常用两种方法：石灰膏法和消石灰粉法。

①石灰膏法　将煅烧好的块状生石灰放入化灰池中，加入过量的水（约为生石灰体积的3~4倍），熟化成石灰膏，除去未消化的颗粒，过筛，在贮灰坑中沉淀后，除去上层水分即得到以$Ca(OH)_2$为主体的石灰膏。

因生石灰中常含有过火石灰。为了使石灰熟化得更充分，尽量消除过火石灰的危害，石灰浆应在贮灰坑中存放14d以上，这个过程称为石灰的陈伏。陈伏期间，石灰浆表面应保持有一层水，使之与空气隔绝，避免$Ca(OH)_2$碳化。

②消石灰粉法　将生石灰加适量的水熟化成消石灰粉。因熟化时部分水分会蒸发掉，所以实际加水量要比理论需水量多，一般为生石灰质量的60%~80%，应以能充分消解而又不过湿成团为度。工地上常采用分层喷淋等方法进行消化，消解后的石灰应保持一定的湿度，以免过干飞扬。人工消化石灰，劳动强度大、效率低、质量不稳定，目前多在工厂用机械加工方法将生石灰熟化成消石灰粉。

47. 石灰是如何硬化的？

答：石灰在空气中的硬化包括两个过程，即石灰浆体的干燥硬化和硬化石灰浆体的碳化。

①石灰浆体的干燥硬化：石灰浆体在干燥过程中，因水分蒸发形成孔隙网，使石灰粒子更加紧密而获得附加强度。另外，水分蒸发引起溶液某种程度的过饱和，使$Ca(OH)_2$逐渐结晶析出，促进石灰浆体的硬化。

②碳化：$Ca(OH)_2$与空气中的CO_2作用，生成不溶解的碳酸钙晶体，从而提高了强度。碳酸钙在自然条件下具有较大的稳定性，为石灰浆体获得的最终强度。

由于空气中CO_2的含量很低，按体积计算仅占整个空气的0.03%，碳化作用主要发生在与空气接触的表层上，而且表层生成的致密$CaCO_3$薄膜阻碍了空气中CO_2进一步渗入，同时也阻碍了内部水分向外蒸发，使$Ca(OH)_2$结晶作用也进行得较慢，所以石灰硬化是个非常缓慢的过程。

由于石灰浆体的硬化，只能在干燥状态下，通过水分的蒸发，$Ca(OH)_2$ 进一步析晶以及水化粒子逐渐靠拢而形成强度。其后，在空气中 CO_2 的作用下生成碳酸钙，使强度进一步提高。因此，预先消化而成的石灰浆体，硬化后强度并不高，因此石灰不宜在长期潮湿环境中或有水的环境中使用，只能用于干燥环境。另外，石灰硬化过程中要蒸发掉大量水分，引起体积干燥收缩，易出现干缩裂缝。

48. 对生石灰的品质有何要求？

答：生石灰应符合《建筑生石灰》JC/T 479—1992 的要求，见表 48-1。

表 48-1　建筑生石灰的技术要求

项目		钙质生石灰			镁质生石灰		
		优等品	一等品	合格品	优等品	一等品	合格品
CaO + MgO 含量（%）	≥	90	85	80	85	80	75
未消化残渣含量（5mm 圆孔筛余）（%）	≤	5	10	15	5	10	15
CO_2（%）	≤	5	7	9	6	8	10
产浆量/（L/kg）	≥	2.8	2.3	2.0	2.8	2.3	2.0

注：MgO 含量≤5% 时，称为钙质生石灰；MgO 含量 >5% 时，称为镁质生石灰。

49. 对生石灰粉的品质有何要求？

答：生石灰粉应符合《建筑生石灰粉》JC/T 480—1992 的要求，见表 49-1。

表 49-1　建筑生石灰粉的技术要求

项目		钙质生石灰			镁质生石灰		
		优等品	一等品	合格品	优等品	一等品	合格品
CaO + MgO 含量（%）	≥	85	80	75	80	75	70
CO_2（%）	≤	7	9	11	8	10	12
细度（0.90mm 筛的筛余）（%）	≤	0.2	0.5	1.5	0.2	0.5	1.5
细度（0.125mm 筛的筛余）（%）	≤	7.0	12.0	18.0	7.0	12.0	18.0

50. 对消石灰粉的品质有何要求？

答：消石灰粉应符合《建筑消石灰粉》JC/T 481—1992 的要求，该标准将消石灰粉分为三类：钙质消石灰粉（MgO 含量 <4%）、镁质消石灰粉（4%≤MgO 含量 <24%）和白云石消石灰粉（24%≤MgO 含量 <30%）。其技术要求，见表 50-1。

表 50-1　建筑消石灰粉的技术要求

项目		钙质消石灰粉			镁质消石灰粉			白云石消石灰粉		
		优等品	一等品	合格品	优等品	一等品	合格品	优等品	一等品	合格品
CaO + MgO 含量（%）	≥	70	65	60	65	60	55	65	60	55
游离水（%）	≤	0.4~2	0.4~2	0.4~2	0.4~2	0.4~2	0.4~2	0.4~2	0.4~2	0.4~2
体积安定性		合格	合格	—	合格	合格	—	合格	合格	—
细度（0.90mm 筛筛余）（%）	≤	0	0	0.5	0	0	0.5	0	0	0.5
细度（0.125mm 筛筛余）（%）	≤	10	10	15	3	10	15	3	10	15

二 原材料

51. 建筑工程中如何使用石灰？

答：在建筑工程中，石灰主要用于墙体砌筑或抹面工程。石灰膏在水泥砂浆中作为保水增稠材料，具有保水性好、价格低廉等优点，有效避免了砌体如砖的吸水而导致的砂浆与基层或块材粘结差，是传统的建筑材料。但由于石灰耐水性差，石灰膏质量不稳定，导致所配制的砂浆强度低、粘结性差，影响砌体工程质量，而且由于石灰粉掺加时粉尘大，施工现场劳动条件差，环境污染严重，不利于文明施工。

石灰使用前，需将生石灰熟化成石灰膏或消石灰粉，然后再按其用途或是加水稀释成石灰乳用于室内粉刷，或是掺入适量的砂或水泥、砂，配制成石灰砂浆或水泥石灰混合砂浆用于墙体砌筑或饰面。但消石灰粉不能直接用于砌筑砂浆中。

配制砌筑砂浆时，当将生石灰熟化成石灰膏时，应用孔径不大于 3mm×3mm 的网过滤，熟化时间不得少于 7d；磨细生石灰粉的熟化时间不得少于 2d。沉淀池中贮存的石灰膏，应采取防止干燥、冻结和污染等措施。严禁使用脱水硬化的石灰膏。砂浆试配时石灰膏的稠度控制在（120±5）mm。

52. 欠火石灰或过火石灰有什么影响？

答：生石灰中常含有或多或少的欠火石灰和过火石灰。欠火石灰不能全部消解，降低石灰的利用率。过火石灰颜色深，表面常被黏土杂质融化形成的玻璃釉状物质所包裹，消解很慢。在石灰已经硬化后，过火的石灰颗粒才逐渐消解，体积膨胀，引起空鼓和开裂。为了消除过火石灰的危害，一般石灰应经 7~15d 消解。

53. 石灰对砂浆性能有哪些影响？

答：水泥砂浆中掺入石灰，可改善砂浆的和易性及施工性，提高粘结强度，减少开裂、弥补微裂缝等。石灰膏掺量较小时对砂浆强度影响不大，但掺量较大时，则会显著降低砂浆强度。

砂浆中掺入石灰虽然可以提高砂浆的和易性和保水性，但硬化后砂浆的耐水性差、收缩大、抗压强度降低，而且生产、使用过程中易对环境造成污染，不提倡使用石灰改善砂浆的和易性和保水性。现在已出现许多种改善砂浆性能的保水增稠材料，如砌筑砂浆增塑剂、砂浆稠化粉、纤维素醚等。

54. 石灰如何贮存和运输？

答：生石灰在空气中放置时间过长，会吸收水分而熟化成消石灰粉，再与空气中的二氧化碳作用形成失去胶凝能力的碳酸钙粉末，熟化时要放出大量的热，并产生体积膨胀，所以石灰在贮存和运输过程中，要防止受潮，并不宜长期贮存，运输时不应与易燃、易爆和液体物品混装，并要采取防水和防潮措施，注意安全。最好运到工地或处理现场后马上进行熟化和陈伏处理，使贮存期变成陈伏期。

（二）集料

55. 建筑砂浆用细集料都有哪些？

答：建筑砂浆用细集料有天然砂和人工砂。天然砂是指自然条件作用形成的、公称粒径小于 5.00mm 的岩石颗粒。按产源不同分为河砂、海砂、山砂。人工砂是指岩石经除土开采、机械破碎、筛分而成的公称粒径小于 5.00mm 的岩石颗粒。

河砂因长期受流水冲洗，颗粒成圆形，一般工程大都采用河砂。海砂因长期受海水冲刷，颗粒圆滑，较洁净，但常混有贝壳及其碎片且氯盐含量较高，一般情况下，不使用。山砂存在于山谷或旧河床中，颗粒多带棱角，表面粗糙，石粉含量较多。

人工砂是将天然石材破碎而成的，因此表面粗糙不光滑，棱角多，粉末含量较大。

56. 什么是砂的细度模数？

答：细度模数是表示砂的粗细程度，按下式计算：

$$\mu_f = \frac{(\beta_2 + \beta_3 + \beta_4 + \beta_5 + \beta_6) - 5\beta_1}{100 - \beta_1}$$

式中，β_1、β_2、β_3、β_4、β_5、β_6 分别为公称直径 5.00mm、2.50mm、1.25mm、630μm、315μm、160μm 方孔筛上的累计筛余。

细度模数越大，表示砂越粗。根据细度模数，将砂分为粗砂、中砂、细砂和特细砂。

粗砂：$\mu_f = 3.7 \sim 3.1$

中砂：$\mu_f = 3.0 \sim 2.3$

细砂：$\mu_f = 2.2 \sim 1.6$

特细砂：$\mu_f = 1.5 \sim 0.7$

但是，细度模数并不能反映砂的级配情况，细度模数相同的砂，其级配并不一定相同。

57. 什么是砂的颗粒级配？

答：颗粒级配是指砂中不同粒径颗粒的分布情况，可按公称直径 630μm 筛孔的累计筛余量分成三个级配区，即Ⅰ区、Ⅱ区、Ⅲ区，见表 57-1。砂的颗粒级配应处于三个区中的某一区内。但允许除公称粒径 5.00mm 和 630μm 的累计筛余外，其余公称粒径的累计筛余可稍有超出分界线，但总超出量不应大于 5%。

表 57-1 砂颗粒级配区

累计筛余（%） 级配区 公称粒径	Ⅰ区	Ⅱ区	Ⅲ区
5.00mm	10~0	10~0	10~0
2.50mm	35~5	25~0	15~0
1.25mm	65~35	50~10	25~0
630μm	85~71	70~41	40~16
315μm	95~80	92~70	85~55
160μm	100~90	100~90	100~90

良好的级配应当能使集料的空隙率和总表面积较小，从而不仅使所需水泥浆量较少，而且还可以提高砂浆的密实度、强度及其他性能。若砂的颗粒级配不好，则会产生较大的空隙率。

二 原材料

58. 建筑砂浆对砂的含泥量及泥块含量有何要求?

答：含泥量是指集料中公称粒径小于 $80\mu m$ 颗粒的含量。

砂的泥块含量是指砂中公称粒径大于 $1.25mm$，经水洗、手捏后变成小于 $630\mu m$ 的颗粒的含量。

砂中的泥粒一般较细，泥粒增加了集料的比表面积，会加大用水量或水泥浆用量。黏土类矿物通常有较强的吸水性，吸水时膨胀，干燥时收缩，会对砂浆强度、干缩及其他耐久性能产生不利的影响。当泥粒包裹在砂的表面，还会影响水泥浆与砂之间的粘结能力。当以泥块存在时，由于泥块本身强度较低，不仅起不到骨架作用，还会在砂浆中形成薄弱部分，降低砂浆的力学性能。因此，应对砂浆中砂的含泥量和泥块含量加以限制，要求含泥量 $\leq 5.0\%$，泥块含量 $\leq 2.0\%$。

59. 对砂中的有害物质含量有何要求?

答：集料中存在着或妨碍水泥水化，或削弱集料与水泥石的粘结，或能与水泥的水化产物进行化学反应并产生有害膨胀的物质称为有害物质。砂中的有害物质主要有云母、轻物质、有机物、硫化物及硫酸盐等。云母一般呈薄片状，表面光滑，强度较低，且易沿解理面错裂，因而与水泥石的粘结性能较差，当云母含量较多时，会明显降低混凝土及砂浆的强度，以及抗冻、抗渗等性能。砂中的有机杂质通常是动植物的腐殖物，如腐殖土或有机壤土，它们会妨碍水泥的水化，降低强度。集料中有时含有硫铁矿或生石膏等硫化物或硫酸盐，它们有可能与水泥的水化产物反应生成硫铝酸钙，发生体积膨胀。因此，对这些有害物质的含量应加以控制，并应符合表 59-1 的规定。

表 59-1 砂中的有害物质含量

项 目	质量指标
云母含量（按质量计,%）	≤ 2.0
轻物质含量（按质量计,%）	≤ 1.0
硫化物及硫酸盐含量（折算成 SO_3 按质量计,%）	≤ 1.0
有机物含量（用比色法试验）	颜色不应深于标准色。当颜色深于标准色时，应按水泥胶砂强度试验方法进行强度对比试验，抗压强度比不应低于 0.95

60. 什么是集料的碱-集料反应?

答：集料中若含有活性氧化硅或含有黏土的白云石质石灰石，在一定的条件下会与水泥中的碱发生碱-集料反应（碱-硅酸盐反应或碱-碳酸盐反应），产生膨胀并导致混凝土开裂。因此，当用于重要工程或对集料有怀疑时，须按标准规定，采用化学法或长度法对集料进行碱活性检验。

61. 集料在砂浆中有哪些作用?

答：集料是砂浆中用量最多、成本最低的一个组分。集料具有较好的体积稳定性、较高的强度，有些集料还具有较好的保温性能。集料的性能可以影响其他组分作用的发挥。因此，合理利用并充分发挥集料的作用，对提高砂浆性能、降低成本，都具有重要的意义。

集料具有如下作用：

（1）骨架作用

集料通常具有较高的强度，这些高强度颗粒在硬化砂浆中起到一种骨架作用。当砂浆受力时，集料常常承受较大的荷载。因此，集料的力学性能对砂浆的力学性能有较大的影响。

（2）稳定体积变形作用

在砂浆硬化过程中，集料一般不参与化学反应，也不会产生因化学反应造成的体积变化。通常情况下，硬化砂浆发生干缩的主要成分是水泥组分，集料干缩较小，而且能限制水泥石的收缩。另外，集料的热膨胀系数比硬化水泥石低，故热稳定性也比水泥石好。

（3）改善砂浆耐久性

集料对环境条件具有较好的适应性，在冻融循环条件下，通常是水泥石破坏，集料很少破坏。在硫酸盐侵蚀条件下，也是水泥石破坏，集料很少破坏。但有些集料可与碱发生反应，导致材料或结构的破坏。但对于大多数非活性集料，这一反应是不发生的。

（4）影响砂浆的性能

集料的性能影响砂浆的需水量、力学性能及干缩性能和温度变形性能。

干缩和温度变形是引起砂浆开裂的主要原因。当集料级配不合适时，较大的空隙率和较小的细度模数增加砂浆的需水量，引起砂浆强度降低，或增大砂浆干缩和温度变形，导致抗裂性能降低。因此，合理设计灰砂比，调整集料的级配，可改善砂浆的性能。

（5）保温隔热

有些轻集料如聚苯乙烯颗粒、膨胀珍珠岩、膨胀蛭石等具有保温隔热作用，常用它们配制保温砂浆。

（6）装饰

有些彩色集料具有装饰作用，与颜料相比具有以下特点：1）颜色多样，不同颜色的集料混合在一起使用，色彩缤纷，颜色不会混杂；2）颜色具有永久性。

（7）降低成本

在砂浆组成材料中，集料是最便宜的，充分发挥集料的作用，可有效降低砂浆的成本。

62. 如何选用建筑砂浆用砂？

答：砂浆中的集料是不参与化学反应的惰性材料，在砂浆中起骨架或填料的作用。通过集料可以调整砂浆的密度，控制材料的收缩性能等。砂浆中所用的细集料粒径一般小于5mm，所以必须经过筛分，最大粒径应通过5mm筛孔。由于砂越细，其总表面积愈大，包裹在其表面的浆体就越多。当砂浆拌合物的稠度相同时，细砂配制的砂浆就要比中粗砂配制的砂浆需要更多的浆体，由于用水量多了，砂浆强度也会随之下降，因此，优先选用中粗砂配制建筑砂浆。但还需根据砂浆的用途、使用部位、基体等进行选取。如砌筑砂浆，对于砖砌体，宜采用中砂；对于毛石砌体，由于毛石表面多棱角，粗糙不平，宜采用粗砂。对于抹灰砂浆，砂的细度模数不宜小于2.4。

63. 选用建筑砂浆用集料时需考虑哪些因素？

答：选用建筑砂浆用集料时需考虑下面几个因素：

(1) 颗粒级配

集料对砂浆工作性的影响取决于集料的吸水率、细度及级配。集料的吸水率越大，砂浆的需水量也越大，导致砂浆强度降低；集料的细度模数越小，砂浆的需水量也越大；空隙率增大，砂浆的需水量也越大。尤其是灰砂比较小时，这种影响更明显。因此，为了满足所需强度，所用集料的空隙率越小，细度模数越大，胶凝材料用量就越小。

级配合格的集料堆积起来空隙率低，在砂浆中可形成良好的骨架，既可节省水泥，又能得到和易性好、较密实的砂浆。对级配不合格的集料要进行适当的掺配、调整，使其合格。

(2) 颗粒形状及表面特征

山砂或人工砂的颗粒多具有棱角，表面粗糙，与水泥粘结较好，强度高，但砂浆流动性差；河砂的颗粒多呈球形，表面光滑，与水泥粘结较差，强度较低，但砂浆和易性好，节省水泥。

64. 人工砂有哪些特性？

答：随着经济建设的飞速发展，我国基础建设方兴未艾，建筑材料的消耗巨大。但由于我国砂资源分布不均，有些地区的天然砂资源并不丰富，如云南、四川、贵州等省，而长江沿线各省建筑用砂中河砂占了不小的比例，现在长江限制采砂，使得砂资源短缺的矛盾日益突出。从外地运砂，则运费太高，所以必须寻找适宜的代砂材料。国内相继出现了以山砂（自然山砂）、石屑（采石场在加工碎石过程中产生的副产物）和机制砂（专门以岩石经破碎、筛分生产）等替代天然河砂，在实际工程中应用取得了较好的经济效益和社会效益。

鉴于国内的实际情况，于2002年2月1日起实施的国标《建筑用砂》（GB/T 14684—2001）增加了人工砂为建筑用砂之一，并规定了人工砂的定义、技术要求及检验方法。人工砂将作为今后建筑用砂的重要来源而跻身于建材市场。国家标准《建筑用砂》中明确了砂按产源分为天然砂和人工砂两类。天然砂包括河砂、湖砂、山砂及淡化海砂；人工砂是经除土处理的机制砂和混合砂的统称，其中机制砂是由机械破碎、筛分制成的、粒径小于4.75mm的岩石颗粒，但不包括软质岩、风化岩的颗粒；混合砂为机制砂和天然砂混合制成的砂。

该国标的实施不仅改变了人们在应用人工砂时无标准可依的现状，而且为推动人工砂在建筑工程中的大规模应用提供了依据。由于人工砂是用专门的制砂机械生产的，如用棒磨机制砂，所以可以通过调整进料量、料浆浓度、进料粒径、装棒量、棒级配等参数，可根据工程的需要，控制人工砂的质量，故得到日益广泛的应用。人工砂具有以下特性：

①人工砂颗粒表面较粗糙且具有棱角，用其拌制的混凝土或砂浆和易性较差、泌水量较大，但人工砂中含有的石粉可以部分改善砂浆的工作性能。

②人工砂是一种粒度、级配良好的砂，一个细度模数只对应一个级配，同时它的细度模数和单筛的筛余量呈线性关系。对于一种砂，先通过试验建立关系式后，只要测定一个单筛的筛余量即可快速求出细度模数。

③机制砂中石粉含量的变化是随细度模数变化而发生变化的，细度模数越小，石粉含量就越高；反之，细度模数越大，石粉含量越低；当石粉含量小于17%时，细度模数大于3；当石粉含量大于20%时，细度模数小于2.8。

④从砂颗粒组成统计结果分析，当砂石粉含量在20%左右时，砂各粒径的含量基本在

中砂区，而 0.315mm 以下的颗粒在细砂区，这表明人工砂粗颗粒偏多，细颗粒偏少，特别是 0.63~0.315mm 一级的颗粒。

65. 人工砂对砂浆性能有哪些影响？

答：人工砂是由机械破碎、筛分而成的，颗粒形状粗糙尖锐、多棱角，通常用人工砂配制的混凝土砂率要比河砂混凝土大；并且人工砂颗粒内部微裂纹多、空隙率大、开口相互贯通的空隙多、比表面积大，加上石粉含量高等特点，用人工砂配制的砂浆与河砂砂浆有较大的差异。

人工砂与河砂相比，由于有一定数量的石粉，使得人工砂砂浆的和易性得到改善，在一定程度上可改善砂浆的保水性、泌水性、黏聚性，还可以提高砂浆强度。杜庆蟾等人认为：由石灰石破碎而成的人工砂，其成分是碳酸钙，处于高浓度氢氧化钙中，其表面会发生微弱化学反应，而天然山砂成分中二氧化硅含量高，不能发生类似反应；且人工砂质地坚硬，有新鲜界面，表面能高；人工砂表面粗糙、棱角多，有助于提高界面的粘结。李拖福等人认为：0.08mm 以下的石粉可以与水泥熟料生成水化碳铝酸钙。周明凯等人的研究认为：石粉对水泥具有增强作用，认为石粉在水泥水化反应中起晶核作用，诱导水泥的水化产物析晶，加速水泥水化并参加水泥的水化反应，生成水化碳铝酸钙，并阻止钙矾石向单硫型的水化硫铝酸钙转化。但李兴贵认为：当石粉含量增大到 21% 以上时，由于石粉含量太高，颗粒级配不合理，使混凝土密实性降低，和易性变差；粗颗粒偏少，减弱了骨架作用；非活性石粉不具有水化及胶结作用，在水泥含量不变时，过多的石粉使水泥浆强度降低，并使混凝土强度减小。路文典认为：人工砂中石粉含量除了微集料的填充效应，还因为其中含有大量的游离 CaO，CaO 与水作用，发生水化膨胀自行硬化。而且石粉中还含有较多和较高活性的无定型 SiO_2、Al_2O_3，活性的 SiO_2 和 Al_2O_3 易与水泥水化释放出的 $Ca(OH)_2$ 反应生成稳定的硅酸钙水化物凝胶及水化铝酸钙，由于消耗了 $Ca(OH)_2$，又促进了水泥的水化反应；同时，由于 $Ca(OH)_2$ 与石粉中的活性 SiO_2 反应，使 $Ca(OH)_2$ 的晶体粒细化，有利于混凝土界面的粘结。

66. 人工砂的生产工艺有哪些？

答：人工砂（主要指机制砂）的质量在很大程度上取决于加工人工砂的机械设备，此外还与原材料和制造工艺等密不可分。在设备方面，制砂机按照破碎原理分为颚式、圆锥式、旋回式、锤式、旋盘式、反击式、对辊式和冲击式等，导致最终产品颗粒形状的优劣排序为：棒磨式、锤式和冲击式等优于反击式、圆锥式和旋盘式，颚式、辊式和旋回式最差，但前者制造成本较高。在我国水电建设中，生产人工砂通常采用国产棒磨机加工，再通过洗砂机脱水而得。每生产 $1m^3$ 的砂需水 $4m^3$，产量一般较小。有些工程单位采用螺旋洗砂机，细砂流失严重，有的高达 30%~35%。为了弥补这一损失，改善砂的级配，只得再设一套细砂回收设施。国内一些小规模工地常用锤式破碎机，锤式破碎机有生产率高、破碎比大、构造简单、便于维护等优点，但也存在锤头、篦头、衬板、转子圆盘磨损较快等缺点，如制砂母岩较坚硬，则砂料粒度级配难以控制，从而影响混凝土质量的均匀性。另外，也有用反击式破碎机和小型颚式破碎机或其他破碎机制砂的。但许多专业人士认为建设工地或专业生产人工砂的石料厂选择棒磨机为宜。因为棒磨机的生产过程是利用筒体内棒与棒之间的线接触进行的,棒对石料的粉磨有选择性,先磨大粒石料,然后逐步将石料按粒度的大小依次粉磨,过磨现象少,同时棒磨机制砂可以通过多种参数进行质量控制,产品质量较为稳定,且砂料颗粒粒形较好。

67. 什么是尾矿砂?

答:由金属矿、非金属矿在开采和加工主矿产品过程中产生的固体废弃物经破碎、分级后的尾矿称为尾矿砂。尾矿一般堆存在矿山周围,占用土地,污染环境。大多数矿山对加工过程中产生的尾矿采用集中建尾矿坝(库)堆存,造成维护、管理、运行费用大,国家每年要花费 10~15 亿元堆放尾矿。至目前为止,我国积存尾矿超过 50 亿 t,占地 800 km^2 以上,而且每年仍以 3 亿 t 的速度增长,而利用率只有 8.2%,与国外发达国家 60% 的利用率相差甚远。因此充分利用尾矿资源来发展新型建材是尾矿处理利用最直接有效的途径。

绝大部分尾矿的技术指标与特细砂接近,适合配制建筑砂浆。使用尾矿代替天然砂生产建筑砂浆,一方面可减少尾矿对环境的污染,减少天然砂开采,保护环境;另一方面为尾矿广泛用于建筑材料开辟新的利用途径。由于尾矿砂的颗粒级配、石粉含量、泥块含量等指标可以在生产过程中通过改变设备和工艺参数进行调整和控制,而强度、有害物质、坚固性以及碱-集料反应是判定尾矿能否制尾矿砂的关键。因此,在生产中应加强对原料的检验,以保障尾矿砂的质量。从目前来看,大多数尾矿制成的尾矿砂是可以用来配制砂浆的,但也有个别的尾矿不适合于制作尾矿砂。

尾矿砂也根据细度模数分为粗砂、中砂、细砂和特细砂四级。

68. 能否用人工砂代替天然砂?

答:我国建筑用砂年需十几亿吨。随着大量的开采,我国天然砂石资源已相当匮乏,砂的价格越来越高,供需矛盾日益突出。

建筑砂浆可以全部或部分使用人工砂代替天然砂,对砂浆性能不会产生不良影响。人工砂就是将一些矿山开采下来的下脚料或水泥厂尾矿废弃的石灰石,或建筑垃圾、煤矸石、钢渣等工业固体废弃物进行破碎筛分,达到砂浆生产所需的粒度要求。这样既可以利废,又可以减少环境破坏,完全符合我国发展循环经济的理念。我国每年要产生大量的石灰石废料及工业废弃物(表68-1),未来十几年工业固体废弃物的产生量也很大,完全可以保证建筑砂浆原料供应充足。位于北京首钢的北京特首新型建材有限公司就是一条完全以钢渣做集料的干混砂浆工厂,其生产的砂浆已经在国家体育场等工程中应用,效果较好。

表68-1 我国每年产生的固体废弃物

种 类	每年产生量
石灰石废料	10 亿 t
煤矸石	1 亿 t 以上(累计 34 亿 t 以上)
建筑垃圾	4000~5000 万 t
钢渣	1500~1800 万 t

(三)轻集料

69. 什么是轻集料？如何分类？

答：轻集料是堆积密度小于1200kg/m³的天然或人工多孔轻质集料的总称。

轻集料按材料的属性分为无机轻集料和有机轻集料，见表69-1。

表69-1 轻集料按材料属性分类

类别	材料性质	主要品种
无机轻集料	天然或人造的无机硅酸盐类多孔材料	浮石、火山渣等天然轻集料和各种陶粒、矿渣等人造轻集料
有机轻集料	天然或人造的有机高分子多孔材料	木屑、炭珠、聚苯乙烯泡沫轻集料等

轻集料按原材料来源可分为天然轻集料、人造轻集料和工业废料轻集料，见表69-2。

表69-2 轻集料按材料来源分类

类别	原材料来源	主要品种
天然轻集料	火山爆发或生物沉积形成的天然多孔岩石	浮石、火山渣、多孔凝灰岩、珊瑚岩、钙质贝壳岩等及其轻砂
人造轻集料	以黏土、页岩、板岩或某些有机材料为原材料加工而成的多孔材料	页岩陶粒、黏土陶粒、膨胀珍珠岩、沸石岩轻集料、聚苯乙烯泡沫轻集料、超轻陶粒等
工业废料轻集料	以粉煤灰、矿渣、煤矸石等工业废渣加工而成的多孔材料	粉煤灰陶粒、膨胀矿渣珠、自燃煤矸石、煤渣及轻砂

70. 什么是天然轻集料？

答：天然轻集料是在火山喷发过程中，火山岩经过膨胀和急冷固化形成的具有多孔结构的岩石，如浮石、火山渣、泡沫熔岩和火山凝灰岩等。火山岩经过破碎和筛分可制成不同规格的轻集料。天然轻集料来源不同，其性能也不同，各种天然轻集料的性能比较见表70-1。

表70-1 天然轻集料的性能比较

天然轻集料	颗粒密度（kg/m³）	堆积密度（kg/m³）	常压下24h吸水率（%）
火山凝灰岩	1300~1900	粗集料：700~1100 细集料：200~500	7~30
泡沫熔岩	1800~2800	800~1400	10左右
浮石	550~1650	350~650	50左右

71. 什么是浮石？

答：浮石是由火山爆发形成的一种具有发达气孔结构的多孔喷出岩，呈块状，由于其矿物和化学成分不同，多为铁黑色，也有的呈红褐色或灰白色、淡黄色等。其表面具有直径为0.1~8mm的海绵状或蜂窝状圆形到椭圆形的气孔，局部较均匀。质轻的浮石，颗粒密度小于1g/cm³，能浮于水，故称浮岩，俗称浮石。

72. 什么是人造轻集料？

答：人造轻集料是以地方材料为原料，经加工而成的轻集料。

生产人造轻集料的原料主要有三类：①天然原料，如黏土、页岩、板岩、珍珠岩、蛭石等；②工业副产品，如玻璃珠等；③工业废弃物，如粉煤灰、煤渣和膨胀矿渣珠。

73. 什么是膨胀珍珠岩？有何特点？

答：珍珠岩是在酸性熔岩喷出地表时，由于与空气温度相差悬殊，岩浆骤冷而具有很大黏度，使大量水蒸气未能逸散而存于玻璃质中。焙烧时，珍珠岩突然升温达到软化点温度，玻璃质结构内的水汽化，产生很大压力，使黏稠的玻璃质体积迅速膨胀，当它冷却到其软化点以下时，便凝成具有孔径不等、空腔的蜂窝状物质，即膨胀珍珠岩。

膨胀珍珠岩颗粒内部呈蜂窝结构，具有质轻、绝缘、吸声、无毒、无味、不燃烧、耐腐蚀等特点。除直接作为绝热、吸声材料外，还可以配制轻质保温砂浆、轻质混凝土及其制品等。膨胀珍珠岩一般分为两类：粒径小于2.5mm的称为膨胀珍珠砂；粒径为2.5~30mm的称为膨胀珍珠岩碎石，习惯上统称为膨胀珍珠岩。

膨胀珍珠岩砂也称为膨胀珍珠岩粉或珠光砂，是珍珠岩等矿石经破碎、预热，在900~1250℃下急速受热膨胀而制得。其粒径小于2.5mm，堆积密度约40~150kg/m³时，常温热导率为0.03~0.05W/(m·K)，使用温度为200~800℃。

膨胀珍珠岩碎石又称大颗粒膨胀珍珠岩，是珍珠岩等矿石经破碎、预热处理后，在1300~1450℃高温下焙烧而成的一种轻集料。其粒径为2.5~30mm，堆积密度250~600kg/m³，热导率为0.05~0.10W/(m·K)。

但由于大多数膨胀珍珠岩含硅量高（通常超过70%），多孔并具有吸附性，对隔热保温极为不利，特别是在潮湿的地方，膨胀珍珠岩制品容易吸水致使其热导率急剧增大，高温时水分又易蒸发，带走大量的热，从而失去保温隔热性能。因此，需采取一些措施降低其吸水率，提高保温隔热性能。

74. 什么是膨胀蛭石？

答：蛭石是由黑云母、金云母、绿泥石等矿物风化或热液蚀变而来的，自然界很少产出纯的蛭石，而工业上使用的主要是由蛭石和黑云母、金云母形成的规则或不规则层间矿物，称之为工业蛭石。膨胀蛭石是将蛭石破碎、筛分、烘干后，在800~1100℃下焙烧膨胀而成。产品粒径一般为0.3~25mm，堆积密度约80~200kg/m³，热导率为0.04~0.07W/(m·K)，化学性质较稳定，具有一定机械强度。最高使用温度达1100℃。

75. 轻集料有哪些性能？

答：轻集料的主要性能包括颗粒密度、堆积密度、颗粒强度、级配、吸水率、抗冻性等，这些性能直接影响轻集料混凝土及砂浆的和易性、强度、容重及保温性能等。

①颗粒密度也称为表观密度或视密度，是指给定数量的集料质量与颗粒所占体积之比，该体积包括集料颗粒内部的孔隙，但不包括颗粒之间的空隙。

颗粒密度根据集料的含水状态分为绝对干燥状态下的密度即绝干颗粒密度和内部吸水表

面干燥状态下的密度即饱和面干颗粒密度两种情况。轻集料的颗粒密度随吸水时间而变化，而且吸水速度与集料的种类有关。因此，一般所指轻集料的颗粒密度均为绝对干燥状态下的颗粒密度。

轻集料的颗粒密度约为普通集料的 $\frac{1}{4} \sim \frac{1}{2}$，其大小受焙烧工艺、原材料种类和颗粒内部的孔隙含量，以及集料粒径大小等因素的影响而有所不同。

②堆积密度，是指自然堆积状态下每立方米轻集料的质量，也叫松散密度，它包含了颗粒之间的空隙以及集料颗粒内部的孔隙体积。堆积密度的大小与集料的颗粒密度、尺寸、级配、形状和含水量密切相关，同时，其大小也与计量体积的方法有关。当集料松散堆置、振动密实或是手工捣实时，所测得的堆积密度也不同。

轻集料的堆积密度主要取决于集料的颗粒密度、级配及其粒径。一般情况下，轻集料的堆积密度大约为其颗粒密度的 $\frac{1}{2}$。

轻集料的密度等级直接影响以其配制的混凝土的密度和性能，一般而言，轻集料的堆积密度越大，则以其配制的混凝土的密度和强度也越高。

③筒压强度，是表示轻集料颗粒强度的一个相对指标，主要影响因素有堆积密度、粒型、颗粒级配以及孔隙率等。

轻集料强度对混凝土及砂浆的强度有较大的影响。目前多采用筒压法测定轻集料的强度。

④吸水率，由于轻集料具有多孔结构，吸水能力比普通集料强。不同种类轻集料由于孔隙率及孔结构差别，吸水率往往相差较大，即便同一种轻集料，由于烧制工艺不同，其吸水率也有较大差别。一般黏土陶粒的 24h 吸水率达到 10% 以上；火山渣、烧结粉煤灰、膨胀珍珠岩等 24h 吸水率超过 25%，而其 1h 吸水率能达到其 24h 吸水率的 62% ~ 94%；页岩陶粒的吸水率较低，一般为 5% ~ 15%。

由于轻集料在混凝土中伴随着吸水与放水过程，因此轻集料的吸水率对混凝土的性能影响较大。对于新拌混凝土，轻集料在拌和与运输过程中继续吸水，会降低混凝土的工作性。轻集料的吸水率越高，预饱水程度越低，轻集料对新拌混凝土的工作性能的影响就越大。因此，轻集料混凝土在拌和时，一般要求对轻集料进行预湿处理。

轻集料的吸水速率取决于颗粒表面的孔隙特征、集料内部的孔隙连通程度及烧成程度等。吸收在集料内部的水分，虽然不立即与水泥发生作用，但在混凝土硬化过程中，能不断供给水泥水化用。

⑤抗冻性，轻集料具有较高的吸水性，由于孔中的水结冰体积产生膨胀，破坏轻集料内部结构，使轻集料自身的强度降低，因此轻集料的抗冻性是影响轻集料混凝土耐久性的一个关键参数。在严寒地区使用轻集料混凝土时，轻集料必须具有足够的抗冻性，才能保证所拌制的混凝土的耐久性。

76. 轻集料的生产工艺有哪些？

答：轻集料的生产工艺一般有两类：烧结法和免烧法。轻集料的生产工艺和窑型是根据原料的种类、成分、产品性能而定的，烧结法主要是指烧胀型和烧结型。烧胀型用于页岩轻集料和黏土轻骨料的生产，而烧结型主要指粉煤灰轻集料的生产。免烧轻集料是指那些原材料不需经过烧结过程，只需简单的养护，就能达到所需强度要求的生产方法，主要是针对粉煤灰轻集料而命名的。

目前国内外生产黏土轻集料、页岩轻集料均采用回转窑焙烧，可以生产出超轻轻集料（堆积密度 <500kg/m³）、结构保温轻集料（堆积密度 500~750kg/m³）和高强轻集料（堆积密度 750~1000kg/m³）。

粉煤灰轻集料的生产可分为焙烧型和养护型两类，可生产出超轻型、结构保温型和高强型粉煤灰轻集料。焙烧型中又分为烧结机法和回转窑法两种，养护型中又分为自然养护、蒸压养护和发泡蒸气养护三种。根据现有的资料，蒸压养护、自然养护是目前研究最多的几种免烧工艺，包壳法生产粉煤灰轻集料是一种特殊的免烧轻集料的制备方法。此两类五法生产技术适应性强，综合优势显著，是黏土轻集料、页岩轻集料生产技术所无法比拟的。

（四）保水增稠材料

77. 什么是保水增稠材料？

答：保水增稠材料是指用于砂浆中改善砂浆可操作性，提高砂浆保持水分能力的非石灰类材料。保水增稠材料首先应有保持水分的能力，另外一个作用是改善砂浆的可操作性，它既与提高砂浆保水性相关，又有区别。增稠作用主要是提高砂浆的黏性、润滑性、可铺展性、触变性等，使砂浆在外力作用下易变形，外力消失后保持不变形的能力。砂浆与基层既要求具有一定的黏附性，黏附性又不能太高，以免形成"粘刀"。

无论是水泥基砂浆，还是石膏基砂浆，其无机胶凝材料均需要一定的水分，以保证胶凝材料水化形成水化产物。如果砂浆中水分不能充分保证无机胶凝材料水化，那么砂浆粘结强度和抗压强度都将降低，造成砌筑砂浆与块材粘结力变差，抹灰砂浆容易起壳、开裂。

保水增稠材料可以是单组分材料，也可以是多组分材料。

78. 保水增稠材料有什么作用？

答：保水增稠材料可发挥如下的作用：

①改善砂浆保水性和可操作性。可操作性包括流动性、黏聚性和触变性，流动性不好，砂浆抹不开；黏聚性不好，砂浆抹开时较散，不成团，不能保持良好的连续性，触变性不好，砂浆不易铺展和找平。保水增稠材料有助于增加砂浆的黏聚性，使得砂浆柔软而不散，易于操作。

②增加黏附力。由于砂浆变软，可与基层较好的接触，不易脱落。

③防止砂浆泌水和离析。保水增稠材料可使拌和水均匀分布在砂浆中，且能够保持长期稳定，不泌水。同时，由于增加了浆体的黏度，使集料等颗粒不易运动，因而有效防止了离析，使砂浆始终保持较好的均匀性。

④使砂浆能在较长时间内保持一定的水分。这些水分的作用：一是保证胶凝材料正常的水化。没有水，水化反应就不能正常进行，而硬化砂浆的性能与水化反应有着密切的关系；二是防止开裂。砂浆开裂的一个重要原因就是砂浆中的水分过早的损失，引起较大的干缩变形。

⑤提高砂浆抗渗性和抗冻性。使砂浆中的水分吸附在颗粒表面，减少了砂浆中的自由水量，因而也减少了因此而留下的孔隙，改善了硬化砂浆中的孔结构，从而提高了砂浆的抗渗

性和抗冻性。

⑥易于砂浆薄层施工。因保水增稠材料使砂浆变得柔软而黏稠，比较好抹；由于具有较好的保水作用，有效防止砂浆中的水分被基材吸走或蒸发。

79. 保水增稠材料有哪些品种？

答：保水增稠材料一般分为有机和无机两大类，主要起保水、增稠作用。它能调整砂浆的稠度、保水性、黏聚性和触变性。常用的有机保水增稠材料有甲基纤维素、羟丙基甲基纤维素、羟乙基甲基纤维素等，以无机材料为主的保水增稠材料有砂浆稠化粉等。预拌砂浆和普通干混砂浆主要采用的保水增稠材料为砂浆稠化粉等，而特种干混砂浆主要采用纤维素醚等作为保水增稠材料。

传统的保水增稠材料为石灰膏，它通过平面多层矿物结构的物理吸附水原理，在凝结硬化前使砂浆水分不易从浆体析出，并且使砂浆拌合物形成膏状物，砂浆既可在外力作用下变形，又可在外力消失后本身能承受一定的荷载，硬化后石灰膏所保持的水分能使砂浆中水泥水化获得充足的水分。所以，石灰膏是一种传统的保水增稠材料，用石灰膏配制的水泥石灰混合砂浆广泛应用于建筑工程中。砂浆中加入石灰膏后，砂浆变得柔软，保水性好，易施工；其缺点是耐水性差、收缩大、粘结强度低、耐久性差，且现场淋制石灰膏需要化灰池，有时还会因石灰消解不完全而产生一系列质量问题，并对环境造成污染。因此，《砌体结构设计规范》（GB 50003—2001）规定工程 ±0.0m 以下砌体必须采用水泥砂浆砌筑，对有防水要求的墙体，如厨房、卫生间也采用水泥砂浆。由此可见，石灰膏的使用越来越受到限制。

预拌砂浆中通常都掺入非石灰类保水增稠材料，主要品种有砂浆塑化剂、纤维素醚、砂浆稠化粉等。

（1）砂浆塑化剂

砂浆塑化剂的主要成分是松香类或长碳链磺酸盐，其原理为通过在水泥砂浆中引入微小空气气泡使砂浆蓬松、柔软。但掺加引气剂后，砂浆砌体强度会降低10%以上，并且引气剂掺加量极少，一旦计量不准确将会大幅度降低砂浆强度或者和易性。同时引气剂类产品还存在气泡稳定性问题。砂浆的含气量还与搅拌时间、方法、水泥品种和用水量等因素密切相关。

（2）纤维素醚

纤维素醚是碱纤维素与醚化剂在一定条件下反应生成一系列产物的总称，是具有水溶性和胶质结构的化学改性多糖。纤维素醚主要有以下三个功能：

①可以使新拌砂浆增稠从而防止离析并获得均匀一致的可塑体；

②本身具有引气作用，还可以稳定砂浆中引入的均匀细小气泡；

③作为保水剂，有助于保持薄层砂浆中的水分（自由水），从而在砂浆施工后水泥可以有更多的时间水化。

纤维素醚是一种水溶性聚合物，它在新拌砂浆中会随着水分的蒸发而迁移到砂浆接触空气的表面而形成富集，从而造成纤维素醚在新砂浆表面的结皮。结皮的结果使砂浆表面形成一层较为致密的膜，它会缩短砂浆的开放时间，从而使后期粘结强度下降。通过调节配方、选择适宜的纤维素醚和添加其他的添加剂等方法可以改善纤维素醚的结皮现象。

在使用纤维素醚时应该注意的是，当纤维素醚掺量过高或黏度过大时，会增加砂浆的需水量，工作性降低，施工中感觉吃力（粘抹子）；纤维素醚会延缓水泥的凝结时间，特别是在掺量较高时缓凝作用更为显著；此外，纤维素醚也会影响砂浆的开放时间、抗垂流性能和粘结强度。

纤维素醚一般适用于使用厚度5mm以下的干混砂浆产品。

（3）砂浆稠化粉

砂浆稠化粉是一种非石灰、非引气型粉状材料，主要成分是蒙脱石和有机聚合物改性剂以及其他矿物助剂，通过对水的物理吸附作用，使砂浆达到保水增稠之目的。由于其保水增稠作用是以无机材料为主，有机材料为辅，它使水泥砂浆既具有一定的保水增稠作用，又避免了纤维素醚的结皮现象。它与各种水泥的相容性好。掺稠化粉的建筑砂浆耐水，长期浸水强度稳定发展，在大气中强度也稳定发展。冻融循环后，强度损失和质量损失少。在等水泥用量条件下，掺稠化粉砂浆较水泥石灰混合砂浆粘结强度提高25%，收缩降低35%，抗渗性提高25%，砌体强度符合《砌体结构设计规范》（GB 50003—2001）要求。因此，目前上海地区主要使用砂浆稠化粉作为湿拌砂浆和普通干混砂浆所用的保水增稠材料。用砂浆稠化粉配制的预拌砂浆还可作为混凝土小型空心砌块的专用砂浆和蒸压灰砂砖的专用砂浆。

80. 为什么保水增稠材料应是非石灰类产品？

答：传统的保水增稠材料为石灰膏，它通过平面多层矿物结构的物理吸附水原理，在凝结硬化前使得砂浆水分不易从浆体析出，并且使砂浆拌合物形成膏状物，砂浆既可在外力作用下变形，又可在外力消失后本身承受一定的荷载，硬化后石灰膏所保持的水分能使砂浆中水泥获得充足的水分进行水化。但是，石灰是一种气硬性胶凝材料，而水泥是一种水硬性胶凝材料，石灰在水泥石灰混合砂浆体系中所起的作用也仅局限于保水增稠作用，而砂浆硬化后，石灰产物将形成水泥石灰砂浆中的薄弱环节，它是水泥石灰混合砂浆易渗水和收缩大的主要因素。为此，《砌体结构设计规范》（GB 50003—2001）6.2.2条规定，地面以下或防潮层以下的砌体，潮湿房间的墙，所用砂浆必须是水泥砂浆。但是，水泥砂浆由于不含保水增稠材料，其可操作性差，砂浆不易与块材粘结，所以，《砌体结构设计规范》（GB 50003—2001）3.2.3条规定，当砌体用水泥砂浆砌筑时，砌体抗压强度应乘以0.9系数，砌体抗剪强度应乘以0.8系数。所以，预拌砂浆所用的保水增稠材料应当是非石灰类的，这样，才能保证预拌砂浆既能获得混合砂浆良好的可操作性及粘结性能，又能具有水泥砂浆优良的耐久性。

81. 预拌砂浆中为什么都掺有保水增稠材料？

答：保水增稠材料可减慢砂浆的失水速度。砂浆的失水包括两个过程：一是砂浆内部的水向表面扩散；二是砂浆表面的水蒸发或者向基层材料中扩散。只有砂浆内部的水源源不断地向表面扩散，才有可能在表面蒸发或向基层材料中扩散；也只有砂浆表面的水大量地蒸发或向基层材料中扩散，才能在砂浆中形成较大的湿度梯度，推动砂浆内部的水向表面扩散，这两个过程是相互影响的。保水剂具有吸附水分子的作用，甚至通过分子间作用力牵制着水分子向表面扩散，从而使砂浆失水速度减慢。对于环境条件比较恶劣的施工场合，这种保水作用不仅可以赢得应力松弛的时间，也为胶凝材料的水化反应保持了必需的水分，从而保证砂浆性能的正常发展，提高了砂浆的抵抗能力。砂浆失水速度与环境温度、湿度相关，与砂浆厚度相关，不同品种砂浆也相应需要不同品种的保水增稠材料。

82. 保水增稠材料的保水性为什么不是越高越好？

答：砌筑砂浆的用水量为 260～300kg/m³。控制砌筑砂浆保水性的主要作用是保证砂浆在凝结硬化前不被块材吸收过多的水分；否则，砂浆因失水过快而导致砂浆中的水泥没有足够水分水化，从而降低砂浆本身强度和砂浆与块材的粘结强度。

众所周知，水泥完全水化理论所需水分是水泥质量的 26%，而砂浆实际用水量大大超过了砂浆中水泥水化所需的水分，所超过的水分主要是为了满足施工之需要。水泥石的强度主要与水灰比有关，水灰比越大，水泥石孔隙率也越大，水泥石强度就会越低，砂浆强度也相应降低。所以，只要砌筑砂浆的保水性能保证砂浆可操作性和砂浆中水泥水化所需水分即可。如果砌筑砂浆保水性太好，那么砂浆中所保留的实际水分就多，砂浆真实水灰比就大，砂浆的实际强度就低，与块材粘结强度也相应低。另外，砂浆保水性太好，水分不易被块材吸收，也会影响水泥浆与块材的粘结，并将延长砂浆的凝结时间，从而影响砌筑速度，并增加施工难度。所以，砌筑砂浆的保水性指标应与块体材料相对应。如果块体材料的孔结构为开放式，块材易被水浇透，如烧结砖，那么砌筑砂浆的保水性就可低些，只需达到 80% 以上即可，例如用传统砂浆砌筑烧结普通砖，效果就非常好。如果块体材料孔结构为封闭的，孔隙率高，块体材料不易被水浇透，或者块体材料施工时不准浇水润湿，那么砌筑砂浆的保水性就应提高，以满足砂浆中水泥水化所需的水分。例如，蒸压灰砂砖砌筑时，如采用保水性为 80% 的砌筑砂浆砌筑灰砂砖，由于砂浆保水性低，砂浆的水分容易被灰砂砖吸收，造成灰缝中水泥水化所需水分严重不足，使得水泥水化不能正常进行，降低了砂浆真实强度和砂浆与灰砂砖的粘结强度，这也是用传统砂浆砌筑灰砂砖造成砌体易开裂的原因之一。所以，用于砌筑灰砂砖的砂浆保水性就应控制在 88% 以上。但是，如果我们将砌筑灰砂砖的砂浆保水性提高到 95% 以上，就会产生砂浆灰缝中水分很难被吸收，砂浆实际强度降低，砂浆与砖的粘结强度也会降低，并且砂浆保水性太好，砌筑时砖不容易与砂浆粘结稳定，砌筑高度受到限制。因此，砌筑砂浆的保水性不是越高越好，对不同的块体材料应有相适应的保水性范围。

83. 如何合理使用保水增稠材料？

答：保水增稠材料的选用应根据干混砂浆的性能、使用条件、施工要求而定。一般而言，砂浆的保水性不是越高越好。如果砂浆保水性太好，可能导致砂浆凝结时间延长、结皮以及抗压强度降低等。因此，每一品种干混砂浆都有其保水性适宜范围，例如，使用厚度 10～20mm 的普通干混砂浆的保水性应在 88%～92%；使用厚度 3～5mm 的薄层干混砂浆的保水性应在 95% 以上。例如，砌筑砂浆按砌筑块材可分为烧结普通砖、混凝土小型空心砌块、蒸压灰砂砖、蒸压粉煤灰砖和加气混凝土砌块。每一种块材的表面状况、孔结构、孔隙数量和块体形状都不尽相同，有的要求灰缝为 8～12mm，有的要求为 3～5mm。对于厚灰缝的砂浆，保水性就不能太高，太高会显著降低砂浆抗压强度，延长凝结时间，影响正常施工速度，此时，可选择砂浆稠化粉作为保水增稠材料。使用厚度 3～5mm 薄层砂浆的保水性要求就非常高,此时可选择纤维素醚作为保水增稠材料。应注意的是,用于砌筑砂浆的保水增稠材料应符合《砌筑砂浆增塑剂》(JG/T 164—2004)的要求。

84. 什么是砌筑砂浆增塑剂?

答:砌筑砂浆增塑剂是指砌筑砂浆拌制过程中掺入的用以改善砂浆和易性的非石灰类外加剂。它可以是引气型,也可以是非引气型;其组成成分可以为有机、无机或有机无机复合型;其掺量不受应小于胶凝材料5%的规定的限制。其质量应符合《砌筑砂浆增塑剂》(JG/T 164—2004)的规定,见表84-1、表84-2。

表84-1 受检砂浆性能指标

试验项目			性能指标
分层度(mm)			10~30
含气量(%)	标准搅拌	≤	20
	1h静置	≥	(标准搅拌时的含气量-4)
凝结时间差(min)			+60~-60
抗压强度比(%)	7d	≥	75
	28d	≥	
抗冻性 (25次冻融循环)	抗压强度损失率(%)	≤	25
	质量损失率/%	≤	5

注:有抗冻性要求的寒冷地区应进行抗冻性试验;无抗冻性要求的地区可不进行抗冻性试验。

表84-2 受检砂浆砌体强度指标

试验项目		性能指标
砌体抗压强度比(%)	≥	95%
砌体抗剪强度比(%)	≥	95%

注:用于砌筑非承重墙的增塑剂可不作砌体强度性能的要求。

砌筑砂浆增塑剂的检验分为两部分:一是掺增塑剂的砂浆性能检验;二是用掺增塑剂砂浆砌筑的砌体的强度检验。因砂浆中掺入引气型增塑剂后,往往会降低砌体的力学性能,尤其是抗剪和抗压强度,因此,《砌体工程施工质量验收规范》(GB 50203—2002)中规定:有机塑化剂应有砌体强度的型式检验报告。

对于引气型增塑剂,也称为砂浆塑化剂,它通过引气而改善砂浆的可操作性。砂浆含气量是一个关键性指标,它直接影响砂浆的和易性、强度和砌体强度。含气量越大,砂浆和易性越好,但砂浆强度降低越多,同时,砌体的强度也低,因此,对含气量的上限做出了规定。只有当砂浆含气量控制在20%以下时,砂浆和砌体的强度才可能得到保证。1h静置后的含气量主要是控制气泡的稳定性。如气泡稳定性不好,虽然砂浆刚搅拌时的和易性得到改善,但过一段时间这种效果就会减弱或消失,起不到塑化的作用,因此,引气型增塑剂要有良好的气泡稳定性。砂浆含气量的测定方法采用容重法。

非引气类增塑剂通过物理吸附水作用,可使砂浆达到保水和增稠作用。其典型产品是砂浆稠化粉。砂浆稠化粉的主要成分是蒙脱石和有机聚合物改性剂以及其他矿物助剂。砂浆稠化粉其本质就是有机网络蒙脱石,使得砂浆具有良好的保水性和触变性。有机网络蒙脱石能稳定吸附大量水分子，并且所形成的有机胶体具有很强的触变性，使得砂浆能长时间保持良好的可操作性。即，砂浆在静置状态能保持良好的体积稳定性，使各组分保持不变；在受力状态下具有良好的流动性，使砂浆易操作，易抹平，并与基层粘结牢固。有机网络蒙脱石能有效控制蒙脱石膨胀，限制水泥浆的干缩，使砂浆粘结强度高，收缩低，抗冻性好。用非纤维素醚、非引气的有机高分子材料来改性蒙脱石效果最好。

85. 什么是纤维素醚？有哪些品种？

答：纤维素醚是以木质纤维或精制短棉纤维作为主要原料，经化学处理后，通过氯化乙烯、氯化丙烯或氧化乙烯等醚化剂发生反应所生成的粉状纤维素醚。

纤维素醚的生产过程很复杂，它是先从棉花或木材中提取纤维素，然后加入氢氧化钠后经过化学反应（碱溶）转化成为碱性纤维素，碱性纤维素在醚化剂的作用（醚化反应）下，并经水洗、干燥、研磨等工序生成纤维素醚。

不同的醚化剂可把碱性纤维素醚化成各种不同类型的纤维素醚。纤维素的分子结构是由失水葡萄糖单元分子键组成的，每个葡萄糖单元内含有三个羟基，在一定条件下，羟基被甲基、羟乙基、羟丙基等基团所取代，可生成各类不同的纤维素品种。如被甲基取代的称为甲基纤维素，被羟乙基取代的称为羟乙基纤维素，被羟丙基取代的称为羟丙基纤维素。由于甲基纤维素是一种通过醚化反应生成的混合醚，以甲基为主，但含有少量的羟乙基或羟丙基，因此被称为甲基羟乙基纤维素醚或甲基羟丙基纤维素醚。由于取代基的不同（如甲基、羟乙基、羟丙基）以及取代度的不同（在纤维素上每个活性羟基被取代的物质的量），因此可生成各类不同的纤维素醚品种和牌号，不同的品种可广泛应用于建筑工程、食品和医药行业，以及日用化学工业、石油工业等不同的领域。

纤维素醚还可按其取代基的电离性能分为离子型和非离子型。离子型主要有羧甲基纤维素盐（图85-1），非离子型主要有甲基纤维素、甲基羟乙基纤维素醚（MHEC）（图85-2）、甲基羟丙基纤维素醚（MHPC）（图85-3）、羟乙基纤维素醚等。

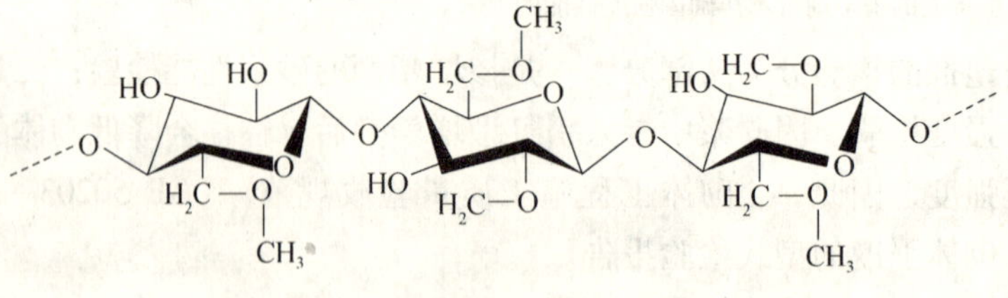

图85-1 羧甲基纤维素盐的分子结构图

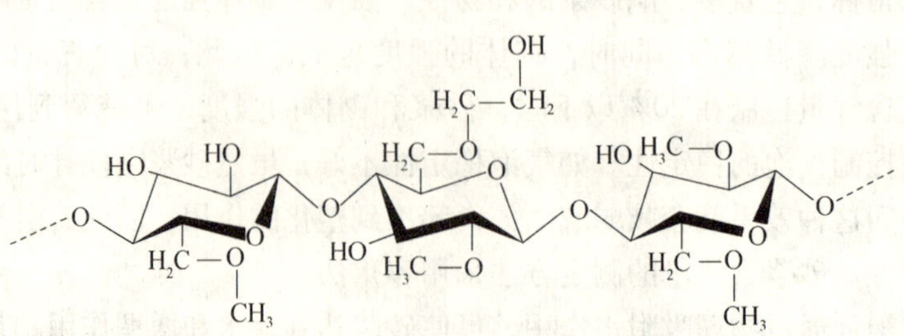

图85-2 甲基羟乙基纤维素醚的分子结构图

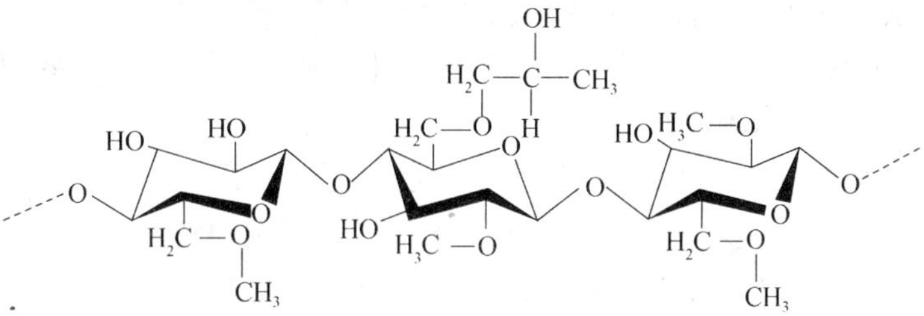

图 85-3 甲基羟丙基纤维素醚的分子结构图

由于离子型纤维素（羧甲基纤维素盐）在钙离子存在的情况下不稳定，因此在以水泥、熟石灰为胶凝材料的干混砂浆中很少使用。羟乙基纤维素也用于某些干混砂浆中，但所占市场份额极少。现在干混砂浆中使用的主要是甲基羟乙基纤维素醚（MHEC）和甲基羟丙基纤维素醚（MHPC），它们所占的市场份额已超过90%。

保水性和增稠性的效果依次为：甲基羟乙基纤维素醚（MHEC）＞甲基羟丙基纤维素醚（MHPC）＞羟乙基纤维素醚（HEC）＞羧甲基纤维素（CMC）。

86. 纤维素有哪些常见品种？各有何特点？

答：纤维素醚、纤维素衍生物是一大类添加剂，通常为粉状（或片状），少数为浆状（纤维素酯不溶解时形成的悬浮液）。尽管受到合成流变改进剂的竞争，纤维素衍生物仍然是"增稠剂"的主力，主要用于各类水性涂料的生产。可以大致分类如下：

（1）羧甲基纤维素，CMC；
（2）羟乙基纤维素，HEC；
（3）疏水改性 HEC，HMHEC；
（4）甲基纤维素，MC；
（5）甲基羟乙基纤维素，MHEC；
（6）甲基羟丙基纤维素，MHPC；
（7）乙基羟乙基纤维素，EHEC；
（8）疏水改性的纤维素醚类 EHEC，HM-EHEC。

所有的纤维素产品都有取代度（DS）指标，指每个脱水葡萄糖单元上被取代的羟基数量（理论值最高为3，取代度低，水溶性好）。非缔合纤维素产品（或纯纤维素）生产和销售的多为粉末，颗粒细微，或标准大小，少数为片状，有些经过了表面处理。自20世纪50年代以来，它是最早进入涂料市场的流变改进剂，同时，所有的纤维素酯都是基于纤维素原料的，这种天然聚合物是环境中来源最广泛的，例如木浆或者化学脱脂棉，脱脂棉的分子量最高。天然的纤维素不溶于水，必须经过改性才能成为水溶性的。

纤维素还有聚合度（和溶液的黏度直接相关）、取代基团、取代均匀性等多个不同指标。总的来说，纤维素产品按照不同标准，可以分成如下不同大类：离子型，如 CMC；或非离子型，比如 HEC、EHEC、MC、HPC 等；溶于冷水或热水，如 CMC、HEC；只能溶于冷水，比如 MC、MHPC；可以溶于水和一些溶剂，如 HPC。一般纤维素产品溶于水，溶液澄清或略有烟雾状，有一定黏度（与品种、浓度有关）和假塑性，温度越高，黏度越低（MC 是例外，受热形成凝胶）。

缔合型纤维素是疏水性改性衍生物，包括 HM-EHEC 或 HMHEC，疏水基团附着在水溶性骨架上，HM-CD 系列产品分子量更高，其增稠机理为同时具有长链缠绕和疏水缔合作用。

(1) 羧甲基纤维素 (CMC)

羧甲基纤维素 CMC（或羧甲基纤维素钠）是一种阴离子、亲水性纤维素。通常呈粉末状或絮状（易分散并避免成块），不需再处理就能实现增稠和特殊的流变性。20 世纪 40 年代末期，羧甲基纤维素产品进入市场，更纯的 CMC 则应用于食品、化妆品和医药。和取代度一样，纯度越高则价格越高，可能得到的深加工产品，能在搅拌下均匀分散增稠，提供优异的成膜性、黏合性。如图 86-1 所示。

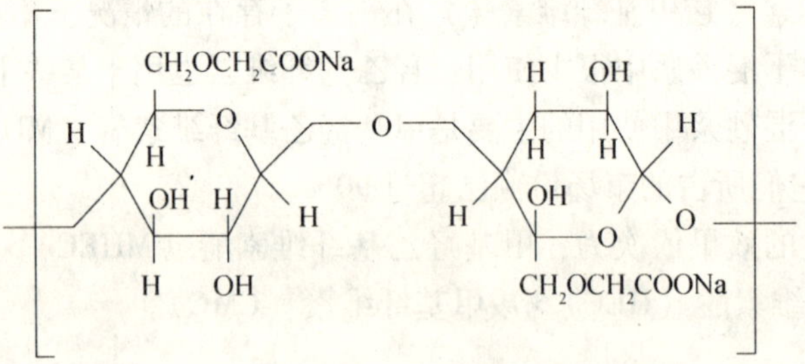

图 86-1　DS = 1（取代度为 1）的 CMC 的理想单元结构

(2) 羟乙基纤维素 (HEC)

羟乙基纤维素（HEC）是广为人知的非离子型纤维素，由于众多原因，目前在工业上应用最为广泛。例如：与其他组分，尤其着色剂有高度兼容性，不受多价离子影响；易分散并溶于冷水或热水，中性时溶解缓慢，加入碱后能迅速溶解；高度增稠能力（依赖于分子量）、助悬浮、水分保持、较宽的 pH 值范围能高度稳定；高度耐水性，易与极性溶剂混合。在冷水或热水中，溶液可以清澈无色。通常，标准 HEC 能通过与水分子形成氢键桥而获得高黏度、假塑性（与其类型、引入基团和分子量有关）。

该类纤维素从黏度最低值到最高值范围内均能生产，对其进行表面处理（添加控制量的乙二醛）可避免分散在水中时成团。

注：有一种 HEC，较高取代度并能较好地抵抗微生物或酶攻击，在高 pH 值时更稳定。然而，为避免细菌繁殖，强烈推荐使用足量防腐剂来保护每种配方。

(3) 甲基羟乙基纤维素 (MHEC)

甲基羟乙基纤维素（MHEC）可具有羟乙基纤维素（HEC）产品的基本功能，同时还有较好的抗流挂性、良好的流平性和较高的黏度等。由于疏水基团加入了 HEC 分子中，首先应考虑它与大部分商品化乳液（2/3 的苯乙烯-丁二烯共聚物与 1/3 的丙烯酸树脂类作为活性剂）的反应性。原因是该反应能获得较高的黏度，并且可使之组成的涂料具有牛顿型流体的流动特性，乳胶粒子越小，两者反应性越强，乳胶粒子的疏水性（乙酸乙烯酯或丙烯酸丁酯反应性更强），较低的丙烯酸含量乳胶粒子可用的自由表面，当加入 MHEC 时，首先是水体黏度将随着含氢基团间的常规反应而增加。由于疏水基团之间的反应发生在水性涂料中的不同主要组分当中，MHEC 也能与填料发生相互作用，通常与黏土矿产品的反应要比与碳酸盐矿强，因为后者比较坚硬而且吸附表面积较小。一般而言，当它与黏土矿填料混合时，具有较高的增稠效率、较高的涂刷黏度和良好的流平性。甲基羟乙基纤维素（MHEC）具有较高的絮凝点（60～80℃），常认为是甲基纤维素（MC）的衍生物。

(4) 甲基纤维素（MC）

甲基纤维素（MC）是一种特殊纤维素衍生物，由于在溶液中能发生热可逆絮凝作用存在热凝胶点，它只能溶于冷水。众所周知，起先它用于贴墙纸用黏合剂和"刷墙水浆涂料"（室内用水性涂料）。纯甲基纤维素（MC）溶液大约在 45~60℃ 絮凝。胶凝温度和有机可溶性主要与取代基的类型和体积有关，取代作用的类型决定了 MC 的表面活性和有机混溶性。如图 86-2 所示。

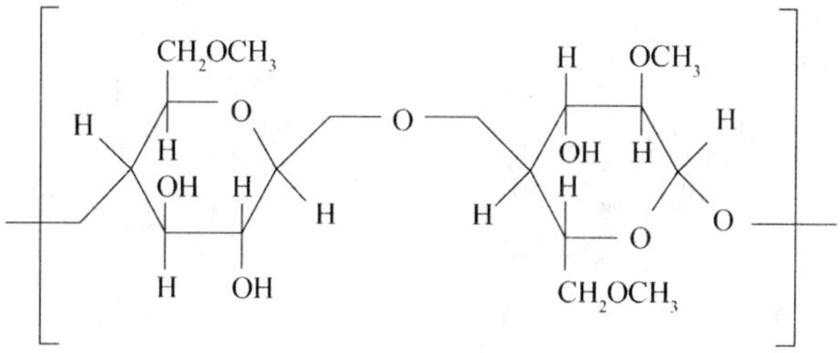

图 86-2 甲基纤维素的理想单元结构

(5) 甲基羟丙基纤维素（MHPC）和羟丙基纤维素（HPC）

甲基羟丙基纤维素（MHPC）和羟丙基纤维素（HPC）均为非离子型衍生物。如图 86-3、图 86-4 所示。

尽管 MHEC 和 MHPC 在功能上有许多共性，并且也用于建筑用灰泥生产。但与 MHEC 产品相比，MHPC 产品的疏水性更强，很少用于水性涂料。其中的一些特定类型更适于生产脱膜（漆）剂。

羟丙基纤维素 HPC 产品（当前世界上仅有两家生产商），作为医药品是广为人知的，并且它也可用于生产脱膜（漆）剂。

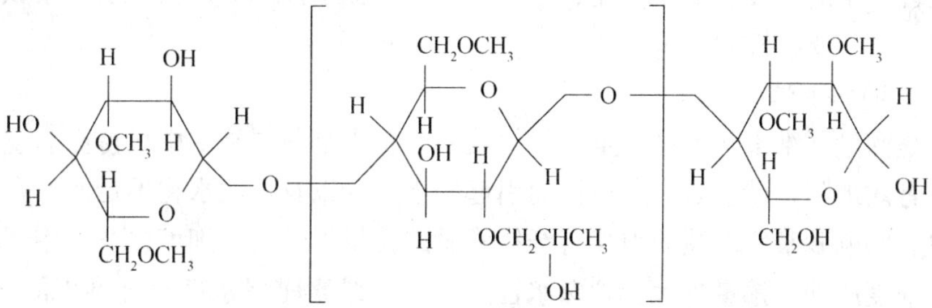

图 86-3 甲基羟丙基纤维素 MHPC 的理想单元结构

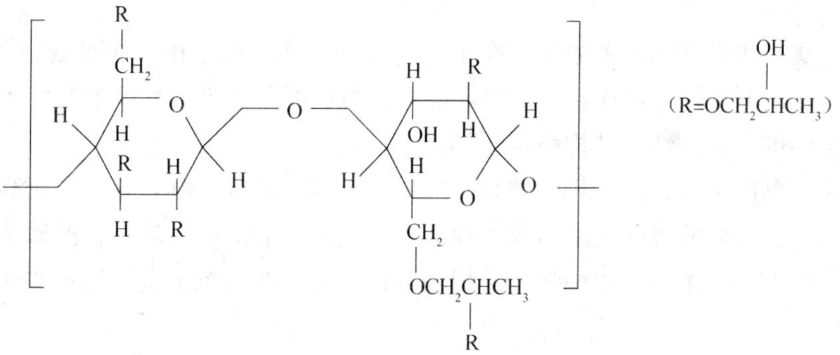

图 86-4 羟丙基纤维素 HPC(MS=3.0) 的理想单元结构

(6) 乙基羟乙基纤维素（EHEC）

乙基羟乙基纤维素（EHEC）是在碱纤维素条件下由氯乙烯和环氧乙烷混合反应而得，常认为等同于 HEC。显然，EHEC 和 HEC 有相同的特性，但 EHEC 憎水性更强，并能降低水的表面张力，且在混合时泡沫更丰富。两者均表现出高黏度（还同分子量有关），假塑性流动特性，稳定性，保水性。如图 86-5 所示。

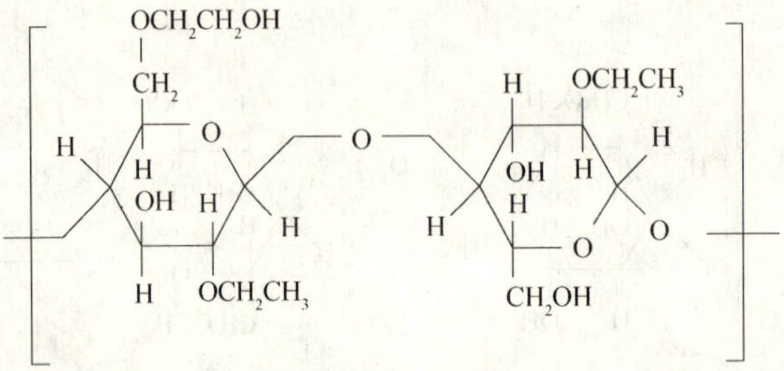

图 86-5 EHEC 的理想单元结构

(7) 疏水改性的纤维素醚类（HM-EHEC）

疏水改性的纤维素醚类（HM-EHEC）是标准纤维素醚类（EHEC）的缔合型，具有更多的疏水基团，通过它的疏水基团与其他组分（首先与晶格）的疏水基团作用，从而获得较高的黏度值，即有较高的 ICI 黏度。

87. 纤维素醚有哪些功能？

答：纤维素醚是干混砂浆的一种主要添加剂，虽然添加量很低，但却能显著改善砂浆性能，它可改善砂浆的稠度、工作性能、粘结性能以及保水性能等，在干混砂浆领域有着非常重要的作用。其主要特性如下：

(1) 优良的保水性

保水性是衡量纤维素醚质量的重要指标之一，特别是薄层施工中显得更为重要。提高砂浆保水性可有效地防止砂浆因失水过快而引起的干燥，以及水泥水化不足而导致的强度下降和开裂现象。影响砂浆保水性的因素有纤维素醚的掺量、黏度、细度以及使用环境等。一般黏度越高，细度越细，掺量越大，则保水性越好。纤维素醚保水性与纤维素醚化程度相关，甲氧基含量高，保水性好。

(2) 粘结力强、抗垂性好

纤维素醚具有非常好的增稠效应，在干混砂浆中掺入纤维素醚，可使黏度增大数千倍，使砂浆具有更好的粘结性，可使粘贴的瓷砖具有较好的抗下垂性。纤维素醚的黏度大小可影响砂浆的粘结强度、流动性、结构稳定性和施工性。

一般来说，黏度越高，保水效果越好，但黏度越高，纤维素醚的分子量越高，其溶解性能就会相应降低，这对砂浆的强度和施工性能有负面的影响。黏度越高，湿砂浆会越黏，容易粘刮刀，且对湿砂浆本身的结构强度的增加帮助不大，改善抗下垂效果不明显。

(3) 溶解性好

因纤维素醚表面颗粒经特殊处理，无论在水泥砂浆、石膏中，还是涂料体系中，溶解性都非常好，不易结团，溶解速度快。

88. 影响纤维素醚保水性的因素有哪些?

答：保水性是纤维素醚的一个重要性能，影响干混砂浆保水效果的因素有纤维素醚的添加量、纤维素醚的黏度、细度以及使用环境的温度等诸多方面。

（1）纤维素醚添加量对保水性的影响　当纤维素醚的添加量在 0.05%～0.4% 的范围内，保水性随着添加量的增加而增加，当添加量再进一步增加时，则保水性增加的趋势开始变缓，如图 88-1 所示。

不同品种的砂浆，其纤维素醚的添加量也不同。实际应用中应根据砂浆的用途确定纤维素醚的添加量，并经试验验证，符合相应砂浆的技术指标。

（2）纤维素醚的黏度对保水性的影响　纤维素醚的黏度与保水性也有类似的关系，当纤维素醚的黏度增加时，保水性也提高；当黏度达到一定的水平时，保水性的增加幅度亦趋于平缓，如图 88-2 所示。

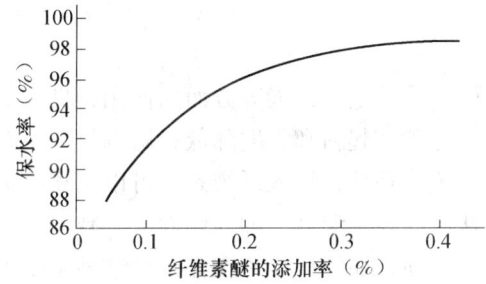

图 88-1　保水性与纤维素醚添加量的关系　　图 88-2　保水性与纤维素醚黏度的关系

一般而言，黏度越高，保水效果越好，但黏度越高，纤维素醚的分子量也越高，其溶解性能也就会相应降低，这对砂浆的强度和施工性能有负面的影响。黏度越高，对砂浆的增稠效果越明显，但也并不是成正比的关系；黏度越高，湿砂浆黏稠度越大，在施工时，表现为粘刮刀和对基材的黏着性高，但对湿砂浆本身的结构强度的增加帮助不大，改善抗下垂效果不明显；相反，一些中低黏度但经过改性的甲基纤维素醚则在改善湿砂浆的结构强度方面有优异的表现。

（3）纤维素醚的细度对保水性的影响　细度对纤维素醚的溶解性有一定的影响，较粗的纤维素醚通常为颗粒状，在水中很容易分散溶解而不结块，但溶解速度很慢，不宜用于干混砂浆中。在干混砂浆中，纤维素醚分散于集料、细填料以及水泥等胶凝材料之间，只有足够细的粉末才能避免在加水搅拌时出现纤维素醚结块，当纤维素醚在加水溶解时出现结块，那么再分散溶解就很困难了。细度较粗的纤维素醚会降低砂浆的局部强度，这样的砂浆在大面积施工时，就会表现为局部砂浆的固化速度明显地降低，会出现因固化时间不同而导致的开裂。对于喷射砂浆来说，因搅拌时间较短，对细度的要求则更高。因此，应用于干混砂浆中的纤维素醚应为粉末状，含水量低，细度要求为 20%～60% 的颗粒粒径小于 63μm。

纤维素醚的细度对保水性的影响，一般而言，对于黏度相同而细度不同的纤维素醚，在相同的添加量情况下，细度越细，保水效果越好，如图 88-3 所示。

（4）使用温度对保水性的影响　纤维素醚的保水性与使用温度也有关系，纤维素醚的保水性随使用温度的提高而降低，其趋势如图 88-4 所示。

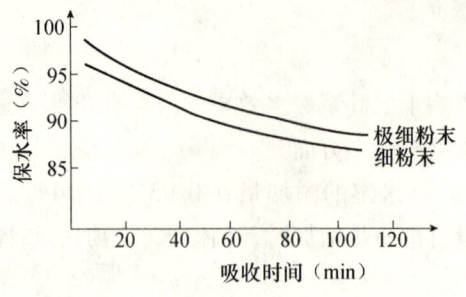 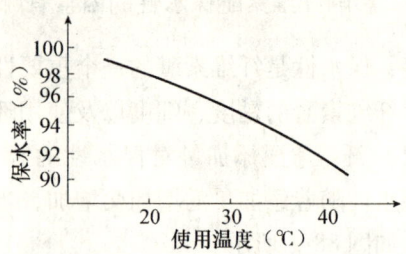

图 88-3　纤维素醚细度对保水性的影响　　　图 88-4　使用温度对保水性的影响

在实际工程中，经常会在高温环境中进行砂浆的施工，如夏季在日晒环境下进行外墙的涂抹，这势必会加速水泥砂浆的凝结硬化。保水性的下降则会导致施工性和抗裂性下降，在这种状况下减小温度因素的影响变得尤为关键。试验表明，提高纤维素醚的醚化度，可以使其保水效果在使用温度较高的情况下仍能保持较佳的效果。

89. 如何选用纤维素醚？

答：在干混砂浆中，纤维素醚起着保水、增稠、改善施工性能等方面的作用，良好的保水性可避免砂浆因缺水、水泥水化不完全而导致的起砂、起粉和强度降低；增稠效果使新拌砂浆的结构强度大大增强，粘贴的瓷砖具有较好的抗下垂性；掺入纤维素醚可以明显改善湿砂浆的湿黏性，对各种基材都具有良好的黏性，从而提高了湿砂浆的上墙性能，减少浪费。

不同品种纤维素醚在砂浆中发挥的作用也不尽相同，如纤维素醚在瓷砖粘结砂浆中可以提高开放时间，调整时间；在机械喷涂砂浆中可以改善湿砂浆的结构强度；在自流平砂浆中可以起到防止沉降、离析分层的作用。由于不同品种干混砂浆对纤维素醚提出的技术要求不尽相同，因此，纤维素醚的生产厂家会对相同黏度的纤维素醚进行改性，以适用不同干混砂浆产品的不同技术要求，以便于干混砂浆配方设计人员选用。

90. 什么是淀粉醚？有何特性？

答：淀粉醚是从天然植物中提取的多糖化合物，与纤维素相比具有相同的化学结构及类似的性能，基本性质如下：

溶解性：冷水溶解　　　　　颗粒度：≥98%（80目筛）
黏度：　300~800MPa·s　　水分：　≤10%
颜色：　白色或浅黄色

淀粉醚应用于建筑砂浆中，可显著增加砂浆的稠度，改善砂浆的施工性和抗流挂性。淀粉醚通常与非改性及改性纤维素醚配合使用，它对中性和碱性体系都适合，能与石膏和水泥制品中的大多数添加剂相容，如表面活性剂、MC、淀粉及聚乙酸乙烯等水溶性聚合物等。

淀粉醚主要用于以水泥和石膏为胶凝材料的手工或机喷砂浆、瓷砖粘结砂浆、嵌缝料和粘结剂、砌筑砂浆等。

淀粉醚在干混砂浆中的典型掺量为0.01%~0.1%。

91. 什么是膨润土？

答：膨润土又叫蒙脱土，是以蒙脱石为主要成分的层状硅铝酸盐。膨润土的层间阳离子种类决定膨润土的类型，层间阳离子为 Na^+ 时称钠基膨润土；层间阳离子为 Ca^{2+} 时称钙基膨润土；层间阳离子为 H^+ 时称氢基膨润土（活性白土）；层间阳离子为有机阳离子时称有机膨润土。

一般把颗粒粒径在 1~100nm 的材料称为纳米材料。膨润土的颗粒粒径是纳米级的，是亿万年前天然形成的，因此，国外有把膨润土称为天然纳米材料的。

膨润土具有很强的吸湿性，能吸附相当于自身体积 8~20 倍的水而膨胀至 30 倍；在水介质中能分散成胶体悬浮液，并具有一定的黏滞性、触变性和润滑性，它和泥砂等的掺合物具有可塑性和粘结性，有较强的阳离子交换能力和吸附能力。膨润土素有"万能黏土"之称，广泛应用于冶金、石油、铸造、食品、化工、环保及其他工业部门。

92. 膨润土在砂浆中的作用机理是什么？

答：膨润土为溶胀材料，其溶胀过程将吸收大量的水，使砂浆中的自由水减少，导致砂浆流动性降低，流动性损失加快。膨润土为类似蒙脱石的硅酸盐，主要具有柱状结构，因而其水解以后，在砂浆中增大砂浆的稳定性，同时其特有的滑动效应，在一定程度上提高砂浆的滑动性能，增大可泵性。

蒙脱石在纯水介质中，能全部表现出上述性质，而在含有盐分的水中，则上述性质要发生很大的变化。砂浆中水泥水化后，形成硅酸盐、硫酸盐溶液，溶液中富含钙离子、钠离子，大大削弱了蒙脱石水化后的膨胀性、黏性、稠性、润滑性和触变性，并且蒙脱石对水泥水化也有妨碍作用，宏观表现为降低强度，增加收缩。因此，必须对蒙脱石进行改性，使其在富含钙离子、钠离子的盐溶液介质中仍能保持膨胀性、黏性、稠性、润滑性和触变性。

（五）外加剂

93. 预拌砂浆中如何选用外加剂？

答：对预拌砂浆的性能要求较高，某些砂浆还要求具有多种功能，如自流平砂浆，除要求具有良好的流淌性能，能自动流动找平，还要求早期强度高，收缩小，耐磨，这就需要掺入不同的外加剂来满足其要求。

对于湿拌砂浆，由于砂浆生产厂一般都是每次运输一整车（几个立方米）砂浆到工地，而目前施工仍采用手工操作，使用砂浆的速度较慢，这就要求运到现场的砂浆有较长的缓凝时间，因此一般需要掺加缓凝型外加剂来调整砂浆的凝结时间，但又不能影响砂浆强度的正常发展。

在选用砂浆外加剂时，应根据砂浆的性能要求及气候条件，结合砂浆的原材料性能、配合比以及对水泥的适应性等因素进行选取，并通过试验确定其掺量。如防水砂浆通常需要掺加防水剂；灌浆砂浆通常需要掺加膨胀剂等。

94. 减水剂有哪些品种？各有什么特点？

答：目前使用较为广泛的减水剂种类为：木质素系减水剂、萘系减水剂、三聚氰胺高效减水剂，以及聚羧酸盐系高效减水剂。各自的特点如下：

(1) 木质素系减水剂

木质素系减水剂主要成分为木质素磺酸盐,包括木钙、木钠和木镁三种,为普通减水剂。其减水率不高,而且缓凝、引气,因此使用时要控制适宜的掺量,否则掺量过大会造成强度下降且不经济,甚至很长时间不凝结,造成工程事故。

一般适宜掺量为水泥质量的 0.2%~0.3%。

(2) 萘系高效减水剂

萘系、甲基萘系、蒽系、古马隆系、煤焦油混合物系减水剂,因其生产原料均来自煤焦油中的不同馏分,因此统称为煤焦油系减水剂。此类减水剂皆为含单环、多环或杂环芳烃并带有极性磺酸基团的聚合物电解质,相对分子质量在 1500~10000 的范围内。因磺酸基团对水泥分散性很好,即减水率高,故煤焦油系减水剂均属高效减水剂的范畴,在适当分子量范围内不缓凝、不引气。由于萘系减水剂生产工艺成熟,原料供应稳定,且产量大、应用广,逐渐占了优势,因而通常煤焦油系减水剂主要是指萘系减水剂。萘系高效减水剂喷雾干燥后,可用于灌浆料做流平剂。

适宜掺量一般为水泥质量的 0.2%~1.0%。

(3) 三聚氰胺系高效减水剂

三聚氰胺系高效减水剂(俗称密胺减水剂),化学名称为磺化三聚氰胺甲醛树脂,其性能与萘系减水剂近似,均为非引气型,且无缓凝作用。其减水增强作用略优于萘系减水剂,但掺量和价格也略高于萘系减水剂。三聚氰胺系高效减水剂喷雾干燥后,已广泛用于灌浆料、自流平砂浆等产品。

适宜掺量一般为水泥质量的 0.5%~2.0%。

(4) 聚羧酸盐系高效减水剂

聚羧酸盐系高效减水剂是随着高性能混凝土的发展和应用而开发、研制的一类新型高性能混凝土减水剂,它具有强度高,耐热性、耐久性、耐候性好等优异性能。其优点是掺量小、减水率高,具有良好的流动性;保坍性好,90min 内坍落度基本无损失;合成中不使用甲醛,对环境不造成污染。聚羧酸盐系高效减水剂用于干混砂浆还处于起步阶段。

适宜掺量一般为水泥质量的 0.05%~1.0%。

95. 对减水剂的技术要求有哪些?

答:砂浆中加入保水增稠材料后,用水量会增加,在一定程度上会影响砂浆的强度。使用减水剂可以降低用水量,提高砂浆强度、密实度和耐久性。用于混凝土中的外加剂同样可适用于砂浆,其中减水剂的质量应符合国家标准 GB 8076—2008《混凝土外加剂》的规定,见表 95-1。

表 95-1 掺减水剂的混凝土性能指标

项目		高性能减水剂			高效减水剂		普通减水剂			引气减水剂
		早强型	标准型	缓凝型	标准型	缓凝型	早强型	标准型	缓凝型	
减水率(%)	≥	25	25	25	14	14	8	8	8	10
泌水率比(%)	≤	50	60	70	90	100	95	100	100	70

续表

项目		高性能减水剂			高效减水剂		普通减水剂			引气减水剂
		早强型	标准型	缓凝型	标准型	缓凝型	早强型	标准型	缓凝型	
含气量（%）		≤6.0	≤6.0	≤6.0	≤3.0	≤4.5	≤4.0	≤4.0	≤5.5	≥3.0
凝结时间之差（min）	初凝	−90～+90	−90～+120	>+90	−90～+120	>+90	−90～+90	−90～+120	>+90	−90～+120
	终凝			—		—			—	
1h 经时变化量	坍落度（mm）	—	≤80	≤60						—
	含气量（%）									−1.5～+1.5
抗压强度比（%）≥	1d	180	170	—	140	—	135	—	—	—
	3d	170	160	—	130	—	130	115	—	115
	7d	145	150	140	125	125	110	115	110	110
	28d	130	140	130	120	120	100	110	110	100
28d 收缩率比（%）≤		110	110	110	135	135	135	135	135	135
相对耐久性(200次)(%)≥		—	—	—	—	—	—	—	—	80

注：1. 表中抗压强度比、收缩率比、相对耐久性为强制性指标，其余为推荐性指标。
  2. 相对耐久性（200次）性能指标中的"≥80"表示将28d龄期的受检混凝土试件快速冻融循环200次后，动弹性模量保留值≥80%。

96. 砂浆中掺加减水剂需注意哪些问题？

答：预拌砂浆中通常都掺入一定数量的保水增稠材料，而保水增稠材料都有较强的需水性，因而增加了砂浆的单位用水量，也影响到砂浆的力学性能和耐久性，因此需采用适当的减水剂对水泥浆体体系进行分散。减水剂的品种繁多，从理论上讲，木质素系、萘磺酸盐系、密胺系、氨基磺酸盐系、脂肪族系和聚羧酸盐系减水剂都可用作水泥浆体系的分散剂使用，但由于这些减水剂不仅自身分散、塑化和增强效果差异较大，而且与所用水泥、粉煤灰、矿渣粉等存在一定的适应性。更重要的是，预拌砂浆是一种多组分、各组分比例相差悬殊的混合体，尤其是增稠剂和保水剂的存在，大大影响了减水剂的塑化分散效果。当某种组分的增稠剂或保水剂存在于水溶液相中时，某些种类的减水剂不仅无法发挥其应有的塑化效果，有时甚至会使砂浆流动性更差。

因此，在生产高流动性砂浆，选择减水剂时，必须经过大量的试验验证，选择最合适的减水剂品种，并确定其最佳掺量。

97. 缓凝剂有哪些品种？

答：缓凝剂按其化学成分可分为有机物类缓凝剂和无机盐类缓凝剂两大类。有机物类缓凝剂是较为广泛使用的一大类缓凝剂，常用品种有木质素磺酸盐及其衍生物、羟基羧酸及其盐（如酒石酸、酒石酸钠、酒石酸钾、柠檬酸等，其中以天然的酒石酸缓凝效果最好）、多元醇及其衍生物和糖类（糖钙、葡萄糖酸盐等）等碳水化合物。其中多数有机缓凝剂通常具有亲水性活性基团，因此其兼具减水作用，故又称其为缓凝减水剂。无机盐类缓凝剂包括硼砂、氯化锌、碳酸锌以及铁、铜、锌的硫酸盐、磷酸盐和偏磷酸盐等。

98. 湿拌砂浆中为什么掺入缓凝剂?

答: 缓凝剂能延缓水泥的水化硬化速度，使新拌砂浆在较长时间内保持塑性，以便于施工操作。

湿拌砂浆是在专业生产厂经计量、拌制后，用搅拌运输车运至使用地点，然后放入专用容器储存，随用随取。目前，湿拌砂浆大多由混凝土搅拌站供应，与混凝土相比，砂浆用量要少得多，搅拌站通常集中在某段时间内拌制砂浆，然后运到工地，因此一次运输量往往较大。而目前我国建筑砂浆施工大部分为手工操作，施工速度较慢，运到工地的砂浆不能很快使用完，需停置较长时间，甚至一昼夜，这就要求砂浆能在较长时间内不凝结，以便于施工操作，避免浪费。因此，湿拌砂浆中常掺用缓凝剂来调整砂浆的凝结时间，具体品种、掺量可根据施工、天气、交通等情况通过试验确定。

99. 湿拌砂浆为什么要用专用缓凝剂?

答: 普通水泥砂浆或水泥石灰混合砂浆中的水泥一般为普通硅酸盐水泥，其初凝时间为2h，终凝时间3~4h，所以，砂浆的凝结时间在3~8h。湿拌砂浆的特点是一次生产量大，而目前现场施工大部分为手工操作，施工速度较慢，因此湿拌砂浆在工地不会很快使用完，需要储存在密闭容器中，在规定时间内逐步地使用完。因此，需采用专用缓凝剂来延长湿拌砂浆的可操作时间。湿拌砂浆的凝结时间可根据要求划分为8h、12h和24h。

100. 湿拌砂浆专用缓凝剂与普通混凝土用缓凝剂有什么不同?

答: 普通混凝土用缓凝剂一般只能缓凝几小时至十几小时，如加大掺量就会导致水泥石强度急剧降低，甚至松溃无强度。国外报道的各类超缓凝剂，其缓凝效果一般小于48h，且均不同程度地存在后期强度损失的现象。超缓凝剂是一种特殊的水泥外加剂，它掺入混凝土或砂浆中，可使混凝土或砂浆在一定温度范围内（10~35℃）和一定时间（20~42d）内不凝结。即使水泥水化处于"休眠"状态，待"休眠"状态结束后仍继续水化硬化，并不破坏水泥石的结构。由于该超缓凝剂具有这一特殊性能，因此可用于配制超长时间缓凝的砂浆。

湿拌砂浆专用的缓凝外加剂应具有推迟水泥初凝时间的性质，使砂浆在密闭容器内最长可保持24h不凝结，超过上述时间或者砂浆中的水分被吸附蒸发后，砂浆仍能正常凝结硬化。与商品混凝土施工速度快、需求量大的特点不同，预拌砂浆施工速度较慢（目前现场仍采用手工砌筑或抹面的施工工艺），且每次的需求量较少。为使现场的砂浆能保持一定时间的施工性，要求砂浆具有一个时间段的休眠期；但为保证砂浆能满足施工进度的需要，又要求施工后的砂浆能尽快凝结硬化。因此，湿拌砂浆专用缓凝外加剂必须同时具有这两种功能。专用缓凝外加剂品质指标见表100-1。

表 100-1 专用缓凝外加剂品质指标

项目	氯离子含量（%）	砂浆凝结时间（h）
质量要求	≤0.40	≥24

101. 引气剂有哪些品种?

答: 引气剂属于表面活性剂，可分为阴离子、阳离子、非离子与两性离子等类型，使用较多的是阴离子表面活性剂，常用的有以下几类：

（1）松香类引气剂

松香类引气剂系松香或松香酸皂化物与苯酚、硫酸、氢氧化钠在一定温度下反应、缩聚形成大分子，经氢氧化钠处理，成为松香热聚物。

松香类引气剂至今已有60多年的应用历史，其性能可靠、制备方法简便、价格便宜、效果较好，它可显著改善浆体的和易性、抗渗性及抗冻性，但其缺点是水溶解难，使用时需加热、加碱。

（2）非松香类引气剂

非松香类引气剂包括烷基苯磺酸钠、OP乳化剂、丙烯酸环氧脂、三萜皂苷。这类引气剂的特点是在非离子表面活性剂基础上引入亲水基，使其易溶于水，起泡性好，泡沫细致，而且能较好地与其他品种外加剂复合。其中烷基苯磺酸钠易溶于水，起泡量大，但泡沫易于消失。

102. 引气剂在砂浆中有什么作用？

答：引气剂可在砂浆搅拌过程中引入大量分布均匀、稳定而封闭的微小气泡。砂浆中掺入引气剂后，可显著改善浆体的和易性，提高硬化砂浆的抗渗性与抗冻性。虽然引气剂掺量很小，但对砂浆的性能影响却很大，主要作用有：

（1）改善砂浆的和易性

掺入引气剂后，在砂浆内形成大量微小的封闭气泡，这些微气泡如同滚珠一样，减少骨料颗粒之间的摩擦阻力，使砂浆拌合物的流动性增加，特别是在人工砂或天然砂颗粒较粗、级配较差以及贫水泥砂浆中使用效果更好。同时由于水分均匀分布在大量气泡的表面，使能自由移动的水量减少，因而减少砂浆的泌水量。

（2）提高砂浆的抗渗、抗冻及耐久性

引气剂使砂浆拌合物泌水性减小，泌水通道的毛细管也相应减少。同时，大量封闭的微气小泡的存在，堵塞或隔断了砂浆中毛细管渗水通道，改变了砂浆的孔结构，使砂浆抗渗性得到提高。气泡有较大的弹性变形能力，对由水结冰所产生的膨胀应力有一定的缓冲作用，因而砂浆的抗冻性得到提高，耐久性也随之提高。

（3）降低砂浆的强度

由于大量气泡的存在，减少了砂浆的有效受力面积，使砂浆强度降低。一般含气量每增加1%，强度下降5%。对于有一定减水作用的引气剂，由于降低了水灰比，使砂浆强度得到一定补偿。因此，使用引气剂时，要严格控制其掺量，以达到最佳效果。

另外，由于大量气泡的存在，使砂浆的弹性变形增大，弹性模量有所降低。

（4）增加砂浆体积

由于引气剂引入大量气泡，使砂浆体积增加，密度降低，故能节省材料，增加施工面积。

103. 消泡剂有什么作用？

答：消泡剂是一种抑制或消除泡沫的表面活性剂，具有良好的化学稳定性；其表面张力要比被消泡介质低，与被消泡介质有一定的亲和性，分散性好。有效的消泡剂不仅能迅速使泡沫破灭，而且能在相当长的时间内防止泡沫的再生。消泡剂的功能与引气剂相反。消泡剂的作用机理可分为破泡作用与抑泡作用。破泡作用：破坏泡沫稳定存在的条件，使稳定存在的气泡变为不稳定的气泡并使之进一步变大、析出，并使已经形成的气泡破灭。抑泡作用：不仅能使已生成的气泡破灭，而且能较长时间抑制气泡的形成。

由于干混砂浆中掺有纤维素醚、可再分散乳胶粉以及引气剂等，在砂浆中引入了一定的气泡；另外，干粉料与水搅拌时也会产生气泡。这就影响了砂浆的抗压、抗折及粘结强度，降低了弹性模量，并对砂浆表面产生了一定影响。有些干混砂浆产品，对其外观有较高的要求，如自流平砂浆，通常要求其表面光滑、平整，而自流平砂浆施工时，表面形成的气孔会影响最终产品的表面质量和美观性，这时需使用消泡剂消除表面的气孔；又如防水砂浆，产生的气泡会影响到砂浆的抗渗性能，等等。因此，在某些干混砂浆中，可使用消泡剂来消除砂浆中引入的气泡，使砂浆表面光滑、平整，并提高砂浆的抗渗性能和增加强度。

消泡剂的种类很多，如有机硅、聚醚、脂肪酸、磷酸酯等，但每种消泡剂各有其自身的适应性。干混砂浆是一种强碱性环境，应选用粉状、适合碱性介质的消泡剂。

（六）矿物掺合料

104. 什么是活性矿物掺合料？都有哪些品种？

答：活性矿物掺合料即火山灰质掺合料，它以氧化硅、氧化铝为主要成分，本身不具有或只具有极低的胶凝特性，但在水存在的条件下能与氢氧化钙化合生成胶凝性的水化物，并在空气或水中硬化。活性矿物掺合料是以天然的矿物质材料或工业废渣为原材料，直接使用或预先磨细，作为混凝土或砂浆的一种组分，改善其性能，并能节约水泥。

由于矿物掺合料对砂浆的性能有一定的改善作用，且能充分利用这些工业废弃物，加大资源综合利用率，提高预拌砂浆绿色化水平，保护环境，并降低砂浆的生产成本，因此提倡适量掺用矿物掺合料，其掺量应符合有关规定并通过试验确定。

常用的活性矿物掺合料有粉煤灰、粒化高炉矿渣粉、硅灰和沸石粉等。

选用矿掺合料时，应根据砂浆的性能要求，以及其他原材料的情况，结合矿物掺合料的特性综合考虑。一般来说，对于低强度等级的预拌砂浆应优先考虑选用粉煤灰，对高强度等级的预拌砂浆可考虑将矿渣粉与粉煤灰复合使用；当集料级配较差时应考虑掺入较大量的优质粉煤灰，以改善砂浆的可操作性；制备湿拌砂浆时应优先考虑采用粉煤灰等；冬期施工时应考虑适当提高矿渣粉的掺量；采用机喷工艺时应适当增加粉煤灰掺量，以增加砂浆的黏稠性，减少落灰。

105. 什么是粉煤灰？有哪些种类？

答：粉煤灰是从燃烧煤粉的电厂锅炉烟气中收集到的粉末，属于火山灰质活性混合材料，其主要成分是硅、铝和铁的氧化物，具有潜在的水化活性。粉煤灰呈灰褐色，通常为酸性，密度为 $1.77\sim2.43\text{g/cm}^3$，比表面积为 $250\sim700\text{m}^2/\text{kg}$，粉煤灰颗粒多数呈球形，表面光滑，粒径多在 $45\mu\text{m}$ 以下，可以不用粉磨直接用于预拌砂浆中。

按粉煤灰收集方式的不同，分为干排灰和湿排灰两种。湿排灰内含水量大，活性降低较多，质量不如干排灰。按收集方法的不同，分静电收尘灰和机械收尘灰两种。静电收尘灰颗粒细、质量好。机械收尘灰颗粒较粗、质量较差。经磨细处理的粉煤灰称为磨细灰，未经加工的粉煤灰称为原状灰。

根据粉煤灰中氧化钙含量的高低，分为高钙粉煤灰和低钙粉煤灰。由褐煤燃烧形成的粉煤灰，其氧化钙含量较高（一般 CaO > 10%），呈褐黄色，称为高钙粉煤灰，它具有一定的水硬性。由烟煤和无烟煤燃烧形成的粉煤灰，其氧化钙含量较低（一般 CaO < 10%），呈灰色或深灰色，称为低钙粉煤灰，一般具有火山灰活性。

低钙粉煤灰来源比较广泛，是当前国内外用量最大、使用范围最广的掺合料。而高钙粉煤灰，由于其中氧化钙含量较高，如使用不当，易造成硬化水泥石膨胀开裂，使用前应检验其安全性。

由于粉煤灰的品质因煤的品种、燃烧条件不同而有很大差异，不同电厂、不同时间排出的粉煤灰的成分和性能会有较大差别，因而使用时要注意其品质波动情况。

106. 粉煤灰在砂浆中能发挥哪些作用？

答：粉煤灰具有潜在的化学活性，颗粒微细，且含有大量玻璃体微珠，掺入砂浆中可以发挥三种效应，即形态效应、活性效应和微集料效应。

（1）形态效应

粉煤灰中含有大量的玻璃微珠，呈球形，掺入砂浆中可以减少砂浆的内摩擦阻力，提高砂浆的和易性。

（2）活性效应

活性二氧化硅、三氧化二铝、三氧化二铁等活性物质的含量超过 70%，尽管这些活性成分单独不具有水硬性，但在氢氧化钙和硫酸盐的激发作用下，可生成水化硅酸钙、钙矾石等物质，使强度增加，尤其使材料的后期强度明显增加。

（3）微集料效应

粉煤灰粒径大多小于 0.045mm，尤其是 I 级灰，总体上比水泥颗粒还细，在水泥凝胶体中的毛细孔和气孔之中，使水泥凝胶体更加密实。

107. 砂浆中如何正确选用粉煤灰？

答：粉煤灰是火力发电厂煤粉燃烧后剩下的灰分，属于工业废料。粉煤灰是由各种颗粒机械混合而成的群体，其中多为球型玻璃体，比表面积较大，其矿物组成主要是玻璃相、莫来石相、石英、赤铁矿、磁铁矿及少量未燃烧碳粒。粉煤灰通过其形态效应、火山灰效应和微集料效应，可以提高砂浆的保水性、塑性、后期强度，同时又可节约水泥和石灰，降低材料成本。砂浆中掺入粉煤灰不但降低成本，还可改善砂浆的和易性。掺入粉煤灰代替部分水泥，可以起填充致密作用，而且粉煤灰具有一定的活性，可以和水泥的水化产物发生二次反应，使砂浆的强度提高。

传统的建筑砂浆分为水泥砂浆和混合砂浆。混合砂浆是以水泥和石灰膏为胶凝材料，其优点是砂浆柔软、保水性好、易施工，缺点是耐水性差、收缩大、粘结强度低、耐久性差，目前建筑工程中基本使用的是水泥砂浆。鉴于混合砂浆的种种缺陷，《砌体结构设计规范》（GB 50003）中明确规定，工程 ±0.0m 以下砌体必须采用水泥砂浆砌筑。目前外墙粉刷也大多采用水泥砂浆。但水泥砂浆也有本身的不足，因水泥砂浆中缺乏保水增稠组分，砂浆保水性差、分层度大，即砂浆和易性差、泌水率大，且水泥用量偏高、砂浆硬化快、易开裂等。在建筑砂浆中合理使用粉煤灰，既改善了建筑砂浆的工作性，又不会对建筑砂浆的其他使用性能产生不良影响。试验表明，在建筑砂浆中适量掺入粉煤灰，对改善砂浆的和易性起着很大的作用。

预拌砂浆中可掺入粉煤灰或其他矿物掺合料。粉煤灰一般采用干排灰，粉煤灰品质要求等同于混凝土用粉煤灰技术要求（表107-1）。使用高钙粉煤灰时要密切注意高钙灰中游离氧化钙含量的波动，要加强检测，防止游离氧化钙含量高而破坏砂浆中水泥石的体积安定性。预拌砂浆也可使用矿渣粉、硅灰等其他矿物掺合料。使用新品种矿物掺合料时，应经过省级以上相关部门组织的产品鉴定。

表107-1 预拌砂浆使用的粉煤灰品质要求

项目	45μm筛筛余（%）	含水率（%）	烧失量（%）	需水量比（%）	$f\text{-}CaO$（%）
质量要求	≤25	≤1	≤8	≤105	≤2.5

108. 对粉煤灰有哪些技术要求？

答：粉煤灰在建筑材料和建筑工程中的应用相当广泛，可用作水泥混合材及混凝土、砂浆矿物掺合料，其品质应符合 GB 1596—2005《用于水泥和混凝土中的粉煤灰》，该标准规定的技术要求见表108-1。

表108-1 粉煤灰的技术要求

项目		技术要求		
		Ⅰ级	Ⅱ级	Ⅲ级
细度（45μm方孔筛筛余）（%） ≤	F类粉煤灰	12.0	25.0	45.0
	C类粉煤灰			
需水量比（%） ≤	F类粉煤灰	95	105	115
	C类粉煤灰			
烧失量（%） ≤	F类粉煤灰	5.0	8.0	15.0
	C类粉煤灰			
含水量（%） ≤	F类粉煤灰	1.0		
	C类粉煤灰			
三氧化硫（%） ≤	F类粉煤灰	3.0		
	C类粉煤灰			
游离氧化钙（%） ≤	F类粉煤灰	1.0		
	C类粉煤灰	4.0		
安定性（雷氏夹沸煮后增加距离）（mm） ≤	C类粉煤灰	5.0		

表108-1 中，F 类粉煤灰为由无烟煤或烟煤煅烧收集的粉煤灰；C 类粉煤灰为由褐煤或次烟煤煅烧收集的粉煤灰，其氧化钙含量一般大于 10%。

109. 砂浆中掺入粉煤灰后对砂浆性能有哪些影响？

答：因粉煤灰的品质对砂浆的性能有较大的影响，因此，需合理选用粉煤灰，并根据试验确定最合适的掺量。

（1）砂浆拌合物性能

品质优良的粉煤灰具有减水作用，因此可减少砂浆需水量；粉煤灰的形态效应、微集料效应可提高砂浆的密实性、流动性和塑性，减少泌水和离析；另外可延长砂浆的凝结时间。掺入粉煤灰后砂浆变得黏稠柔软，不容易泌水，而且好抹，改善了砂浆的操作性能。

（2）强度

通常情况，随粉煤灰掺量的增加，砂浆强度下降幅度增大，尤其是早期强度降低更为明显，但后期强度提高。粉煤灰取代水泥量与超量系数有关，通过调整粉煤灰超量系数可使砂浆强度等同于基准砂浆。

（3）弹性模量

粉煤灰砂浆的弹性模量与抗压强度成正比关系。相比普通砂浆，粉煤灰砂浆的弹性模量28d后不低于甚至高于相同抗压强度的普通砂浆。粉煤灰砂浆弹性模量与抗压强度一样，也随龄期的增长而增长；如果由于粉煤灰的减水作用而减少了新拌砂浆的用水量，则这种增长速度比较明显。

（4）变形能力

粉煤灰砂浆的徐变特性与普通砂浆没有多大差异。粉煤灰砂浆由于有比较好的工作性，砂浆更为密实，某种程度上会有比较低的徐变。相对而言，由于粉煤灰砂浆早期强度比较低，在加荷初期各种因素影响徐变的程度可能高于普通砂浆。

由于粉煤灰改善了普通砂浆的工作性，因而其收缩会比普通砂浆低；由于粉煤灰的未燃碳分会吸附水分，因此同样工作性的情况下，粉煤灰烧失量越高，粉煤灰砂浆的收缩也越大。

（5）耐久性

一般认为，由于粉煤灰改善了砂浆的孔结构，故其抗渗性要好于普通砂浆。随粉煤灰掺量的增加，粉煤灰砂浆抗渗性将提高。

已有的研究结果表明，粉煤灰砂浆比普通砂浆有非常好的抗硫酸盐侵蚀的能力。一般认为，粉煤灰砂浆优异的抗硫酸盐侵蚀的能力，既是其物理性能的表现，也是化学性质的表现：①由于粉煤灰的火山灰化学反应，减少了砂浆和混凝土中的 $Ca(OH)_2$ 以及游离氧化钙的量；②由于粉煤灰通常降低砂浆的需水量，改善砂浆的工作性，同时二次水化产物填充砂浆和混凝土中粗大毛细孔而提高其抗渗性。

110. 什么是粒化高炉矿渣粉？

答：粒化高炉矿渣粉是从炼铁高炉中排出的，以硅酸盐和硅铝酸盐为主要成分的熔融物，经淬冷成粒后粉磨所得的粉体材料。矿渣粉以无定形的玻璃体结构为主，含有少量的结晶型矿物。因矿渣中玻璃体含量多，结构处在高能量状态，不稳定，潜在活性大，需磨细才能使潜在活性发挥出来。

高炉矿渣的主要化学成分为 SiO_2、CaO 和 Al_2O_3。一般情况下，这三种氧化物含量大约90%，另外还含有少量 MgO、Fe_2O_3、Na_2O、K_2O 等。

矿渣粉的活性与其化学成分有很大的关系。各钢铁企业的高炉矿渣，其化学成分虽大致相同，但各氧化物的含量并不一致，因此，矿渣有碱性、酸性和中性之分，以矿渣中碱性氧化物和酸性氧化物的含量的比值 M 来区分：

$$M = \frac{CaO + MgO + Al_2O_3}{SiO_2}$$

$M>1$ 为碱性矿渣，$M<1$ 为酸性矿渣，$M=1$ 为中性矿渣。酸性矿渣的胶凝性差，而碱性矿渣的胶凝性好，因此，矿渣粉应选用碱性矿渣，其 M 值愈大，反应其活性越好。

根据国家标准 GB/T 203—2008《用于水泥中的粒化高炉矿渣》规定，用质量系数 K 来评价矿渣粉质量：

$$K = \frac{CaO + MgO + Al_2O_3}{SiO_2 + MnO}$$

式中，CaO、MgO、Al_2O_3、SiO_2、MnO 分别代表其质量分数。K 表达的是矿渣粉中碱性氧化物含量与酸性氧化物含量之比，它反映矿渣粉活性的高低，一般规定 $K \geqslant 1.2$。

111. 矿渣粉在砂浆中有哪些作用？

答：由于矿渣粉的化学组成和颗粒形态与粉煤灰和硅灰有较大的差别，因此，在水泥混凝土中表现出不同的行为，起到不同的作用。

（1）需水量

一般认为，矿渣粉对需水量影响不大。从化学组成和矿物组成看，矿渣粉与水泥较接近，因而表现出与水泥熟料相似的表面性质。从颗粒形态上看，由于矿渣粉是经过粉磨而成的，它不具有一些优质粉煤灰和硅灰那样的球形颗粒形态，而是与水泥颗粒相似，因而也不具有好的润滑作用。从颗粒尺度上看，矿渣粉不具有一些优质粉煤灰和硅灰那样较细的颗粒尺度，因而也不表现出好的填充行为。而且相对密度也比粉煤灰和硅灰大，更接近于水泥熟料。因此，矿渣粉对需水量影响不大。

（2）保水性

大量研究表明，矿渣粉的保水性能远不及一些优质的粉煤灰和硅灰，掺入一些级配不好的矿渣粉会出现泌水现象。因此，使用矿渣粉时，要选择保水性能较好的水泥，并适当掺入一些具有保水功能的材料。

（3）流动性

在掺用同一种减水剂和砂浆配合比相同的情况下，矿渣粉砂浆的流动度得到明显的提高，且流动度经时损失也得到明显缓解。流动度的改善是由于矿渣粉的存在，延缓了水泥水化初期水化产物的相互搭接，还由于 C_3A 矿物含量的降低而与减水剂有更好的相容性，而且达到一定细度的矿渣粉也具有一定的减水作用。

（4）凝结时间

矿渣粉砂浆的初凝、终凝时间比普通砂浆有所延缓，但幅度不大。

（5）强度

在相同配合比、强度等级与自然养护的条件下，矿渣粉砂浆的早期强度比普通砂浆略低，但 28d 及以后的强度增长显著高于普通砂浆。

（6）耐久性

由于矿渣粉砂浆的浆体结构比较致密，且矿渣粉能吸收水泥水化生成的氢氧化钙晶体而改善了砂浆的界面结构。因此，矿渣粉砂浆的抗渗性、抗冻性明显优于普通砂浆。由于矿渣粉具有较强的吸附氯离子的作用，因此能有效阻止氯离子扩散进入，提高了砂浆的抗氯离子能力。砂浆的耐硫酸盐侵蚀性主要取决于砂浆的抗渗性和水泥中铝酸盐含量和碱度，矿渣粉砂浆中铝酸盐和碱度均较低，且又具有高抗渗性，因此，矿渣粉砂浆抗硫酸盐侵蚀性得到很大改善。矿渣粉砂浆的碱度降低，对预防和抑制碱-集料反应也是十分有利的。

112. 矿渣粉砂浆与使用矿渣水泥相比有何优点？

答：由于粒化高炉矿渣比较坚硬，与水泥熟料混在一起，不容易同步磨细，所以矿渣水泥往往保水性差，容易泌水，且较粗颗粒的粒化矿渣活性得不到充分发挥。若将粒化高炉矿渣单独粉磨或加入少量石膏或助磨剂一起粉磨，可以根据需要控制粉磨工艺，得到所需细度的矿渣粉，有利于其中活性组分更快、更充分水化。

矿渣粉是由矿渣经过机械粉磨而成的，其颗粒组成与粉磨工艺有关，其平均粒径可根据细度要求而人为控制。目前矿渣粉的生产有几种不同的工艺，不同工艺制备的矿渣粉的性能存在较大差异。国内大中型生产厂家一般使用大型立式磨，因为立磨产量高，产品比表面积在 $400 \sim 430 m^2/kg$ 时，粉磨能耗比较经济；但当比表面积大于 $430 m^2/kg$ 时，则能耗显著增加。而国内小型生产厂家一般采用球磨机进行生产，产品单位能耗较高。另外有些厂家也采用振动磨进行生产，但产量较低。

由于不同生产厂家采用的粒化矿渣来源不同，矿渣粉的生产工艺不同，生产中是否掺加助磨剂等，用不同厂家生产的同一级别的矿渣粉配制砂浆时，其性能也有较大差异，因此使用前应进行试验，以选择合适的矿渣粉。

矿渣粉的细度用比表面积表示，用勃氏法测定。矿渣粉的细度越高，则颗粒越细，其活性效应发挥的越充分，但过细需要消耗较多的生产能耗，且对性能的提高也不明显，因此细度的选择应根据砂浆种类以满足要求为宜，一般控制在 $350 \sim 450 m^2/kg$ 范围内。

113. 对矿渣粉有哪些技术要求？

答：用于砂浆中的矿渣粉可参照《用于水泥和混凝土中的粒化高炉矿渣粉》GB/T 18046—2000 使用，该标准将矿渣粉分为 S105、S95、S75 三个等级，其技术要求见表 113-1。

表 113-1 矿渣粉的技术要求

项目		级别		
		S105	S95	S75
密度（g/cm³） ≥		2.8		
比表面积（m²/kg） ≥		350		
活性指数（%） ≥	7d	95	75	55
	28d	105	95	75
流动度比（%） ≥		85	90	95
含水量（%） ≤		1.0		
三氧化硫（%） ≤		4.0		
氯离子（%） ≤		0.02		
烧失量（%） ≤		3.0		

114. 什么是矿渣粉的活性指数？如何测定？

答：活性指数用来衡量矿渣粉的活性大小，用受检胶砂与基准胶砂标准养护至规定龄期的抗压强度的比值表示。

试验方法如下：

（1）原材料

水泥：基准水泥。在因故得不到基准水泥时，允许采用 C_3A 含量 6%～8%，总碱量（$Na_2O\% + 0.658K_2O\%$）不大于 1% 的熟料和二水石膏、矿渣共同磨制的强度等级大于（含）42.5 的普通硅酸盐水泥，但仲裁仍需用基准水泥。

砂：标准砂。

（2）配合比

基准胶砂：水泥 450g，标准砂 1350g，水 225mL。

受检胶砂：水泥 225g，矿渣粉 225g，标准砂 1350g，水 225mL。

（3）成型、养护与抗压

按《水泥胶砂强度检验方法（ISO 法）》GB/T 17671—1999 的规定成型和养护试件，到规定龄期后进行抗压强度试验。

（4）结果计算

按下式计算矿渣粉的活性指数，计算结果取整数：

$$A = \frac{R_t}{R_0} \times 100$$

式中　A——矿渣粉的活性指数，%；
　　　R_t——受检胶砂相应龄期的强度，MPa；
　　　R_0——基准胶砂相应龄期的强度，MPa。

115. 什么是硅灰？有哪些特性？

答：硅灰是从冶炼硅铁合金或工业硅时通过烟道排出的粉尘，经收集得到的以无定形二氧化硅为主要成分的粉体材料。

硅灰的主要成分是二氧化硅，一般占 90% 左右，且绝大部分是无定形的氧化硅。此外，还有少量的氧化铁、氧化钙、氧化硫等，其含量随矿石的成分不同而稍有变化，一般不超过 1%。硅灰的烧失量约为 1.5%～3%。

硅灰一般为青灰色或银白色，在电子显微镜下观察，硅灰的形状为非结晶的球形颗粒，表面光滑。硅灰的颗粒很小，其粒径为 0.1～1.0μm，是水泥颗粒粒径的 1/50～1/100，用透气法测定的比表面积为 3.4～4.7m^2/g，用氮吸附法测定的比表面积为 18～22m^2/g，堆积密度约为 200～300kg/m^3，密度为 2.1～2.3g/cm^3。

由于硅灰具有很大的比表面积，是水泥的 10～20 倍，因而其需水量增加。但硅灰与超塑化剂复合掺用时，它可以不增加砂浆用水量，甚至表现出减水作用。因此，当用硅灰作活性掺合料配制砂浆时，需掺加减水剂，以充分发挥硅灰的作用。

116. 对硅灰有哪些技术要求？

答：用于砂浆中的硅灰可参照《高强高性能混凝土用矿物外加剂》GB/T 18736—2002

使用，该标准对硅灰的技术要求见表116-1。

表116-1　硅灰的技术要求

项目	指标	项目	指标
比表面积（m^2/kg）	≥15000	二氧化硅（%）	≥85
需水量比（%）	≤125	氯离子含量（%）	≤0.02
28d活性指数（%）	≥85	烧失量（%）	≤6
含水率（%）	≤3.0		

117. 硅灰在砂浆中可发挥哪些作用？

答：（1）提高砂浆强度，可配制高强砂浆

普通硅酸盐水泥水化后生成的$Ca(OH)_2$约占体积的20%，硅灰能与该部分$Ca(OH)_2$反应生成水化硅酸钙，均匀分布于水泥颗粒之间，形成密实的结构。由于硅灰细度大、活性高，掺加硅灰对砂浆早期强度无不良影响。

（2）改善砂浆孔结构，提高抗渗、抗冻及抗腐蚀性

掺入硅灰的砂浆，其总孔隙率虽变化不大，但其毛细孔会相应变小，大于$0.1\mu m$的大孔几乎不存在。因而掺入硅灰的砂浆抗渗性明显提高，抗冻性及抗腐蚀性也相应提高。

由于硅灰价格较高，需水量较大，其掺量不宜过大，一般不宜超过10%，可用于配制高强高性能砂浆。另外，硅灰细度大、活性高，所拌制砂浆的收缩值较大，因此使用时要注意加强养护，以避免出现开裂。

118. 什么是沸石粉？有哪些特性？

答：沸石粉是将天然斜发沸石岩或丝光沸石岩磨细制成的粉体材料。它是一种天然的、多孔结构的微晶物质，具有很大的内表面积。

沸石粉的主要化学成分是SiO_2和Al_2O_3，其中可溶性硅和铝的含量不低于10%和8%。沸石粉的密度为$2.2\sim2.4g/cm^3$，堆积密度为$700\sim800kg/m^3$，颜色为白色。

119. 什么是吸铵值？

答：沸石粉的活性与沸石含量有关，沸石含量以吸铵值表示。为确定沸石含量，可采用铵离子交换试验以测定其吸铵值，吸铵值是目前测定沸石岩中沸石含量的主要依据。沸石中的碱金属和碱土金属很容易被铵离子交换，所以吸铵值是沸石特有的理化性能。斜发沸石的沸石含量约为94%，其理论吸铵值为$213\sim218mmol/100g$；丝光沸石的沸石含量约为97%，其理论吸铵值为$223mmol/100g$。但是掺入沸石粉的水泥胶砂28d抗压强度或砂浆强度与沸石粉的吸铵值之间并没有直接的相关关系。

根据吸铵值的大小将沸石粉分级，沸石粉的吸铵值与沸石含量的关系见表119-1。吸铵值越大，表示沸石含量越高，我国大多数沸石岩的沸石含量在50%以上。

表119-1　沸石粉的吸铵值与沸石含量的关系

吸铵值（mmol/100g）	130	100	90
相当于沸石含量	60	48	45

120. 沸石粉有哪些技术要求？

答：建工行业标准《混凝土和砂浆用天然沸石粉》JG/T 3048—1998 中，将沸石粉分为Ⅰ级、Ⅱ级和Ⅲ级三个等级，每一等级的技术要求见表120-1。其中，Ⅲ级沸石粉宜用于砌筑砂浆和抹灰砂浆。

表120-1 沸石粉的技术要求

技术指标		质量等级		
		Ⅰ	Ⅱ	Ⅲ
吸铵值（mmol/100g）	≥	130	100	90
细度（80μm方孔筛筛余）（%）	≤	4	10	15
需水量比（%）	≤	125	120	120
28d 抗压强度比（%）	≥	75	70	62

121. 沸石粉在砂浆中有哪些作用？

答：（1）减少砂浆的泌水性，改善可泵性

由于沸石粉具有特殊的格架状结构，内部充满孔径大小不一的空腔和孔道，有较大的开放性和亲水性，故能减少砂浆、混凝土的泌水性。

（2）提高砂浆强度

沸石粉中含有一定数量的活性硅及活性铝，能参与胶凝材料的水化及凝结硬化过程，且能与水泥水化生成的氢氧化钙反应生成水化硅酸钙及水化铝酸钙，进一步促进水泥的水化，增加水化产物，改善集料与胶凝材料的胶结，因而提高砂浆的强度。

（3）提高砂浆的密实性与抗渗性、抗冻性

由于沸石粉与氢氧化钙反应，砂浆中水化产物增加，砂浆的内部结构致密，故砂浆的抗渗性与抗冻性也明显改善。

（4）抑制碱-集料反应

天然沸石粉可通过离子交换及吸收，将 K^+、Na^+ 吸收进入沸石的空腔及孔道，因而能减少砂浆中的碱含量，从而抑制碱-集料反应。

122. 沸石粉应用于砂浆中有哪些规定？

答：建工行业标准《天然沸石粉在混凝土与砂浆中应用技术规程》JGJ/T 112—1997 中规定：当沸石粉用于砌筑砂浆时，沸石粉掺量应通过试配确定，不得在原有砂浆配合比的基础上按比例等量取代水泥。沸石粉在水泥砂浆中的掺量宜控制为水泥用量的 20%～30%；沸石粉不宜取代混合砂浆中的水泥，但可取代混合砂浆中部分或全部石灰膏。沸石粉掺量宜为被取代石灰膏量的 50%～60%。当沸石粉用于抹灰用砂浆时，可等量取代水泥，同时应符合下列要求：用于内墙抹灰时，沸石粉掺量不应大于水泥质量的 30%；用于外墙抹灰时，沸石粉掺量不应大于水泥质量的 20%；用于地面抹灰时，沸石粉掺量不应大于水泥质量的 15%。

沸石粉的掺量可根据使用目的确定，当为改善砂浆和易性时，掺量宜为 10% 左右；当

作为填充材料使用时,其掺量可达40%。因沸石粉的需水量较大,宜同时掺加减水剂。

(七)添加剂和填料

123. 添加剂有何作用?

答:添加剂是指可再分散乳胶粉(或乳液)、纤维、调凝剂、流化剂、调节砂浆体积变形剂以及憎水剂等能改变砂浆某些性能的少量物质的总称。添加剂赋予干混砂浆特殊的性能,是区别于传统建筑砂浆的关键所在。

干混砂浆中最关键的原材料是添加剂,虽然其掺量很少,但所起的作用却很大,它能显著改善砂浆的性能。例如,可以通过掺加可再分散乳胶粉使砂浆具有弹性,通过增加流化剂用量使地坪砂浆可以自由流淌,通过掺加纤维使砂浆表面裂缝大幅度减少,等等。因此,现代砂浆技术的发展就是将各种添加剂经济合理地应用到干混砂浆中,以满足现代建筑技术发展的需求。在干混砂浆产品成本中,添加剂占了很大的比例,而最常用的添加剂如可再分散乳胶粉,价格较贵,导致干混砂浆的成本大幅提高。因此,如何选用、选好添加剂,是配制干混砂浆的核心,通过调配添加剂来改善干混砂浆的性能,使之满足工程的需要。

在添加剂应用于干混砂浆时,应充分注意的问题是,应整体考虑添加剂对砂浆性能的影响,不能仅考虑提高某一性能,而忽略了对其他性能的不利影响。例如,掺加可再分散乳胶粉可大大提高砂浆与基层的粘结性能,但胶粉会降低砂浆的耐水性。憎水剂可提高砂浆抵抗微压力水的能力,但憎水剂可能降低砂浆的粘结性。因此,在配制干混砂浆产品时,我们应综合考虑各组分对砂浆各项性能指标的影响,通过试验确定经济合理、技术先进的砂浆配方。

124. 粘结剂在砂浆中有何作用?

答:干混砂浆与普通砂浆的区别就在于大量使用化学添加剂,其中最重要的添加剂是粘结剂和保水剂,它们在砂浆中发挥如下的作用:

(1)提高硬化砂浆的弹性

粘结剂对硬化砂浆弹性变形能力的影响来源于两个方面:一是聚合物乳胶液的凝聚体具有较好的弹性;二是聚合物凝聚体硬化水泥石与集料之间形成了一个缓冲垫层,这一缓冲垫层缓解了由于变形不一致性所产生的相互作用,减少了形成微裂纹的可能性。由于这两个作用,使得硬化砂浆的变形能力增强。

(2)减少砂浆的失水率

粘结剂在水中溶解后形成的乳胶液分散在砂浆中,乳胶液凝固后在砂浆中形成连续的有机膜,这种有机膜可以阻止水的迁移,从而减少砂浆的失水。实际上,粘结剂也是一种保水剂,与通常所说的保水剂的区别在于通常的保水剂是通过吸附作用或分子间作用力来牵制水分子的运动,而粘结剂是通过所形成的有机膜来阻止水的运动,而有机膜是在乳胶液凝固后才形成的。因此,在浆体阶段或砂浆硬化的初期,保水剂的保水作用占主要地位,而砂浆硬化后,粘结剂的保水作用逐步表现出来,甚至比保水剂的保水作用更强。这种保水作用是目前测定砂浆保水性方法测不出来的。

125. 什么是可再分散乳胶粉?

答:可再分散乳胶粉是将高分子聚合物乳液通过高温高压、喷雾干燥、表面处理等一系列工艺加工而成的粉状热塑性树脂材料，这种粉状的有机胶粘剂与水混合后，在水中能再分散，重新形成新的乳液，其性质与原来的共聚物乳液完全相同。

砂浆中掺入可再分散乳胶粉，可以增加砂浆的内聚力、黏聚性与柔韧性。一是可以提高砂浆的保水性，形成一层膜减少水分的蒸发；二是提高砂浆的粘结强度。

1953 年德国人 WACKER HEMIE 发明了可再分散粉末，这使得生产聚合物改性干混砂浆成为可能。可再分散乳胶粉的历史到现在仅有五十多年，1953 年世界第一批可实用的可再分散乳胶粉在德国诞生，之后产品的生产技术不断创新和进步，取得了一系列的成果，并与后续应用相结合开发了一系列的产品。

世界第一种可再分散乳胶粉是醋酸乙烯酯均聚胶粉，由于酯类或带酯键的聚合物在碱性条件下，反应生成游离醇或酸盐，从而带来性能的突变，从非水溶性变成水溶性，聚合物玻璃化温度升高而失去需要的柔性等原因，这种胶粉只能用于非碱性的体系中。1960 年成功生产出醋酸乙烯与乙烯共聚物胶粉，主要利用乙烯这种不皂化的有机单体对可再分散乳胶粉进行了内增塑作用，明显提高胶粉的柔性，这种胶粉可以用于硅酸盐水泥的碱性体系。

126. 可再分散乳胶粉有哪些品种？

答：目前市场上常见的可再分散乳胶粉品种有：醋酸乙烯酯与乙烯共聚乳胶粉（EVA）、乙烯与氯乙烯及月桂酸乙烯酯三元共聚乳胶粉（E/VC/VL）、醋酸乙烯酯与乙烯及高级脂肪酸乙烯酯三元共聚乳胶粉（VAC/E/VeoVa）、醋酸乙烯酯与高级脂肪酸乙烯酯共聚乳胶粉（VAc/VeoVa）、丙烯醋酯与苯乙烯共聚乳胶粉（A/S）、醋酸乙烯酯与丙烯酸酯及高级脂肪酸乙烯酯三元共聚乳胶粉（VAC/A/VeoVa）、醋酸乙烯酯均聚乳胶粉（PVAC）、苯乙烯与丁二烯共聚乳胶粉（SBR）等。

前三种可再分散乳胶粉在全球市场上占有绝大多数份额（超过80%）。尤其是第一种醋酸乙烯酯与乙烯共聚乳胶粉在全球占有领先的地位，并代表了可再分散乳胶粉特征的技术特性。

127. 可再分散乳胶粉的组成是什么？

答：可再分散乳胶粉通常为白色粉状，但也有少数有其他的颜色。可再分散乳胶粉的成分包括：

①聚合物树脂：位于胶粉颗粒的核心部分，也是可再分散乳胶粉发挥作用的主要成分，例如，聚醋酸乙烯酯/乙烯树脂。

②添加剂（内）：与树脂一起起到改性树脂的作用，如，降低树脂成膜温度的增塑剂（通常醋酸乙烯酯/乙烯共聚树脂不需要添加增塑剂），并非每一种胶粉都有添加剂成分。

③保护胶体：在可再分散乳胶粉颗粒的表面包裹的一层亲水性的材料，绝大多数可再分散乳胶粉的保护胶体为聚乙烯醇。

④添加剂（外）：为进一步扩展可再分散乳胶粉的性能又另外添加的材料，如，添加超级减水剂在某些助流性的胶粉中，与内添加的添加剂一样，不是每一种可再分散乳胶粉都含有这种添加剂。

⑤抗结块剂：细矿物填料，主要用于防止胶粉在储运过程中结块以及便于胶粉流动（从纸袋或槽车中倾倒出来）。

128. 可再分散乳胶粉的制备工艺如何？

答：生产可再分散乳胶粉主要分为两个步骤，即乳液的聚合和干燥，如图128-1所示。

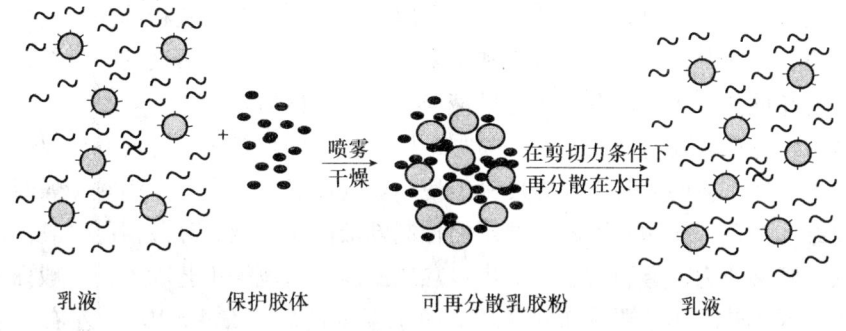

图128-1　可再分散乳胶粉生产应用过程示意图

(1) 乳液的聚合

乳液聚合所采用的单体决定了可再分散乳胶粉的类型，用于制备可再分散乳胶粉的聚合物单体主要为烯，属不饱和单体，包括各种乙烯酯类和丙烯酸酯类。由于可再分散乳胶粉主要用于建筑结合材和黏合剂中，而醋酸乙烯聚合物具有低廉的价格、较高的粘结强度、无毒无害、生产和使用安全方便等优势，故其在应用于建筑结合材和黏合剂的聚合物乳液中用量最大。

一般来讲，制备可再分散乳胶粉所用的乳液，其聚合方法没有特别的限制，可以使用各种以水为分散介质的乳液聚合方法，但大多推荐使用连续或半连续乳液聚合法，也可以使用种子乳液聚合法，一般使用保护胶体和阴离子或非离子乳化剂，或不用乳化剂。制备可再分散乳胶粉所得的聚合物乳液其固体含量一般在40%～60%之间，可以根据干燥器的性能、产品性能要求和干燥前需要加入的其他助剂量调节合适，对于乙烯-醋酸乙烯共聚型乳液，则应该稀释到40%以下。

为提高可再分散乳胶粉的可再分散性和防止在干燥和贮存时结块，在干燥前一般应加入保护胶体或表面活性剂（乳化剂），使可再分散乳胶粉具有较强的亲水性和对碱的敏感性，最常用的保护胶体是部分水解的聚乙烯醇。聚乙烯醇中含有大量的羟基，耐水性相当差，而且醋酸乙烯聚合物由于其带有极性的酯基和羧基，本身的耐水性，尤其是耐热水性较差。在含有PVA和羧基的可再分散乳胶粉中，可以添加多价金属盐来提高其耐水性，尤其是耐热水性，因为PVA和羧基可与金属盐反应而变得不溶于水，在含有PVA的乳液中，还可以加入醛类，使PVA缩醛而降低其吸水性。除了PVA外，还可以选用其他一些耐水性较好的保护胶体，以保证产品的耐水性，如聚丙烯酸、改性聚丙烯酸等。

在乳液干燥之前，其他一些助剂，如消泡剂、增稠剂、憎水剂等，可以和乳液分散体一起干燥。

(2) 乳液的干燥

制备可再分散乳胶粉最常用的干燥方法是喷雾干燥法，也可以用减压干燥法和冰冻干燥法。

干燥是可再分散乳胶粉制备中的一个难点，并不是所有的乳液都可以转变成为可再分散乳胶粉的，因为必须在高温下将这些室温下就可成膜甚至发黏的热塑性聚合物乳液转变为可自由流动的粉末。乳液分散体中乳液粒子的直径在数微米左右，在喷雾干燥过程中，乳胶粒子会凝聚，因此通常可再分散乳胶粉的粒径在 10～500μm 之间，从扫描式电子显微镜（SEM）下可以看到，乳胶粒子凝结形成的是空心结构。可再分散乳胶粉再分散后，乳胶粒子的直径一般在 0.1～5μm 之间，由于可再分散乳胶粉在分散时再分散液的乳胶粒子粒径分布是可再分散乳胶粉的主要质量指标之一，它决定了可再分散乳胶粉的粘合能力和作为添加剂的各种效果，因而要选用适当的分散和干燥方法，尽量使用分散液的粒子粒径与原来乳液的粒子粒径有相同的分布，以保证再分散液与原来乳液性质相近。

大部分可再分散乳胶粉使用并流式喷雾干燥工艺，即粉料运动方向和热风一致，也有使用逆流式喷雾干燥工艺的，其干燥介质一般使用空气或氮气。由于在喷雾干燥时，乳胶粒子容易出现凝结和变色等问题，因此，要严格控制乳液的添加剂、分散情况、乳液固体含量以及喷雾形式、喷雾压力、雾滴大小、进出口热风温度、风速等工艺因素。一般而言，双喷嘴或多喷嘴的效果和热利用率要优于单喷嘴，一般喷嘴的压力在 4×10^5Pa 左右，热风进口温度在 100～250℃ 之间，出口温度在 80℃ 左右。加入高岭土、硅藻土、滑石粉等惰性矿物防结块剂，可以防止结块，但如在干燥之前加入，那么防结块剂可能被聚合物包裹成微胶囊而失去作用，大部分都是在干燥器顶部与乳液分别独立地喷入，但也容易随气流流失和在干燥器与输送管道上结壳，较好地加入方法是分成两部分加入：一部分在干燥器上部用压缩空气喷入；另一部分在底部与冷空气一起进入。为防止结块，也可以在乳液聚合过程中，当聚合达到 80%～90% 时，对剩余部分进行皂化，或是在乳液中加入三聚氰胺-甲醛缩合物，也可利用某种乳化剂乳液。

在可再分散乳胶粉的生产过程中，胶粉是由单体乳化液滴转变而成的聚合物"固体"颗粒。严格来说，这些颗粒并不是固体，因为此处考虑的聚合物是热塑体，只有在低于某一临界温度时才成为固体，该临界温度被称为玻璃化温度（T_g）。只有在该温度以上，热塑体才失去其所有的结晶态性质，但由于聚合物像网那样相互交织在一起，这种材料实际上仍处于准固体状态。

129. 可再分散乳胶粉有哪些技术指标？

答：可再分散乳胶粉的基本质量控制指标为固含量、堆积密度、灰分、pH 值和残余水分。这些控制指标同生产时在不同工艺步骤过程中许多附加的内部质量控制措施一起来保证客户所得到的产品具有稳定的质量和性能。但最重要的评估是可再分散乳胶粉在最终产品中的性能。这可通过用固定原材料的标准配方，标准检测方法，评估最关键的性能，如粘结性、流动性、柔性等。

可再分散胶粉通常为白色到浅黄色的可自由流动的粉末，残余水分小于 1%，堆积密度为 400～600g/L。可再分散胶粉的灰分大约在 5%～15%，主要来自抗结块剂。胶粉在水中再分散后，其颗粒的主导粒径由干燥状态下的 50～120μm 减小到 0.5～5μm。

作为高分子聚合物热塑性树脂，不同型号的可再分散乳胶粉的主要物理性能不尽相同，如某一公司生产的某一型号的可再分散乳胶粉的物理性能指标如下：

固含量：(99±1)%；

灰分：(10±2)%；

堆积密度：(490±50)g/L；

外观：白色粉末；

保护胶体：聚乙烯醇；
粒径：≤4%，大于400μm；
主要胶粒分布：1~7μm；
最低成膜温度：0℃；
成膜外观：透明，弹性；
pH值（分散后50%含固量乳液）：7~8（20℃）；
自行燃烧：225℃（样品体积400cm³）。

130. 可再分散乳胶粉在砂浆中发挥的作用是什么？

答：可再分散乳胶粉在砂浆中发挥的作用可以大致认为：首先水加入到砂浆中后，在亲水性的保护胶体以及机械剪切力的作用下，胶粉颗粒分散到水中，并迅速成膜，在这过程中会引起砂浆含气量的增加，有利于增强砂浆的施工流动性；其次，随着水分的消耗，包括蒸发和无机胶凝材料水化反应的消耗，树脂颗粒渐渐靠近，界面渐渐模糊，树脂相互搭接，适量的胶粉可以形成连续的高分子薄膜，在砂浆中形成了由无机与有机粘结剂的框架体系，即水硬性材料构成的脆硬性骨架。高分子树脂膜在间隙与骨料颗粒表面成膜构成的框架体系，由于聚合物的柔韧性、变形能力的提高，使得砂浆整体上变形能力增强，粘结能力增加。

131. 可再分散乳胶粉可改善砂浆的哪些性能？

答：可再分散粉末是通过喷雾干燥的特殊水性乳液，主要是基于醋酸乙烯脂-乙烯共聚物而制出的聚合物粘结剂。水分部分蒸发后，聚合物粒子通过聚结，形成一层聚合物薄膜，起到胶粘剂作用。当可再分散乳胶粉与水泥等无机胶凝材料一起使用时，它可以对砂浆进行改性，此类产品通常称为聚合物砂浆。通过聚合物改性，改善了传统水泥砂浆的脆性，提高了水泥砂浆的柔韧性及拉伸粘结强度，减少了水泥砂浆裂缝的产生。由于聚合物与水泥砂浆形成互穿的网络结构，在孔隙中形成连续的聚合物膜，加强了集料之间的粘结，堵塞了砂浆内的部分孔隙，所以硬化后的聚合物改性砂浆的各种性能都优于普通水泥砂浆。可再分散乳胶粉的主要作用有：

（1）提高材料的粘结强度和抗拉、抗折强度

可再分散乳胶粉可显著提高砂浆的粘结强度，掺量越大，提高得越多，但抗压强度却降低，因此存在一个最佳掺量范围。由于可再分散乳胶粉的价格较高，掺量越大，干混砂浆的成本越高，因此还要从成本上加以考虑。高的粘结强度对收缩能产生一定的抑制作用，变形产生的应力容易分散和释放，所以，粘结强度对提高抗裂性能非常重要。研究表明，纤维素醚和胶粉的协同效应有利于提高水泥砂浆的粘结强度。

（2）降低砂浆的弹性模量，可使脆性的水泥砂浆变得具有一定的柔韧性

可再分散乳胶粉的弹性模量较低，为0.001~10GPa，而水泥砂浆的弹性模量较高，为10~30GPa，加入胶粉后可降低水泥砂浆的弹性模量，但胶粉的种类和掺量对弹性模量也有影响。通常聚灰比增大，弹性模量降低，变形能力提高。

（3）提高砂浆的耐水性、抗碱性、耐磨性、耐冲击性

聚合物形成的网膜结构封闭了水泥砂浆中的孔洞和裂隙，减少了硬化体中的孔隙率，从

而提高了水泥砂浆的抗渗性、耐水性及抗冻性，这种效应随聚灰比提高而增大。改善砂浆的耐磨性与胶粉的种类、聚灰比有关。一般来说，聚灰比增大，耐磨性提高。

（4）提高砂浆的流动性和可施工性

（5）提高砂浆的保水性，减少水分蒸发

可再分散乳胶粉在水中溶解后形成的乳胶液分散在砂浆中，乳胶液凝固后在砂浆中形成连续的有机膜，这种有机膜可以阻止水的迁移，从而减少砂浆的失水，起到保水的作用。

（6）减少开裂现象

聚合物改性水泥砂浆的延伸率和韧性比普通水泥砂浆好得多，断裂性能是普通水泥砂浆的二倍以上，抗冲击韧性随聚灰比提高而增大。随着胶粉掺量的增加，聚合物的柔性缓冲作用能抑制或延缓裂纹的发展，同时具有较好的应力分散作用。

根据配比的不同，采用可再分散聚合物粉末对干混砂浆改性，可以提高与各种基材的粘结强度，并提高砂浆的柔性和可变形性、抗弯强度、耐磨损性、韧性和粘结力以及保水能力和施工性。

大量试验表明，胶粉掺量并不是越多越好。胶粉掺量过低时，仅起到一些塑化作用，而增强效果不明显；胶粉掺量过大时，强度大幅度降低；只有当胶粉掺量适中时，既增加抗变形能力，提高拉伸强度及粘结强度，又提高抗渗性以及抗裂性。灰砂比、水灰比、集料的级配和种类、集料的特性都会最终影响到产品的综合性能。

132. 可再分散乳胶粉对砂浆强度有什么影响？

答：水泥砂浆中掺入可再分散乳胶粉后，砂浆的抗拉伸强度和抗折强度明显提高，而抗压强度没有明显改善，甚至有所下降。其原因是可再分散乳胶粉的增韧作用，提高了砂浆内部抗拉强度和界面粘结抗拉强度，大大改善了砂浆与基材的粘结抗拉强度。

我们知道，脆性材料的开裂主要是受拉伸破坏，当拉伸应力超过其自身的抗拉强度值时就会产生开裂。因此，具有较高的拉伸强度值是抵抗开裂的必要条件。

研究表明，随着聚灰比的提高，聚合物改性水泥砂浆的抗拉强度一般先提高，然后呈下降趋势，说明存在一个最佳的掺量范围。下降的原因一般是加入过量的可再分散乳胶粉导致引入过多的气泡，造成抗压强度呈下降趋势。因此，需通过调整灰砂比、水灰比、集料级配及集料种类来提高抗压强度。而提高抗拉强度、抗折强度，改善柔性、抗裂性能、憎水性能，则通过掺加可再分散乳胶粉实现，但不是掺加量越多越好。胶粉掺量过低时，仅起到一些塑化作用，而增强效果不明显；胶粉掺量过大时，强度降低；只有当胶粉掺量适中时，既增加抗变形能力、拉伸强度及粘结强度，又提高抗渗性以及抗裂性。灰砂比、水灰比、集料的级配和种类、集料的特性都会最终影响到产品的综合性能。

133. 可再分散乳胶粉的作用机理是什么？

答：掺入可再分散乳胶粉的干混砂浆加水搅拌后，可再分散乳胶粉对水泥砂浆的改性是通过胶粉的再分散、水泥的水化和乳胶的成膜来完成的。可再分散乳胶粉在砂浆中的成膜过程大致分为三个阶段。

第一阶段，砂浆加水搅拌后，聚合物粉末重新均匀地分散到新拌水泥砂浆内而再次乳化。在搅拌过程中，粉末颗粒会自行再分散到整个新拌砂浆中，而不会与水泥颗粒聚结在一起。可再分散乳胶粉颗粒的"润滑作用"使砂浆拌合物具有良好的施工性能；它的引气效果使砂浆变得可压缩，因而更容易进行镘抹作业。在胶粉分散到新拌水泥砂浆的过程中，保护胶体具有重要的作用。保护胶体本身较强的亲水性使可再分散乳胶粉在较低的剪切作用力下也会完全溶解，从而释放出本质未发生改变的初始分散颗粒，聚合物粉末由此得以再分散。在水中的快速再分散是使聚合物的作用得以最大程度发挥的一个关键性能。

第二阶段，由于水泥的水化、表面蒸发和/或基层的吸收造成砂浆内部孔隙自由水分不断消耗，乳胶颗粒的移动自然受到了越来越多的限制，水与空气的界面张力促使它们逐渐排列在水泥砂浆的毛细孔内或砂浆-基层界面区。随着乳胶颗粒的相互接触，颗粒之间网络状的水分通过毛细管蒸发，由此产生的高毛细张力施加于乳胶颗粒表面引起乳胶球体的变形并使它们融合在一起，此时乳胶膜大致形成。

第三阶段，通过聚合物分子的扩散（有时称为自黏性），乳胶颗粒在砂浆中形成不溶于水的连续膜，从而提高了对界面的粘结性和对砂浆本身的改性。图133-1为乳胶颗粒成膜过程的示意图，图133-2为可再分散乳胶粉在聚合物改性砂浆中的成膜过程示意图。

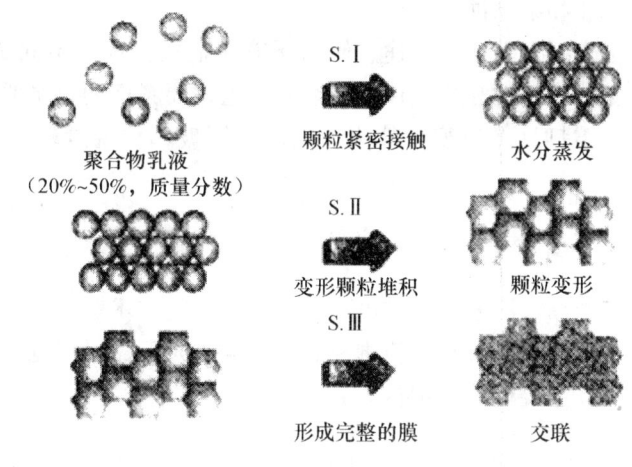

图133-1　乳胶颗粒成膜过程

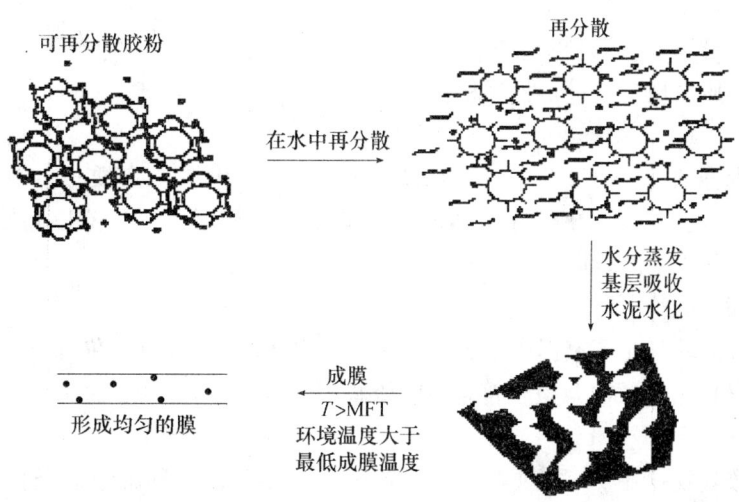

图133-2　可再分散乳胶粉在聚合物改性砂浆中的成膜过程示意图

134. 什么是可再分散乳胶粉的最低成膜温度（MFT）？

答：最低成膜温度是指聚合物形成连续膜的最低温度，以 MFT 表示。如果水泥水化温度低于该值，所供给的能量不足以开始成膜，这时聚合物将以间断的颗粒形式存在于水泥砂浆中。只有当水泥水化温度高于聚合物最低成膜温度时，聚合物才能形成均匀的膜结构，并分布于水泥水化产物之间，在有应力时起到架桥作用，有效吸收和传递能量，从而抑制裂纹的形成和发展。因此，为了使可再分散乳胶粉能在硬化砂浆内成膜，应保证最低成膜温度低于砂浆的养护温度。

135. 什么是可再分散乳胶粉的玻璃化温度（T_g）？

答：玻璃化温度是指聚合物由弹性状态转变为玻璃态的温度，以 T_g 表示。当温度高于 T_g 时，材料行为类似橡胶，受载时产生弹性变形；当温度低于 T_g 时，材料行为类似玻璃，易于产生脆性破坏。通常 T_g 高，成膜后的硬度也高，刚性好，耐热性好；反之，T_g 低，成膜后的硬度降低，但弹性和柔韧性好。

配制干混砂浆时，应根据砂浆的用途、使用环境和基材，选择不同 T_g 值的可再分散乳胶粉。例如，在配制瓷砖胶粘剂和抗裂抹面砂浆时，通常要考虑两个主要因素：一是较高的粘结性；二是有足够的柔韧性及抗变形能力。因此选用玻璃化温度较低、低温柔性好的乳胶粉。

136. 如何对可再分散乳胶粉进行进厂检验？

答：作为基本化工产品，厂家需提供可再分散乳胶粉的技术资料，即产品的技术质量说明及产品生产规范。通常可再分散乳胶粉进厂后，干混砂浆厂家可根据产品技术资料对可再分散乳胶粉进行抽检。其主要检测的项目为：

（1）外观

产品是否标记正确，外部包装是否正常，有无破损，产品质量是否符合合同，有无受潮或结块等必要的外观检验。

（2）试验室检验

根据企业的质量规定，进行抽样检验。

①含固量

在标准室温条件 [$(23±3)$℃,$(50±5)$% RH] 下，称取一定质量的乳胶粉，然后在 105℃烘至恒重，在干燥器中冷却到室温后再称量，将干燥后的质量除以起始的质量，其值应不小于技术资料表中的含固量。

②负压筛筛分试验

按照可再分散乳胶粉厂家提供的技术资料，选用相应的筛网，在负压筛分机（如水泥细度负压筛分仪）上测试筛余是否符合技术资料表的数据。

③测试灰分

将可再分散乳胶粉在 105℃烘至恒重，置于干燥器中，在标准室温条件 [$(23±3)$℃，$(50±5)$% RH] 下冷却至室温后，称取此时的质量为起始质量，然后将可再分散乳胶粉放入 450℃的马弗炉中烧至恒重，在干燥器中冷却至室温后再称量，将起始质量减去烧后质量再除以起始质量即为灰分，此值应符合乳胶粉厂家技术资料表中灰分的指标。
④标准配方检验

按施工工艺要求，将可再分散乳胶粉加入各种配方中，检测其物理力学性能（凝结时间、流动度、开放时间、抗垂流、粘结强度、抗压及抗折强度等），在保持其他原材料（水泥、纤维素醚、砂等）稳定性的前提下，通过分析结果的稳定性评判乳胶粉的一致性。

137. 水泥砂浆中掺入纤维有何作用？

答：由于水泥砂浆是一种脆性材料，其抗拉强度远远小于它的抗压强度，抗冲击能力差，抗裂性能差，水泥制品中存在大量的干缩裂纹及温度裂纹，这些裂纹随着时间的推移而不断变化与发展，最终可导致水泥制品的开裂，造成结构物抗渗性能下降，影响其耐久性能。

克服水泥制品这一缺陷的最直接有效的方法是掺入纤维。在水泥砂浆中掺加适量纤维，可以增大抗拉强度，增强韧性，提高抗开裂性。在水泥砂浆中加入纤维，可阻止砂浆基体原有缺陷裂缝的扩展，并有效阻止和延缓新裂缝的出现；改善砂浆基体的刚性，增加韧性，减少脆性，提高砂浆基体的变形力和抗冲击性；提高砂浆基体的密实性，阻止外界水分的侵入，从而提高其耐水性和抗渗性；改善砂浆基体的抗冻、抗疲劳性能，提高其耐久性。

138. 纤维在砂浆中有什么作用？

答：纤维在砂浆中的主要作用是抗裂、增韧、抗冲击、抗渗、抗冻融及抗疲劳等。
①阻裂：阻止砂浆基体原有缺陷裂缝的扩展，并有效阻止和延缓新裂缝的出现；
②防渗：提高砂浆基体的密实性，阻止外界水分侵入，提高砂浆的耐水性和抗渗性；
③耐久：改善砂浆基体的抗冻、抗疲劳性能，提高耐久性；
④抗冲击：改善砂浆基体的刚性，增加韧性，减少脆性，提高变形能力和抗冲击性。

139. 纤维的阻裂机理是什么？

答：当纤维均匀无序地分散于水泥砂浆基体中，水泥砂浆基体在受到外力或内应力变化时，纤维对微裂缝的扩展起到了一定的限制和阻碍作用。数以亿计的纤维纵横交错，各向同性，均匀分布在水泥砂浆基体之中，使得微裂缝的扩展受到这些纤维的重重阻挠，无法越过这些纤维而继续发展，只能沿着纤维与水泥基体之间的界面绕道而行。而开裂是需要能量的，要裂就必须打破纤维的层层包围，仅靠应力所产生的能量是微不足道的，只能被这些纤维消耗殆尽。因此，由于数目巨大的纤维的存在，既消耗能量又缓解了应力，阻止了裂缝的进一步发展，从而起到了阻断裂缝的作用。

140. 预拌砂浆中常用哪些纤维？

答：目前，预拌砂浆中普遍采用化学合成纤维和木纤维。化学合成纤维，如聚丙烯短纤维、丙纶短纤维等，这类纤维经过表面改性后，不仅分散性好，而且掺量低，能有效改善砂浆的抗塑性、抗裂性，同时，对硬化砂浆的力学性能影响不大。木纤维则直径更小，掺加木纤维应注意其对砂浆需水量的增加。

目前，抹面砂浆、内外墙腻子粉、保温材料薄罩面砂浆、灌浆砂浆、自流平地坪砂浆等的生产中都开始添加合成纤维或木纤维，而有些抗静电地面材料中则以金属纤维和碳纤维为主。

在选用纤维时应考虑以下几个问题：
①纤维不能太长：因砂浆层厚度通常是较薄的，太长的纤维不利于施工，而且砂浆中的颗粒较小，没必要使用长纤维。
②纤维不能太硬：太硬的纤维在抹面时难以压服，常常支出表面，既影响了美观，又影响了纤维作用的发挥。
③纤维的可分散性要好，既能在固-液相分散均匀，又能在固-固相分散均匀。
④纤维要耐碱，在碱性环境中能长久保持纤维不受碱性腐蚀。

141. 什么是耐碱玻璃纤维？

答：耐碱玻璃纤维是指在普通玻璃纤维的生产过程中加入一定量的氧化锆（ZrO_2），以提高其抗碱性。由于水泥是一种强碱性材料，如果掺入普通玻璃纤维，则硅酸盐水泥水化生成的 $Ca(OH)_2$ 就会与普通玻璃纤维中的 SiO_2 发生化学反应，生成水化硅酸钙，这一反应是不可逆的，直至作为普通玻璃纤维骨架的 SiO_2 被完全破坏，纤维的强度损耗殆尽为止。由于普通玻璃纤维不能抵抗水泥材料的高碱性，所以必须选用具有抗碱性能的玻璃纤维。

142. 什么是维纶纤维？有何特点？

答：维纶纤维即维尼纶纤维（vinylon），化学名称为聚乙烯醇纤维或 PVA 纤维。这种纤维抗碱性强、亲水性好、可耐日光老化。产品有低弹性模量的普通维纶纤维、中强中模维纶纤维和高强高模维纶纤维。

一般维纶纤维的性能如下：
①具有一定的亲水性，吸水率在5%左右；
②在 50～120℃ 范围内，纤维的力学性能变化不大，热稳定温度为150℃，热分解温度为220℃；
③在潮湿环境中，当温度超过130℃后，纤维则会发生较大的收缩，其力学性能会显著降低；
④维纶的横截面呈异形状，非常有利于与水泥基材的粘结。

143. 什么是腈纶纤维？有何特点？

答：腈纶纤维的化学名称为聚丙烯腈纤维或称为 PANF 纤维。腈纶纤维具有较好的耐碱性与耐酸性，有一定的亲水性，吸水率为2%左右；受潮后强度下降较少，保留率为80%～90%；对日光和大气作用的稳定性较好；热分解温度为 220～235℃，可短时间用于200℃。

144. 什么是丙纶纤维？有何特点？

答：丙纶纤维的化学名称为聚丙烯纤维或称为 PP 纤维。丙纶纤维是合成纤维中强度最小的一种，耐碱性与耐酸性能好，具有较好的使用温度，在混凝土和路面混凝土中已大量使用。丙纶纤维的力学性能参见表 144-1。

表 144-1　丙纶纤维的力学性能

纤维类型	密度 （g/cm^3）	单丝直径 （μm）	长度 （mm）	抗拉强度 （MPa）	杨氏模量 （GPa）	极限延伸率 （%）
丙纶膜裂纤维	0.90~0.91	48~62	19~50	480~660	3.5~4.8	15~20
丙纶单丝纤维	0.91	26~62	19	300~520	3.5	15~18

聚丙烯（PP）纤维具有良好的力学性能和化学稳定性及适宜的产品价格，应用最为广泛。常选用较细的纤维，单丝直径只有 12~18μm，能很好地分散在砂浆中，不需特殊工艺，就能将纤维很均匀地分散开，使用起来很方便，对防止砂浆的泌水和离析有一定的作用。因这种纤维很细，但在砂浆中的根数很多，非常多的乱排纤维在砂浆中构成一个较密的纤维网，阻止砂浆中各种颗粒的运动，因而有效地防止了砂浆的泌水和离析。

杜拉纤维（Durafiber）是美国希尔兄弟化工公司的产品。它是一种加有抗老化剂的等规聚丙烯树脂经热熔、拉丝、表面涂覆、短切等特殊生产工艺制成的聚丙烯单丝短纤。杜拉纤维的外观为切成一定长度的白色纤维束，每一束中有几百根单丝纤维，每一根单丝纤维为圆形截面，直径为 48μm。其产品规格有多种长度，长度为 5mm 和 10mm 的纤维主要应用于净浆或砂浆中，长度为 19mm 的纤维则主要应用于混凝土中。杜拉纤维的主要特点是：相对密度小，为 0.91，抗拉强度高，大于或等于 270MPa，弹性模量低，为 3.8GPa；抗老化性能好，耐化学侵蚀，抗酸碱性好；在水中可立即分散成为单丝，不结团；与水泥浆粘结性好，保水率低（<0.1%）。

混凝土中掺入杜拉纤维可减少混凝土的收缩裂缝，降低混凝土的脆性，提高混凝土的耐久性。它之所以能够在混凝土中发挥作用，很大程度上取决于纤维单丝在混凝土（砂浆）中的数量及其均匀分布。由于杜拉纤维的表面覆有专门的膜层，可以使数以千万计的单丝纤维在混凝土（砂浆）中非常均匀地分布。

145. 什么是木质纤维？

答：木质纤维是采用富含木质素的高等级天然木材（如冷杉、山毛榉等）以及食物纤维、蔬菜纤维等，经过酸洗中和，然后粉碎、漂白、碾压、分筛而成的一类白色或灰白色粉末状纤维。木质纤维是一种吸水而不溶于水的天然纤维，具有优异的柔韧性、分散性。在水泥砂浆产品中添加适量不同长度的木质纤维，可以增强抗收缩性和抗裂性，提高产品的触变性和抗流挂性，延长开放时间和起到一定的增稠作用。

木质纤维产品有着不同的种类、不同的长度和细度，中短木质纤维的长度一般为 40~1000μm，可应用于干混砂浆产品中；而长度为 1100~2000μm 的长木质纤维通常只用于乳液型的胶粘剂和膏状腻子中，这是由于长纤维在干混砂浆的搅拌中受到限制，不易分散并易结团的原因。

木质纤维在干混砂浆中的应用可参考表 145-1。

表 145-1 木质纤维在干混砂浆中的应用

序号	干混砂浆名称	木质纤维的掺量及作用
1	瓷砖粘结砂浆	一般掺量为 0.3%~0.5%，根据品种不同，掺量有所区别。作用：优异的抗垂性，防止瓷砖下滑，改善施工性；减少因黏度大造成粘抹刀的现象；延长开放时间和提高粘结强度
2	界面处理砂浆	一般掺量为 0.4%~1%。作用：优良的抗垂性，施工性好，减少开裂；增加表面纹理和粗糙感，提高与基层的粘结强度
3	外保温抹面砂浆	一般掺量为 0.3%~0.5%。作用：优异的抗垂性，施工性好，可用于预混乳液的抹面砂浆
4	抹灰砂浆	一般掺量为 0.2%~0.5%。作用：在光滑基面上施工性好，抗垂性好，可用于预混乳胶腻子
5	保温砂浆	一般掺量为 0.3%~0.6%。作用：抗垂性好，抹灰厚，增稠、保水，减少开裂，施工性好
6	外保温粘结砂浆	一般掺量为 0.3%。作用：抗垂性好、施工性佳、增加粘结强度
7	石膏板/水泥板/灰钙板嵌缝剂	一般掺量为 0.5%~1.6%。作用：减少开裂收缩，增加粘结强度，施工性好，改善打磨性
8	勾缝剂	一般掺量为 0.5%~1.0%。作用：减少开裂收缩，施工性好，改善打磨性能
9	砌筑砂浆	一般掺量为 0.2%~0.5%。作用：施工性好，减少施工工具粘连，减少成本，增加粘结强度
10	膏状（乳液型）瓷砖胶	一般掺量为 0.4%~0.5%。作用：优异的抗垂性，无下坠，施工性好，粘结强度高
11	膏状（乳液型）石膏嵌缝剂	一般掺量为 0.5%~0.8%。作用：优良的抗裂性和低收缩性，施工性好，易打磨

146. 什么是复合纤维？有何特点？

答：复合纤维是以聚丙烯、聚酯为主要原料复合而成的一类新型的混凝土和砂浆的抗裂纤维，被称为混凝土的"次要增强筋"。随着复合材料的发展，抗裂纤维已开始大量应用于土木工程中。

在水泥砂浆和混凝土中掺入体积率为 0.05%~0.2% 的复合抗裂纤维时，能产生明显的抗裂、增韧、抗冲击、抗渗、抗冻融及抗疲劳等效果。这些优良的性能在抹灰砂浆、内外墙腻子和嵌缝剂的抗裂、增韧、抗渗方面起着非常重要的作用。

抗裂纤维的特性是抗拉强度高；抗老化、抗渗、抗裂、增韧、抗冲击、抗冻融性能好；密度小、用量少、分散性好、成本低。

复合抗裂纤维适用于水泥基以及石膏基的抹灰砂浆、抗裂抹面砂浆、内外墙腻子、防水砂浆、石膏板及轻质混凝土板的嵌缝腻子、保温砂浆等品种，还适用于水泥砂浆或混凝土，其应用领域包括路桥、大坝、高速公路、涵洞、地铁工程等。

147. 怎样选择预拌砂浆用颜料？

答：颜料的遮盖能力差别较大，只有选择遮盖力强的颜料，才能减少掺量，降低成本，同时也降低颜料对砂浆力学性能的影响。

预拌砂浆用颜料应选择耐碱颜料。颜料可以是氧化铁系列无机颜料，也可采用酞菁系列有机颜料。如果颜料不耐碱，则搅拌时水泥水化将使颜料马上褪色。由于有机颜料价格贵，彩色砂浆宜采用氧化铁系列无机颜料。颜料的主要指标有颗粒形状、粒径大小、耐光性、耐碱性、耐热性和密度。常用的氧化铁颜料技术参数见表147-1。

表147-1 氧化铁颜料技术参考

项目	颗粒形状	粒径（μm）	耐光性	耐碱性	耐热性（℃）	密度（g/cm³）
铁红	球形	0.1~0.3	6~7级	4~5级	250	5.0
铁黄	针形	0.1~0.8	6~7级	4~5级	120	4.0
铁棕	不规则	0.1~0.8	6~7级	4~5级	130	4.5
铁黑	球形	0.2~0.3	6~7级	4~5级	100	4.5

148. 颜料应用中应注意哪些问题？

答：颜料通常用在装饰砂浆中，使砂浆的色彩多样化。使用中应注意几个问题：

（1）颜料色彩的稳定性

装饰砂浆一般直接暴露在自然环境中，太阳光的照射，风、雨、雪的反复作用，都有可能影响颜料的色彩，因此，应考虑颜料在自然环境中的稳定性。

（2）与砂浆颜色的协调性

在装饰砂浆的使用中，最终体现的是砂浆的颜色，而砂浆的颜色是砂浆本体颜色与颜料颜色综合作用的结果。

（3）与砂浆体系的匹配

要注意：一是注意颜料对砂浆性能的影响，一些颜料可能与胶凝材料中的某些组分反应，也有一些颜料与一些有机化学外加剂形成络合物。这些反应可能会影响砂浆中各种组分的发挥，从而影响砂浆性能的发挥；二是注意砂浆体系对颜料色彩的影响，商品砂浆中常用一些无机的金属氧化物作为颜料，他们在不同的环境中可能呈不同的价态，表现出不同的颜色，如水泥基砂浆通常呈较强的碱性环境，而石膏基砂浆则呈弱酸性环境，这些环境的差异可能会引起金属氧化物价态的变化，从而使颜料的颜色发生变化。因此，不能仅根据颜料的颜色来确定砂浆的颜色，要根据试验确定。

149. 砂浆中常用的填料有哪些？

答：特种干混砂浆中通常都掺加一些填料，如重质碳酸钙、轻质碳酸钙、石英粉、滑石粉等，这些惰性材料没有活性，不产生强度。其作用主要是减少胶凝材料用量，降低材料脆性。

重质碳酸钙简称重钙，是以方解石为主要成分的碳酸盐，采用机械方法直接粉碎天然的方解石、石灰石等制得的。其质地粗糙，密度较大，难溶于水。根据粒径的大小，可以将重质碳酸钙分为单飞粉（95%通过0.074mm筛）、双飞粉（99%通过0.045mm筛）、三飞粉（99.5%通过0.045mm筛）、四飞粉（99.95%通过0.037mm筛）和重质微细碳酸钙（过0.018mm筛）。

轻质碳酸钙简称轻钙，是由天然石灰石经过化学加工而成，颗粒细，不溶于水，有微碱性。

滑石粉是将天然滑石矿石经挑选后，剥去表面的氧化铁研磨而成，主要成分为硅酸镁。它具有滑腻感，主要用于腻子和涂料行业，可改善施工性和流动性。

三 墙体材料

150. 为什么要发展新型墙体材料？

答：墙体材料是房屋建筑材料的主体。实心黏土砖作为最主要的传统建筑墙体材料，在中国的生产和应用已有两千多年的历史。但实心黏土砖的生产要消耗大量的土地和煤炭资源，每生产 1 万块标准砖需要挖土 33t，约 18m^3；同时烧砖煤耗需标准煤 1t 左右。按此计算，每烧砖 66.6 万块，就要毁掉 1 亩可耕地；1t 燃煤约产生二氧化碳 3.7t，同时会放出大量的二氧化硫气体，对环境造成污染。由于传统实心黏土砖生产规模小、工艺技术落后、大量浪费能源、污染环境、破坏了大量的耕地，因此实心黏土砖的使用越来越受到限制。

随着人民生活水平的提高，人们对建筑物的使用功能要求越来越高，而实心黏土砖建筑对满足这些要求显得越来越无能为力。其不仅造成土地的极大破坏，而且热工性能差，绝热吸声效果不好，冬冷夏热，居住条件差，不符合建筑节能的要求。因此墙体改革势在必行。

新型墙体材料是相对传统墙体材料而言的，是节能、节土、利废、保护环境和改善建筑功能的新型墙体材料。随着我国人口的增长，经济持续快速发展，资源和环境的压力越来越大，必须从根本上改变传统墙体材料大量占用耕地、消耗能源、污染环境的状况，大力开发和推广应用新型墙体材料，形成与可持续发展相适应的新兴产业。

由于我国小城镇多层或低层建筑仍以砖混结构为主，目前实心黏土砖在我国城镇民用建筑墙体材料中占 50% 左右，仍是我国建房的主导材料。在我国城镇民用建筑中，对钢筋混凝土框架结构起围护和填充作用的墙体材料主要为各种空心砖和空心砌块；对于轻钢结构，各种轻质隔墙板和复合轻质墙板成为结构围护与隔断的主要墙体材料。2005 年全国墙体材料生产总能力超过 10000 亿块标准砖，全国墙体材料产量折标准砖达到 8000 亿块，其中新型墙体材料产量折标准砖 3500 亿块，比重超过 40%。实心黏土砖总量由"十五"初期的 6000 亿块/年下降到 2005 年的 4800 亿块/年，烧结空心制品、掺废渣 30% 以上的各种废渣砖、煤矸石砖、粉煤灰砖、灰砂砖分别由 200 亿块/年、800 亿块/年、50 亿块/年、30 亿块/年、50 亿块/年增加到 2005 年的 1600 亿块/年、1400 亿块/年、80 亿块/年、50 亿块/年、90 亿块/年。由于逐步降低黏土砖产用量，扩大替代黏土砖的新型墙材的推广应用比例，"十五"期间累计节土 2.63 亿 t，节约能源 3200 万 t 标煤，利用废渣 2.5 亿 t，取得了较好的社会效益和经济效益。

随着技术的不断进步，近几十年以来出现了具有形状和功能多样化的各类砌块，加上近年来废弃物在砌块生产中再利用技术的快速发展，推动了砌块的使用范围。近年来由于预应力混凝土技术和高层建筑技术的突破，应用于高层建筑围护结构体系的复合板材种类和技术也得到了快速发展，很多复合板材具备防水、保温、隔声、轻质、高强等多功能化于一体的特点。

151. 新型墙体材料有哪些种类？依据的标准是什么？

答： 根据建筑墙体材料的形状和使用功能，新型墙体材料主要可分成砌墙砖、建筑砌块及建筑板材三个大类，各类所包含的品种及产品依据的标准见表151-1。

表 151-1　新型墙体材料的种类及依据的标准

类别	类　型		品　种	依据的标准
砌墙砖	烧结多孔砖和空心砖		烧结多孔砖、烧结空心砖	GB 13544—2000 烧结多孔砖 GB 13545—2003 烧结空心砖和空心砌块
	烧结非黏土实心砖		烧结煤矸石砖、烧结页岩砖、烧结粉煤灰砖、烧结尾矿砖	GB/T 5101—2003 烧结普通砖
	非烧结砖（硅酸盐砖）		蒸压灰砂砖、蒸压粉煤灰砖、煤渣砖、蒸压蒸养尾矿砖、蒸养煤矸石砖、硅酸盐页岩砖	GB 11954—1999 蒸压灰砂砖 JC/T 637—1996 蒸压灰砂空心砖 JC 239—2001 粉煤灰砖 JC 943—2004 混凝土多孔砖
建筑砌块	混凝土小型空心砌块	普通混凝土小型空心砌块	普通混凝土小型空心砌块	GB 8239—1997 普通混凝土小型空心砌块
		轻集料混凝土小型空心砌块	轻质陶粒混凝土空心砌块、膨胀珍珠岩空心砌块	GB 15229—2002 轻集料混凝土小型空心砌块
	加气混凝土砌块		加气混凝土砌块	GB/T 11968—2006 蒸压加气混凝土砌块
	粉煤灰砌块	粉煤灰中型砌块	粉煤灰中型实心砌块、空心砌块	JC 238—1991 粉煤灰砌块
		粉煤灰小型空心砌块	粉煤灰小型空心砌块	JC 862—2000 粉煤灰小型空心砌块
	石膏砌块		石膏实心砌块、石膏空心砌块	JC/T 698—1998 石膏砌块
	泡沫混凝土砌块（多孔混凝土砌块）		多孔混凝土砌块、多孔硅酸盐混凝土砌块	
建筑板材	纤维增强水泥平板	单板	纤维水泥平板、VRC轻质墙板、真空挤出成型纤维水泥板	JC/T 626—2008 纤维增强低碱度水泥建筑平板 JC/T 671—2008 维纶纤维增强水泥平板 GB/T 19631—2005 玻璃纤维增强水泥轻质多孔隔墙条板
		复合墙体	纤维水泥（硅酸钙）板预制复合墙板	
	石膏板	单板	纸面石膏板、石膏空心条板、石膏纤维板、石膏刨花板	GB/T 9775—2008 纸面石膏板 JC/T 829—1998 石膏空心条板
		复合墙板	预制石膏板复合墙板	
	硅酸钙板		纤维增强硅酸钙板	JC/T 564—2000 纤维增强硅酸钙板

续表

类别	类型	品种	依据的标准
建筑板材	加气混凝土板	加气混凝土外墙板、加气混凝土隔墙板	GB 15762—1995 蒸压加气混凝土板
	轻质混凝土板材	轻集料混凝土配筋墙板、轻集料混凝土多孔条板、工业废渣混凝土空心隔墙条板	JC/T 169—2005 建筑隔墙用轻质条板 JG/T 3029—1995 住宅内隔墙轻质条板 JG 3063—1999 工业灰渣混凝土空心隔墙条板
	石棉板	石棉水泥平板	JC/T 412—1996 建筑用石棉水泥平板
	金属面夹芯板	金属面聚苯乙烯夹芯板，金属面硬质聚氨酯夹芯板，金属面岩棉、矿渣棉夹芯板	JC 689—1998 金属面聚苯乙烯夹芯板 JC/T 868—2000 金属面硬质聚氨酯夹芯板 JC/T 869—2000 金属面岩棉、矿渣棉夹芯板

152. 什么是砖？如何分类？

答：砖通常是指砌筑用的人造小型块材。外形多为直角六面体，其长度不超过365mm，宽度不超过240mm，高度不超过115mm，此外还有各种异形砖。

砖的分类方法有多种，常用的分类方法有：
①按生产方式分类　如烧结砖、免烧砖、蒸压砖、碳化砖等。
②按原材料分类　如黏土砖、页岩砖、粉煤灰砖、煤矸石砖、灰砂砖、煤渣砖等。
③按规格类型分类　如八五砖、刀口砖、斧形砖、扇形砖、配砖、花格砖等。
④按使用部位分类　如地面砖、拱壳砖、贴面砖、望砖、路面砖等。
⑤按孔洞率分类　如实心砖、微孔砖、多孔砖、空心砖等。
⑥按功能分类　如吸声砖、耐酸砖、耐火砖等。

实际工程中常用两种或两种以上分类方法复合命名。如：蒸压粉煤灰砖、烧结黏土空心砖、烧结页岩多孔砖、蒸压灰砂空心砖等。

153. 什么是烧结砖？

答：成型后的坯体经焙烧而制成的砖称为烧结砖。常结合主要原料命名，如烧结黏土砖、烧结粉煤灰砖、烧结页岩砖和烧结煤矸石砖等。在不致混淆的情况下，可省略"烧结"两字。每种砖按成型工艺又可分为烧结普通砖、烧结多孔砖和烧结空心砖。

烧结砖是我国传统的墙体材料，它具有施工方便和砌体结构稳定的特点，从秦朝一直使用至今。但是，普通烧结砖是用泥土制成胚体，再烧结成制品，与我国人多地少和能源短缺的国情不符，已逐渐被禁止使用。近年来，我国逐步发展了页岩烧结砖，它采用破碎页岩替代黏土，在我国一些地区开始逐步使用。

154. 什么是烧结多孔砖？有何特点？

答：烧结多孔砖是以黏土、页岩、煤矸石和粉煤灰等为主要原料，经成型、干燥和焙烧而成的多孔砖。外形如图 154-1 所示。

烧结多孔砖的特点是孔洞率等于或大于 25%，孔形为圆孔或非圆孔。孔的尺寸小而数量多，主要用于承重结构。主要品种有烧结黏土多孔砖、烧结页岩多孔砖、烧结煤矸石多孔砖、烧结粉煤灰多孔砖以及用于清水墙或带有装饰面用于墙体装饰的烧结装饰多孔砖。

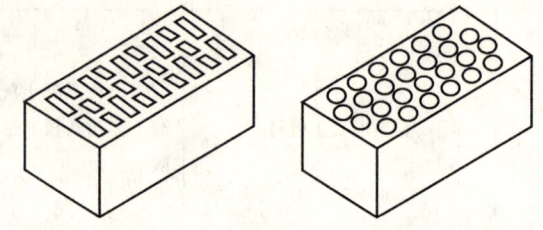

图 154-1　烧结多孔砖外观示意图

根据抗压强度，烧结多孔砖分为 MU30、MU25、MU20、MU15 和 MU10 五个强度等级。强度和抗风化性能合格的砖，根据尺寸偏差、外观质量、孔型及孔洞排列、泛霜、石灰爆裂分为优等品（A）、一等品（B）和合格品（C）三个质量等级。

155. 什么是烧结空心砖？有何特点？

答：烧结空心砖是以黏土、页岩和煤矸石等为主要原料，经焙烧而成，主要用于非承重部位的空心砖。

烧结空心砖的特点是孔洞率等于或大于 40%，孔的尺寸大而数量少，容重小、保温隔热性好、节省原料，主要用于非承重结构。主要品种有烧结黏土空心砖、烧结页岩空心砖以及烧结煤矸石空心砖。由于空心砖主要用于填充墙和隔断墙，只承受自重而无需承受建筑的结构荷载，故与多孔砖相比，其大面抗压强度和条面抗压强度要求要低得多。

空心砖的壁厚应大于 10mm，肋厚应大于 7mm。孔洞采用矩形条孔或其他孔形，且平行于大面和条面。

烧结空心砖按密度分为 800、900、1100 三个密度级别。每个密度级根据孔洞及其排数、尺寸偏差、外观质量、强度等级和物理性能分为优等品（A）、一等品（B）和合格品（C）三个等级。

除部分烧结煤矸石、页岩多孔砖与空心砖以及烧结粉煤灰多孔砖品种外，目前我国的烧结多孔砖和烧结空心砖产品仍主要为烧结黏土多孔砖和烧结黏土空心砖。习惯上又将这两类砖统称为空心黏土砖。

空心砖由于强度不高、碰撞易碎、吸湿性相对较大，故运输、装卸过程中应严禁抛掷和倾倒。进场后应按品种、规格分别堆放整齐，堆置高度不宜超过 2m。

156. 烧结多孔砖、烧结空心砖的热工性能如何？

答：烧结多孔砖与烧结空心砖的热工性能与砖的孔洞率、孔的形态以及孔洞的排列方式有关。一般情况下，孔洞率增加，砖的保温性能提高。同时，砖的保温性能还与其在宽、高方向（即传热方向）上孔洞的排列数目、排列方式以及空洞的形态有关。在相同的孔洞率条件下，错排孔砖的热导率要小于齐排孔砖；沿热流垂直方向砖的排孔数目越多，则热阻增加，热导率变小。有试验证明，合理的孔型结构对砖热导率的影响可高达 30% 以上。在壁、肋厚度相同条件下，在一定的孔洞大小范围内，孔洞率最大的矩形孔砖的热导率最低；但若孔洞宽度过大（超过10mm）时，孔内的空气层会因此形成对流，而使热导率增大。因此在实际应用中，虽圆孔孔型砖生产工艺简单，较易生产，但其热工性能要较其他孔型砖差。故国家标准规定，圆孔型多孔砖不能评为一等品和优等品，一等品和优等品必须选用矩形条孔，错位排列，以保证产品符合建筑墙体节能要求。孔型相同，多孔、小孔空心砖的保温性能要优于大孔洞空心砖。砖的表观密度越小、外壁与肋越薄，则热导率越小，但其力学性能会相应降低。

烧结非黏土多孔砖和空心砖的热工性能与烧结黏土多孔砖和空心砖基本相同。

烧结多孔砖和空心砖，烧成周期短、产量高，砌筑施工可节约砂浆和运输费用，保温吸声效果好，符合建筑节能要求，是今后发展的方向。

157. 什么是烧结普通砖？

答：烧结普通砖是以黏土、页岩、煤矸石和粉煤灰为主要原料，经焙烧而制成的实心或孔洞率不大于15%的砖。按主要原料分为烧结普通黏土砖、烧结普通页岩砖、烧结普通煤矸石砖、烧结普通粉煤灰砖以及烧结装饰砖。烧结装饰砖是指以上述制砖原料经焙烧而成用于清水墙或带有装饰面用于墙体装饰的砖。近年来，还有一些地区使用当地金属矿山的选矿尾矿砂烧制的烧结尾矿砖。

砖的外形为直角六面体，其公称尺寸为：长240mm、宽115mm、高53mm，配砖常规尺寸为175mm×115mm×53mm。烧结普通砖按抗压强度分为MU30、MU25、MU20、MU15和MU10五个等级；强度和抗风化性能合格的砖，根据尺寸偏差、外观质量、泛霜和石灰爆裂分为优等品（A）、一等品（B）和合格品（C）三个质量等级；优等品适用于清水墙和墙体装饰，一等品、合格品可用于混水墙，中等泛霜的砖不能用于潮湿部位。

从建筑节能的长远角度看，烧结非黏土砖并不是未来产品的发展方向，但其生产工艺相对简单，设备投资少，基本利用原有的烧结黏土砖设备即可生产，且粉煤灰、煤矸石等工业废渣消耗量大。根据中国的实际国情，尤其在经济欠发达地区的广大农村，在一段时间内，还不可能很快取消生产烧结非黏土砖。

158. 什么是砌块？

答：砌块是指建筑用的人造块材，外形多为直角六面体，也有异形砌块。按照砌块系列中主规格高度的大小，将砌块分为小型砌块、中型砌块和大型砌块。主规格的高度大于115mm而又小于380mm的砌块称为小型砌块（简称小砌块），它是目前我国主要砌块品种；主规格的高度在380~980mm之间的砌块称为中型砌块；主规格的高度大于980mm的砌块称为大型砌块。

按砌块有无孔洞或空心率大小可分为实心砌块、空心砌块以及多孔混凝土砌块。无孔洞或空心率小于25%的砌块称为实心砌块，如蒸压加气混凝土砌块、粉煤灰砌块、泡沫混凝土砌块等。空心率大于或等于25%的砌块称为空心砌块，如普通混凝土小型空心砌块、烧结空心砌块等。多孔混凝土砌块是指多孔混凝土或多孔硅酸盐混凝土制成的砌块。

按照生产材料情况，砌块又可分为蒸压加气混凝土砌块、普通混凝土小型空心砌块、轻集料混凝土小型空心砌块、粉煤灰小型空心砌块、粉煤灰砌块、装饰混凝土砌块、泡沫混凝土砌块、石膏砌块、烧结砌块等。

最初由于砌块本身重量较大，主要应用于低层建筑中，例如六层以下的建筑、别墅等。随着技术的进步，目前砌块已经向轻质、多功能化、规模化生产的方向发展。原材料中加入了一部分工业废渣、建筑垃圾等，砌块的推广使用还有较大的空间。

目前，混凝土小型空心砌块和蒸压加气混凝土砌块已成为我国应用量最大的承重和非承重的新型墙体材料。

159. 砌块都有哪些专用术语？

答：①长：直角六面体的砌块一般设计使用状态水平面长边尺寸，如图159-1所示。

②宽：直角六面体的砌块一般设计使用状态水平面短边尺寸，如图159-1所示。

③高：直角六面体的砌块一般设计使用状态竖向尺寸，如图159-1所示。

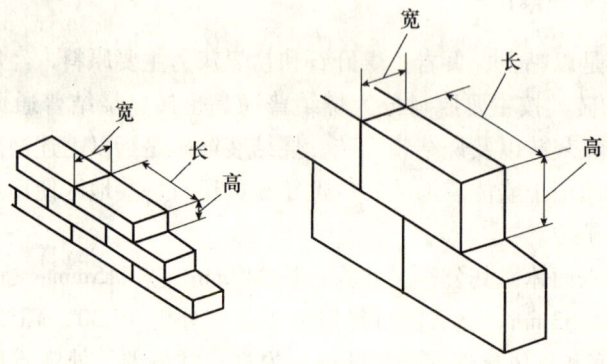

图 159-1　砌块尺寸示意图

④铺浆面：砌块承受垂直荷载且朝上的面。空心砌块指壁和肋较宽的面。

⑤坐浆面：砌块承受垂直荷载且朝下的面。空心砌块指壁和肋较窄的面。

⑥侧面：指砌块形成墙面的面。

⑦端面：指砌块垂直于侧面的竖向面。

⑧完整面：砌块的外观符合质量要求的面。

⑨切割面：砌块的坯体或成品再加工时切开所形成的面。

⑩外壁：空心砌块与墙面平行的外层部分，如图159-2所示。

⑪肋：空心砌块孔与孔之间的间隔部分以及外壁与外壁之间的连接部分，如图159-2所示。

⑫槽：砌块上部、下部或端部的凹进部分，如图159-3所示。

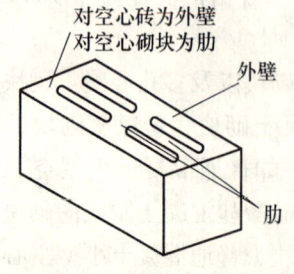

图 159-2　空心砌块示意图

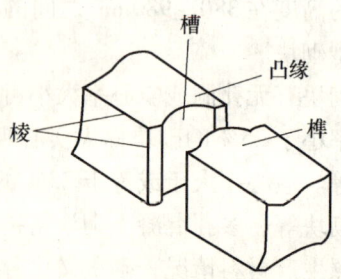

图 159-3　砌块示意图

⑬榫：砌块上部、下部或端部与槽镶砌的凸出部分，如图159-3所示。

⑭凸缘：砌块端部构成槽的凸出边缘，如图159-3所示。

⑮棱：砌块外表两个面的交接线，如图159-3所示。

⑯孔：砌块内部用芯模制成的、贯通的或不贯通的空间。

⑰毛截面面积：砌块与荷载作用相垂直而以外廓尺寸算出的横截面面积，简称毛面积。

⑱净面积：砌块与荷载作用方向相垂直的实体最小截面面积。

⑲空心率：空心砌块孔洞和槽的体积总和与按外廓尺寸算出的体积之比的百分率。

160. 混凝土小型空心砌块有什么特点？

答：混凝土小型空心砌块具有强度高、自重轻、耐久性好、外形尺寸规整，部分类型的混凝土砌块还具有美观的饰面以及良好的保温隔热性能等特点，适用于建造各种居住、公共、工业、教育和国防的建筑，包括高层与大跨度的建筑，以及围墙、挡土墙、桥梁、花坛等市政设施，应用范围十分广泛。混凝土砌块在建筑施工方法上与黏土砖相似，在产品生产方面还具有原材料来源广泛、可以避免毁田烧砖并能消纳部分工业废料、生产能耗较低、对环境污染程度较小、产品质量容易控制等优点。砌块建筑具有安全、美观、耐久、使用面积较大、施工速度较快、建筑造价与维护费用较低等优点，可适用于各种墙体，如承重墙、隔断墙、填充墙等。

普通混凝土小型空心砌块的主规格尺寸为390mm×190mm×190mm，其他规格尺寸可由供需双方确定。最小外壁厚应不小于30mm，最小肋厚应不小于25mm。空心率应不小于25%。普通混凝土小型空心砌块按强度等级分为MU3.5、MU5.0、MU7.5、MU10.0、MU15.0和MU20.0六个等级。混凝土小型空心砌块可分为普通混凝土小型空心砌块、粉煤灰混凝土小型空心砌块、陶粒混凝土小型空心砌块、浮石混凝土小型空心砌块和煤矸石混凝土小型空心砌块等。

161. 轻集料混凝土小型空心砌块有什么特点？

答：轻集料混凝土小型空心砌块按其孔的排数分为：实心、单排孔、双排孔、三排孔和四排孔等五类。按砌块密度等级分为500、600、700、800、900、1000、1200和1400八个等级（实心砌块的密度等级不应大于800）；按砌块抗压强度分为1.5、2.5、3.5、5.0、7.5和10.0六个等级；吸水率应不大于22%。根据砌块尺寸允许偏差和外观质量分为一等品（B）和合格品（C）两个等级。

轻集料混凝土小型空心砌块的主规格尺寸为390mm×190mm×190mm，其他规格尺寸可由供需双方确定。承重砌块最小外壁厚应不小于30mm，肋厚应不小于25mm。保温砌块最小外壁厚和肋厚不宜小于20mm。

162. 如何提高混凝土小型空心砌块的保温性能？

答：普通混凝土小型空心砌块的热工性能较差，190mm厚单排孔砌块的保温性能大体上仅相当于150mm厚黏土空心砖墙的水平，远未能达到《民用建筑热工设计规范》规定的最低限度的保温隔热要求，因此，需采取措施提高砌块自身的保温性能。提高砌块热阻的技术措施有：

(1) 采用轻集料混凝土生产砌块

轻集料混凝土砌块自身有较高的热阻，若再采用双排孔或多排孔结构，保温效果会更好，且自重也轻。

(2) 改变砌块结构

试验表明，在空心率相同的情况下，孔的形状对砌块热阻有一定影响。如方孔砌块热阻高于圆孔砌块热阻，但两者相差不大。但孔的宽度对砌块的热阻值影响较大。增加孔洞排数，可明显提高砌块的热阻值。主要原因是随着孔洞排数的增加，形成多个空气保温层。

改变砌块结构和增加孔洞排数对提高砌块的保温性能是有效的，特别是对于轻集料混凝土砌块效果显著。但对普通混凝土砌块来说，使用多排孔结构并不合理。

(3) 在砌块孔洞中填充保温材料

在砌块孔洞中填充保温材料会大大提高砌块热阻，尤其是轻集料混凝土砌块效果更显著。但同时采用多排孔结构则是不合理的：一是砌块的质量增加，生产成本提高；二是砌块热阻将会下降。因此，砌块结构设置合理，绝热材料选择恰当，将会达到很好的效果。

(4) 复合砌块

前三种措施均能不同程度地改善砌块的保温性能，但未能从根本上解决砌块的冷桥问题，更为先进的技术路线是采用复合结构。复合结构是采用高效保温材料作为基层和面层的联结键，同时作为绝热层，消除砌块上存在的冷桥，而基层和面层使用普通混凝土或轻集料混凝土。由于保温层厚度可根据设计要求进行调节，可达到较好的保温效果。

163. 什么是加气混凝土砌块？

答：加气混凝土砌块是指以硅质材料和钙质材料为主要原料，掺加发气剂，经加水搅拌，由化学反应形成孔隙，经浇筑成型、预养切割、蒸压养护等工艺过程制成的多孔硅酸盐砌块。按原材料分为蒸压砂加气混凝土砌块和蒸压粉煤灰加气混凝土砌块。

加气混凝土是在料浆里掺入发气剂，利用化学反应产生气体使料浆膨胀，经硬化后形成的多孔结构材料。它具有质轻、保温、隔热、吸声、防火、可加工等优良性能，可兼作保温和承重材料，可制作砌块、屋面板、墙板和保温管等制品，广泛用于工业与民用建筑。在建筑工程中采用加气混凝土制品，可大大减轻建筑物的自重，提高抗震能力，改善墙体、屋面的保温性能，故是一种理想的墙体材料。目前我国加气混凝土制品主要产品类型为建筑砌块，用于砌筑建筑内外墙体，也可制成板材，用作墙体或屋面材料。

目前全国已有400多条生产线，分布于各省、市、自治区，形成5000万 m^3 的生产规模。产品在工业、民用、公共、商贸、住宅建筑中得到广泛应用，成为世界上第一大加气混凝土生产国、使用国。

164. 蒸压加气混凝土（砌块）有哪些特点？

答：(1) 轻质

蒸压加气混凝土的孔隙率一般为70%~80%，其中由铝粉发气形成的气孔占40%~50%，由水分形成的气孔约占20%~40%，大部分气孔孔径为0.5~2mm，平均孔径在1mm左右。由于这些气孔的存在，表观密度一般为300~800kg/m^3，比普通混凝土轻2/3~7/8，从而可使建筑物的自重大大减轻。

(2) 具有结构材料必要的强度

材料强度与体积密度通常成正比关系,蒸压加气混凝土砌块也有此性质。以体积密度为 $500\sim700kg/m^3$ 的制品来说,强度一般为 $2.5\sim7.5MPa$,具备了作为结构材料的必要强度条件。

(3) 弹性模量和徐变较普通混凝土小

蒸压加气混凝土的弹性模量为 $(0.147\sim0.245)\times10^4MPa$,只有普通混凝土弹性模量 (1.96×10^4MPa) 的十分之一,因此在同样荷载作用下,其变形比普通混凝土大。蒸压加气混凝土的徐变系数 $(0.8\sim1.2)$ 比普通混凝土 $(1\sim4)$ 小,所以在同样受力状态下,其徐变比普通混凝土要小。

(4) 耐火性好

蒸压加气混凝土是不燃材料,在受热至 $80\sim100℃$ 时,会出现收缩和裂缝,但在 $700℃$ 以前不会损失强度,并且不散发有害气体,耐火性能优异。

(5) 保温隔热性能好

蒸压加气混凝土具有优良的隔热保温性能,其热导率一般为 $0.105\sim0.267W/(m\cdot K)$。

(6) 吸声性能好

蒸压加气混凝土的吸声能力(吸声系数为 $0.2\sim0.3$),比普通混凝土好,但隔声能力比普通混凝土差。

(7) 耐久性好

蒸压加气混凝土砌块的长期强度稳定,但它的抗冻性和抗风化性比普通混凝土差,在使用中要有必要的处理措施。

(8) 易加工

蒸压加气混凝土砌块可锯、可刨、可切、可钉、可钻。

(9) 干缩性能可满足建筑要求

蒸压加气混凝土砌块的干燥收缩标准值为不大于 $0.5mm/m$(温度 $20℃\pm2℃$,相对湿度 $43\%\pm2\%$),如果含水率降低,干燥收缩值也相应减少。所以只要控制上墙含水率在 15% 以下,砌体的收缩值就能满足建筑要求。

(10) 施工效率高

在同样质量条件下,蒸压加气混凝土砌块块型大,施工速度快;在同样块型条件下,蒸压加气混凝土比普通混凝土要轻,不需要大的起重设备,砌筑费用低。

165. 蒸压加气混凝土适用于哪些建筑?

答:(1) 高层框架建筑

多年实践证明,蒸压加气混凝土砌块在高层框架建筑中的应用是经济合理的,特别是用砌块来砌筑内外墙,已普遍得到社会的认同。

(2) 抗震地区建筑

由于蒸压加气混凝土砌块自重轻,其建筑的地震力就小,对抗震有利。与砖混结构相比,在同样的建筑、同样的地震条件下,震害程度相差一个地震设计设防级别。

(3) 严寒地区建筑

蒸压加气混凝土砌块的保温性能好,200mm 厚墙的保温效果相当于 490mm 厚黏土砖墙的保温效果，因而在严寒地区的建筑经济效益显著。

（4）软质地基建筑

在相同的地基条件下，蒸压加气混凝土砌块建筑层数可以增多，经济上有利。

166. 建筑物的哪些部位不得使用蒸压加气混凝土墙体？

答：蒸压加气混凝土砌块的主要缺点是收缩大、弹性模量低、怕冻害，因此在以下部位不得使用蒸压加气混凝土墙体：
①建筑物外墙防潮层以下；
②长期处于浸水或经常受干湿交替的部位；
③受化学物质侵蚀的部位，如强酸、强碱或高浓度二氧化碳等；
④砌块表面经常处于80℃以上的高温环境。

167. 我国建筑板材的生产情况如何？

答：由于预应力混凝土的发展和高层建筑技术的兴起，复合多功能化板材以其自身的优点开始越来越多的应用于高层建筑中。但是，目前我国新型轻质墙体材料的应用比例仍很小，轻质混凝土砌块占墙材总量的比例仅为4.48%，而国外发达国家为30%以上。我国目前建筑轻质板材生产只占墙材总量的3%，而发达国家已经达到40%~60%，例如美国的轻质板材以各种石膏板为主，其产量一直居世界首位；日本纤维水泥板、蒸压硅钙板、GRC板的生产居世界领先水平；德国、芬兰也以空心轻质混凝土墙板生产为主。

168. 为什么石膏制品具有"呼吸作用"？此种"呼吸作用"是否会引起石膏制品的变形或开裂？

答：由于石膏硬化体具有微孔结构，在环境空气相对湿度较大时可吸收水分，而当空气相对湿度降至60%以下时所吸收的水分又可自然地释放出来，石膏制品的此种特性称为"呼吸作用"，因此，石膏制品（包括纸面石膏板、纤维石膏板、石膏刨花板、石膏砌块和石膏空心条板）具有独特的"呼吸"功能。但石膏制品的吸湿量不大，纸面石膏板在温度32℃、相对湿度90%的空气中，达到平衡时的吸湿量仅为0.2%，对石膏制品的强度影响不大，对尺寸变化的影响也很小，所以不会引起制品的变形或开裂。由于石膏墙体材料的这种呼吸功能可自动调节室内空气的湿度，墙面不会结露，人们接触墙面时感觉温暖，这些都提高了人们居住的舒适感。

四 湿拌砂浆

169. 什么是湿拌砂浆？有哪些品种？

答：湿拌砂浆是指水泥、细集料、外加剂和水以及根据性能确定的各种组分，按一定比例，在搅拌站经计量、拌制后，采用搅拌运输车运至使用地点，放入专用容器储存，并在规定时间内使用完毕的湿拌拌合物。

湿拌砂浆的特点：可实现工业化生产，质量稳定；但受生产和运输的限制，一次供货量较大，必须在较短的时间内用完。因此，湿拌砂浆往往用于一次性砂浆用量较大的工程，它的使用也因此会受到一定的约束。目前，湿拌砂浆主要用于砂浆用量较大的砌筑与抹灰工程。

湿拌砂浆的品种有湿拌砌筑砂浆、湿拌抹灰砂浆、湿拌地面砂浆和湿拌防水砂浆。目前，湿拌砂浆主要用于量大面广的砌筑与抹灰工程。对于特种用途的砂浆，由于其粘性较高，无法采用湿拌的形式供应，只能以干混砂浆形式供应。

170. 湿拌砂浆有哪些特点？

答：湿拌砂浆形式上与湿拌混凝土相近，都是由搅拌站生产并通过带搅拌装置的运输车运到工地现场使用。湿拌混凝土运到现场很快泵送入模，采用振动成型；而湿拌砂浆则是先在现场储存，再通过工人手工操作将砂浆敷设到基层材料上。所以，砂浆使用过程的要求与湿拌混凝土既相似，又不同。相同之处是：它们都有流动性指标，混凝土用坍落度表示，砂浆用稠度表示；它们也有抗压强度指标。不同之处是：砂浆由于使用时间长，且砂浆与基层粘结非常重要，因此，砂浆还应有体积稳定性的要求，即分层度、保水性指标，表示可操作时间长短的稠度损失和凝结时间要求，表示与基层材料粘结牢固程度的指标，即拉伸粘结强度、砌体抗压和抗剪强度。所以，湿拌砂浆的使用要比湿拌混凝土复杂得多。

湿拌砂浆由于在混凝土搅拌站生产，具有计量准确、生产速度快的特点。湿拌砂浆的保水增稠材料不含石灰成分，所以它可以同时替代水泥石灰混合砂浆和水泥砂浆，用于砌筑、抹灰和地面工程。湿拌砂浆采取工业化生产，因此产品质量稳定，强度波动小，砂浆品种多。但是，湿拌砂浆是一种砂浆拌合物，其使用时间就存在着一定的限制。就是说湿拌砂浆必须在规定时间内使用完毕，这样使用单位就必须计算工程量和砂浆用量，并应考虑气候条件对砂浆需求量的影响。例如，在外墙抹灰施工时，如果天气预报有雨，那么外墙抹灰施工就要停止，若不减少湿拌砂浆预定量的话，那么湿拌砂浆势必不能在规定时间内用完，而造成浪费。如果施工进入内墙抹灰阶段，施工操作面大，施工人员充足，那么湿拌抹灰砂浆预定量就要增加，不然砂浆量将跟不上抹灰施工节拍而造成停工待料。所以，湿拌砂浆使用对施工管理提出了更高的要求，它要求现场施工人员与材料员密切配合和沟通，才能确保经济合理地用好湿拌砂浆。湿拌砂浆由于在搅拌站加水搅拌通过运输车运送到工地储存，所以，运输距离和运输时间的掌握非常重要，它与运输时的时间、交通和气候有关，生产企业对此应有充分考虑，应尽量避开交通高峰时间，避免交通堵塞。

171. 湿拌砂浆有哪些优缺点？

答：湿拌砂浆具有以下一些优点：
①湿拌砂浆运到工地后可直接使用，不需机械搅拌加工，但砂浆应储存在密闭容器中。
②湿拌砂浆是在专业生产厂制备完成的，有利于砂浆质量的控制和保证。
③原材料选择余地较大，集料可采用干料，也可采用湿料，且不需烘干，因而可降低成本；可大量掺用粉煤灰等工业废渣，以及采用钢渣、工业尾矿等一般工业固体废物制造的人工机制砂，既可节约资源，又可降低砂浆成本；另外，还可提高散装水泥的使用量。
④施工现场环境好，污染少。

但湿拌砂浆也存在一些缺点：
①因湿拌砂浆是在专业生产厂加水搅拌好的，且一次运送量较多，不能根据施工进度、使用量灵活掌握，且湿拌砂浆运到现场后需储存在密闭容器中或设置灰池。
②因湿拌砂浆在现场储存的时间相对较长，因此对砂浆的和易性、凝结时间及工作性能的稳定性要求高。
③运输时间受交通条件的制约。

172. 湿拌砂浆采用什么符号表示？如何标记？

答：预拌砂浆作为一种商品，需要以某种符号进行表示。符号的选择一是能以尽可能简单的符号表征砂浆的信息；二是要与国际接轨。因此，采用英文首字母表示。湿拌砂浆（wet-mixed mortar）的首字母为 W，砌筑砂浆（masonry mortar）的首字母为 M，抹灰砂浆（plastering mortar）的首字母为 P，地面砂浆（screeding mortar）的首字母为 S，防水砂浆（waterproof mortar）的首字母为 W，因此，湿拌砂浆采用表 172-1 的符号。

表 172-1 湿拌砂浆符号

品　种	湿拌砌筑砂浆	湿拌抹灰砂浆	湿拌地面砂浆	湿拌防水砂浆
符　号	WM	WP	WS	WW

湿拌砂浆采用如下的标记：

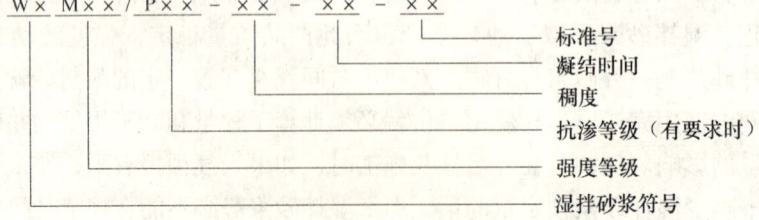

例1：湿拌砌筑砂浆的强度等级为 M10，稠度为 70mm，凝结时间为 12h，则其标记为：
WM M10-70-12-JG/T 230—2007

例2：湿拌防水砂浆的强度等级为 M15，稠度为 70mm，凝结时间为 12h，抗渗要求为 P8，则其标记为：
WW M15/P8-70-12-JG/T 230—2007

173. 湿拌砂浆有哪些技术要求？

答：目前，湿拌砂浆有四个品种，即：湿拌砌筑砂浆、湿拌抹灰砂浆、湿拌地面砂浆和湿拌防水砂浆。

湿拌砌筑砂浆主要用于砌体的砌筑，将块材粘结成整体。湿拌抹灰砂浆主要用于墙体表面覆盖以起到保护和装饰作用。湿拌地面砂浆主要用于地坪表面找平以起到保护和装饰作用。湿拌防水砂浆用于抗渗防水部位以起到保护和一般防水作用。

湿拌砂浆的技术指标分为硬化前和硬化后的技术要求。建工行业标准《预拌砂浆》JG/T 230—2007 对各品种湿拌砂浆的技术要求做出了规定，见表173-1。

表173-1 湿拌砂浆的性能指标

项 目	湿拌砌筑砂浆	湿拌抹灰砂浆	湿拌地面砂浆	湿拌防水砂浆
强度等级	M5、M7.5、M10、M15、M20、M25、M30	M5 M10、M15、M20	M15、M20、M25	M10、M15、M20
稠度（mm）	50、70、90	70、90、110	50	50、70、90
凝结时间（h）	≥8、≥12、≥24	≥8、≥12、≥24	≥4、≥8	≥8、≥12、≥24
保水性（%）	≥88	≥88	≥88	≥88
14d 拉伸粘结强度(MPa)	—	≥0.15 ≥0.20	—	≥0.20
抗渗等级	—	—	—	P6、P8、P10

另外，要求湿拌砌筑砂浆拌合物的密度不应小于 1800kg/m³，湿拌砌筑砂浆的砌体力学性能应符合《砌体结构设计规范》（GB 50003）的规定。

174. 湿拌砂浆的凝结时间为什么划分为 8h、12h、24h？

答：湿拌砂浆是由专业生产厂加水搅拌好后运到施工现场的，且运送的方量较多。由于目前砂浆施工仍为手工操作，施工速度较慢，砂浆不能很快使用完，需要在施工现场储存一段时间。为给施工提供方便，特别是下午送到现场的砂浆能储存到第二天继续使用，故湿拌砂浆的设计凝结时间最长可达24h，具体的凝结时间可由供需双方根据砂浆品种及施工需要而定。

湿拌砂浆与商品混凝土施工速度快、需求量大的特点不同，预拌砂浆由于每次施工时速度较慢（目前现场仍采用手工砌筑或抹面的施工工艺）而所需砂浆量少，为使现场的砂浆能保持一定时间的可施工性，要求砂浆具有一个时间段的休眠期，休眠期之后砂浆仍能正常地凝结硬化。试验表明，可通过掺加砂浆缓凝剂并调整掺量来控制砂浆凝结时间的长短，理论上砂浆凝结时间可达到48h以上，但是凝结时间太长，则没有实际意义，经济上也不合理。对凝结时间的规定，实际上是提供砂浆保持可操作性的延续时间，可通过砂浆稠度的损失加以控制，要求在合同指定的延续时间内，砂浆稠度的损失不大于35%，即在合同规定的使用时间内，应保证预拌砂浆具有可操作性。由于施工管理水平不同和施工需求不同，要求砂浆有不同的休眠期。如果当班计划能用完全部砂浆的，那么凝结时间可选择8h；如果进货时间为半夜，第二天白天能全部用完的可选择凝结时间12h的湿拌砂浆；如果搅拌站只能下午送货，砂浆要使用到第二天，那么只能选择凝结时间为24h的湿拌砂浆。

175. 湿拌抹灰砂浆为什么要有拉伸粘结强度的规定？

答：以往现场搅拌的抹灰砂浆配合比为 1:2、1:2.5、1:3 水泥砂浆和 114、116 水泥混合砂浆。工程质量的最终衡量指标是抹灰层无起壳开裂、空鼓和爆裂，这既取决于材料质量又取决于施工操作水平。水泥砂浆强度高，与基层墙体粘结牢固，但其保水性差，砂浆和易性不好；混合砂浆性能则与水泥砂浆相反。抹灰砂浆作为一种商品，则必须有一个物理力学指标，抹灰砂浆硬化后的主要指标是其与基层的粘结强度和抗压强度。一般而言，在一定范围内，水泥用量大，则砂浆粘结强度也高，但不完全成正比；砂浆抗压强度太高，粘结强度反而降低。所以，湿拌抹灰砂浆要有拉伸粘结强度的规定，要求强度等级 M5 抹灰砂浆的拉伸粘结强度不小于 0.15MPa，M10 以上抹灰砂浆拉伸粘结强度不小于 0.20MPa。

176. 什么是湿拌砂浆的重塑？

答：湿拌砂浆在储存容器中如出现少量泌水现象，使用前应人工拌匀；如泌水严重，应重新取样进行品质检验。重塑是指砂浆在规定使用时间内因工地原因造成稠度损失，使用时稠度达不到施工要求，在确保质量的前提下，经现场技术负责人认定后，可加适量水拌合使砂浆重新获得原定的稠度。砂浆重塑只能进行一次。

湿拌砂浆由于在储存过程中水泥缓慢水化，砂浆稠度逐步减小，砂浆稠度随时间的变化见表 176-1。

表 176-1 抹灰砂浆稠度随时间的变化　　　　　　　　　　　mm

测试时间 试验编号	0h	1h	6h	18h	24h	36h
1	100	92	80	65	60	42
2	108	101	77	60	55	50
3	98	97	83	76	69	64
4	103	96	87	80	74	65
5	110	106	87	77	60	52
6	104	96	92	85	70	65
7	108	101	93	83	80	72
8	116	110	101	92	85	80

由表中可以看到，随着时间的延续，砂浆稠度逐步减小，稠度降低的幅度与砂浆中掺入的缓凝剂品种及掺量有关，因此，在砂浆配合比设计时应充分考虑砂浆稠度的损失。

湿拌砂浆在现场密闭容器内储存时稠度损失较小，如果密闭条件不好，或者由于人为因素造成稠度急剧下降，影响了施工，那么为避免浪费，采取的补救措施是再加水搅拌，使砂浆重新获得可操作性。砂浆重塑后的强度为原强度的 80%，符合《砌体工程施工质量验收规范》GB 50203—2002 的规定，即"同一验收批砂浆试块抗压强度的最小一组平均值必须大于或等于设计强度等级所对应的立方体抗压强度的 0.75 倍。"

四 湿拌砂浆

177. 砂浆重塑有什么限制条件?

答：由于砂浆重塑后强度降低20%，故原则上应避免重塑，不能因为可以重塑而放松对储存砂浆灰池的制作与管理要求。虽然《砌体工程施工质量验收规范》GB 50203—2002中规定："同一验收批砂浆试块抗压强度的最小一组平均值必须大于或等于设计强度等级所对应的立方体抗压强度的0.75倍"，但也只能在极个别的情况下允许砂浆重塑，所以砂浆重塑时应经现场技术负责人认定后，可加适量水拌合使砂浆重新获得原定的稠度。砂浆重塑只能进行一次。

178. 湿拌砂浆的运输和储存有哪些要求?

答：由于翻斗车在运输过程中没有对砂浆拌合物进行搅动的功能，用翻斗车作为运输工具就易造成砂浆拌合物的离析，故应使用带搅拌装置的运输车运输。运输车方量的大小应遵循经济原则。装料口应保持清洁，筒体内不得有积水、积浆，在运输和卸料时不得随意加水，以确保砂浆配合比符合设计要求，从而保证砂浆的质量。

湿拌砂浆运到现场后，必须储存在不吸水的密闭容器内。如果选用铁质容器，那么储存效果最好，但投资太高，不利于推广应用；可用砖或砌块砌筑灰池，再用防水砂浆（吸水率小于5%）抹面，其投资最低。但防水砂浆的抹面非常重要，应确保防水层抹面的施工质量，最好在砂浆中添加纤维材料，减少砂浆裂缝。灰池地坪应有一定的坡度找平，便于清洗。灰池应有足够面积的顶棚，防雨防晒。砂浆储存在灰池中，应用塑料布完全遮盖灰池表面，以保证砂浆处于密闭状态。

现场灰池的位置应便于运输车辆的卸料和车辆的进出。如果灰池布置过密或与施工现场道路连接不当，可能会造成搅拌运输车不能卸料或进出不方便而影响卸料速度。一般灰池高度为1.0~1.3m。灰池高度太高，会增加劳动强度；灰池高度太低，则储存量偏少，需再增加灰池。灰池应有明显的刻度线，便于砂浆的计量。

为保证湿拌砂浆的质量，提高现场管理水平，砂浆储存时应做好以下几方面的工作：
①砂浆运至储存地点除直接使用外，经稠度、密度检验合格的砂浆才在灰池储存。
②储存前灰池必须清空。
③砂浆应放到灰池的刻度线，并予以确认；随后覆盖塑料布。一个灰池一次只能储存一个品种的砂浆。
④灰池应有明显标示，标明砂浆的种类、数量和储存的起始时间。
⑤使用时应集中进行，避免砂浆的水分多次蒸发。
⑥砂浆应在规定时间内使用，不得使用超过凝结时间的砂浆。
⑦砂浆在灰池中严禁加水。
⑧砂浆储存在灰池中，可能会出现少量泌水，使用前应重新搅拌。
⑨储存地点的气温，最高不宜超过37℃，最低不宜低于0℃。灰池应避免阳光直射和雨淋。
⑩砂浆使用完毕后，应立即清除残留在灰池壁上、池底和塑料布上的少量砂浆残余物。
⑪清空的灰池应设立明显的标志已备下次使用。
⑫清洗灰池过程中的砂浆残余物不得使用。

五 干混砂浆

179. 什么是干混砂浆？有哪些品种？

答：干混砂浆是指经干燥筛分处理的集料与水泥以及根据性能确定的各种组分，按一定比例在专业生产厂混合而成，在使用地点按规定比例加水或配套液体拌合使用的干混拌合物。按包装形式分为袋装干混砂浆和散装干混砂浆；按聚合物的形态分为单组分砂浆和双组分砂浆。

建工行业标准《预拌砂浆》JG/T 230—2007 将干混砂浆按用途分为普通干混砂浆和特种干混砂浆。普通干混砂浆是指用于砌筑、抹灰、地面和普通防水工程的干混砂浆，按用途分为干混砌筑砂浆、干混抹灰砂浆、干混地面砂浆和干混普通防水砂浆，并采用表 179-1 的符号。

表 179-1 普通干混砂浆符号

品 种	干混砌筑砂浆	干混抹灰砂浆	干混地面砂浆	干混普通防水砂浆
符 号	DM	DP	DS	DW

特种干混砂浆是指具有特种性能的干混砂浆。按用途分为干混瓷砖粘结砂浆、干混耐磨地坪砂浆、干混界面处理砂浆、干混特种防水砂浆、干混自流平砂浆、干混灌浆砂浆、干混外保温粘结砂浆、干混外保温抹面砂浆、干混聚苯颗粒保温砂浆和干混无机集料保温砂浆，并采用表 179-2 的符号。

表 179-2 特种干混砂浆符号

品 种	干混瓷砖粘结砂浆	干混耐磨地坪砂浆	干混界面处理砂浆	干混特种防水砂浆	干混自流平砂浆
符 号	DTA	DFH	DIT	DWS	DSL
品 种	干混灌浆砂浆	干混外保温粘结砂浆	干混外保温抹面砂浆	干混聚苯颗粒保温砂浆	干混无机集料保温砂浆
符 号	DGR	DEA	DBI	DPG	DTI

此外还有填缝剂、墙体饰面砂浆、粘结石膏、石膏基自流平砂浆等。

由于干混砂浆不受使用时间及数量的限制，因此它在预拌砂浆中将成为主角，其品种将日益增多，质量日益提高。

180. 干混砂浆有哪些优缺点？

答：干混砂浆有如下优点：

（1）砂浆品种多

传统现场拌制砂浆品种单一，长期以来就是水泥砂浆、水泥石灰砂浆等有限的几个配合比，远远不能适应新型墙体材料（如混凝土空心砌块、加气混凝土砌块、灰砂砖、陶粒混凝土空心砌块、粉煤灰砖等）对砂浆的不同使用要求。干混砂浆品种众多。在西方国家，干混砂浆从21世纪50年代初发展到现在，已有50多个品种，其中包括砌筑类砂浆、抹灰类砂浆、修补类砂浆和黏粘类砂浆等几大类，每类又包括多个品种。这些砂浆除要求粘结牢固和耐久外，还应根据工程需要具有不同的功能，如保温、透气、防潮、防水、防霉、耐磨等。抹灰砂浆和砌筑砂浆对保水性的要求明显不同，后者的保水性应比前者低。但即使同样是砌筑砂浆，也应视不同的砌筑对象而赋予不同的保水性，如砌筑吸水系数高的材料时，一般要使用保水性好的砌筑砂浆，反之亦然。对抹灰砂浆来说，不同的使用部位对砂浆力学性能的要求有明显区别，如墙面抹灰砂浆比地面抹灰砂浆一般要求较低的力学性能。即使用于同一建筑的抹灰砂浆，也因部位、位向不同而具有不同的力学性能；即使同一部位，用于基层、中间层和表层的砂浆也应具有不同的力学性能。随着建筑节能的推广和建筑品质的提高，外墙外保温体系正在国内兴起。用于该体系高效保温层的粘结和抗冲击保护必须要用特种砂浆，同时外层可涂敷代替墙面砖的装饰砂浆。这些砂浆都应是均质的，且在生产时都要加入一定量的添加剂。这类添加剂种类很多，而掺量很小，配比或掺量失误都会引起质量或经济上的不良后果。此外，砂浆的物理力学性能还与胶凝材料种类、集料粒径级配、配合比和均匀性有直接关系。制备特种砂浆和专用砂浆对这些参数和性质有严格要求。特种砂浆和专用砂浆需专业人员进行和掌握，这只有在工厂里才能得以实现。因此，有必要对各种砂浆进行工厂化生产。

（2）质量优良，品质稳定

传统砂浆因计量不准确而造成砂浆质量异常波动，现场拌合砂浆往往无严格的计量，全凭工人现场估计，不能严格执行配合比；无法准确添加微量的外加剂；不能准确控制加水量；搅拌的均匀度难以控制，另原材料的质量波动大，如不同源地河砂含泥量与级配均有较大差异，在此条件下拌制的砂浆出现质量的异常波动是在所难免。其次现场拌合砂浆施工性能差，因现场拌制砂浆无法或很少添加外加剂，和易性差，难以进行机械施工，操作费时费力，质量事故多，如抹灰砂浆开裂剥落、防水砂浆渗漏等。

干混砂浆由于是在专业技术人员的设计和管理下，用专用设备进行集中配料和混合，其用料合理，配料准确，混合均匀，从而使产品品质均匀，改善了砂浆的可操作性，砂浆的粘结强度和耐久性也得到显著提高。在现有的施工条件和施工技术下，可大大提高砌体和粉刷工程的施工质量，克服普通砂浆存在的渗、漏、裂等质量通病，也杜绝了"豆腐渣"工程隐患。可以说，现代化、高标准的建筑及工程施工，使用干混砂浆是必然选择。干混砂浆选择级配良好的河砂，减少分层现象；选择优良的砂浆保水增稠材料，满足可施工操作性；降低用水量、增加砂浆含气量、减少泌水，提高抗渗性能。

（3）使用方便

干混砂浆是在现场加水（或配套液体）搅拌而成，因此可根据施工进度、使用量多少灵活掌握，不受时间限制，使用方便。砂浆运输比较方便，可集中起来运输，受交通条件的限制较小。

干混砂浆的储存期长。袋装普通干混砂浆的储存期为3个月，袋装特种干混砂浆的储存期为6个月，散装干混砂浆的储存期为3个月。散装干混砂浆应储存在专用封闭式筒仓内。

（4）经济效益显著

由于干混砂浆所使用的砂要烘干、过筛，袋装干混砂浆还存在包装费用，再加上干混砂浆的利税，因此每吨干混砂浆成本要高于现场拌制砂浆。但干混砂浆的砂子集配好、粒径小，在保证质量的前提下，砂浆的厚度可以减薄，这样使用干混砂浆的施工用料省。另外，传统的现场拌制砂浆因配料难以按配方执行，所以会造成原材料的不合理使用。干混砂浆则因配料合理而避免了这种现象，因此使用干混砂浆可大大减少物料在运输和使用中的损耗。据统计，现场拌制砂浆的损耗约为20%，湿拌砂浆约为5%~10%，袋装干混砂浆为3%~5%，散装干混砂浆几乎为零。预拌砂浆符合我国全面建设节约型社会的要求。

干混砂浆质量优于现场拌制砂浆，它可显著减少工程维修保养费用。工地现场拌制的砂浆质量如不符合要求，易返工或短期内就得维修，花费的费用更多。据预测，使用50年后，用干混砂浆施工的抹面工程，其初建和期间维修的总费用仅是传统抹灰砂浆的1/20。

干混砂浆（预拌砂浆）从生产、运输到使用都采用了机械化方式，将施工现场配制砂浆变为工厂化生产，避免了手工作业，有利于提高工作效率。现场配制设计由于胶凝材料、骨料和外加剂需分别购买、存放、计算用量，需要大量的人力物力，效率低，进度慢。若采用干混砂浆仅需一次就可以买到符合要求的砂浆，湿拌砂浆可随到随用，即使干混砂浆也只要加水搅拌就可使用，大大提高了工作效率。国外统计数据表明，使用干混砂浆可提高工效5~6倍。在当前劳动力价格大幅上涨的情况下，使用干混砂浆减员增效的优越性尤为重要。

(5) 节能减排效果显著

干混砂浆不仅提高劳动生产率，而且有利于提高劳动保护，体现以人为本。按传统现场拌制砂浆的生产方式，从原材料准备到生产都使用人工操作，不仅劳动强度大、效率低下，而且劳动生产条件恶劣，大量粉尘弥漫作业现场，有害气体严重影响劳动者身心健康。使用湿拌和散装干混砂浆后从生产到流通的全过程几乎都是在密闭状态下机械化操作，对劳动者基本不存在健康危害。另外，上海地区的干混砂浆采用砂浆稠化粉和粉煤灰双掺技术可节约水泥，不用石灰所节省的能耗大于砂的烘干及干混砂浆的生产能耗，每生产1t干混砂浆较现场拌制砂浆可节约水泥57kg、石灰41.4kg、砂25.9kg、利用粉煤灰100kg、节能9kg标煤，减少二氧化碳排放134kg。如果用再生资源取代部分砂，则可节约砂200kg。上海若使用1500万t干混砂浆，可节约水泥86万t、石灰62万t、砂38万t，利用粉煤灰150万t，节能13.5万t标煤，减排二氧化碳201万t，减少扬尘3万t，节能减排效果显著。

但干混砂浆也存在一些缺点：

①干混砂浆生产线的一次投资较大，散装罐和运输车辆的投入也较大，所以干混砂浆价格肯定要比现场拌制砂浆价格高。

②原材料的选择受到一定的限制。因干混砂浆是由干态原料混合而成的，故对原材料的含水率有较高的要求，尤其是细集料必须经过干燥处理，这样就导致生产成本的增加。另外，液体组分的使用也受到限制，如外加剂、添加剂等必须使用粉剂，而不能使用液剂，通常固体外加剂的价格比液体外加剂价格高，就使原材料的成本增加。

③干混砂浆是由施工单位在现场加水搅拌制得的，而用水量与搅拌的均匀度对砂浆性能有一定的影响。施工企业缺乏砂浆方面的专业技术人才，不利于砂浆的质量控制。

④散装干混砂浆在储存或气力输送过程中，容易造成物料分离，导致砂浆不均匀，影响砂浆的质量。

⑤工地需配备足够的存储设备和搅拌系统。因为砂浆品种越多，所需的存储设备越多。

181. 普通干混砂浆的凝结时间为什么要求在 3~8h？

答：干混砌筑砂浆的凝结时间应有个合适的使用范围。砂浆凝结时间太短，则砂浆从拌合到使用的时间太短，可能造成砂浆还没有运到操作面，即还未砌筑，砂浆就凝结硬化，不能满足施工要求。如果砂浆凝结时间太长，那么砂浆砌筑的砌体高度就受到限制，如砌体砌筑高度太高，砂浆没有硬化，则砌体本身的重量使得灰缝变薄，砌体有可能发生倾斜。所以，对于干混砌筑砂浆的凝结时间应有所控制，一般要求在 3~8h 之间。在冬季，气温低，块材本身温度低，砂浆凝结硬化速度慢，砂浆凝结时间变长，出厂砂浆凝结时间应控制在下限，以保证砂浆尽快硬化来抵御初期受冻；在夏季，气温高，块材本身温度高，砂浆凝结硬化速度快，砂浆凝结时间变短，则砂浆凝结时间可控制在上限，以保证有充裕的操作时间。

182. 干混抹灰砂浆为什么要有拉伸粘结强度的规定？

答：目前常用的现场搅拌抹灰砂浆配合比为 1:2、1:2.5、1:3 水泥砂浆和 114、116 水泥混合砂浆。其最终质量衡量指标是抹灰层无起壳开裂、空鼓和爆裂，这既包括材料质量，又包括施工操作水平。水泥砂浆强度高，与基层墙体粘结牢固，但其保水性差，砂浆和易性不好；混合砂浆性能则与水泥砂浆相反。抹灰砂浆作为一种商品，则必须有一个物理力学指标，抹灰砂浆硬化后的主要指标是其与基层的粘结强度。一般而言，在一定范围内，砂浆水泥用量大，则其粘结强度也高，但也不一定成正比；砂浆抗压强度太高，粘结强度反而降低。所以，干混抹灰砂浆应有拉伸粘结强度的规定，即 M5 抹灰砂浆拉伸粘结强度不小于 0.15MPa，M10 及以上抹灰砂浆拉伸粘结强度不小于 0.20MPa。

183. 干混砂浆的储存期为什么有的是 3 个月？有的是 6 个月？

答：干混砂浆中的水泥与袋装水泥或散装水泥的储存状态是有很大区别的，前者水泥是分散在集料之间，后者是水泥颗粒互相接触。因水泥的质保期是 3 个月，而普通干混砂浆大多以水泥为胶凝材料，故普通干混砂浆的储存期也规定为 3 个月，而含有有机胶凝材料的特种干混砂浆质保期可延长到 6 个月。干混砂浆的强度随储存期的延长而略有下降，见表 183-1。因此，砂浆在储存及运输过程中应特别注意防潮，以保证砂浆的质量。

表 183-1 不同储存时间干混砂浆强度的变化

砂浆编号	28d 抗压强度（MPa）	
	砂浆混合后立即成型	砂浆混合后 6 个月成型
DP20	33.4/100	31.3/94
DP15	21.7/100	21.4/99

六 现场拌制砂浆

184. 现场拌制砂浆有哪些品种和作用?

答: 现场拌制砂浆是指将原材料,如胶凝材料、砂等运送到施工现场,施工时由机械或人工小批量拌合使用。现场拌制砂浆按材料组成可分为水泥砂浆、水泥石灰混合砂浆、石灰砂浆和石膏砂浆。

水泥砂浆是一种应用面十分广泛的建筑砂浆,它既可以用于砌筑工程,也可以用于墙体抹灰和地面找平工程。用于砌筑工程的水泥砂浆主要用于地下分部工程和潮湿环境,其强度等级一般不小于 M7.5。用于墙体抹灰的水泥砂浆主要用于外墙、厨房和卫生间的抹灰,其水泥与砂比例一般为 1:3、1:2.5、1:2 等。用于地面工程的水泥砂浆主要用于地面找平,其水泥与砂比例不小于 1:2。由于水泥砂浆强度高,因此,其耐久性也十分良好。

水泥石灰混合砂浆(简称混合砂浆)用于砌筑和抹灰工程。用于砌筑工程的混合砂浆一般用于工程零零线以上,其强度等级为 M2.5、M5、M7.5 和 M10;用于抹灰工程的混合砂浆主要用于建筑物的内墙抹灰,水泥与石灰和砂的比例一般为 1:1:4(简称 114)或 1:1:6(简称 116)。由于混合砂浆中石灰膏配料准确性波动大,质量也波动大,难以控制,容易发生质量事故。另外石灰属气硬性胶凝材料,也限制了混合砂浆的使用范围,在潮湿环境和长期浸水环境就不得使用混合砂浆。如果工程中误将混合砂浆当作水泥砂浆使用,那么就难以保证工程质量。

石灰砂浆由完全熟化好的石灰膏、砂和水组成。石灰砂浆主要用于内墙抹灰,石灰与砂的比例为 1:3。石灰膏的主要成分是氢氧化钙,它不像水泥砂浆那样必须消耗相当于水泥用量的水才能进行水化反应,生成凝胶体,然后粘结。石灰在含水的状态下本身就有粘性,能与基层粘结。石灰砂浆硬化的基础是碳化反应。

$$Ca(OH)_2 + CO_2 + nH_2O = CaCO_3 + (n+1)H_2O$$

试验证明,石灰的碳化反应必须有水存在。通过"碳化反应",$Ca(OH)_2$ 转变成了实际上不溶解的 $CaCO_3$,石灰砂浆才获得最终强度。如果抹灰的基层过干,界面石灰砂浆中的水分很快被基层吸走,上述的"碳化反应"就不能进行,这就是石灰砂浆抹面层空鼓的主要原因。但是石灰的"碳化反应"所需的 CO_2 来自于空气中,碳化过程只能从外向内、由表及里地进行。面层石灰碳化后,孔隙减少、结构变致密、强度提高的同时,也给 CO_2 的扩散、"内侵"增加了阻力,因此,石灰砂浆抹面层的硬化(碳化)速度非常缓慢。当天气炎热干燥时,水分蒸发的损失太快,碳化过程不彻底,尤其是界面层的碳化被中止,抹面强度低,产生空鼓。由于石灰砂浆强度低,容易起壳、开裂,因此,石灰砂浆的应用也越来越少了。

石膏砂浆主要用于内墙抹灰,石膏与砂比例为 1:2、1:2.5 和 1:3。随着建筑材料市场的快速发展,新型石膏砂浆以其轻质、高强、节能等特点不断涌现,并且被建筑市场所接受。其优点主要表现在：质量轻、装饰效果好、防火性能好、粘结性能高、保温隔热好，具有呼吸功能、卫生保健、施工方便、省工期、有利于冬期施工。因此石膏砂浆作为新一代的内墙装饰材料，符合环保和可持续性发展的方向，属绿色建材，会得到越来越多的应用。粉刷石膏是预拌干混砂浆的一种，是一种中高级抹灰砂浆。但是，石膏是一种气硬性胶凝材料，它不能在潮湿环境和室外使用。

185. 现场拌制砂浆有哪些缺点？

答：现场拌制砂浆由于客观条件和施工人员技术水平的限制，质量波动较大。这一生产方式存在较多的缺点，主要有：

（1）质量波动大

现场拌制砂浆通常只对水泥进行质量控制，其他组分，如砂、掺合料、外加剂的质量控制手段缺乏，质量波动较大；原材料的计量较粗略，没有严格按照配合比进行计量，造成计量不精确；搅拌时间难以准确控制，导致自拌砂浆的强度、体积质量等质量指标离散性大。

（2）品种单一、性能较差

由于受设备、技术和管理条件的限制，现场拌制砂浆长期以来仅有水泥砂浆、石灰混合砂浆等几个有限的品种，功能区分不明确。砂浆质量不稳定，黏聚性较差，容易泌水、离析、沉降，可施工性不好，砂浆硬化后粘结强度低，容易空鼓、开裂，导致砂浆的防水性能差、耐久性不良。

（3）占用场地大、原材料损耗多

采用现场拌制砂浆时，水泥、砂的贮存量至少要考虑3~5d的用量，占用了较大的堆放场地，同时需要在现场安排砂浆搅拌机、石灰池等，占用了较大的作业场地，不利于施工场地的现场管理。生产及使用过程中均采用手推车运输，原材料及砂浆在施工现场内大量散落，造成了浪费和污染。

（4）劳动强度大、施工效率低

现场拌制砂浆以手工作业为主，现场采用手推车加井架的水平垂直方式供应，人工传送灰桶、刮抹灰浆，无法实行机械化作业，劳动强度大，施工效率低，需要较多的工人参与。

（5）粉尘及噪声污染严重

由于砂浆作业贯穿于整个建设工期，砂浆搅拌机露天作业的噪声大，施工现场长期处于泥砂满地、粉尘飞扬的状态，严重污染了环境。

（6）影响土壤pH值，易伤皮肤

石灰膏灰池碱性大，影响土壤的pH值，混合砂浆碱性大，易伤皮肤。

186. 现场拌制砂浆存在哪些问题？

答：（1）现场拌制砂浆不能满足新型墙体材料发展的需要

现场拌制砂浆的现状不能适应新型墙体材料的发展需要。随着墙改工作的逐步深入，实心黏土砖的使用越来越受到限制，取而代之的是大力开发和推广自重轻、安装快、性能好、占用面积小、能耗低的各种非黏土类新型墙体材料。砌筑砂浆和抹灰砂浆是影响墙体综合性能的重要配套材料，传统砂浆已远远不能适应现有的混凝土小型空心砌块、蒸压加气混凝土砌块、粉煤灰砖、水泥空心条板等新型墙体材料在和易性、粘结性等方面的技术要求，主要表现为：

①砂浆保水性差，易失水，导致强度发展不足。由于新型墙体材料的孔结构和孔隙率完全不同于传统的烧结普通砖，其吸水较多，而吸水速度较慢，而传统砂浆由于缺少保水组分，容易失水导致强度发展不足，粘结强度低，灰缝不饱满，粉刷层易起壳、开裂，影响砌体的整体质量。同时墙体材料吸水后如外界湿度下降，将发生二次干缩导致墙体出现开裂。

②砂浆粘结性差。与黏土砖相比，新型墙体材料粘结面的截面尺寸通常较小，如砂浆在干燥固化后的粘结力不足，将导致墙体在变形应力作用下容易产生开裂。

（2）砂浆现状不能适应建筑节能的发展需要

随着建筑节能的推广应用，墙体保温技术也在不断发展。墙体保温材料需要与之相配套的专用砂浆，而现场拌制砂浆是无法满足这一要求的。

（3）砂浆现状不能适应实现散装水泥快速发展的目标

现场拌制砂浆主要采用袋装水泥，每使用 10000t 水泥，需消耗包装纸 60t，折合为 330m^3 木材、电 7.2 万 kW·h、煤 78t、烧碱 2t、棉纱 4t，不符合可持续发展战略。水泥散装率是衡量水泥工业现代化和建筑业现代化的重要标志。

187. 传统建筑砂浆为什么易发生空鼓、开裂？

答：水泥在常温下与水进行水化反应，生成凝胶体和结晶体，经过凝结硬化过程而生成坚硬的人造石。人们就利用水泥水化所生成的凝胶体使水泥砂浆抹面层与基层牢固地粘结在一起，硬化后，形成一个坚实的整体。基层所用的材料都是亲水性材料，所以基层能够被水泥砂浆完全浸湿，分子间相互吸引、扩散、渗透，加强了机械连接作用。但是在实施过程中，往往效果不理想，主要原因是基层处理不好，如表面污垢清理不干净，基层有松动的砌筑砂浆等，使面层与基层之间形成了隔离层，两层结合不牢，这点只要在处理基层时，严格按照规范要求进行施工就可以解决。但是基层的湿度很难掌握，基层浇水往往浇不透，即使初始把水浇透了，遇到干燥气候或高温，水分很快蒸发。这样，水泥砂浆抹灰层与基层接触界面上的水分被吸收得过快过早，砂浆脱水过早，抑制了水化作用，产生不了在界面上的机械咬合力。而界面以外砂浆的失水来自蒸发，失水速度相对缓慢，水化作用仍能进行。随着水分的不断减少和强度的提高产生了化学收缩和干燥收缩，界面砂浆就在这种收缩拉力的作用下与基层剥离，造成了起初的空鼓，随着时间的增长，水分越来越少，收缩拉力增大，空鼓面积加大，终于从局部空鼓发展成裂缝。平常见到的水泥砂浆抹灰面的窗台等处的空鼓裂缝，除少数是因基层清理不干净以外，多数原因是缺水造成的，如朝阳面比背阴面空鼓裂缝多，夏期施工比春季施工的水泥砂浆墙面空鼓裂缝多，就证明了这一点。

188. 现场拌制砂浆对原材料有哪些要求？

答：水泥一般分为硅酸盐水泥、普通硅酸盐水泥、火山灰质硅酸盐水泥、矿渣硅酸盐水泥、粉煤灰硅酸盐水泥和复合硅酸盐水泥，由于矿渣硅酸盐水泥早期强度低，凝结较慢，在低温环境中尤甚，并且耐冻性差，易泌水，因此，冬期施工和外墙抹灰砂浆中不宜采用矿渣硅酸盐水泥。地面砂浆应采用硅酸盐水泥、普通硅酸盐水泥。因为火山灰质硅酸盐水泥需保湿养护，故不宜用于抹灰砂浆。水泥强度等级可根据砂浆强度等级来确定，砂浆强度等级高，则选用高强度等级的水泥。

由于上述水泥的强度较高，所配制的砂浆强度也高，势必造成水泥的浪费，此时可采用砌筑水泥。砌筑水泥的特点是混合材掺量高（≥50%），水泥强度低，保水性好（不低于80%），水泥成本低。由于砂浆的强度等级普遍较低，用普硅水泥或其他品种硅酸盐水泥配制砂浆，往往造成砂浆强度较高，水泥浪费大，且砂浆的保水性不好。使用砌筑水泥可以在不增加砂浆成本的前提下，增加水泥用量，从而保证砂浆具有良好的保水性，且强度富裕系数小。国家标准《砌筑水泥》GB/T 3183—2003规定水泥有两个强度等级：12.5和22.5。无论砂浆中使用何种水泥，其性能指标都必须符合相关标准的要求。

根据产源和砂粒形成条件不同，砂分为河砂、海砂、湖砂和山砂。海砂含氯离子等有害物质较多，一般不予采用。河砂表面光洁、颗粒呈球形，可优先考虑。山砂颗粒棱角较多、表面粗糙，采取一定技术措施后也可用于砂浆。砂浆用砂宜采用中砂，砂的最大粒径不应大于5mm。

石灰膏要求用钙质石灰。消化石灰粉不得直接用于砂浆中，磨细生石灰粉只能在冬季使用。我国建筑石灰的生产目前还处于立窑生产，燃烧不均匀，易产生"欠烧"和"过烧"现象，故现场拌制的石灰膏熟化时间要求十分严格，用于砌筑砂浆的石灰膏熟化时间不得少于7d，用于抹灰砂浆的石灰膏熟化时间不得少于14d，磨细生石灰粉的熟化时间不得少于2d。

189. 现场拌制砂浆如何计量？

答：对于现场拌制砂浆，理论上砌筑砂浆采用质量计量，抹灰砂浆采用体积计量；但由于水泥石灰混合砂浆中的石灰膏含水50%左右，呈膏状，难以计量，另外现场砂的含水率波动也较大，所以，现场砌筑砂浆实际计量大多还是处于体积计量阶段。体积计量带来的问题就是计量精度差，各组分难以控制，具体表现为砂浆质量波动大，在砌筑砂浆配合比设计中也有所反映，在抹灰砂浆中也往往发生抹灰层颜色不均匀的现象。

190. 现场拌制砂浆如何控制质量？

答：现场拌制砂浆的质量首先要控制原材料的质量。水泥应复检合格后方能使用，应尽量避免使用立窑水泥。石灰膏是石灰石经900℃高温煅烧生成的生石灰经加水淋制、陈化而得。由于生石灰有欠烧、正烧和过烧三种，过烧石灰消解速度特别缓慢，细小颗粒在石灰使用之后仍在吸收空气中水分慢慢消解，致使已硬化的灰浆产生体积膨胀而引起"崩裂"或"爆灰"等现象，影响工程质量，留下严重隐患。因此，生石灰需淋成石灰膏后方可用于砌筑或抹灰工程中。石灰膏应充分熟化，应避免石灰膏脱水，不得使用熟化期不到的石灰膏和脱水石灰膏。石灰膏不应含有残渣和未水化颗粒等。砂宜使用中砂，在抹灰工程中，尽量不使用细砂，施工中应检测砂的含水率，掌握含水率波动情况，控制砂的实际用量精度，避免砂含水率波动影响砂浆配合比的精度。

其次，要严格按照砂浆配合比进行称量，计量要准确，计量误差应符合相关标准的要求。砂浆应采用机械搅拌，对水泥和水泥混合砂浆，搅拌时间不得小于120s；对掺加粉煤灰和外加剂的砂浆，搅拌时间不得小于180s。

191. 现场拌制砂浆为何逐渐被预拌砂浆所取代？

答：建筑砂浆是一种量大面广的建筑材料，广泛用于砌筑、抹灰、地面找平及墙地面砖铺设等工程。传统混合砂浆一般都在施工现场拌制，由于石灰膏含水50%，呈膏状，难以计量，又属气硬性胶凝材料，基本不参与水化作用，导致砂浆抗渗性差、收缩大，是抹灰开裂、起壳、渗漏等建筑质量通病发生的薄弱环节。同时，现场采购、堆放原材料和非准确计量配制砂浆，不可避免地造成严重浪费和污染施工环境。另外现场拌制的砂浆配合比基本上还是按烧结普通砖砌体来设计和应用。我国近年来新型墙体材料发展迅猛，各种非烧结非黏土墙体材料层出不穷，如混凝土小型空心砌块、蒸压加气混凝土砌块、蒸压粉煤灰砖、蒸压灰砂砖等，它们的孔结构和孔隙率完全不同于传统的烧结普通砖，用传统的水泥石灰砂浆砌筑和粉刷，将带来灰缝不饱满、粘结强度低和粉刷层易起壳、开裂等质量通病。所以，发展预拌砂浆可以推动新型墙体材料的健康发展，提高新型墙体材料（如：混凝土小砌块、蒸压灰砂砖、加气混凝土砌块）的砌筑质量，减少砌体裂缝和墙面抹灰层裂缝。传统现场拌制砂浆已远远落后于新型墙体材料的发展，不能适应新型墙体材料的砌筑和抹灰要求，砌体抗压强度和抗剪强度普遍较低。而使用预拌砂浆可提高砌体抗压强度和抗剪强度，例如，使用现场拌制砂浆砌筑的蒸压灰砂砖砌体抗剪强度仅为普通烧结砖的70%，而使用预拌砂浆砌筑的蒸压灰砂砖砌体抗剪强度与普通烧结砖的相同。

七 砂 浆 品 种

(一)砌筑砂浆

192. 什么是砌筑砂浆?

答：砌筑砂浆是用来将块状材料粘结成为一个整体，共同构成具有所期望功能特性的整体构件。砌筑砂浆主要起构筑砌体、传递荷载、协调变形的作用，是砌体的重要组成部分之一。虽然砌筑砂浆在砌体中只占相当小的部分，但对砌体总的性能却有较大影响。砌筑砂浆的质量直接影响砌体强度，特别是砌体抗剪强度。随着新型墙体材料的发展，块体材料的种类也越来越多，如各种烧结砖、非烧结砖、混凝土小砌块、轻骨料混凝土小砌块、加气混凝土小砌块等。因各种块体材料的材性不同、尺寸不同，它们对砌筑砂浆的要求也不同，因此不可能存在一种万能的砌筑砂浆，只有针对每种块材的特性，选择与之相适应的砌筑砂浆，才能保证砌体工程的质量。发展专用（砌筑）砂浆是干混砂浆的一个重要方向。

受施工技术、建筑工业化水平、材料质量、建筑习惯等多方面因素影响，我国建筑形式以多层和高层为多，建筑结构以现浇混凝土、框架结构和砖混结构为主。我国建筑结构的特点，决定了我国墙体砌筑量大、墙面平整度差、抹灰量大。这种建筑结构的特点，在短时间内不会轻易改变。因此，在今后相当长一段时间内，依然需要大量的普通抹灰砂浆和普通砌筑砂浆，从而为预拌砂浆的应用提供了广阔的市场空间和发展潜力。

193. 对砌筑砂浆的基本要求是什么?

答：首先要求砌筑砂浆要有良好的可操作性，包括流动性、黏聚性和触变性。可操作性良好的砂浆容易在粗糙的块材表面铺成均匀的薄层，且能和底面紧密粘结。使用可操作性良好的砂浆既便于施工操作，提高劳动生产率，又能保证工程质量。同时砌筑砂浆还要有较好的保水性，避免砂浆中的水分过早、过多的被块材吸走，影响水泥进一步的水化。其次要求硬化后的砂浆应具有一定的抗压强度、粘结强度等，以保证砌体的强度和整体性。

194. 砌筑砂浆的技术要求有哪些?

答：建工行业标准《预拌砂浆》JG/T 230—2007 中分别对湿拌和干混砌筑砂浆规定了表 194-1 的技术要求。

表 194-1 砌筑砂浆的性能指标

砂浆品种	强度等级	稠度（mm）	凝结时间（h）	保水性（%）
湿拌砌筑砂浆	M5、M7.5、M10、M15、M20、M25、M30	50、70、90	≥8、≥12、≥24	≥88
干混砌筑砂浆	M5、M7.5、M10、M15、M20、M25、M30	—	3~8	≥88

此外，还要求砌筑砂浆的砌体力学性能符合《砌体结构设计规范》GB 50003 的规定，且砌筑砂浆拌合物的密度不应小于 1800kg/m³。

为了改善砂浆和易性，砌筑砂浆中往往掺入砂浆塑化剂等。但是，加入有机塑化剂的水泥砂浆，其砌体破坏荷载低于水泥混合砂浆，因此在《砌体工程施工质量验收规范》GB 50203—2002 中规定："在砌筑砂浆中掺用有机塑化剂，应有其砌体强度的型式检验报告，并经检验和试配符合要求后，方可使用。"因此，对砌筑砂浆提出了砌体力学性能的要求。试验方法按《砌体基本力学性能试验方法标准》GBJ 129 进行。采用何种强度等级的块材和砂浆可根据各地具体情况而定。另外，砂浆中掺入引气型增塑剂后，砂浆拌合物的密度就会降低，也会影响砌体的强度，因此，要求砂浆拌合物的密度不应小于 1800kg/m³。

砌筑砂浆的强度等级有七级，其中 M20 以上高强度等级砌筑砂浆主要是满足混凝土小砌块配筋砌体结构的需要。

195. 对砌筑砂浆原材料有何要求？

答：砌筑砂浆的原材料主要有：胶凝材料、集料、掺合料及外加剂等。

（1）胶凝材料

水泥是砌筑砂浆的主要胶凝材料，目前使用较多的是普通硅酸盐水泥、矿渣水泥等，但矿渣水泥易泌水，使用时要加以注意。因砂浆强度等级要求不高，为了节约材料、合理利用资源，配制砌筑砂浆时应尽量选用低强度等级水泥和砌筑水泥，对于水泥砂浆，水泥强度等级不宜大于 32.5 级；对于水泥混合砂浆，由于石灰膏等掺加料的加入会降低砂浆强度，可适当提高水泥强度等级，但不宜大于 42.5 级。如果砂浆是工厂化生产，则建议采用 42.5 水泥，再掺加粉煤灰等掺合料，可配制各强度等级的砂浆。

（2）细集料

砌筑砂浆用砂宜选用中砂，并过筛，且不得含有草根等杂物。因用中砂拌制的砂浆，既能满足和易性的要求，又节约水泥，宜优先采用。

砂的含泥量对砂浆性能有一定的影响，若砂的含泥量过大，不但会增加水泥用量，还会加大砂浆的收缩，降低粘结强度，影响砌筑质量，因此，为保证砂浆质量，应对砂的含泥量加以限制。对水泥砂浆和强度等级不小于 M5 的水泥混合砂浆，砂的含泥量不应超过 5%；强度等级小于 M5 的水泥混合砂浆，砂的含泥量不应超过 10%。

天然砂是不可再生资源，随着其资源日益匮乏，人工砂的研究和应用日益增多。人工砂中的石粉含量较高，它可改善砂浆的和易性，但强度有所下降。采用人工砂时含泥量可适当放宽，但是人工砂的颗粒形状和表面状况不同于天然砂，应在配合比设计中予以调整。

砌筑砂浆也可以采用轻质集料，如膨胀珍珠岩、破碎聚苯颗粒等生产保温砌筑砂浆，减少灰缝的冷热桥影响。

（3）掺加料

掺加料是为改善砂浆和易性而加入的无机材料，如石灰膏、黏土膏、电石膏、磨细生石灰、粉煤灰和沸石粉等。

为了保证砂浆质量，需将生石灰熟化成石灰膏后再使用。块状生石灰熟化成石灰膏时，应采用孔径不大于 3mm×3mm 的网过滤，熟化时间不得少于 7d；采用磨细生石灰粉时，熟化时间不得小于 2d，以保证石灰能充分熟化。为了保证石灰膏的质量，应采取防止石灰膏干燥、冻结和污染的措施。严禁使用脱水硬化的石灰膏。因脱水硬化的石灰膏不但起不到塑化作用，还会影响砂浆强度。另外，砌筑砂浆中不得直接使用消石灰粉，因消石灰粉是未充分熟化的石灰，颗粒较粗，起不到改善砂浆和易性的作用。

砂浆中掺入粉煤灰可以改善砂浆的和易性，提高耐久性，还可以降低成本，根据砂浆的强度大小，选择Ⅱ级或Ⅲ级粉煤灰。

砂浆中掺入沸石粉可以改善砂浆的和易性、可操作性，提高保水性，且能提高砂浆的强度，并节约水泥。根据砂浆的强度大小，选择Ⅱ级或Ⅲ级沸石粉。

（4）外加剂

为了改善水泥砂浆的和易性，砌筑砂浆中常常掺入保水增稠材料、有机塑化剂等。由于有机塑化剂具有引气作用，对砌体的力学性能有一定影响，其砌体破坏荷载低于水泥石灰砂浆，因此要求其应具有法定检测机构出具的该产品砌体强度型式检验报告。

196. 砌筑砂浆有哪些品种和要求？

答：砌筑砂浆是一种量大面广的建筑材料，它是将块材粘结成砌体。砌筑砂浆应根据块材的材性进行配合比设计，制备各种专用砂浆，不仅砂浆本身强度应满足相应规范强制性条款要求，而且与块材粘结成整体的砌体力学性能指标也应满足《砌体结构设计规范》GB 50003的强制性条文要求。

烧结砖对砂浆的黏聚性和保水性要求较低，稠度应控制在70~90mm，分层度应不大于25mm。蒸压粉煤灰砖、蒸压灰砂砖属压制成型的硅酸盐制品，吸水率大，表面光滑，砂浆稠度应控制在70~80mm，分层度应不大于15mm。混凝土小型空心砌块属振动成型的水泥制品，块体质量大，吸水率低，砂浆稠度应控制在50~70mm，分层度应不大于20mm，而且砂浆应有优异的黏聚性，确保竖缝的饱满度。蒸压加气混凝土砌块属蒸压切割的多孔硅酸盐制品，材料密度轻，封闭小孔多，吸水速度慢，吸水率大，砂浆稠度应控制在80~90mm，分层度应不大于15mm。砌筑砂浆应根据块材性能而定，逐步向薄层砌筑砂浆发展。

砌筑砂浆除了砂浆本身强度指标外，与块材的粘结性能非常重要。《砌体结构设计规范》GB 50003—2001和《砌体工程施工质量验收规范》GB 50203—2002对此都有强制性条文规定，其指标为砌体抗压强度和抗剪强度。上海地区常用的砌筑砂浆配合比见表196-1。

表196-1 常用砌筑砂浆配合比

砂浆种类	标 记	强度等级	砂浆配合比（%）			
			32.5水泥	砂浆稠化粉	F类Ⅱ级粉煤灰	中 砂
砌筑砂浆	DM5.0	M5.0	12.0	2.6	10.4	75.0
	DM7.5	M7.5	13.0	2.5	9.5	75.0
	DM10	M10	14.0	2.4	9.5	74.1

197. 干混砌筑砂浆有哪些种类？

答：干混砌筑砂浆由于采用工厂化配料生产，产品种类多，选择方便，可生产不同品种的砌筑砂浆，如混凝土小型空心砌块砌筑专用砂浆、混凝土多孔砖砌筑砂浆、蒸压灰砂砖专用砂浆、蒸压粉煤灰砖专用砂浆、蒸压加气混凝土砌块薄层专用砂浆等，以满足新型墙体材料的砌筑要求。

干混砂浆生产时，砂的粒径可通过筛网孔径予以控制，砂可分成几个粒径，根据需要配制各种规格的干混砂浆。例如，生产蒸压加气混凝土砌块薄层专用砂浆，可控制砂的最大粒径不超过1mm，以保证灰缝厚度控制在3~5mm。蒸压加气混凝土砌块薄层专用砂浆的抗剪强度远大于现场拌制砂浆的抗剪强度，确保了砂浆与块材的粘结，专用砂浆与块材的粘结强度大于块材本身的抗拉强度，用专用砂浆砌筑的蒸压加气混凝土砌块砌体整体性良好，灰缝饱满，提高了砌体的抗渗性。表197-1为蒸压加气混凝土砌块专用砂浆的配合比实例，表197-2为用表197-1配合比配制的砂浆的实测性能。

表197-1　蒸压加气混凝土砌块专用砂浆的配合比

编号	强度等级	水泥	砂	保水剂	水
Q8	M10	649	794	4.33	281

表197-2　蒸压加气混凝土砌块专用砂浆的性能

编号	保水率（%）		密度（kg/m³）	凝结时间（h:min）	抗压强度（有底模）(MPa)		14d抗拉强度（MPa）	砌体抗剪强度（MPa）
	测试值	平均值			7d	28d		
JQ8	99	99	1730	9:48	12.1	19.6	0.673	0.33
	99							

198. 湿拌砌筑砂浆的稠度如何确定？

答：湿拌砌筑砂浆的稠度主要由块体材料的种类、施工气候条件、运输距离和运输条件等因素决定。其中块体材料种类是主要因素，与块体材料的材性、尺寸有关。块体材料密度大、块体体积也大，那么砂浆在硬化前承受的重力也大，砂浆的塑性强度相对就应高些，砂浆的稠度就相应小些，以保证砂浆在外力作用下不变形和影响砌筑精度。如果块体尺寸小、质量轻，那么砂浆在硬化前所承受的重力就小，砂浆塑性强度相对就可低些，砂浆的稠度就可大些，以方便砌筑。如果块材吸水率低，那么砂浆砌筑后，砂浆水分不会被块材吸附，砂浆稠度就可小些，不然会产生"游砖"现象，即砂浆稠度大，砖稍一受力就很容易在砂浆表面移动。影响湿拌砂浆稠度的其他因素还有施工气候条件、运输距离和运输条件等。如果天气炎热、气温高、块材表面温度高，那么砂浆稠度应比常温条件大；反之亦然。如果运输距离远或者交通不畅、运输时间长，那么砂浆的出机稠度应放宽，以保证在运输期间的稠度损失能满足要求。湿拌砌筑砂浆施工时的稠度要求见表198-1。

表198-1　湿样砌筑砂浆施工时的稠度

砌体种类	砂浆稠度（mm）
烧结普通砖砌体	70~90
轻集料混凝土小型空心砌块砌体	60~90
烧结多孔砖、混凝土多孔砖砌体	60~80
普通混凝土小型空心砌块砌体、加气混凝土砌块砌体	50~70
石砌体	30~50

199. 砌筑砂浆的保水性为什么不是越高越好？

答：砌筑砂浆的用水量为 260~300kg/m³，传统砌筑砂浆的水泥用量在 180~300kg/m³。控制砌筑砂浆保水率的主要作用是保证砂浆在凝结硬化前不被块材吸收过多的水分，不会因失水过快而导致砂浆中水泥没有足够水分水化，以免降低砂浆本身强度和砂浆与块材的粘结强度。众所周知，水泥理论完全水化所需水分是水泥质量的 26%，砂浆用水量大大超过了砂浆中水泥水化所需的水分，而超过的水分主要是为了满足施工之需要。而水泥石的强度主要与水灰比有关，水灰比越大，水泥石孔隙率也越大，水泥石强度越低，砂浆强度也相应降低。所以，只要砌筑砂浆的保水性能保证砂浆可操作性和砂浆中水泥水化所需水分即可。如果砌筑砂浆保水性太好，那么砂浆中所保留的实际水分就多，砂浆真实水灰比就大，砂浆的实际强度就低，与块材粘结强度也相应低。另外砂浆保水性太好，水分不易被块材吸收，也会影响水泥浆与块材的粘结，并将延长砂浆的凝结时间，从而影响砌筑速度，并增加施工难度。所以，砌筑砂浆的保水性指标应与块体材料相关。如果块体材料的孔结构为开放式，块材易被水浇透，如烧结砖，那么砌筑砂浆的保水率就可低些，只需达到 80% 以上即可，例如，用传统砂浆砌筑烧结普通砖，效果就非常好。如果块体材料孔结构为封闭的，孔隙率高，块体材料不易被水浇透，或者块体材料施工时不准浇水润湿，那么砌筑砂浆的保水性就应提高，以满足砂浆中水泥水化所需的水分。蒸压灰砂砖砌筑时，采用保水率为 80% 的砌筑砂浆砌筑灰砂砖，由于砂浆保水率低，砂浆的水分容易被灰砂砖吸收，造成灰缝中水泥水化所需水分严重不足，使得水泥水化不能正常进行，降低了砂浆真实强度和砂浆与灰砂砖的粘结强度，这也是用传统砂浆砌筑灰砂砖易造成砌体开裂的原因之一。所以，用于砌筑灰砂砖的砂浆保水率就应控制在 88% 以上。但是，如果我们将砌筑灰砂砖的砂浆保水率提高到 95% 以上，就会产生砂浆灰缝中水分很难被吸收，砂浆实际强度降低，砂浆与砖的粘结强度也会降低，并且砂浆保水性太好，砌筑时砖不容易与砂浆粘结稳定，砌筑高度受到限制。因此，砌筑砂浆的保水性不是越高越好，对不同的块体材料都应有相应的保水率范围。

200. 对砌筑砂浆的密度有何要求？

答：建筑砂浆的密度是指一定比例的胶结材、砂、水等搅拌均匀、捣实后的质量密度。砂浆组成材料中各材料的密度依次为：石灰膏表观密度（1350kg/m³）＞水泥堆积密度（1280kg/m³）＞水的密度（1000kg/m³），水泥的表观密度是 3.1g/cm³。从理论上分析，对于水泥砂浆来说，随着砂浆强度的提高，水泥用量增大，其密度也增大；对于混合砂浆来说，1m³ 砂浆拌合物中，胶结材和掺合料用量一定，为 300~350kg，而用水量随砂浆强度提高及水泥用量提高而提高，因此，也有类似于水泥砂浆的规律。当砂浆强度等级相同，水泥用量也基本相同时，由于混合砂浆中加入了密度较大的石灰膏，因此混合砂浆的密度略小于同强度等级水泥砂浆的密度。试验数据表明，砂浆密度的实测值与理论计算值非常接近，且其规律性与理论分析完全相同。

建筑砂浆的密度与其组成材料之间有着密切的关系，且直接影响到砂浆的强度。无论水泥砂浆还是混合砂浆，其密度都随砂浆强度的提高而提高。

为了改善砂浆的和易性，砂浆中通常都掺入保水增稠材料。保水增稠材料分为无机的和有机的；有引气型的，也有非引气型的。当砂浆中掺入非引气型保水增稠材料时，一般对砂浆的密度影响不大；当掺入引气型保水增稠材料时，就会对砂浆密度及强度有较大影响。掺量越大，密度越小，同时抗压强度也大幅下降。例如，当砂浆含气量为20%时，抗压强度大约下降25%。因此，控制建筑砂浆密度，对保证其强度等各项性能以及限制原材料的用量均能起到一定的作用。要求水泥砂浆密度不宜小于1900kg/m³，水泥混合砂浆密度不宜小于1800kg/m³。

201. 如何选择预拌砌筑砂浆？

答： 预拌砌筑砂浆的选用原则是根据工程情况和周边预拌砂浆供应商来决定采用湿拌砌筑砂浆还是干混砌筑砂浆。如果选用湿拌砌筑砂浆，那么应根据块材种类来决定湿拌砌筑砂浆的稠度、保水率；根据施工进度、施工计划和湿拌砂浆供应商供货时间来决定砂浆的凝结时间是8h、12h，还是24h。同理，如果选择干混砌筑砂浆，也应根据块材种类来决定干混砌筑砂浆的品种。由于干混砂浆原材料选择范围较湿拌砂浆选择范围广，可生产专用砂浆，品种针对性可更强，所以，干混砌筑砂浆是预拌砂浆的发展方向。

202. 为什么要发展薄层砌筑砂浆？

答： 砌筑砂浆灰缝厚度一般为8~12mm，它主要由块体材料的尺寸精度决定。块体材料尺寸精度低，所需的灰缝就大。一般灰缝砂浆的强度低于块体材料的强度，因此，块体材料在灰缝中始终处于受弯和受剪应力状态。而块体材料的抗折强度是抗压强度的20%左右，所以砌体受压后，块体材料的破坏形式是一个个小的棱柱体。如果块体材料的尺寸精度提高，尺寸误差可控制在±1mm，那么砌筑砂浆的灰缝就可控制在3~5mm，薄层砌筑砂浆也就可行。砌筑砂浆灰缝变薄，砂浆沿厚度变形量减少，使得砂浆水泥用量可以提高，而水泥用量提高，砂浆强度和弹性模量也提高。砂浆弹性模量提高可显著改善块体材料的受力状况，使块体材料与砂浆共同工作性增大，进而提高砌体的抗裂性和砌体力学性能。发展薄层砌筑砂浆可提高砌筑效率，减轻劳动强度，还可减少现场砂浆用量，减少施工现场湿作业，有利于施工现场环境保护。所以，提高砂浆质量，减少砂浆用量，发展薄层砌筑砂浆是发展干混砌筑砂浆的方向。表202-1与表202-2为现场拌制砂浆与薄层砌筑砂浆的性能对比。

表202-1 现场拌制砂浆的性能

砂浆编号	32.5水泥（kg/m³）	石灰膏（kg/m³）	砂（kg/m³）	水（kg/m³）	稠度（mm）	密度（kg/m³）	砂浆28d抗压强度（MPa）	砌体抗剪强度（MPa）
FP1	306.00	37.00	1528	260	75	2130	19.8	0.45
FP2	245.00	98.00	1530	237	81	2110	12.1	0.41

表202-2 薄层砌筑砂浆的性能

砂浆编号	42.5水泥（kg/m³）	保水剂（kg/m³）	砂（kg/m³）	水（kg/m³）	稠度（mm）	密度（kg/m³）	砂浆28d抗压强度（MPa）	砌体抗剪强度（MPa）
FP1	400	4.0	929	228	87	1560	11.2	0.71
FP2	386	5.2	895	224	80	1510	10.3	0.60

203. 新型墙体材料对砌筑砂浆的要求有哪些不同？

答：砌体按块材可分为砖砌体、混凝土小型空心砌块砌体和石砌体；按类型可分为配筋砌体和填充墙砌体。

砖分为烧结砖和非烧结砖。烧结砖又分为普通烧结砖、多孔烧结砖；非烧结砖又分为蒸压灰砂砖、蒸压粉煤灰砖和混凝土砖。烧结砖的孔结构为开通的；非烧结砖的孔结构为闭合的。蒸压灰砂砖和蒸压粉煤灰砖的表面较光滑。湿拌砌筑砂浆砌筑不同类型的砖时，对砖的预处理、砌筑方式和要求也是各不相同。

烧结砖是我国传统的墙体材料。它具有施工方便、砌体结构稳定和热工性好的特点，从秦朝一直使用至今。但是，普通烧结砖是用泥土制成坯体，再用煤烧结成制品，与我国人多地少和能源短缺的国情不符，已逐渐被禁止使用。近年来，我国逐步发展起来了页岩烧结砖。它采用破碎页岩替代黏土，因此，在我国一些地区开始逐步使用。对于烧结砖，砌筑前应浇水湿润，做到表面阴干，水浸入砖表面内10mm。湿拌砂浆砌筑时稠度控制在70~90mm，分层度可控制在30mm以内。

对于非烧结砖、蒸压灰砂砖和蒸压粉煤灰砖，其表面光滑，吸水率大，吸水速度慢。如果采用砌筑烧结砖的砂浆砌筑会产生灰缝不饱满，砌体抗剪强度低的问题。对此，《砌体结构设计规范》GB 50003—2001规定，其砌体抗剪强度值比烧结砖砌体的抗剪强度低30%。湿拌砌筑砂浆砌筑蒸压灰砂砖和蒸压粉煤灰砖时，砖不得浇水，砂浆稠度应控制在60~80mm，分层度应控制在15mm以内，保水性控制在90%以上，砂浆中保水增稠材料比例应增大，并适当提高粉状材料比例。采用专用砂浆砌筑的砌体抗剪强度已等同于烧结砖砌体的抗剪强度。

混凝土小砌块的块体尺寸较大，铺浆面积小，竖缝高，吸水率低。如果采用传统砌筑砂浆砌筑，砂浆与砌块粘结差，砌体的抗剪强度低，竖向灰缝饱满度差，砌体易产生"渗漏裂"等质量通病。因此，砂浆的稠度应降低，控制在50~70mm，分层度应控制在20mm以内，砂浆的粘聚性和触变性要好，砂浆在砌筑时要牢固地粘附在砌块侧壁。对此，在砂浆配合比设计时，应掺加掺合料和保水增稠材料，可适当添加机制砂，以增加砂浆的粘聚性。上海地区用于混凝土小砌块的湿拌砌筑砂浆配合比见表203-1。

表203-1 混凝土小砌块用湿拌砌筑砂浆配合比　　　　　　kg/m³

砂浆品种	水泥	粉煤灰	稠化粉	建筑渣	砂	水	缓凝剂
WM10	220	90	25	288	1244	175	4.36

对于蒸压加气混凝土砌块，由于块体尺寸较大、铺浆面积大、竖缝高、吸水率大、吸水速度慢，如果采用传统砌筑砂浆砌筑，砂浆的抗剪强度低、竖向灰缝饱满度差，砌体易产生"渗漏裂"等质量通病。因此应采用保水性好、黏稠的砂浆，如预拌砂浆。当预拌砌筑砂浆用于外墙体砌筑时，砂浆的抗冻性指标应至少等同于砌墙砖的抗冻性指标。

204. 加气混凝土砌块为何要采用专用的砌筑砂浆和抹面砂浆？

答：加气混凝土属于多孔结构，内部有许多气孔。质量好的气孔为密闭的圆孔，质量差的气孔为连续的通孔。加气混凝土孔隙率一般为65%~75%，最大可达80%。

采用传统砌筑法施工时，烧结实心黏土砖在砌筑前一天需用水浇透，使其吸足水，然后再用砂浆进行砌筑及抹灰。此时，砖表面的水已饱和，不再从砂浆中吸取水分，因而能保证砂浆中的水泥水化充分，强度正常发展，砂浆与砖能粘结牢固。但对于加气混凝土来说，因加气混凝土吸水速度较慢，且吸水量较少，提前浇水湿透的方法不适用于加气混凝土。当采用传统砂浆砌筑加气混凝土时，砂浆中的水分慢慢被加气混凝土吸收，导致水泥水化不充分，强度不能正常发展，砂浆粘结强度和抗压强度低，砂浆与砌块粘结不牢，从而影响砌体的质量，而抹灰层容易开裂、空鼓甚至脱落。

分析其原因，传统红砖是烧结的，内部的孔及毛细孔是连续开放的。而加气混凝土是由铝粉发气形成气泡孔，阻碍了孔壁中毛细孔的发展。由于加气混凝土封闭多孔的特征，使其表面吸水快，而吸至内部很难。浇水时，水容易进入表面的3~5mm深度，但之后很难再进入，形成所谓"浇不透"现象。

由此可见，传统砂浆因保水性差，容易导致抹灰层的空鼓、开裂；另外，普通砂浆抗压强度较高，而加气混凝土抗压强度较低，两者性能不匹配。因此，传统砂浆不适宜砌筑加气混凝土砌块及抹面，必须发展使用保水性好、性能优异的预拌砂浆。

加气混凝土砌块所用的砌筑砂浆和抹面砂浆，首先保水性要好，这样才能阻止砂浆中的水分被砌块吸走，既能保证必要的施工操作，又有利于砂浆强度的发展；其次要有较高的粘性，使砂浆与砌块能很好的粘结成一个整体，以保证砌体的质量。建材行业标准《蒸压加气混凝土用砌筑砂浆与抹面砂浆》JC 890—2001对砌筑砂浆和抹面砂浆的性能做了规定，见表204-1。

表204-1 蒸压加气混凝土用砌筑砂浆与抹面砂浆的性能指标

项 目	砌筑砂浆	抹面砂浆
干密度（kg/m³）	≤1800	水泥砂浆≤1800 石膏砂浆≤1500
分层度（mm）	≤20	水泥砂浆≤20
凝结时间（h）	贯入阻力达到0.5MPa时，3~5h	水泥砂浆：贯入阻力达到0.5MPa时，3~5h 石膏砂浆：初凝≥1，终凝≤8
导热系数[W/(m·K)]	≤1.1	石膏砂浆：≤1.0
抗折强度（MPa）	—	石膏砂浆：≥2.0
抗压强度（MPa）	2.5、5.0	水泥砂浆：2.5、5.0 石膏砂浆：≥4.0
剪切粘结强度（MPa）	≥0.20	水泥砂浆：≥0.15 石膏砂浆：≥0.30
抗冻性25次（%）	质量损失≤5 强度损失≤20	水泥砂浆：质量损失≤5 强度损失≤20
收缩性能	收缩值≤1.1mm/m	水泥砂浆：收缩值≤1.1mm/m 石膏砂浆：收缩率≤0.06%

注：有抗冻性能和保温性能要求的地区，砂浆性能还应符合抗冻性和导热性能的规定。

205. 对混凝土小型空心砌块配筋砌体用的砌筑砂浆有何要求？

答： 发展混凝土小型空心砌块配筋砌体结构，是克服混凝土小型空心砌块砌体渗、漏、裂等质量通病的一个有效途径和方法。由于混凝土小型空心砌块块体尺寸为普通烧结砖的9.6倍,体积空心率在35%~45%,水平粘结面积相应地只占表观粘结面积的50%~60%,竖向灰缝高度为190mm,材料本身收缩值为0.4‰,比普通烧结砖的0.1‰~0.2‰大一倍,因此,《砌体结构设计规范》GB 50003 规定,混凝土小型空心砌块砌体的通缝抗剪强度值仅为普通烧结砖的55%。

在实际施工中,由于上述原因,混凝土小型空心砌块砌体往往存在竖向灰缝不饱满,甚至虚砌等质量通病,通缝抗剪强度值低和竖缝不饱满,加上混凝土小型空心砌块的收缩值较大,砌体易开裂,进而影响了美观;如果砌体是外墙的话,就有可能发生渗、漏、裂。所以,采用配筋砌体,通过配置钢筋和灌注芯柱混凝土,提高砌体抗剪强度和砌体的整体性。

传统砌筑砂浆无法满足配筋砌体的砌筑要求。用于配筋砌体的砌筑砂浆,首先应有良好的可操作性,以确保竖缝饱满,要有一定的可操作时间,以保证铺灰和砌筑;其次要求砂浆强度高,砂浆强度至少应不小于15MPa,最高可达到30MPa;最后要求砂浆与砌块应粘结良好,保证应力传递。采用干混砌筑砂浆可较好地解决上述问题。通过掺入非石灰类保水增稠材料和矿物掺合料,可解决砂浆可操作性、可操作时间和抗压强度三者的矛盾,确保可施工性和砌体的整体性。采用砂浆稠化粉配制的干混砌筑砂浆已在上海多个工程中使用,使用效果良好,即使在37℃高温季节,砌筑砂浆的施工性也非常好,可操作时间也满足了施工需要,强度达到了设计要求。经现场取芯,混凝土小型空心砌块、砂浆和灌芯混凝土三者粘结成整体,表明砌筑砂浆与块材粘结良好。表205-1为采用砂浆稠化粉和粉煤灰配制的砌筑砂浆及其性能。

表205-1 混凝土小型空心砌块专用砌筑砂浆配合比及性能

砂浆品种	水泥 (kg/m³)	粉煤灰 (kg/m³)	稠化粉 (kg/m³)	砂 (kg/m³)	水 (%)	稠度 (mm)	分层度 (mm)	28d 抗压强度 (MPa)	表观密度 (kg/m³)	凝结时间 (h:min)
DM15	278	56	50	1450	18.1	81	12	28.4	2060	6:42
DM20	328	66	48	1450	19.4	87	9	31.2	2040	7:26
DM25	328	57	42	1450	17.4	79	9	32.6	2080	4:56
DM30	428	43	39	1450	19.1	83	13	36.0	2070	4:30

206. 砌筑砂浆为什么要进行砌体力学性能检验?

答:衡量砌筑砂浆与块材粘结好坏的指标是砌体的抗压强度和抗剪强度。《砌体结构设计规范》GB 50003 对不同块材和不同强度等级的砂浆给出了相应的强制性强度指标。砌筑砂浆与混凝土不同,它的作用是将块材粘结成整体,共同受力,故砌筑砂浆与块材的粘结性非常重要。砌筑砂浆在砌体结构中的实际厚度一般为8~12mm,与砂浆抗压强度试块尺寸70.7mm立方体存在较大的差异。砂浆强度仅仅是砂浆的名义强度,砂浆在实际灰缝中的强度与砂浆名义强度存在着很大的区别。它与不同块材的材性有关,与块材的尺寸、施工方法有关。国家标准《砌体结构设计规范》GB 50003 对用同一强度等级的砂浆,不同块材的砌体抗压强度和抗剪强度的设计值区别很大。例如,同样尺寸的块体材料,蒸压灰砂砖和烧结普通砖,两者材性不同,其砌体抗剪强度前者仅为后者的70%。同样,混凝土小型空心砌块,由于其尺寸不同,其砌体抗压强度就高,抗剪强度就低。水泥砂浆由于保水性差,同样强度等级的水泥砂浆砌筑的砌体抗压强度仅为水泥石灰混合砂浆的 90%，砌体抗剪强度仅为水泥石灰混合砂浆的 80%。《砌体结构设计规范》的砌体力学性能指标是经过几十年，数百上千个砌体力学试验和数理统计结果制定的，《砌筑砂浆配合比设计规程》JGJ 98 正是根据《砌体结构设计规范》的砌体力学性能试验结果而制定，它对不同强度等级的水泥石灰砂浆和水泥砂浆的配合比计算和用量都有具体规定。

预拌砂浆采用商品化生产，预拌砂浆的保水增稠材料采用非石灰类材料，它与石灰膏作用可能有差别，预拌砂浆中掺有粉煤灰等矿物掺合料，砂浆与块材的粘结性能如何在我国砌体结构设计规范中没有反映，砂浆强度高，砌体强度不一定高。如果仅控制砂浆强度而不控制砌体强度，将有可能造成砂浆强度高而砂浆的粘结性差，可能造成砌体整体力学性能差而影响结构的安全性和美观。例如，用我国传统砂浆砌筑混凝土小型空心砌块和蒸压灰砂砖砌体，就因砂浆与块材粘结性差造成砌体强度低，使砌体易产生裂缝，易渗漏。所以，砌筑砂浆必须要进行砌体力学性能检验。

207. 提高砌筑砂浆强度对砌体力学性能有哪些作用？

答： 砌筑砂浆的作用是将块材粘结成整体。一般块材强度高于砂浆强度，块材在强度低的砂浆中受力一般处于受弯、受剪状态，块材在砌体整体破坏时真正受压破坏的很少，大部分是受弯曲作用和剪切作用而破坏。提高砂浆强度可改善块材的受弯和受剪应力状态，提高砌体抗压强度。一般来说，砂浆抗压强度高，砂浆与块材的粘结力强。所以，提高砌筑砂浆的强度可提高砌体抗剪强度。但是，砌筑砂浆强度提高也不是绝对地能提高砌体的力学性能，如果仅是砂浆强度提高而与块材粘结性不能同时提高的话，其作用也是有限的。砂浆强度的提高，可提高砂浆的弹性模量，减少块材的受力变形，间接改善了块材受力状态。故砂浆强度提高可提高砌体抗压强度，减少变形，提高砌体的抗裂性。如果砌筑砂浆引气过多，将降低砂浆的弹性模量，在相同应力的作用下，砂浆变形增大，块材受力不均匀程度增加，导致块材受弯和受剪切作用增强，使得砌体抗裂性下降和砌体抗压强度降低，所以，砂浆通过引气来改善砂浆可操作性时，应充分考虑其对砌体强度的不利影响。

208. 如何设计砌筑砂浆的配合比？

答： 砌筑砂浆配合比的设计分为两部分：水泥混合砂浆的配合比按统计公式进行计算，而水泥砂浆的配合比采用查表法进行选定。

（1）水泥混合砂浆配合比的设计

1）计算砂浆试配强度 $f_{m,o}$：

$$f_{m,o} = f_2 + 0.645\sigma$$

式中 $f_{m,o}$——砂浆的试配强度，精确至 0.1MPa；

f_2——砂浆抗压强度平均值（即砂浆设计强度等级对应的强度值），精确至 0.1MPa；

σ——砂浆现场强度标准差，精确至 0.01MPa。

注：σ 的确定应符合下列规定：

①当有统计资料时，按下式计算：

$$\sigma = \sqrt{\frac{\sum_{i=1}^{n} f_{m,i}^2 - n\mu_{f_m}^2}{n-1}}$$

式中 $f_{m,i}$——统计周期内同一品种砂浆第 i 组试件的强度，MPa；

μ_{f_m}——统计周期内同一品种砂浆 n 组试件强度的平均值，MPa；

n——统计周期内同一品种砂浆试件的总组数，$n \geq 25$。

②当不具有近期统计资料时，σ 可按表 208-1 取用。

表 208-1 砂浆强度标准差 σ 选用值   MPa

砂浆强度等级 施工水平	M2.5	M5	M7.5	M10	M15	M20
优 良	0.50	1.00	1.50	2.00	3.00	4.00
一 般	0.62	1.25	1.88	2.50	3.75	5.00
较 差	0.75	1.50	2.25	3.00	4.50	6.00

2）计算每立方米砂浆中的水泥用量 Q_c，精确至 1kg：

$$Q_c = \frac{1000(f_{m,o} - \beta)}{\alpha \cdot f_{ce}}$$

式中 $f_{m,o}$——砂浆的试配强度，精确至 0.1MPa；

f_{ce}——水泥的实测强度，精确至 0.1MPa；

α、β——砂浆的特征系数，其中 $\alpha = 3.03$，$\beta = -15.09$。

注：①各地区也可用本地区试验资料确定 α、β 值，统计用的试验组数不得少于 30 组。

②在无法取得水泥的实测强度值时，可按下式计算：

$$f_{ce} = \gamma_c \cdot f_{ce,k}$$

式中 $f_{ce,k}$——水泥强度等级对应的强度值；

γ_c——水泥强度等级值的富余系数，该值应按实际统计资料确定。无统计资料时 γ_c 可取 1.0。

3）计算每立方米砂浆中的掺加料用量 Q_D：

$$Q_D = Q_A - Q_c$$

式中 Q_D——每立方米砂浆的掺加料用量，精确至 1kg；石灰膏、黏土膏使用时的稠度为 (120 ± 5)mm；

Q_A——每立方米砂浆中水泥和掺加料的总量，精确至 1kg，宜在 300~350kg 之间；

Q_c——每立方米砂浆的水泥用量。

4）确定每立方米砂浆砂用量 Q_s：

每立方米砂浆中的砂用量，按干燥状态（砂含水率小于 0.5%）的堆积密度值作为计算值（kg）。

5）选用每立方米砂浆用水量 Q_w：

每立方米砂浆中的用水量，根据砂浆稠度等要求可选用 240~310kg。

注：混合砂浆中的用水量，不包括石灰膏或黏土膏中的水；当采用细砂或粗砂时，用水量分别取上限或下限；稠度小于 70mm 时，用水量可小于下限；施工现场气候炎热或干燥季节，可酌情增加用水量。

（2）水泥砂浆配合比的选用

由于水泥强度值大大高于砂浆强度值，如按统计公式进行计算，则所得水泥用量偏低，不能满足砂浆和易性的要求，因此，水泥砂浆配合比采用查表法确定。水泥砂浆材料用量可按表 208-2 选用，水泥用量不应小于 200kg/m³，以满足砂浆和易性的要求。

表 208-2　每立方米水泥砂浆材料用量

强度等级	每立方米砂浆水泥用量（kg）	每立方米砂用量（kg）	每立方米砂浆用水量（kg）
M2.5~M5	200~230		
M7.5~M10	220~280	$1m^3$ 砂的堆积密度值	270~330
M15	280~340		
M20	340~400		

注：①此表水泥强度等级为32.5级，大于32.5级水泥用量宜取下限；
②根据施工水平合理选择水泥用量；
③当采用细砂或粗砂时，用水量分别取上限或下限；
④稠度小于70mm时，用水量可小于下限；
⑤施工现场气候炎热或干燥季节，可酌情增加用水量。

（3）配合比的试配、调整与确定

①采用工程中实际使用的材料进行试配。按计算或选用的配合比进行试拌，测定砂浆拌合物的稠度和分层度，当不能满足要求时，应调整材料用量，直到符合要求为止。此时得到的配合比为基准配合比。

②试配时至少应采用三个不同的配合比，其中一个为基准配合比，其他配合比的水泥用量应按基准配合比分别增加及减少10%。在保证稠度、分层度合格的条件下，可将用水量或掺加料用量作相应调整。

③对三个不同的配合比进行调整后，按标准方法成型和养护 70.7mm × 70.7mm × 70.7mm 立方体试件，并测定砂浆抗压强度；选定符合试配强度要求且水泥用量最低的配合比作为砂浆配合比。

209. 湿拌砂浆的配合比如何设计？

答：湿拌砂浆由于取消了难以计量的石灰膏，各组分都可以实现质量计量，因此，可参照混凝土配合比设计方法采用绝对体积法，并以质量比表示。

（1）上海地区的湿拌砂浆配合比设计

①首先根据砂浆设计强度等级，按《砌筑砂浆配合比设计规程》JGJ 98 的规定确定砂浆试配强度 $f_{m,o}$。

②根据砂浆设计稠度以及水泥、粉煤灰、外加剂和砂的品质，按表209-1选定用水量（W）。

表 209-1　用水量选用表

砂浆种类	用水量（kg/m³）
砌筑砂浆	260~320
抹灰砂浆	270~320
地面砂浆	250~300

③目前常用的保水增稠材料为砂浆稠化粉（CF），其用量为 30~65kg/m³。

④粉煤灰掺量（f）不应大于水泥和粉煤灰总量的50%。

⑤按下式计算水泥用量（C）和粉煤灰用量（F）：

$$f_{m,o} = AR_c \frac{(C+KF)}{W} + B \quad (209\text{-}1)$$

$$f = \frac{F}{C+F} \times 100\% \quad (209\text{-}2)$$

式中 $f_{m,o}$——砂浆试配强度，MPa；

R_c——水泥实测强度，MPa；

C——水泥用量，kg/m³；

F——粉煤灰用量，kg/m³；

W——用水量，kg/m³；

f——粉煤灰掺量，%；

K、A、B——回归系数，其中 $K=0.516$，$A=0.487$，$B=-5.19$。

⑥外加剂掺量根据合同规定的砂浆凝结时间要求和其产品说明，经试配确定。

⑦砂可按绝对体积法计算出其用量（S），其用量宜在表209-2的灰砂比范围内。

表209-2 不同砂浆的灰砂比

种 类	（水泥+粉煤灰+稠化粉）绝对体积:砂绝对体积
砌筑砂浆	1:3.5~1:4.5
抹灰砂浆	1:2.5~1:4.0
地面砂浆	1:2.2~1:3.0

⑧根据计算配合比，计算出各组分试配量，进行砂浆配合比试配。

⑨如果稠度、保水性和凝结时间不能满足要求时，则调整材料用量，直至符合要求为止。然后确定试配时的砂浆基准配合比。

⑩试配时至少应采用三个不同胶凝材料用量的配合比，其中一个是砂浆基准配合比，其他配合比的胶凝材料用量应按基准配合比分别增加及减少10%。在保证稠度、保水性的条件下，可将用水量、稠化粉和外加剂用量作相应调整。

⑪对三个不同的配合比进行调整后，成型砂浆试块，测定强度，同时测定砂浆凝结时间，并选取符合试配强度和凝结时间要求的且水泥用量最低的配合比作为砂浆配合比。

⑫根据砂的实际含水率，提供生产用配合比。

(2) 配合比计算实例

水泥采用32.5水泥，实测强度38.6MPa，砂为中砂，含水率4.2%，粉煤灰为Ⅱ级低钙干排灰，保水增稠材料采用砂浆稠化粉，外加剂采用ZK-909专用缓凝剂。试计算WP M15-90-24的砂浆配合比。

①分别测定水泥、粉煤灰、砂浆稠化粉和砂的颗粒密度和外加剂的密度。

测试结果为：$r_c = 3.1 \text{g/cm}^3$，$r_f = 2.1 \text{g/cm}^3$，$r_{CF} = 2.3 \text{g/cm}^3$，$r_s = 2.6 \text{g/cm}^3$，$r_w = 1.1 \text{g/cm}^3$。

②根据JGJ 98—2000，求得试配强度：

$$f_{m,o} = f_2 + 0.645\sigma$$
$$= 15 + 0.645 \times 3.00 = 16.9(\text{MPa})$$

注：施工水平按优良水平选取 $\sigma = 3.00\text{MPa}$。

③按表 209-1 选取用水量为 320kg/m³。

④砂浆稠化粉：取 40kg/m³。

⑤粉煤灰掺量：取 30%。

⑥按式（209-1）、式（209-2）计算水泥用量（C）和粉煤灰用量（F）：

计算求得：$C = 308\text{kg/m}^3$，$F = 132\text{kg/m}^3$

⑦缓凝剂用量：根据砂浆凝结时间要求为 24h 和外加剂产品说明书，取 7.2kg/m³。

⑧根据绝对体积法计算砂用量：

$$\frac{C}{r_c} + \frac{F}{r_f} + \frac{CF}{r_{CF}} + \frac{S}{r_s} + \frac{WD}{r_w} + W + 10 = 1000$$

式中　CF——稠化粉用量，kg/m³；

　　　WD——外加剂用量，kg/m³；

　　　10——空气含量用量，kg/m³。

计算求得：$S = 1258\text{kg/m}^3$

（水泥＋粉煤灰＋稠化粉）绝对体积:砂绝对体积 ＝ 1:2.7，在表 209-2 的灰砂比范围内。

⑨WP M15-90-24 的砂浆计算配合比如下：

水泥:粉煤灰:稠化粉:砂:外加剂:水 ＝ 308:132:40:1258:7.2:320（kg/m³）。

⑩根据计算配合比，分别称取水泥 3.08kg、粉煤灰 1.32kg、稠化粉 0.40kg、砂 12.58kg、外加剂 0.072kg、水 3.2kg，进行砂浆配合比试配。

⑪试配结果稠度、保水性满足要求，确定计算配合比作为试配时的砂浆基准配合比。

⑫试配时至少应采用三个不同的配合比，其中一个是砂浆基准配合比，其他配合比的胶凝材料用量应按基准配合比分别增加及减少 10%。即：

1 号：水泥:粉煤灰:稠化粉:砂:外加剂:水 ＝ 308:132:40:1258:7.2:320（kg/m³）。

2 号：水泥:粉煤灰:稠化粉:砂:外加剂:水 ＝ 339:145:40:1216:7.2:320（kg/m³）。

3 号：水泥:粉煤灰:稠化粉:砂:外加剂:水 ＝ 277:119:40:1300:7.2:320（kg/m³）。

三个配合比砂浆的稠度、保水性都符合要求。

⑬成型砂浆试块，测定砂浆强度，并测定凝结时间，结果如下：

1 号：凝结时间 36h15min，$R_{28} = 25.7\text{MPa}$；

2 号：凝结时间 30h35min，$R_{28} = 29.6\text{MPa}$；

3 号：凝结时间 38h05min，$R_{28} = 20.1\text{MPa}$。

选取符合试配强度和凝结时间要求的且水泥用量最低的 3 号配合比作为砂浆配合比。即：

水泥:粉煤灰:稠化粉:砂:外加剂:水 ＝ 277:119:40:1300:7.2:320（kg/m³）。

⑭根据砂的实际含水率 4.2%，确定砂浆生产配合比：

水泥:粉煤灰:稠化粉:砂:外加剂:水 ＝ 277:119:40:1267:7.2:269（kg/m³）。

（二）抹灰砂浆

210. 抹灰砂浆有哪些品种？

答：抹灰砂浆是指涂抹在建筑物或构件表面的砂浆。按施工部位分为室内抹灰和室外抹灰，室内抹灰包括内墙面、顶棚、墙裙、楼地面及楼梯等；室外抹灰包括外墙、女儿墙、窗台、阳台等。按功能分为普通抹灰砂浆和特种用途抹灰砂浆（如外保温抹面砂浆、抗裂砂浆、装饰砂浆、防水砂浆等）。按使用厚度分为普通抹灰砂浆和薄层抹灰砂浆。普通抹灰砂浆的总抹灰厚度在 20～35mm，每层的抹灰厚度在 7mm 左右；薄层抹灰砂浆的总抹灰厚度在 3～5mm，每层抹灰厚度在 2～3mm。普通抹灰砂浆有的在现场拌制，有的是在工厂化生产即预拌砂浆；薄层抹灰砂浆一般在工厂生产。

现场拌制的抹灰砂浆按其组成可分为水泥石灰混合砂浆和水泥砂浆，其品种按各组分的比例来命名。例如，1:3 水泥砂浆表示砂浆组成为 1 份体积的水泥比 3 份体积的砂，114 混合砂浆表示砂浆中水泥:石灰膏:砂＝1:1:4。常用的抹灰砂浆有 114 混合砂浆、116 混合砂浆、1:3 水泥砂浆、1:2 水泥砂浆等。工厂化生产的预拌砂浆一般用强度等级来表示，其强度等级划分为：M5、M10、M15 和 M20。薄层砂浆主要用于外墙外保温系统的罩面防护砂浆，一般称为抗裂砂浆、抹面胶浆或薄层灰泥等，每一品种只有一个强度等级，所以一般就直接冠名。

211. 抹灰砂浆的技术要求有哪些？

答：抹灰砂浆是一种功能材料而不是结构材料，其作用除找平墙面外，主要起保护墙体的作用。抹灰砂浆的质量最终反映在其工程质量上，目前抹灰砂浆存在的主要问题是开裂、空鼓、脱落，这其中的一个主要原因是砂浆的粘结强度低。所以对于抹灰砂浆来说粘结强度是一个重要的指标。抹灰砂浆除要求具有良好的和易性，容易抹成均匀平整的薄层，便于施工；还要求具有较高的粘结力，砂浆层要能与基底粘结牢固，长期使用不致开裂或脱落。好的抹灰砂浆对建筑物和墙体可起保护作用，它可以抵抗风、雨、雪等自然环境对建筑物的侵蚀，并提高建筑物的耐久性。经过砂浆抹面的墙面或其他构件的表面又可以达到平整、光洁和美观的效果。

抹灰砂浆的组成材料与砌筑砂浆基本是相同的。但为了防止砂浆层开裂，有时需加入一些纤维材料；有时为了使其具有某些功能，例如防水或保温等功能，需要选用特殊骨料或掺合料。

传统抹灰砂浆要么和易性差，施工困难，容易导致疏松、开裂、渗漏；要么和易性好，但粘结力差，收缩大，不耐水，不能很好地起到保护墙体的作用。我国目前抹灰砂浆还处于手工操作，劳动强度大，抹灰层厚度受施工水平限制，一般在 20mm，要分 2～3 次完成。

国家标准《建筑装饰装修工程质量验收规范》GB 50210—2001 中规定"外墙和顶棚的抹灰层与基层之间及各抹灰层之间必须粘结牢固"、"抹灰层与基层之间及各抹灰层之间必须粘结牢固，抹灰层应无脱层、空鼓，面层应无爆灰和裂缝。"可见，粘结强度是抹灰砂浆的一个重要指标。砂浆只有具有一定的粘结力，砂浆层才能与基底粘结牢固，长期使用不致开裂或脱落。虽然都认识到粘结强度对抹灰砂浆的重要性，但以往的标准规范中只对砂浆的粘结性能提出定性的规定，而没有给出定量的要求。新制定的建工行业标准《预拌砂浆》JG/T 230—2007 首次提出了抹灰砂浆的粘结强度要求并给出具体的技术指标，由于保水性与粘结强度基本成正比的关系，保水性好，粘结强度就高，因此该标准也对保水性提出了最低的要求，具体指标见表 211-1。

表 211-1　抹灰砂浆的性能指标

砂 浆 品 种	强 度 等 级	稠 度 (mm)	凝结时间 (h)	保水性 (%)	14d 拉伸粘结强度（MPa）	
					M5	M10、M15、M20
湿拌抹灰砂浆	M5、M10、M15、M20	70、90、110	≥8、≥12、≥24	≥88	≥0.15	≥0.20
干混抹灰砂浆	M5、M10、M15、M20	—	3~8	≥88	≥0.15	≥0.20

212. 干混抹灰砂浆有哪些技术指标？

答： 砂浆硬化前的性能为砂浆的可操作性，具体表现为稠度、分层度、保水性、密度和凝结时间。稠度指标反映了砂浆的柔软程度，砂浆稠度大，则砂浆柔软、易铺开；稠度小，则砂浆较"硬"，塑性强度大。

砂浆的体积稳定性、黏聚性和保持水分的能力，一般用分层度或保水性表示。我国以往用分层度表示，而目前预拌砂浆逐渐用保水性代替了分层度，国外也采用保水性。两个指标的侧重点各不相同，分层度注重砂浆的保水性、整体体积稳定性和各组分的分离程度；而保水性则关注砂浆保持水分的能力。

如果砂浆整体体积稳定性不良，如分层度大于20mm，那么砂浆中的水泥浆有可能与砂颗粒产生离析、内分层现象，导致砂浆层与基层粘结差，表层起灰、起粉。如果砂浆保水性不好，砂浆失水较快，导致砂浆中的水泥得不到充分水化，强度不能正常发展，也将导致砂浆层起壳、开裂和起尘。砂浆的保水性应与使用条件密切相关，如砂浆使用厚度薄，则砂浆保水性要求高；砂浆使用厚度厚，则砂浆保水性应控制在一定范围。对于使用厚度不超过5mm的薄层砂浆，无论是粘结砂浆，还是表面抗裂砂浆或砌筑砂浆，其保水性指标都不应小于98%；对于使用厚度在10mm左右的普通抹灰砂浆，若保水性太好，如分层小于10mm或保水性大于92%，则砂浆层内的水分不易被基层吸附或向大气蒸发，砂浆实际含水量远大于水泥水化所需水分，导致砂浆凝结时间延长，砂浆表干内湿，施工速度变慢，砂浆层不易找平，更为严重的是砂浆收缩增大，砂浆易开裂。所以，普通抹灰砂浆的分层度和保水性应控制在一定范围，一般要求普通抹灰砂浆分层度应在10~20mm；保水性不小于88%。

砂浆的密度反映了砂浆的密实程度。一般在长期受潮环境，砂浆密度越大，则砂浆抵抗水溶液侵蚀及冻融破坏的能力越强。

砂浆的凝结时间表示砂浆从加水搅拌起到砂浆本身达到一定强度，初步能抵抗外力作用的时间间隔。一般要求砂浆应具有一定的凝结时间，凝结时间太短，则可操作时间太短，影响施工操作程序；凝结时间太长，则影响施工速度，如砂浆收水、压光时间等。干混抹灰砂浆的凝结时间要求在3~8h。

砂浆硬化后的性能有强度和耐久性指标。砂浆强度反映了砂浆抵抗外力作用不受破坏的能力。强度高，则抵抗外力作用的能力就强，反之亦然。根据外力作用的类型，砂浆强度可分为抗压强度和粘结强度，抹灰砂浆的粘结强度以拉伸粘结强度表示。一般而言，抗压强度高，则粘结强度也大，但两者不是完全成正比例。抗压强度太高，砂浆表现为硬而脆，对砂浆的粘结性能反而有害。所以，在一定强度范围内，砂浆粘结强度的提高应尽量避免以提高抗压强度来实现。

砂浆的耐久性指标有耐水、抗冻、耐腐蚀和收缩。如果砂浆不耐水，那么其使用范围将受到限制，因此，我国施工规范规定水泥石灰混合砂浆不得在潮湿环境和长期饱水状态下使用，而应使用水泥砂浆。砂浆的另一个耐久性指标是抗冻性，抗冻性是衡量材料耐久性的重要参数之一。对暴露于室外环境的墙体材料，其抗冻指标是：严寒地区 F50、寒冷地区 F35、夏热冬冷地区 F25、夏热冬暖地区 F15。起粘结作用的砌筑砂浆和抹灰砂浆，如果用于外墙砌筑和抹灰，则其抗冻性指标应等同于墙体材料的抗冻性指标。砂浆如果用于 ±0.0m 以下的基础工程，长期处于地下水环境，而我国地下水的 pH 值有的小于 7，有的大于 7，砂浆还应具有抵抗各种弱酸、弱盐和弱碱溶液的侵蚀能力，我们称之为耐腐蚀性。

水泥水化产物的毛细管失水产生的应力，导致了水泥浆体的收缩变形。砂浆的胶凝材料如果采用硅酸盐水泥，其收缩是不可避免的。水泥用量越多，收缩越大；石灰用量越多，收缩也越大；砂越细，收缩也越大。砂浆收缩大，意味着其开裂的倾向也增大。经验表明，水泥抹灰砂浆的裂缝要少于水泥石灰砂浆，水泥用量高的砂浆表现为硬而脆，用细砂配制的砂浆易起壳开裂。

普通抹灰砂浆在配合比设计时，应同时考虑其可操作性，包括砂浆的保水性、黏聚性和触变性，初期抗裂性、粘结强度、抗压强度和后期抗裂性等多重指标，不能只偏重某一指标而影响砂浆的其他性能。干混抹灰砂浆的技术指标有保水性、抗压强度、拉伸粘结强度、收缩等，如果用于外墙，还应有抗冻性要求。

213. 为什么用抗压强度等级划分抹灰砂浆的种类？

答：以往现场拌制的抹灰砂浆通常是按照材料组分和比例来划分抹灰砂浆种类，而没有对抗压强度提出要求。随着水泥强度的提高，纯水泥砂浆的强度也越来越高，这不仅造成材料的浪费，还对砂浆质量产生不利的影响。预拌砂浆中通常都掺入一定量的活性矿物掺合料及外加剂，一来可以改善砂浆的性能，二来可降低成本，如再采用材料比例划分抹灰砂浆就不科学了。对于抹灰砂浆来说，粘结强度比抗压强度更重要，粘结强度高的砂浆更容易与基层粘结牢固。但粘结强度的试验方法较复杂且复演性较差，相比之下抗压强度的试验方法较简单且复演性较好，也比较成熟，另外，粘结强度与抗压强度在一定范围内有一定的相关性，而国外也大多采用抗压强度而不是粘结强度来表征抹灰砂浆的性能。因此，采用抗压强度划分抹灰砂浆的类型。根据施工现场抹灰砂浆的抗压强度一般在 5～20MPa，分为 M5、M10、M15、M20 四个强度等级。抗压强度太高，并不利于砂浆与基层粘结牢固。

214. 预拌抹灰砂浆与传统抹灰砂浆的强度等级是如何划分的？

答：现场拌制的抹灰砂浆是按材料组分的体积比表示。过去我国水泥工业不发达，抹灰砂浆中的水泥用量很少甚至不含水泥。以上海地区为例，1980 年前室内抹灰砂浆为 1:3 石灰砂浆，室外为 116 或者 114 水泥石灰混合砂浆。由于砂浆中水泥用量低或不含水泥，砂浆抗压强度低，粘结强度低，耐久性差，易起壳开裂，对施工操作要求也高。随着水泥工业的发展，抹灰砂浆的强度提高，1980 年后，室内由 1:3 石灰砂浆发展到 116 水泥石灰混合砂浆和 114 水泥石灰混合砂浆，室外为 114 水泥石灰混合砂浆、1:3 水泥砂浆、1:2.5 水泥砂浆或 1:2 水泥砂浆。室内不使用 1:3 石灰砂浆的一个重要因素是砂浆的抗压强度和粘结强度太低，不能满足室内装饰装修的需要。室外 116 水泥石灰混合砂浆的抗渗性差、强度低，难以抵抗长期雨水浸湿；如果使用新型墙体材料，很容易导致墙体渗漏的质量通病。这是因为水泥为水硬性胶凝材料，而石灰是气硬性胶凝材料，石灰用于潮湿环境肯定是不行的。为此，很多建筑师在选择外墙抹灰砂浆时往往选择耐久性良好的水泥砂浆。使用水泥砂浆抹灰后，墙体的渗漏问题得到了极大的改善。但是，随之产生的问题是水泥砂浆的可操作性差，实际施工时，往往要多加水泥而导致砂浆硬而脆，砂浆易起壳、开裂。

预拌抹灰砂浆由于采用非石灰类保水增稠材料，较好地解决了水泥石灰混合砂浆施工性好而耐久性差与水泥砂浆施工性差而耐久性好的矛盾。与116水泥石灰混合砂浆、114水泥石灰混合砂浆、1:3水泥砂浆、1:2.5水泥砂浆和1:2水泥砂浆对应的预拌抹灰砂浆的拉伸粘结强度均提高0.1MPa，相对提高10%~30%，而水泥用量平均相应减少25%，抗压强度在5~25MPa之间，因此，预拌抹灰砂浆可按抗压强度划分为M5、M10、M15和M20，其中M5的砂浆拉伸粘结强度不应小于0.15MPa，M10以上的砂浆拉伸粘结强度不应小于0.20MPa。

215. 预拌抹灰砂浆与传统抹灰砂浆有哪些不同？

答：预拌砂浆是通过专业技术人员设计、在专业化工厂加工而成，与现场拌制砂浆有着本质的区别，见表215-1。

表215-1　预拌抹灰砂浆与传统抹灰砂浆的不同点

项目	传统抹灰砂浆	预拌抹灰砂浆
施工	往往需要大量的基面浇水或界面处理，不能进行机械施工，劳动强度大，施工效率低，对施工人员技术依赖性大，容易产生下坠变形并要分多层施工，需要浇水养护	底层无需特别处理，可以机械施工，效率高，浆体本身有较强的初粘力，减少浆体散落。具有良好的施工性和抗下坠性能，保水性能优异的产品可无需浇水养护
质量	高收缩率，经常产生裂缝，结构疏松，容易产生渗漏，与底层粘结力较脆弱，空鼓率较高	减少裂缝，与底层有良好的粘结力，不空鼓，较低收缩率，高致密性，抗渗能力好，耐久性高
损耗	粘结力差，施工时材料易散落，保水能力差，容易造成失水、风干，造成浪费	粘结力大，减少施工时浆体散落，损耗低，保水能力好，不易造成浪费

216. 预拌抹灰砂浆与现场拌制抹灰砂浆有何区别？

答：预拌抹灰砂浆采用抗压强度划分其品种，而现场拌制抹灰砂浆通常按材料组分及比例划分其品种。试验表明，当两者抗压强度基本相同时，预拌抹灰砂浆的保水性（泌水和分层度）、拉伸粘结强度等性能都优于传统抹灰砂浆，见表216-1、表216-2。

表216-1　预拌抹灰砂浆与传统砂浆保水指标的对比

砂浆种类		稠度（mm）	分层度（mm）	泌水（mL）
传统抹灰砂浆	1:2 水泥砂浆	88	14	40
	1:3 水泥砂浆	97	39	90
	1:1:4 混合砂浆	96	15	4
	1:1:6 混合砂浆	102	20	25
湿拌抹灰砂浆	WP M5	95	10	13
	WP M10	101	12	12
	WP M15	100	10	12

表 216-2 预拌抹灰砂浆与传统砂浆拉伸粘结强度的对比

砂 浆 种 类		28d 强度（MPa）	
		抗压强度	拉伸粘结强度
传统抹灰砂浆	1:2 水泥砂浆	34.9	0.169
	1:3 水泥砂浆	29.0	0.188
	1:1:4 水泥砂浆	15.8	0.158
	1:1:6 水泥砂浆	7.2	0.107
预拌抹灰砂浆	WP M20	31.4	0.233
	WP M15	25.5	0.247
	WP M10	19.9	0.353
	WP M15	18.1	0.324

预拌抹灰砂浆与现场拌制抹灰砂浆的对应关系见表216-3。在过渡阶段，设计与施工人员可参考表216-3，并选择合适的预拌砂浆。

表 216-3 预拌抹灰砂浆与传统抹灰砂浆的对应关系

预拌抹灰砂浆	传统抹灰砂浆
WP M5、DP M5	116 混合砂浆
WP M10、DP M10	114 混合砂浆
WP M15、DP M15	1:3 水泥砂浆
WP M20、DP M20	1:2 水泥砂浆、1:2.5 水泥砂浆、112 混合砂浆

217. 为什么规定抹灰砂浆的粘结强度指标？

答：抹灰砂浆涂抹在建筑物的表面，除了可获得平整的表面外，还起到保护墙体的作用。抹灰砂浆容易出现的质量问题是开裂、空鼓、脱落，其原因除了与砂浆的保水性低有关外，主要原因还与砂浆的粘结强度低有很大关系。因此，《建筑装饰装修工程质量验收规范》GB 50210—2001 中规定"外墙和顶棚的抹灰层与基层之间及各抹灰层之间必须粘结牢固"、"抹灰层与基层之间及各抹灰层之间必须粘结牢固，抹灰层应无脱层、空鼓，面层应无爆灰和裂缝。"可见，粘结强度是抹灰砂浆的一个重要性能。只有砂浆具有一定的粘结力，砂浆层才能与基底粘结牢固，长期使用不致开裂或脱落。

根据试验数据统计，大部分湿拌砂浆、普通干混砂浆的拉伸粘结强度都大于0.20MPa，小于0.20MPa的砂浆黏性较差，可施工性不好。因此规定抹灰砂浆、普通防水砂浆的拉伸粘结强度≥0.20MPa，但对于M5抹灰砂浆，由于砂浆抗压强度较低，并且大部分用于室内，故规定其拉伸粘结强度≥0.15MPa。

由于湿拌砂浆和普通干混砂浆的粘结强度较低，测试结果离散大，因此在进行拉伸粘结试验时，应至少制备10个试样，且有效数据不少于6个。各地检测部门应严格检验条件，控制检验参数，加强人员培训，提高复演性。

218. 湿拌抹灰砂浆的稠度如何确定？

答：湿拌砂浆的稠度应根据工程需要而定，砌筑砂浆、抹灰砂浆和地面砂浆都有其稠度范围。砂浆凝结时间则根据工程进度、运输条件、管理水平和气候决定。砂浆稠度有出机稠度、卸料稠度和使用稠度。出机稠度是指刚从搅拌机卸料到运输车时砂浆的稠度，卸料稠度是指运输车在施工现场卸料到储灰池时砂浆的稠度，使用稠度是指砂浆在施工时的实际稠度，这里出机稠度 > 卸料稠度 > 使用稠度。我们测定或者验收湿拌砂浆的稠度是卸料稠度，而使用稠度则是砂浆经过一段时间储存后的稠度。出机稠度大于卸料稠度是因为湿拌砂浆从搅拌站到工地现场有个运输过程，它受运输距离长短、交通状况、天气条件等因素影响，出机稠度一般要多10~15mm。使用稠度大小则受天气、储存时间和密封程度等因素影响。储存时间长，砂浆稠度损失大，气温高，稠度损失也大；灰池密封差，水分蒸发多，砂浆稠度损失也大。所以，我们在考虑湿拌砂浆可操作性时，除了考虑凝结时间长短外，更应关注湿拌砂浆稠度损失的大小，应尽量选择湿拌砂浆稠度损失小的砂浆，以确保其可操作时间长。湿拌抹灰砂浆的使用稠度由基层材料、施工方法和天气条件决定。基层材料吸水率高，砂浆稠度大；基层材料吸水率低，砂浆稠度就应小些；手工操作的砂浆稠度略大于机喷的；夏期施工时，气温高，水分蒸发快，砂浆稠度就应高于冬季的砂浆稠度。湿拌抹灰砂浆的稠度可参照表218-1选用。

表218-1 湿拌抹灰砂浆稠度选用表

基层材料	湿拌抹灰砂浆稠度（mm）
烧结制品、蒸压制品	90~110
混凝土小砌块	80~100
混凝土	70~90

219. 抹灰砂浆的保水性为什么不是越高越好？

答：抹灰砂浆的用水量为290~320kg/m³，普通抹灰砂浆的水泥用量在200~400kg/m³。控制抹灰砂浆的保水率主要作用是保证砂浆在凝结硬化前，砂浆中的水不被基层吸收，不因失水过快而导致砂浆中的水泥没有水分水化，从而降低砂浆本身强度和砂浆与基层的粘结强度。众所周知，水泥理论完全水化所需水分是水泥质量的26%，砂浆用水量大大超过了砂浆中水泥水化所需的水分，而超过的水分主要是为了满足施工之需要。而水泥石强度主要与水灰比有关，水灰比越大，水泥石孔隙率也越大，水泥石强度越低，砂浆强度也相应降低。所以，只要抹灰砂浆的保水性能保证砂浆可操作性和砂浆中水泥水化所需水分即可。如果抹灰砂浆保水性太好，那么砂浆中实际所保留的水分就多，砂浆真实水灰比就大，砂浆的实际强度就低，与块材粘结强度也相应低。另外砂浆保水性太好，水分不易被基层吸收，也会影响水泥浆与基层的粘结，并将延长砂浆的凝结时间，产生表干内湿的"结皮"现象，从而影响抹灰速度，并增加施工难度。

220. 如何选用抹灰砂浆？

答：抹灰砂浆的使用应根据建筑物的立面尺寸精度和墙体结构形式决定。例如，砖结构墙体因为块体之间灰缝多，块体尺寸偏差大，一般就采用普通抹灰砂浆；钢筋混凝土结构，如果模板尺寸精度偏差大或混凝土墙板与梁断面尺寸不一致，那么也必须作普通抹灰；如果钢筋混凝土结构基层尺寸精度偏差小，那么就可采用薄层砂浆抹灰。例如，外墙外保温的 EPS 板的罩面砂浆就只能用薄层抹灰砂浆，如果采用普通抹灰砂浆，由于砂浆的自重所产生的剪切荷载将使得 EPS 板材的受剪应力增大，会影响结构安全性。由于现场拌制的抹灰砂浆只能对原材料进行控制，对砂浆比例只能大致控制，所以，现场拌制的抹灰砂浆较易产生质量问题；而预拌抹灰砂浆由于采用工厂化生产，就不容易产生质量问题。

抹灰砂浆的稠度可根据基层材料决定。选用普通抹灰砂浆，应同时考虑其可操作性，包括砂浆的保水性、黏聚性和触变性，以及初期抗裂性、粘结强度、抗压强度和后期抗裂性等多重指标，不能只偏重某一指标而影响砂浆其他性能。如，为了提高砂浆强度而增加水泥用量，可能导致砂浆后期产生收缩裂缝；为了改善砂浆的保水性或可操作性而增加粉状材料的比例，可能导致砂浆塑性开裂；为了提高砂浆保水性而影响砂浆的触变性，可能导致抹面压光困难；为了降低成本大量使用粉煤灰，可能导致砂浆起壳；为了提高砂浆的可操作性而使用细砂或掺加引气剂，可能导致砂浆强度偏低而起壳开裂。所以，普通抹灰砂浆选用时，应先在工程实体上进行小面积抹灰操作，然后最终确定经济合理的抹灰砂浆。

薄层抹灰砂浆也应注意水泥用量、有机胶凝材料、保水增稠材料和集料的匹配问题。水泥用量少，有机胶凝材料多，则砂浆的耐水性就差；水泥用量多，有机胶凝材料少，则砂浆的脆性大，易开裂。保水增稠材料少，则砂浆可能易产生早期裂缝；保水增稠材料多，则降低砂浆抗压强度，降低砂浆的耐水性和耐久性；集料含泥量多、云母含量多，将降低砂浆的粘结强度。

221. 薄层抹灰砂浆的技术要求有哪些？

答：薄层抹灰砂浆主要用于平整度高的墙体抹灰。基层平整度高，且结构和建筑也允许或者要求使用薄层抹灰的话，那么就可采用薄层抹灰。薄层抹灰层的厚度一般在 3~5mm，最大不超过 8mm。薄层抹灰厚度薄，对砂浆的要求就与普通抹灰砂浆（抹灰层每层厚度 7~9m，总厚度 20mm）有很大的区别。首先，薄层抹灰厚度仅 3mm，它对保水性要求就非常高，要确保砂浆内水分不被基层吸收或向大气蒸发，一般要求保水性在 98% 以上；其次，薄层抹灰砂浆要求集料粒径较小，一般不超过 1mm，以保证胶凝材料包裹在集料表面；第三，薄层抹灰砂浆不仅包含水泥基等无机胶凝材料，还应包含有机胶凝材料，如各类树脂、乳液等；最后，薄层抹灰砂浆还应有良好的抗裂性，以保证砂浆不产生裂缝。

目前，我国薄层抹灰砂浆主要用于外墙外保温的表面抗裂砂浆和蒸压加气混凝土砌块的薄层抹灰，其要求见表 221-1、表 221-2。

表 221-1 薄层抹灰砂浆用于外墙外保温抹面砂浆性能指标

项　目		性能指标
拉伸粘结强度（MPa）（与膨胀聚苯板）	未处理	≥0.10，破坏界面在膨胀聚苯板上
	浸水处理	≥0.10，破坏界面在膨胀聚苯板上
	冻融循环处理	≥0.10，破坏界面在膨胀聚苯板上
抗压强度/抗折强度		≤3.0
可操作时间（h）		1.5~4.0

表221-2 加气混凝土砌块薄层抹灰砂浆性能指标

项 目	技术指标
外观	均匀一致、无结块
保水性（mg/cm^2）	≤8
稠度（mm）	50~60
抗压强度（MPa）	≥5.0
抗折强度（MPa）	≥1.5
压剪强度（MPa）	≥0.70

222. 薄层抹灰砂浆的施工要点有哪些？

答：外墙外保温薄层抹灰砂浆施工要点如下：

（1）涂抹聚合物砂浆底层

①涂抹底层砂浆前，应先检查保温板是否干燥，表面是否平整，并去除板面上有害物质、杂质等。

②配制抹面砂浆：按产品说明书提供的配合比配制抹面砂浆，做到计量准确。第一次搅拌均匀后，静置10min后，再进行第二次搅拌。配好的砂浆注意防晒避风，一次配制量应控制在4h之内用完，天气炎热时，应在2h之内用完。

③用抹子在保温板表面涂抹一层面积略大于网格布的抗裂防水面层及聚合物砂浆，厚度约为1.6mm。

（2）抹面层聚合物砂浆

①抹完底层聚合物砂浆后，用抹子由中间向四周把网格布压入砂浆表层。网格布不得压入过深，砂浆表面必须能看见网格布轮廓。网格布要平整、绷紧、压实，严禁网格布皱褶。待砂浆凝固至表面不粘手时，开始抹面层聚合物砂浆。抹面厚度以盖住网格布为准，约1mm，使总厚度在（2.5±0.5）mm，最大总厚度控制在5mm之内。

注：抗裂防水面层抹平即可，不得收浆压光，不宜反复涂抹。

②在建筑物底层等易受外力破坏的地方，为增加面层抗冲击能力，应外加一层加强型网格布，使保护层总厚度在4mm左右。

③面层聚合物砂浆抹完后，应至少养护24h，方可进行下道工序，在寒冷和潮湿气候下，可适当延长养护时间。高温天气，抹完面层后应及时喷水养护。

223. 什么是干法施工？有何特点？

答：干法施工就是施工前不需预先对砖、砌块等块材以及基层等浇水湿润，直接采用高性能砂浆进行干砖砌筑、干墙抹灰，砂浆硬化后自然养护（不需要洒水养护）的一种施工方法。

随着新型墙体材料在我国建筑中的应用比例的逐年上升，也引发了一些质量问题，其中最为突出的就是墙体裂缝。这是因为，新型墙体材料在材性、吸水特性等方面与传统烧结黏土砖相比有很大的不同，如果仍采用烧结黏土砖的施工工艺及材料等来砌筑新型墙体材料及进行墙体抹灰，必然会出现工程质量问题。解决这一问题的最有效方法是采用高品质的预拌砂浆，它是通过掺加保水增稠材料及少量添加剂，从根本上改善了砂浆的性能，如黏聚性能、保水性能等，使砂浆与基层很好地粘结在一起，而且砂浆的保水率高（一般大于98%），水不会被基层吸走，砂浆中的水泥得以充分水化，从而保证了砂浆的抗压强度及拉伸粘结强度。由于采用高品质的预拌砂浆，块材或基层不需要预先浇水湿润，从而可以实现砂浆的干法施工。

砂浆的干法施工有以下一些优点：①优异的保水性，能保证砂浆在更好的条件下胶凝，从而提高砂浆的粘结力和强度；②良好的流动性，可使砂浆更容易渗入粘结基面，增大接触面积，从而提高砂浆的粘结力；③较好的初粘结力，有利于较大规格的砌块墙体竖向灰缝饱浆，保证墙体的整体性；④较好的提浆能力，可保证抹面层密实、表面平整及内外均质一致。

因此，采用砂浆的干法施工能显著提高砂浆的保水性、初粘结力及施工操作性能，使施工更容易搓抹，砂浆密实和平整，保证砂浆在最佳条件下胶凝硬化，有效抑制裂缝的新生和发展，可显著提高抹面层整体性、稳定性及耐久性。不仅如此，干法施工还可以广泛应用于内、外墙装修，有效地避免墙体开裂、空鼓、渗漏水现象，而且还可以大大降低工人的劳动强度，提高工作效率，缩短施工工期，比传统施工方法节省2/3的用水量，还可达到文明施工和环保要求，带来的经济效益和社会效益十分可观，具有广阔的市场前景。

224. 抹灰前为什么要用界面处理砂浆对基层进行处理？

答：抹灰砂浆硬化后的性能有抗压强度、粘结抗拉强度、收缩、抗渗性和抗冻性。抹灰砂浆要求有适宜的抗压强度、高粘结抗拉强度、低收缩，用于外墙时还应有良好的抗渗性和抗冻性。砂浆的抗压强度应尽量与基层材料相匹配，尽可能一致以保持相同的变形。基层材料强度高，如混凝土小砌块墙体，那么抹灰砂浆抗压强度应较高；如果基层材料强度低，如蒸压加气混凝土砌块墙体，抹灰砂浆抗压强度就不应太高。如果基层材料表面光滑，或者吸水率大并且吸水速度慢的话，那么抹灰砂浆的保水性和粘结强度要求就应该高些。但是，提高砂浆粘结强度与胶凝材料的用量有关，胶凝材料用量大，砂浆粘结强度高，反之亦然。这里所说的胶凝材料不仅包括无机胶凝材料，如水泥基胶凝材料和石膏基胶凝材料，甚至可再分散乳胶粉也可以算作有机胶凝材料。提高砂浆与基层材料粘结强度的有效方法是采用无机与有机胶凝材料复合。由于有机胶凝材料价格贵，且耐水性差、收缩大，所以，采用无机与有机复合胶凝材料的抹灰砂浆在实际工程应用中受到很多限制。例如，保温板材外表面的抹灰砂浆，其使用厚度就控制在3～5mm，并且在抹灰层中嵌入了耐碱玻纤网格布以保证抹灰层不开裂。如果抹灰砂浆层较厚（抹灰层厚度大于10mm，为20～30mm），那么全部采用无机与有机复合胶凝材料的抹灰砂浆在技术上也不可行，首先是这种砂浆凝结时间很长，如果一次抹灰厚度在8～10mm，凝结时间一般在8～12h，并存在表干内湿现象，不能在一个施工班中完成收水和压光操作；其次这种砂浆较黏稠，不易找平和压光；在经济上，由于有机胶凝材料价格贵，全部使用经济上也承受不起。所以，对于抹灰层较厚而基层材料又不易与砂浆粘结情况下，采用一层厚度在2～3mm的无机与有机复合胶凝材料的抹灰砂浆作为界面过渡层，再涂抹普通抹灰砂浆以确保粘结牢固。我们将该过渡层砂浆称为界面处理砂浆，也称为混凝土界面处理剂和加气混凝土界面处理剂。工程实践证明，采用界面处理剂和普通抹灰砂浆是解决混凝土墙面或者加气混凝土墙面与抹灰层粘结牢固的行之有效的方法。上海地区高层建筑的混凝土墙面或加气混凝土墙面，基本上采用界面处理剂对墙面进行界面处理，再抹普通抹灰砂浆的抹灰工艺，解决了混凝土墙面或加气混凝土墙面抹灰层的起壳问题。

225. 抹灰层出现空鼓、开裂与脱落的原因是什么？

答：抹灰层出现空鼓、开裂与脱落的主要原因有以下几方面：

①基体表面清理不干净，如基体表面尘埃及疏松物、脱模剂和油渍等影响抹灰粘结牢固的物质未彻底清除干净；

②基体表面光滑，抹灰前未作毛化处理；

③抹灰前基体表面浇水不透，抹灰后砂浆中的水分很快被基体吸收，使砂浆中的水泥未充分水化生成水泥石，影响砂浆粘结力；

④砂浆质量不好，使用不当；

⑤一次抹灰过厚，干缩应力较大。

226. 砂浆最常见的质量问题是什么？为何出现这些问题？

答：大多数砂浆都应用于建筑物的表面，如抹灰砂浆、地面砂浆、防水砂浆、装饰砂浆等，砂浆与周围环境有非常大的接触面积，使得砂浆中的水分很容易失去，另外，砂浆的使用部位通常不易养护。而砂浆是一种脆性材料，最容易发生的质量问题是砂浆开裂。主要原因有：

①化学收缩 大多数砂浆是以水泥为胶凝材料的，水泥接触水后就会发生水化反应而形成水化产物，这一反应将消耗一部分水。由于由此而产生的体积变化与水化产物有关，通常称之为自生体积变形。

②干燥收缩 砂浆通常都使用在建筑物的表面，表面积较大，而且厚度较薄。砂浆常常与基层共同构成一个整体，大部分基层材料都具有一定的吸水能力，砂浆与基层接触后，一方面砂浆中的水分不断被基层所吸收；另一方面，砂浆表面直接与周围环境接触，对环境的变化较为敏感，砂浆表面的水分向大气中蒸发，环境越干燥，水分蒸发得越快，导致砂浆中的水分大量损失，砂浆由于失水而产生较大的干缩变形。

③温度变形：温度变形取决于砂浆使用部位。建筑物顶层的东、西山外墙所受的温度应力最大，建筑物高度越高，建筑物上部结构外墙体所受的温度应力也越大。砂浆如果处于上述部位，那么砂浆所受的温度应力就较其他部位大，如果砂浆与基层的剪应力或拉应力小于温度应力，那么砂浆要么本身开裂，要么与基层脱开，以释放温度应力，温度变形就产生了。

对于温度变形：首先要提高砂浆本身的抗拉强度和砂浆与基层的抗剪切强度；其次，在建筑和结构设计时应避免平面复杂，减少温度应力集中；最后是采取外保护方法增加砂浆抵抗温度应力作用，如外墙外保温墙角用双层网格布。

（三）地面砂浆

227. 地面砂浆有哪些品种和要求？

答：地面砂浆主要是对建筑物底层地面和楼层地面起找平、保护和装饰作用，为地面提供坚固、平坦的基层。地面砂浆按用途可分为找平砂浆和面层砂浆。找平砂浆主要起着找平地面作用，砂浆中不应含有石灰成分，并应有一定的抗压强度和粘结强度，找平砂浆的抗压强度应不小于15MPa，有时还应有防水要求。面层砂浆主要起着保护和装饰作用，面层砂浆除了抗压强度不应小于15MPa外，还应有耐磨要求，有时还有防水要求。面层砂浆除了上述要求外，还应与基层材料粘结牢固，本身应不起壳、开裂。

干混地面砂浆按产品形式可分为普通干混地面砂浆、自流平地面砂浆和耐磨地面砂浆。普通地面砂浆主要用于找平层和普通地面面层施工，施工工艺与传统砂浆相类似，验收标准是不起壳，表面应密实，不得有起砂、蜂窝和裂缝等缺陷。自流平砂浆主要用于室内的工厂、停车场和仓库等地面的找平，也可用于室内地面的找平。它既可直接使用，也可在上面铺设，如地毯、地板等装饰层。自流平砂浆具有以下特点：可泵送、施工效率高，可节约人工和时间，能自行流平，可节约抹平人工操作，减少人工操作的误差，硬化速度快，施工后8h可上人，7d后可使用，硬化后地面平整度好、颜色均匀一致、无色差。如果工厂地面耐磨要求高，就应选用硬质耐磨砂浆，它主要含有硬质耐磨骨料，赋予砂浆面层有良好的耐磨损性。

228. 现场拌制地面砂浆与干混地面砂浆有何对应关系？

答：现场拌制地面砂浆有的有强度要求，有的按材料比例。如果有强度要求的，那么选用强度指标相同的干混地面砂浆即可。如果按材料比例的，那么也应该与抹灰砂浆相类似，根据其比例有个对应关系。一般现场拌制地面砂浆强度较高，面层耐磨性较好，水泥：砂为1∶2，故所选择的干混地面砂浆强度等级不应小于M15。

（四）粘结砂浆

229. 什么是粘结砂浆？

答：粘结砂浆是一种聚合物增强的水泥基预配制干混柔性粘结砂浆。它是以水泥、石英砂、聚合物胶结料配以多种添加剂经混合而成，具有优良的柔韧性和粘结性能，以及良好的抗下垂性、保水性、耐水性以及简单方便的可操作性，增强了粘结强度和拉伸强度，防止空鼓。直接加水，施工方便，操作简单，工效高。

230. 粘结砂浆的适用范围有哪些？

答：粘结砂浆适用于建筑内外墙的瓷砖粘贴、外墙外保温系统和外墙内保温系统上EPS聚苯乙烯保温板、XPS挤塑板、混凝土、砖砌块和加气块等基材的粘结。

231. 粘结砂浆的原材料有哪些？

答：主要原材料有硅酸盐水泥或普通硅酸盐水泥、细骨料、熟石灰、纤维素醚、可再分散乳胶粉、添加剂等。

纤维素在粘结砂浆中的主要功能是增稠，这是最重要的功能，也最直观，以至于这一类产品常常被称为"增稠剂"，这容易引起一些误导，因为这类产品的功能还有乳化、分散、稳定、悬浮、链接、流变改进、保护胶体、水分保持、粘结、成膜、表面活化等。

232. 什么是瓷砖粘结砂浆？常见的瓷砖粘结砂浆分为哪些种类？

答：瓷砖粘结砂浆是用于将陶瓷墙地砖、石材等粘贴到基层上的专用粘结砂浆，根据其组成的不同可以分为三大类：水泥基瓷砖粘结砂浆、聚合物乳液瓷砖粘结砂浆、反应型树脂瓷砖粘结砂浆，最为常用的是水泥基瓷砖粘结砂浆。

水泥基瓷砖粘结砂浆是由水泥、骨料、聚合物、添加剂、填料等组成的粉状混合物，使用时需与水或其他液体拌和。若使用时只需加水拌和，则称为单组分干混水泥基瓷砖粘结砂浆；若使用时需加入配套的液体组分拌和，则称为双组分水泥基瓷砖粘结砂浆。

单组分瓷砖粘结砂浆，价格低、质量稍差一些，特别是没有加聚合物的砂浆，粘结力低，收缩大，主要用于内外墙瓷砖的粘结。双组分瓷砖粘结砂浆，弹性好，粘结力强，用于保温系统等很适合，其柔性和粘结力是单组分所不能比的，可用于内外墙瓷砖的粘结、石材粘结，以及一些特殊基面、弹性基面的粘结。单组分膏状瓷砖粘结砂浆的成本高，粘结力好，弹性好，可以适应木板、塑料板的变形，但不耐水，用于特种基材粘结饰材，如木板、铁板、塑料板上粘贴饰材。

233. 传统粘贴瓷砖的方法是什么？有什么弊病？

答：传统粘贴瓷砖或石材的方法是采用现场拌制，将水泥、砂、108胶和水按一定比例拌和后进行粘贴。由于此类砂浆的保水性低，瓷砖需预先在水中浸泡润湿，再将砂浆涂在瓷砖的背面；又由于砂浆的柔韧性差，砂浆需厚层涂抹，厚度一般为10mm左右。将涂有砂浆的瓷砖压到预先润湿的墙体表面，再轻敲瓷砖以保证瓷砖饰面平整度一致。采用这种传统的方法，若水泥砂浆涂抹不均匀，瓷砖容易发生空鼓、脱落；由于普通水泥砂浆的粘结性差，贴在砂浆层上的大块瓷砖或石材等必须进行机械固定或加固；又因这种普通水泥砂浆不具有抗滑移性，所以瓷砖必须从底部开始粘贴，并且需在瓷砖与瓷砖之间使用定位器，以保证粘贴后的瓷砖横平竖直，表面工整。因此可见，此种方法非常耗时、效率低、材料用量大，且对工人的施工技术水平要求高。由于受这类材料自身性能的限制，施工质量难以保证，瓷砖空鼓、脱落等质量问题经常发生。

随着现代建筑施工技术的发展，这种传统砂浆的使用受到了许多限制。目前在大多数工业化国家，薄层砂浆使用技术早已取代了这类厚层砂浆的施工方法。这类薄层砂浆是由水泥、骨料、聚合物、特殊的添加剂及填料混合而成，称为瓷砖粘结砂浆，无毒害，属于绿色环保产品。通过使用纤维素醚和可再分散乳胶粉进行改性，大大提高了砂浆的保水性能、柔性和粘结性能。施工时，只需将瓷砖粘结砂浆和水混合均匀，采用锯齿铓刀将砂浆大面积涂抹到要粘贴的基材表面，形成一个厚度3~4mm的均匀粘结砂浆层，然后将瓷砖微微旋转压入砂浆层中即可。瓷砖之间不需固定，瓷砖也不会滑动，而且可以实现从上往下粘贴。瓷砖与基底都不必预先浸泡或润湿，减少了工序并保持施工环境的干净整洁。因此，薄层砂浆技术比厚层砂浆技术成本、效益更高，并且使用的材料更少、应用范围更广，操作更加简单、快速和安全。

234. 瓷砖粘结砂浆的特点有哪些？

答：瓷砖粘结砂浆具有以下特点：

①具有良好的保水性能，瓷砖粘贴前无需浸水处理，可长时间施工、大面积涂抹；粘附效果好、抗垂流性强，可以自上而下施工。

②由于具有良好的施工性能、抗下滑性能、足够长的开放时间，从而使薄层施工成为可能，大大提高了瓷砖的粘贴效率。

③使瓷砖的粘贴更为安全。由于可再分散乳胶粉和纤维素醚的改性作用，使用这种瓷砖粘结砂浆，对不同类型的基层以及包括吸水率极低的全玻化砖等均具有良好的粘结性能，而且在浸水、冻融条件下仍具有足够的粘结强度。

④耐热性及耐候性良好，不会因为外部环境温度的变化而影响粘结性能。

⑤具有良好的柔韧性，较低的弹性模量，对基层的适应能力强，可以吸收由于温差等因素引起的应力，收缩小，不空鼓、不开裂。

随着外墙外保温系统在建筑中的大量应用，大部分外墙砖实际上是贴在了外保温系统上。外保温墙体与未进行保温的墙体相比，其表面的温差更大，且保温系统外墙尺寸变化也更大，这就要求在其外部的瓷砖粘结砂浆具有很好的柔性，能吸收系统的温度变形，所以用于保温系统的瓷砖粘结砂浆除了要满足粘结强度的要求外，还应具有一定的柔性。在上海地方标准中，就要求保温系统的瓷砖粘结砂浆的横向变形不小于2.0mm（横向变形是反映瓷砖粘结砂浆柔性的一项指标，在标准中有详细的描述），而在《胶粉聚苯颗粒外墙外保温系统》JG 158—2004 中对瓷砖粘结砂浆的柔性指标是压折比不大于3.0。

⑥袋装粉料，运输方便，现场加水搅拌即可使用；采用锯齿刮刀直接涂抹，对施工人员的技术水平没有太高的要求，施工操作容易，方便快捷，效率高；产品安全环保，无毒、无害。

235. 瓷砖粘结砂浆的材料组成是什么？

答：瓷砖粘结砂浆的材料组成一般包括：①水泥：无机胶凝材料；②可再分散乳胶粉：增强对所有基材的粘结强度（尤其是无孔基材，大尺寸瓷砖，或在光滑表面、不稳定的基材上粘贴）、增加拉伸强度、降低弹性模量、增加保水性、改善工作性、减少水的渗透性等；③砂：作为骨料并调节粘结砂浆的稠度，所以其粒径尺寸非常重要；④甲基纤维素醚：作为增稠剂并保持粘结砂浆中的水分，赋予粘结砂浆良好的工作性（薄层施工工艺中砂浆较薄，在水泥与水反应前极易失去水分，如蒸发、被基材和瓷砖吸收）；⑤其他功能助剂。

表235-1 给出的参考配方为正常凝结的标准型瓷砖粘结砂浆。在干养护、湿养护、耐温和冻融条件下与混凝土的粘结强度至少可达0.5MPa。基于该配方的产品开放时间为20min，1d后可填缝，性能符合《陶瓷墙地砖胶粘剂》JC/T 547—2005 标准中 C1 级瓷砖粘结砂浆的要求。

表 235-1　标准型瓷砖粘结砂浆的参考配方

原材料	规格型号	质量配比
普通硅酸盐水泥	42.5	350～450
石英砂	0.1～0.6mm	450～600
碳酸钙	200目	50～100
可再分散乳胶粉	—	10～30
纤维素醚	—	2～4
其他功能添加剂	—	0.5～1.5

236. 瓷砖粘结砂浆的分类有哪些？适用的范围是什么？

答：根据建材行业标准《陶瓷墙地砖胶粘剂》JC/T 547—2005，将水泥基瓷砖粘结砂浆作了如下分类，见表236-1。

表236-1 水泥基瓷砖粘结砂浆的分类

分类、标记	含 义
C1	普通型-水泥基胶粘剂
C1F	快速硬化-普通型-水泥基胶粘剂
C1T	抗滑移-普通型-水泥基胶粘剂
C1FT	抗滑移-快速硬化-普通型-水泥基胶粘剂
C2	增强型-水泥基胶粘剂
C2E	加长晾置时间-增强型-水泥基胶粘剂
C2F	增强型-快速硬化-水泥基胶粘剂
C2T	抗滑移-增强型-水泥基胶粘剂
C2TE	加长晾置时间-抗滑移-增强型-水泥基胶粘剂
C2FT	抗滑移-增强型-快速硬化-水泥基胶粘剂

事实上，瓷砖的粘结是一个系统工程，应该根据不同的基层、不同的瓷砖和不同的使用环境，选择使用不同的瓷砖粘结砂浆，见表236-2。

表236-2 瓷砖粘结砂浆的选型指南

类 型	聚合物的典型用量（%）	适用范围
低质量（<C1）	0~1.5	室内使用；没有过大的温差变化；不适用于玻化砖
普通型（标准型）（C1）	1.5~2	室内和室外；适用于玻化砖；不适用于在瓷砖上粘贴瓷砖
增强型（柔性型）（C2）	3.5~4	室内和室外；在室内旧瓷砖上粘贴瓷砖；在外保温基层上粘贴瓷砖
特殊类型	5~8	在室外旧瓷砖上粘贴瓷砖；在胶合板上粘贴瓷砖；在难处理的基层上，无需底涂粘贴瓷砖

表236-3为各种类型瓷砖粘结砂浆的参考配合比。

表236-3 水泥基瓷砖粘结砂浆参考配合比（每1000g砂浆）

类 型	普通型	柔韧型	超柔韧型
水泥/白水泥	416	400	380
石英砂（0.1~0.3mm）	300	275	290
石英砂（0.1~0.5mm）	360	280	286
VINAVIL E06PA	—	40	
VINAVIL 5603P			40
VINAVIL T05PA	20		
甲基纤维素	4	4	4

237. 瓷砖粘结砂浆的技术要求有哪些？

答：水泥基瓷砖粘结砂浆的技术要求见表237-1。

表237-1 水泥基瓷砖粘结砂浆的技术要求

项 目	普通型（C1）	快硬型（CF）	增强型（C2）
拉伸粘结原强度（MPa）	≥0.5	≥0.5	≥1.0
浸水后的拉伸粘结强度（MPa）	≥0.5	≥0.5	≥1.0
热老化后的拉伸粘结强度（MPa）	≥0.5	≥0.5	≥1.0
冻融循环后的拉伸粘结强度（MPa）	≥0.5	≥0.5	≥1.0
晾置时间，拉伸粘结强度（MPa）	20min，≥0.5	10min，≥0.5	—
早期拉伸粘结强度（24h）（MPa）	—	≥0.5	—
抗滑移（mm）（可选项）	≤0.5		

注：摘自《陶瓷墙地砖胶粘剂》JC/T 547—2005。

238. 瓷砖粘结砂浆标准中对检测用瓷砖有什么规定？

答：目前市场上常见的瓷砖有瓷质砖、陶质砖、玻化砖等。玻化砖的吸水率最低，几乎为零；陶质砖的吸水率最高，一般大于10%，而瓷质砖的吸水率介于两者之间，少的为千分之几，多的为百分之几。瓷砖吸水率越低，越不容易与砂浆粘结，因而拉伸粘结强度就越低，尤其是耐热指标，更不容易达标。可见，不同吸水率的瓷砖，对瓷砖粘结砂浆的要求也是不一样的，吸水率越低，要求瓷砖粘结砂浆的质量越好。

1994年出台的行业标准《陶瓷墙地砖胶粘剂》JC/T 547—1994，标准中用来测试的试验瓷砖吸水率为6%，且规定的主要测试项目为剪切粘结强度，而现在的瓷砖特别是外墙砖的吸水率远低于6%，现场检测粘结强度只能是拉伸粘结强度，所以标准与现实之间的差距是比较大的。2005年该标准进行了修订，采用欧洲标准，用于检测粘结强度的瓷砖改为吸水率不大于0.2%的瓷质砖，将剪切粘结强度改为拉伸粘结强度。由于瓷砖的吸水率降低了，测得的拉伸粘结强度也大幅降低。可见，新标准将瓷砖胶的质量提到了一个较高的水平，原来能通过老标准的瓷砖胶产品很多都不能达到新标准的要求。为了符合新标准的要求，就需要调整配方，提高产品的性能，同时，产品的成本也随之提高了。

然而，在瓷砖胶的实际应用中，也不全是用来粘贴玻化砖的，实际上外墙砖大部分的吸水率在1%～3%，还有一些内墙用的瓷砖吸水率更高（6%～15%），所以不符合瓷砖胶标准的产品不一定就不能将这种吸水率比玻化砖高的瓷砖粘牢，由此可见，标准中检测用的试验砖与工程中实际使用的瓷砖还是有一定的差距。

随着外墙外保温系统在建筑中的大量应用，大部分外墙砖实际上是贴在了外保温系统上，外保温墙体与未进行保温的墙体相比，其表面的温差更大，且保温系统外墙尺寸变化也更大，这就要求在其外部的瓷砖胶具有很好的柔性，能吸收系统的温度变形，所以用于保温系统的瓷砖胶除了要满足粘结强度的要求外，还应具有一定的柔性，在上海地方标准中就要求用于保温系统的瓷砖胶的横向变形不小于2.0mm（横向变形是反映瓷砖胶柔性的一项指标）。

239. 对粘结砂浆的施工有哪些要求?

答：基层要求：平整、坚固、清洁、干燥。对于新建工程，墙面的混凝土残渣和脱模剂、养护剂必须清理干净，墙面平整度超差部分应剔凿或修补，表面疏松处必须剔除，新抹灰的基层要经过硬化干燥后方可施工。

材料配制：按粘结砂浆:水 =4.5:1（质量比）的比例称量水（此为参考比例），也可根据所需稠度及施工环境适当调整用水量。将计量好的水放入适当的容器中，再加入干粉料，使用电动搅拌器充分搅拌均匀，至浆料中无颗粒状物料。静置 5~10min，再次搅拌均匀即可使用。搅拌好的砂浆最好在 2h 内用完，严禁将已凝固的砂浆二次加水搅拌再投入使用。粘贴聚苯板或挤塑板时，采取点框粘贴法，粘贴面积不得小于 30%。

240. 常用的瓷砖粘贴施工方法有哪些?

答：瓷砖粘结砂浆（简称瓷砖胶）的施工方法有三种——背粘法、镘刀法和组合法。

(1) 背粘法

背粘法是指将瓷砖胶涂在瓷砖的背面，然后贴于基层上。这是传统的瓷砖粘贴方法，瓷砖胶层的厚度大约在 5~10mm。

(2) 镘刀法

镘刀法的施工工艺如下：

基层处理 ────→ 向基层上涂抹瓷砖胶 ────→ 梳刮瓷砖胶 ────→ 干贴瓷砖 ────→ 养护
瓷砖胶配制 ──┘

用抹灰刀将瓷砖胶批刮到待贴砖的基层表面上，注意一次所抹的面积应在砂浆可施工时间内，一般为 20min，然后用齿形抹刀进行梳理，使其形成有凸起条纹且厚度均匀的砂浆层，最后将干瓷砖用力按压在它的上面并略加扭转。瓷砖的位置在 15min 左右的时间内可以调整。瓷砖胶的厚度大约在 2~4mm。

该施工法的优点是施工方便、施工进度快、瓷砖胶用量小等，但缺点是对基层平整度要求较高。由于瓷砖胶内含有较多的保水增稠材料，因此，瓷砖在施工前可不泡水。但瓷砖一定要清理干净，尤其是外墙砖背面的脱模粉等必须擦净。

(3) 组合法

组合法是指将背粘法和镘刀法组合起来施工，即先用镘刀法将瓷砖胶批刮到待贴砖的基层表面上，使其形成有凸起条纹且厚度均匀的砂浆层，然后在瓷砖的背面也薄涂一层瓷砖胶，然后将瓷砖贴于基层上。瓷砖胶的厚度大约在 3~5mm。其施工工艺如下：

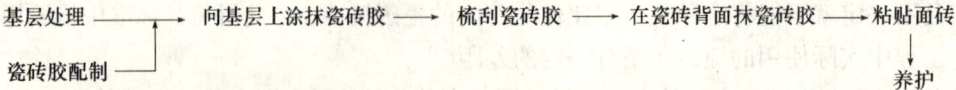

组合法主要适用于粘贴要求较高的工程，如外墙外保温工程等。

由于镘刀法和组合法施工的瓷砖粘结砂浆的厚度大约在 2~5mm，所以也被称为薄层施工法。而背粘法施工的瓷砖粘结砂浆厚度较厚，所以也被称为厚层施工法。

241. 如何测试水泥基瓷砖粘结砂浆的拉伸粘结强度?

答：标准试验条件：环境温度（23±2）℃，相对湿度（50±5）%，试验区的循环风速小于0.2m/s。

(1) 仪器设备

①拉力试验机：最大破坏荷载应在其量程的20%～80%范围内，精度1%。

②水泥胶砂搅拌机。

(2) 试验材料

①试验陶瓷砖（V1型砖）

选用符合《干压陶瓷砖 第1部分：瓷质砖（吸水率$E \leqslant 0.5\%$)》（GB/T 4100.1）的瓷质砖，吸水率≤0.2%，未上釉，具有平整的粘结面，尺寸为(50±2)mm×(50±2)mm，厚度4～10mm。

要求试验陶瓷砖是未被使用过的，干净的，并进行处理。处理方法：先将试验陶瓷砖浸水24h，沸水煮2h，105℃烘干4h，在标准试验条件下至少放置24h。

②混凝土板

a. 原材料及配合比

水泥：符合GB175的42.5R普通硅酸盐水泥；

集料：0～8mm粒径的砂石，连续级配曲线A和B之间（图241-1）；

水泥与集料的质量比：1:5；

每立方米混凝土中超细粒含量为500kg/m³；超细粉由水泥和粒径0.125mm以下的集料组成；

水灰比：0.5。

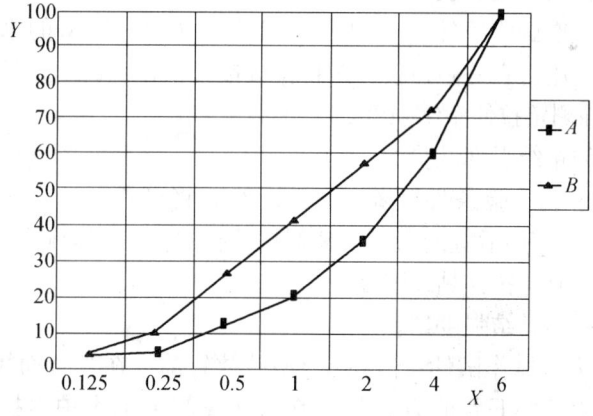

图241-1 连续级配曲线

X—筛子的孔径尺寸，mm；Y—某一粒径尺寸下的质量通过率百分数，%

b. 成型与养护

混凝土成型采用垂直或水平浇捣，不得使用脱模剂，然后在50Hz振动台上振动90s。在标准试验条件下养护24h后，浸入(20±2)℃的水中6d，再在标准试验条件下养护21d后备用。每个混凝土板应垂直、互不接触放置。

c. 试验用混凝土板

混凝土板的尺寸：400mm×400mm，厚度不小于40mm。

混凝土板的含水率不大于3%，吸水率在0.5～1.5mL，表面拉伸强度不小于1.5MPa。试验表面平整，试验时应干净无尘。

(3) 试验步骤

①砂浆拌合

按生产厂商说明，准备2kg粘结砂浆所需的水或液体组分，分别称量（如给出一个数值范围，则取平均值）。在所有项目测试过程中，制备砂浆时的用水量和掺加液体量应该保持一致。

将水或液体倒入水泥胶砂搅拌机的锅中，再将干料撒入，低速搅拌30s，然后取出搅拌叶，在60s内清理搅拌叶和搅拌锅壁上的砂浆，之后重新放入搅拌叶，再低速搅拌60s。按生产厂商的说明让砂浆熟化，然后继续搅拌15s。

②制备试件

用直边抹刀在混凝土板上抹一层制备好的粘结砂浆。然后用齿型抹刀抹上稍厚一层粘结砂浆，并梳理。握住齿型抹刀与混凝土板约成60°的角度，与混凝土板一边成直角，平行地抹至混凝土板另一边（直线移动）。5min后，分别放置至少10块（V1型）试验陶瓷砖于砂浆上，彼此间隔40mm，并在每块瓷砖上加载（2.00±0.015）kg的压块并保持30s。然后在标准试验条件下养护28d。

每组需制备10个试件。

③拉伸粘结原强度试验

第27d时，用适宜的高强胶粘剂将拉拔接头粘在瓷砖上，在标准试验条件下继续放置24h后测定拉伸粘结强度。拉伸试验机应有适宜的灵敏度及量程，并应通过适宜的连接方式不产生任何弯曲应力，以（250±50）N/s速度对试件施加拉拔力。

若要测试粘结砂浆的快硬性能，则测定24h后标准条件下的粘结强度。

④浸水后的拉伸粘结强度试验

试件制备好后在标准试验条件下养护7d，然后在（20±2）℃的水中养护20d。从水中取出试件，用布擦干，用适宜的高强胶粘剂将拉拔接头粘在瓷砖上，7h后把试件放入水中，17h后从水中取出试件测定拉伸粘结强度。

⑤热老化后的拉伸粘结强度试验

试件制备好后在标准试验条件下养护14d，然后将试件放入（70±2）℃鼓风烘箱中14d。从烘箱中取出试件，用适宜的高强胶粘剂将拉拔接头粘在瓷砖上。试件继续在标准试验条件下养护24h后，测定拉伸粘结强度。

⑥冻融循环后的拉伸粘结强度试验

按上述"②"的方法制作试件，但在V1型砖放置前，在其背面用抹刀加涂1mm厚的粘结砂浆。在标准试验条件下养护7d，然后在（20±2）℃的水中养护21d。从水中取出试件，进行冻融试验。

每次冻融循环为：

a. 将试件从水中取出，在2h±20min内降至（-15±3）℃；

b. 保持试件在（-15±3）℃下2h±20min；

c. 将试件浸入（20±3）℃水中，升温至（15±3）℃，保持该温度2h±20min。

重复25次循环。在最后一次循环后取出试件，在标准试验条件下养护，用适宜的高强胶粘剂将拉拔接头粘在试验陶瓷砖上。试件继续在标准试验条件下养护24h后，测定拉伸粘结强度。

(4) 结果计算

拉伸粘结强度按下式计算，精确到0.1MPa：

$$A_{\mathrm{s}} = \frac{L}{A}$$

式中 A_{s}——拉伸粘结强度，MPa；

L——拉力，N；

A——粘结面积，mm^2。

(5) 结果评定

求 10 个数据的平均值；舍弃超出平均值 ±20% 范围的数据；若仍有 5 个或更多数据被保留，则求新的平均值；若少于 5 个数据被保留，则重新试验。

按图 241-2 确定试件的破坏模式。图 (a) 表示破坏发生在粘结砂浆层与基材的界面的破坏，用 AF-S 表示；图 (b) 表示破坏发生在陶瓷砖与粘结砂浆层的界面的破坏，用 AF-T 表示；(a) 和 (b) 两种情况下试验数值等于粘结强度。某些情况下，破坏可能发生在陶瓷砖与拉拔接头之间的粘结层，使用符号 BT 表示，此情况下，粘结强度大于试验数值，试验最好重做。图 (c) 表示破坏发生在粘结砂浆的粘结层内的破坏，用 CF-A 表示；图 (d) 表示基材内聚的破坏，用 CF-S 表示；图 (e) 表示陶瓷砖内聚的破坏，用 CF-T 表示。(d) 和 (e) 两种情况下，粘结强度大于试验数值。

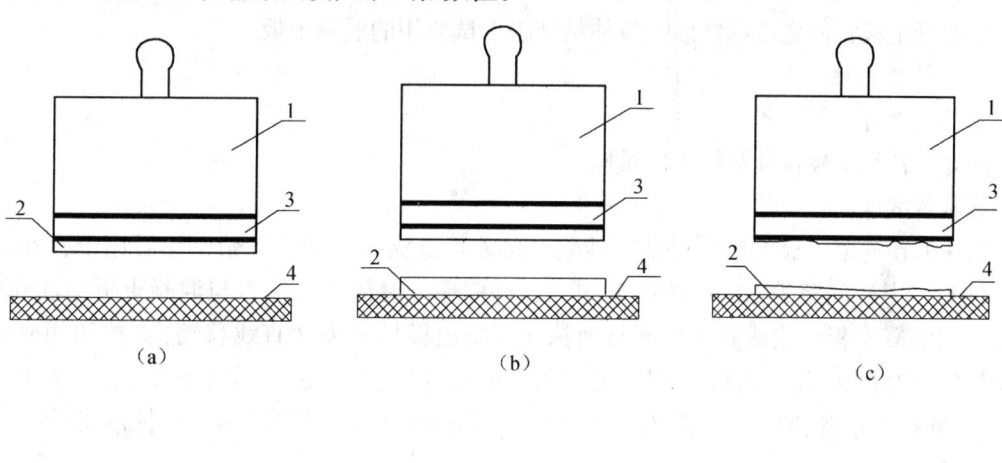

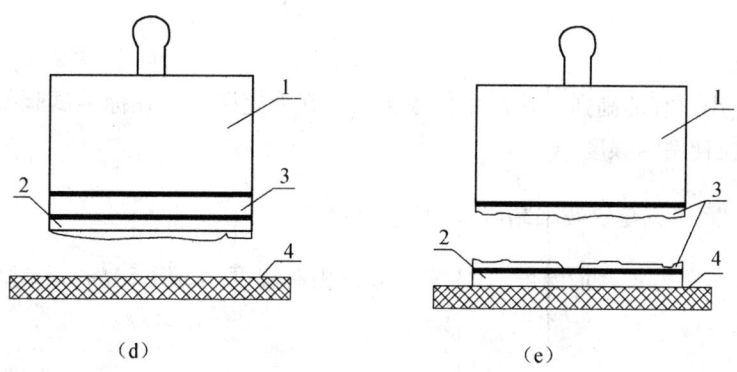

图 241-2 粘结砂浆试件的破坏模式

(a) 发生在粘结砂浆层和基材的界面 (AF-S) 的破坏；(b) 发生在陶瓷砖和粘结砂浆层界面 (AF-T) 的破坏；
(c) 发生在粘结砂浆的粘结层内 (CF-A) 的破坏；(d) 基材内聚 (CF-S) 的破坏；(e) 陶瓷砖内聚 (CF-T) 的破坏

1—拉拔块；2—粘结砂浆；3—陶瓷砖；4—混凝土板

242. 如何测定水泥基瓷砖粘结砂浆的晾置时间？

答：标准试验条件：环境温度（23±2）℃，相对湿度（50±5）%，试验区的循环风速小于 0.2m/s。

（1）仪器设备

①拉力试验机：最大破坏荷载应在其量程的 20%~80% 范围内，精度 1%。

②水泥胶砂搅拌机。

（2）试验材料

①试验陶瓷砖（P1 型砖）

选用符合《干压陶瓷砖 第 5 部分：陶质砖（吸水率 $E>10\%$）》（GB/T 4100.5）的陶质砖，吸水率为（15±3）%，具有平整的粘结面，切割成尺寸为（50±2）mm×（50±2）mm，厚度（4~10）mm。

要求试验陶瓷砖是未被使用过的、干净的，并进行处理。处理方法：先将试验陶瓷砖浸水 24h，沸水煮 2h，105℃烘干 4h，在标准试验条件下至少放置 24h。

②混凝土板：同瓷砖粘结砂浆拉伸粘结强度试验用的混凝土板。

（3）试验步骤

①砂浆拌合

同瓷砖粘结砂浆拉伸粘结强度试验。

②制备试件

用抹刀在混凝土板上抹一层粘结砂浆，接着再厚涂一层粘结砂浆，然后用带有 6mm×6mm 凹口、中心间距为 12mm 的齿型抹刀进行梳理。握住齿型抹刀与混凝土板约成 60°的角度，与混凝土板一边成直角，平行地抹至混凝土板另一边（直线移动）。按照相应晾置时间规定的时间晾置，然后分别放置至少 10 块（P1 型）试验砖于砂浆上，彼此间隔 40mm，并在每块陶瓷砖上加载（2.00±0.015）kg 的压块并保持 30s。在标准试验条件下养护 28d。

③试件测试

第 27d 时，用适宜的高强胶粘剂将拉拔接头粘在陶瓷砖上，在标准试验条件下继续放置 24h，之后测定拉伸粘结强度。

243. 如何测定水泥基瓷砖粘结砂浆的抗滑移性？

答：标准试验条件：环境温度（23±2）℃，相对湿度（50±5）%，试验区的循环风速小于 0.2m/s。

（1）试验材料

①试验陶瓷砖（V2 型砖）

符合《干压陶瓷砖 第 1 部分：瓷质砖（吸水率 $E\leqslant0.5\%$）》（GB/T 4100.1）的瓷质砖，吸水率≤0.2%，未上釉，具有平整的粘结面，表面积为（100±1）mm×（100±1）mm，质量为（200±10）g。试验前，应先检查瓷砖，保证其为干燥、洁净的新瓷砖。

②混凝土板：同瓷砖粘结砂浆拉伸粘结强度试验用的混凝土板。

(2) 仪器

①隔片：两个不锈钢制（25±0.5）mm×（25±0.5）mm×（10±0.5）mm 的隔片；

②压块：截面积略小于（100±1）mm×（100±1）mm，质量为（5.00±0.01）kg。

(3) 试验步骤

①确保钢直尺置于混凝土板的顶端，这样当混凝土板垂直竖立时，会与钢直尺的底部边缘保持同一水平。

②紧挨钢直尺下缘将 25mm 宽的遮蔽胶带粘上，用直缘抹刀先在混凝土板上薄涂上一层拌和好的粘结砂浆，接着再厚涂一层。然后用带有 6mm×6mm 凹口、中心间距为 12mm 的齿型抹刀进行梳理。齿形抹刀应和基板保持约 60°倾斜角，并和混凝土板一边成直角，从板的一边梳至另一边。

③2min 后立即将 V2 型瓷砖紧邻隔片放置在粘结砂浆上，如图 243-1 所示，并在瓷砖上施加（5.00±0.01）kg 的压块，放置（30±5）s。

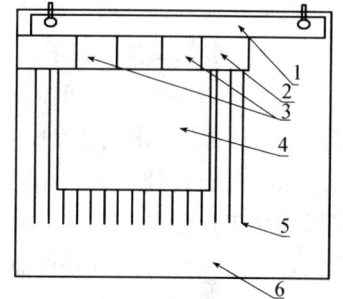

图 243-1 抗滑移性试验示意图
1—直钢尺；2—25mm 宽的遮蔽胶带；
3—隔片；4—瓷砖；
5—粘结砂浆；6—混凝土板

④取走隔片后用游标卡尺测量直尺边缘和瓷砖之间的距离，精确到±0.1mm。测量后立即小心地将混凝土板垂直竖立。在（20±2）min 后重新测量直尺边缘和瓷砖之间的距离。前后两次测量读数的差值即为瓷砖在自身质量下的最大滑移距离。

⑤每一样品用三块试件进行测试。

(4) 结果评定

取三次测值的算术平均值，以 mm 表示，精确到 0.1mm。

244. 什么是粘结石膏？

答：随着建筑装饰装修事业的发展，特别是石膏建筑材料的不断增新，例如用于墙体内隔断的石膏板施工，需要凝结时间较长的粘结剂，而用于装饰的石膏线条、石膏装饰等则需要凝结时间较快的粘结剂。同时，施工工效和施工的文明，对用大量桶装的液体胶提出质疑。为此，就有了对粘结石膏的开发。

粘结石膏是一种快硬的粘结材料。国外在石膏板的应用中，粘结石膏已作为必不可少的配套材料，应用范围广，用量大。国内自 20 世纪 80 年代开始有少量应用，90 年代随着建筑装饰装修工程的发展，特别是各种石膏装饰制品大量应用于室内装修，粘结石膏的应用量也随之而增加。

粘结石膏顾名思义是用来作粘结的石膏，它也是以建筑石膏为基料，加入适量缓凝剂、保水剂、增稠剂、粘结剂等外加剂，经混合均匀而成的粉状无机胶粘剂。它具有无毒无味、安全性好、使用方便（只要加一定量的水，搅拌均匀达到施工用稠度即可使用）、操作简单、瞬间粘结力强、能厚层粘结、不收缩、凝结速度快、节省工时等优点。适用于各类石膏板（如纸面石膏板、石膏砌块、石膏条板、石膏保温板、装饰石膏板）、石膏角线等装饰艺术制品的粘结；加气混凝土、GRC 等墙体板材的粘结，也可与其他无机建筑墙体材料（如砖、水泥混凝土）之间的粘结。

245. 粘结石膏的主要原材料有哪些？

答：建筑石膏是粘结石膏保证粘结强度的主要原料，应符合国家标准 GB/T 9776—2008 的要求。

建筑石膏的凝结时间，标准要求初凝大于 6min，终凝小于 30min，单靠这个凝结时间是无法进行施工操作的。而粘结石膏按被粘结的材料和部位的不同，分快凝型和慢凝型，因此在配制时就需要加入适当的缓凝剂。与粉刷石膏和石膏腻子不同，粘结石膏所要求的凝结时间不需要很长，一般快凝型的要求初凝时间不小于 5min，终凝时间不大于 20min；普通型的要求初凝时间不小于 25min，终凝时间不大于 120min。因此可选择的缓凝剂品种很多，目前国内用得最多的仍是柠檬酸和柠檬酸钠，特别是柠檬酸钠，由于掺量少，它对石膏的强度影响不大。

与其他石膏建筑材料相同，粘结石膏保水性差，料浆中的水分很快被基底材料吸走，不仅增加施工操作的难度，同时因失去了水化所需的水分而降低粘结力，严重时会丧失全部的粘结强度，因此保水剂是配制粘结石膏的重要外加剂。粘结石膏的配制，可选择黏度高的甲基纤维素，也可选择与高黏度的羧甲基纤维素复合使用。这不仅提高粘结石膏的保水性，同时使粘结石膏增稠，从而增加了它的粘附性，便于粘结操作。

粘结剂是作为增强粘结石膏粘结力的原材料，一般用于特殊粘结（例如在砖墙或混凝土墙上粘贴聚苯乙烯保温板）的粘结石膏内。常用的有聚乙烯醇和乙烯-醋酸乙烯二元共聚，氯乙烯、乙烯、月桂酸乙烯酯三元共聚等可再分散聚合物粉末。虽然聚乙烯醇的粘结强度会随时间的增长而衰减，但作为室内应用的粘结石膏，它的大部分粘结强度来自石膏胶凝材料，因此作为粘结补强，聚乙烯醇仍是目前首选的粘结剂。从长远的和特殊应用的效果看，仍以使用可再分散乳胶粉最为理想，不仅粘结强度高，它还具有一定的保水性和防水效果。

246. 如何配制粘结石膏？

答：由于受原材料性能的影响，配制粘结石膏时各原材料的掺量并不是一成不变的。因此，当原材料进货后，首先要通过试验，才能确定生产配合比。下面提供配合比的参考量。

（1）保水剂掺量

保水剂的掺量与所选纤维素醚的品种和黏度有关，以甲基纤维素为例，黏度高的掺量可少些，黏度低的掺量要多些。但对羧甲基纤维素而言，掺量多少还应考虑对石膏的凝结时间和强度的影响，见表 246-1。

表 246-1　羧甲基纤维素（CMC）掺量对试验结果的影响

CMC 黏度 (mPa·s)	掺量 (%)	沉入度 (mm)	初凝时间 (min)	终凝时间 (min)	粘结（压剪）强度（MPa）（石膏与粘结石膏）
1000	0.25	62.0	39.15	45.10	3.5
864	0.25	53.5	53.05	57.40	3.2
600	0.33	64.5	—	60.00	3.7
600	1.0	54.5	—	120.00	3.0

注：同时掺入 0.033% 的柠檬酸钠。

（2）缓凝剂掺量

根据粘结石膏所需的凝结时间，参照表 246-2 的结果，选择柠檬酸钠缓凝剂的掺量。其他品种缓凝剂的掺量可参照选用。

表 246-2　缓凝剂掺量与凝结时间的关系

缓凝剂品种		缓凝剂掺量与凝结时间的关系					备注
不掺	初凝（min）	7.45					
	终凝（min）	13.20					
酒石酸	掺量（%）	0.25	0.5	0.75	1	2	随掺量增大而略增稠
	初凝（min）	13.45	15.07	12.30	16.30	12.33	
	终凝（min）	19.0	20.40	17.0	21.30	16.40	
羧甲基纤维素	掺量（%）	0.25	0.5	0.75	1	2	增稠
	初凝（min）	17.0	107.0	218.0	275.0	—	
	终凝（min）	29.10	126.0	256.0	325.0	—	
柠檬酸钠	掺量（%）	0.01	0.025	0.05	0.1	0.25	掺量0.25%时，有泌水现象
	初凝（min）	—	29.40	63.30	77.30	—	
	终凝（min）	6.25	31.05	70.0	93.0	>120	
0.033%柠檬酸钠与不同掺量的羧甲基纤维素复合	掺量（%）	0.17	0.33	1	2	—	增稠
	终凝（min）	41.50	60.0	120.0	>300.0	—	

（3）粘结剂掺量

粘结剂的掺量应与保水剂配合来选择，因保水剂也影响粘结力。表 246-3 为采用羧甲基纤维素作为保水剂和缓凝剂时的结果。如采用甲基纤维素或羟丙基甲基纤维素作保水剂，粘结剂的掺量可相应减少。

表 246-3　粘结剂（聚乙烯醇 PVA）掺量对试验结果的影响

PVA 掺量（%）	CMC 掺量（%）	初凝时间（min）	终凝时间（min）	粘结（压剪）强度（MPa）（石膏与石膏）
2	0.5	43.00	47.30	2.44
3	0.7	85.30	105.58	1.74
4	0.5	49.00	55.00	2.9
4	0.7	78.50	92.30	2.1

综合上述结果，粘结石膏的参考配合比如下：

  建筑石膏　　　　　　　　　100

  缓凝剂　　　　　　　　　　0～0.05

  保水、增稠剂　　　　　　　0.2～0.5

  粘结剂　　　　　　　　　　0～4

采用国外材料的粘结石膏参考配合比为（德国拜尔公司提供）：

  石膏　　　　　　　　　　　90～95

消石灰	2~5
石灰石砂（0~1mm）	0~10
珍珠岩（0~1mm）	3~5
引气剂	0.01~0.03
石膏缓凝剂	0.1~0.2

247. 粘结石膏的生产工艺流程是什么？

答：(1) 工艺流程

粘结石膏的生产工艺流程如图247-1所示。

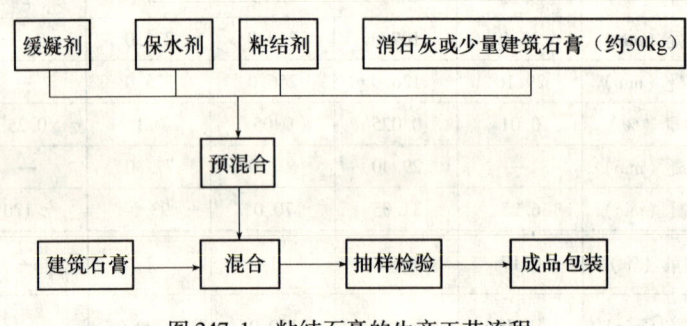

图247-1　粘结石膏的生产工艺流程

(2) 生产装备

粘结石膏的生产较简单，主要是混合，因此混合机是它的主机，混合均匀与否，关系到粘结石膏产品的质量。目前国内大多采用无重力混合机、犁刀式混合机和悬臂双螺旋锥形混合机。无重力混合机和犁刀式混合机均为卧式混合机，基本原理相同，只是无重力混合机适用于密度较大的物体，如砂等；而犁刀式混合机则更适用于密度较小的物体，如石膏等。

248. 粘结石膏的主要技术性能有哪些？

答：在行业标准《粘结石膏》JC/T 1025—2007中规定了粘结石膏的性能要求，见表248-1。

表248-1　粘结石膏的物理性能

项　目			普通型	快凝型
细度（%）	1.180mm筛网筛余		0	
	150μm筛网筛余	≤	25	1
凝结时间（min）	初凝	≥	25	5
	终凝	≤	120	20
绝干强度（MPa）	抗折	≥	5.0	
	抗压	≥	10.0	
	拉伸粘结	≥	0.50	0.70

249. 粘结石膏用于内保温工程中的施工工艺如何？

答：石膏基预拌砂浆用于内保温工程的基本构造见表249-1。

七 砂浆品种

表 249-1 增强粉刷石膏聚苯板内保温基本构造

外墙①	内保温体系构造			构造示意图
	粘结层②	保温层③	保护层④	
钢筋混凝土、混凝土砌块、黏土砖和非黏土砖墙等	厚约10mm，用粘结石膏粘结，粘结方式为点框法	聚苯板（厚度以设计为准）	粉刷石膏抹灰 810mm，横向压入A型中碱玻璃纤维涂塑网格布，用建筑胶粘贴B型中碱玻璃纤维涂塑网格布	④③②①

石膏基砂浆在内保温工程中的施工工艺流程图如下：

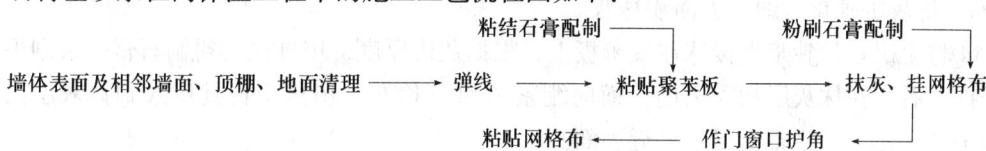

（1）施工工具和作业条件

施工工具：扫帚、钢丝刷、灰槽、铁锹、托板、壁纸刀、剪刀、2m 托线板、筛子、抹子等。

作业条件：①结构工程验收完毕，楼板面已弹出 50cm 控制线；②墙、门、窗框安装完毕；③水暖及装饰工程分别需用的管卡、挂勾和窗帘杆卡子等埋件，宜留出位置或埋设完毕。电气工程的暗管线、接线盒等必须埋设完毕，并应完成暗管线的穿带线工作；④操作地点的环境温度不低于 5℃。

（2）施工步骤

1）墙体表面及相邻墙面、顶棚、地面清理

凡凸出墙面的砂浆、混凝土浆等必须剔除并扫净墙面。

2）弹线

根据楼板上的控制线、粘结层与聚苯板的厚度以及墙面平整度，在地面上弹出聚苯板粘贴控制线。

3）配制粘结石膏浆

直接用粘结石膏加水，充分拌和到稠度合适为止。一次拌和量以保证在 50min 内用完为宜，禁止稠化后加水稀释。

4）粘贴聚苯板

①按施工要求的规格尺寸，用壁纸刀垂直板面裁切聚苯板。

②用粘结石膏浆沿聚苯板四边铺设矩形粘结框，粘结框（上墙后）宽度不小于 50mm，板面铺设分布均匀的粘结点（上墙后的直径不小于 100mm），整体粘结面积不小

于30%。

③粘贴聚苯板时，按粘结控制线，从下至上逐层顺序粘贴，应保证粘结石膏与墙面充分接触。聚苯板侧面不留碰头灰，如因聚苯板不规则而出现个别拼缝较宽时，应用聚苯板条（片）填塞严实。

④粘贴聚苯板时，应随时用靠尺检查，确保聚苯板墙面垂直度和平整度，并在粘贴后2h内不得碰动。在遇到电气盒、插座、穿墙管线时，先确定上述配件的位置，再剪切聚苯板，裁切的洞口要大于配件周边10mm左右。聚苯板粘贴完毕后，先用聚苯板条填塞缝隙，然后用粘结石膏将缝隙填充密实。

⑤聚苯板与相邻墙面、顶棚的接槎，应用粘结石膏嵌实、刮平，邻接门窗洞口、接线盒的位置不能使空气层外露。

5）抹灰、挂网格布

①在聚苯板表面弹出踢脚高度控制线。

②粉刷石膏与建筑中砂按体积比为2∶1混合后加水（单组分的直接加水），充分拌和到合适稠度，粉刷石膏砂浆的一次拌和量以保证在50min内用完为宜。

③用粉刷石膏砂浆在聚苯板面上按常规作法做出标准灰饼，抹灰平均厚度控制在8～10mm，待灰饼硬化后即可大面积抹灰。

④将粉刷石膏砂浆直接抹在聚苯板上，根据灰饼厚度，用杠尺将粉刷石膏砂浆刮平，用抹子搓毛后，在抹灰层初凝之前，横向绷紧A型网格布，用抹子将其压入到抹灰层内，然后搓平、压光，网格布要尽量靠近表面。

⑤凡是与相邻墙面、窗洞、门洞接槎处，网格布都要预留出50～100mm的接槎宽度；整体墙面相邻网格布接槎处，要求网格布搭接宽度不小于50mm。在门窗洞口、电气盒四周对角线方向斜向加铺400mm×200mm网格布条。

⑥对于面积较大的墙面，可采取分段施工，网格布留槎200mm，网格布搭接宽度不小于100mm。

⑦抹灰、压光时应注意把门窗洞口、立柱、墙阳角及踢脚板部位甩出的网格布压入粉刷石膏抹灰层内。

6）粘贴网格布（B布）

待粉刷石膏抹灰层基本干燥后，用建筑胶在抹灰层表面绷紧粘贴B型网格布，相邻网格布接槎处，网格布要求拐过或搭接至少100mm。

7）刮耐水腻子

待网格布粘结剂凝固硬化后，即可满刮耐水腻子。

8）门窗洞口护角、踢脚板做法

①为保证门窗洞口、立柱、墙阳角部位的强度，护角必须先用聚合物水泥砂浆抹灰，其做法为：聚苯板表面先用聚合物水泥砂浆抹灰，在抹灰过程中压入A型网格布，其中网格布每边应预留出100mm以上，以与石膏抹灰层搭接。

②做水泥踢脚，应先在聚苯板上用聚合物水泥砂浆抹灰，在抹灰过程中压入A型网格布，其中网格布每边应预留出100mm以上，以与石膏抹灰层搭接。

③厨房、卫生间等湿度较大的房间，用耐水型粉刷石膏作面层，粉刷石膏表面可用瓷砖粘结剂粘贴瓷砖。

（五）界面处理砂浆

250. 什么是界面处理砂浆？

答：界面处理砂浆是用于改善砂浆层与基层粘结性能的材料，能够增强对基层的粘结力，具有双亲和性的聚合物改性砂浆，具有良好的耐水、耐湿热、抗冻融性能，避免抹灰层空鼓、起壳的现象，从而代替人工凿毛处理，省时省力。主要用于混凝土基层抹灰的界面处理和大型砌块等表面处理，以及可用于混凝土结构的修补工程，还可用于膨胀聚苯板（EPS板）、挤塑聚苯板（XPS板）的表面处理。

界面处理砂浆（简称界面剂）的种类很多。按组成可分为干粉界面剂、粉/液双组分界面剂和液体界面剂等；按用途又可分为普通混凝土用界面剂、加气混凝土用界面剂、膨胀聚苯板用界面剂、挤塑聚苯板专用界面剂等。

251. 界面处理砂浆有哪些特点？

答：①能封闭基材的孔隙，减少墙体的吸收性，达到阻缓、降低轻质砌体抽吸抹面砂浆内水分，保证抹面砂浆材料在更佳条件下胶凝硬化。

②提高基材表面强度，保证砂浆的粘结力。

③在砌体与抹面砂浆间起粘结搭桥作用，保证使上墙砂浆与砌体表面更易结合成一个牢固的整体。

④免除抹灰前的二次浇水工序，避免墙体干燥收缩，尤其适用于干法抹灰施工前的界面处理。

252. 对界面处理砂浆的原材料有哪些技术要求？

答：界面处理砂浆一般是水泥基的聚合物改性砂浆，原材料中的水泥属于无机胶凝材料，聚合物属于有机胶凝材料，一般选用能适用于碱性环境的可再分散乳胶粉，两者相互协调发挥功能；砂应采用细砂，最大粒径一般不应超过 0.5mm，主要起增加粘结强度和增加砂浆的体积稳定性；保水剂等其他外加剂可改善砂浆的均匀性和工作性。界面处理砂浆可以根据工程要求进行原材料的调整。

253. 界面处理砂浆的技术要求有哪些？

答：在建材行业标准《混凝土界面处理剂》JC/T 907—2002 中，根据材料组成将界面处理砂浆分为 P 类和 D 类。P 类是指由水泥等无机胶凝材料、填料和有机外加剂等组成的干粉状产品；D 类是指含聚合物分散液的产品，有单组分和双组分之分。用于混凝土界面及加气混凝土界面的界面处理砂浆的性能要求见表 253-1。

表 253-1　界面处理砂浆的技术指标

项目		指标	
		混凝土界面	加气混凝土界面
剪切粘结强度（MPa）	7d	≥1.0	≥0.7
	14d	≥1.5	≥1.0

续表

项目			指标	
			混凝土界面	加气混凝土界面
拉伸粘结强度（MPa）	未处理	7d	≥0.4	≥0.3
		14d	≥0.6	≥0.5
	浸水处理		≥0.5	≥0.3
	热处理			
	冻融循环处理			
	碱处理			
晾置时间（min）			—	≥10

用于膨胀聚苯板（EPS板）、挤塑聚苯板（XPS板）表面处理的界面剂的性能指标见表253-2。

表253-2 界面处理砂浆的性能指标

项 目		性能指标	
		模塑板界面	挤塑板界面
拉伸粘结强度（MPa）	常温常态（14d）	≥0.10	≥0.20
	耐水		
	耐热		
	耐冻		

254. 常见的界面处理砂浆的配合比是什么？

答：界面处理砂浆一般由水泥、砂子、高分子聚合物和保水剂等材料按一定比例混合而成，使用时按要求加入一定的水搅拌而成，因此具有运输和使用方便等特点。常见的界面处理砂浆的参考配合比见表254-1。

表254-1 界面处理砂浆的参考配合比

材 料	规格型号	质量（kg）
水泥	P·O 42.5 普通硅酸盐水泥	450
砂子	0~0.5mm	500
MC	MKX600PF50L	3.5~5.0
可再分散乳胶粉	RE5010N	15~35
水	—	200~250

255. 界面处理砂浆的施工有哪些要求？

答：（1）基层面处理

基层面有混凝土、石材和砌体表面等，如沾有油污、粉沫等必须清除干净，以免影响粘结强度；夏天气温较高或干燥墙面施工前应先用水湿润。

(2) 搅拌工序

对于干粉界面剂,先在桶内放入一定量的水,再加入相应量的干粉,用电动搅拌器进行搅拌,搅拌时根据稠度需要再加入适量的干粉或水,然后停止搅拌,将桶边及搅拌器上的干粉刮入料浆中,再搅拌 2~3min 即可使用。对于粉-液双组分界面剂,配制方法与干粉界面剂类似,只是用液体料代替水即可,但不可外加水等。对于单组分液体界面剂,使用前也要稍加搅拌。

界面剂的配制稠度,用抹子人工抹的应该稠些,喷涂的可稀些,但不可为了好喷而配得太稀。

(3) 施工

可通过甩浆法形成基层面的麻点,或涂抹法形成划道、拉毛等,待界面剂初干后即可进行手工抹灰及后续材料的施工。

(4) 养护

一般情况下,抹灰砂浆要在终凝之后及时洒水养护,在干燥、高温条件下,更要注意加强养护,确保界面处理砂浆的粘结强度的增长。

256. 界面处理砂浆的适用范围?

答:界面处理砂浆主要用于混凝土、加气混凝土、灰砂砖及粉煤灰砖等表面的处理,解决由于这些表面吸水特性或光滑引起界面不易粘结,抹灰层空鼓、开裂、剥落等问题,可大大提高新旧混凝土之间或混凝土与砂浆之间的粘结力,从而提高建筑工程质量,加快施工进度。在很多不易被砂浆粘结的致密材料上,界面处理剂作为必不可少的辅助材料,有广泛的市场。

界面处理砂浆被广泛用于墙体的抹灰,防止空鼓,后浇带的结合层,旧墙翻新等,因此在建筑维修与加固等方面有较重要的作用。

界面处理砂浆在轻质砌块、加气混凝土等易产生干缩变形的砌体结构上,具有一定的防止墙体吸水、降低开裂、使基材稳定的作用。

257. 界面处理砂浆的分类有哪些?

答:参照《建筑构造通用图集》(88J1—4(2006)干拌砂浆)中对砌筑砂浆和抹灰砂浆的分类方法,按照基体材料不同的吸水特点,界面处理砂浆可分为:

①高保水性界面砂浆,代号 DB—HR,用于加气混凝土墙面、石膏板等;
②中等保水性界面砂浆,代号 DB—MR,用于现浇混凝土墙面等;
③低保水性界面砂浆,代号 DB—LR,用于低吸水率的聚苯板等有机板材、釉面砖等。

258. 如何测定界面处理砂浆的拉伸粘结强度?

答:标准试验条件为温度 (23±2)℃,相对湿度 45%~75%。

(1) 仪器设备

①水泥胶砂搅拌机;
②拉力试验机:示值误差应不超过 ±1%,试件的破坏荷载应处于满标负荷的 20%~80%。

(2) 试验步骤

①制备基底水泥砂浆试块

采用符合 GB 175 的 42.5 级普通硅酸盐水泥、符合 GB/T 17671 的 ISO 标准砂,按照水泥:砂:水 = 1:2.5:0.5(质量比)的配合比拌制,采用人工振捣方式,成型 40mm×40mm×10mm 和 70mm×70mm×20mm 两种尺寸的水泥砂浆试块。试块成型后在标准试验条件下放置 24h 后拆模,浸入 (23±2)℃ 的水中 6d,然后取出在标准试验条件下放置 21d 以上。

②试样拌和

界面砂浆检验时,水和各组分的用量应按生产商推荐的配合比例。如推荐的配合比为一定范围的数据,应取这一范围的平均值。在进行各项试验时,这一配合比应保持一致。

界面砂浆采用机械或手工搅拌均匀,每次试验至少准备 2kg 拌好的界面砂浆。

③制备拉伸粘结强度试件

在 70mm×70mm×20mm 和 40mm×40mm×10mm 水泥砂浆试块上,各均匀地涂一层拌和好的界面砂浆,然后两者对放,轻轻按压,刮去边上多余的界面砂浆。将对放好的试件水平放置,在试件上加重 1.6kg±15g,保持 30s。

每种拉伸粘结强度各制备不少于 10 个试件。

④未处理的拉伸粘结强度

将试件在标准试验条件下分别养护 7d 和 14d,在到规定龄期 24h 前,用适宜的高强度粘结剂(如环氧类粘结剂)将拉拔接头粘贴在 40mm×40mm×10mm 的砂浆试件上,24h 后进行测定。

将试件置于试验机的夹具中,以 5mm/min 的速度施加拉力,测定拉伸粘结强度。图 258-1 为试件与夹具装配的示意图,夹具与试验机宜采用球铰活动连接。试验时如砂浆试件发生破坏,且数据在该组试件平均值的 ±20% 以内,则认为该数据有效。

⑤浸水处理的拉伸粘结强度

将试件在标准试验条件下养护 7d,然后完全浸没于 (23±2)℃ 的水中,6d 后将试件从水中取出并用布擦干表面水渍,用适宜的高强度粘结剂粘结拉拔接头,7h 后将试件浸没于 (23±2)℃ 的水中,24h 后将试件取出,擦干表面水渍,测定拉伸粘结强度。

⑥热处理的拉伸粘结强度

将试件在标准试验条件下养护 7d,然后在 (100±2)℃ 的烘箱中放置 7d,到规定的时间后将试件从烘箱中取出冷却 4h,用适宜的高强度粘结剂粘结拉拔接头,24h 后测定拉伸粘结强度。

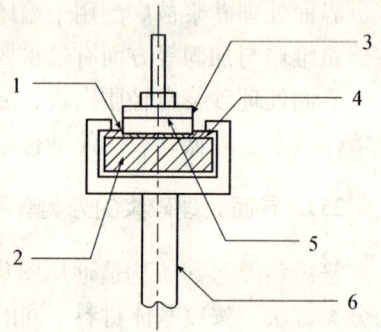

图 258-1 拉拔接头与拉伸试验夹具
1—界面砂浆;2—70mm×70mm×20mm 的砂浆试件;3—拉拔接头;4—垫块;5—40mm×40mm×10mm 的砂浆试件;6—拉伸试验夹具

⑦冻融循环处理的拉伸粘结强度

将试件在标准试验条件下养护 7d,然后浸入 (23±2)℃ 的水中 1d。将试件取出,进行 25 次冻融循环。每次循环步骤如下:

a. 将试件从水中取出,用布擦干表面水渍,在 (-15±3)℃ 保持 2h±20min;

b. 将试件浸入 (23±2)℃ 的水中 2h±20min。

最后一次循环后将试件放置在标准试验条件下 4h，用适宜的高强度粘结剂粘结拉拔接头，24h 后测定拉伸粘结强度。

⑧碱处理的拉伸粘结强度

将试件在标准试验条件下养护 7d，然后在碱溶液中浸泡 6d，取出并用布擦干表面水渍，用适宜的高强度粘结剂粘结拉拔接头，7h 后将试件再浸没于碱溶液中，24h 后将试件取出，测定拉伸粘结强度。

注：碱溶液的配制方法：在 (23±2)℃ 条件下，以 100mL 蒸馏水中加入 0.12g 氢氧化钙的比例配制碱溶液并进行充分搅拌，该溶液的 pH 值应达到 12~13。

(3) 结果计算

拉伸粘结强度按下式计算：

$$\sigma = \frac{F_t}{A_t}$$

式中　σ——拉伸粘结强度，MPa；
　　　F_t——最大荷载，N；
　　　A_t——粘结面积，mm^2。

(4) 结果评定

单个试件的拉伸粘结强度值精确至 0.01MPa。如单个试件的强度值与平均值之差大于 20%，则逐次剔除偏差最大的试验值，直至各试验值与平均值之差不超过 20%。如剩余数据不少于 5 个，则结果以剩余数据的平均值表示，精确至 0.1MPa；如剩余数据少于 5 个，则本次试验结果无效，应重新制备试件进行试验。

259. 如何测定界面处理砂浆的晾置时间？

答：界面处理砂浆的晾置时间是指拉伸粘结强度不低于 0.5MPa 的最大时间间隔，用"min"表示。

标准试验条件为温度 (23±2)℃，相对湿度 45%~75%。

(1) 仪器设备

同界面处理砂浆拉伸粘结强度的试验。

(2) 试验步骤

①在 70mm×70mm×20mm 和 40mm×40mm×10mm 的水泥砂浆试块上，各均匀地涂一层拌和好的界面砂浆，在标准试验条件下放置 10min，或更长时间，如 15min、20min 等，然后两者对放，轻轻按压，刮去边上多余的界面砂浆。

②将试件水平放置，在试件上加重 (16±0.15)N，保持 30s。试件在标准试验条件下养护 14d。

每一时间间隔为一组，每组制备不少于 10 个试件。

③在到规定养护龄期 24h 前，用适宜的高强度粘结剂将拉拔接头粘贴在 40mm×40mm×10mm 的砂浆试件上。24h 后，测定拉伸粘结强度。

(3) 结果计算

计算每一时间间隔的拉伸粘结强度。计算方法同界面处理砂浆拉伸粘结强度的试验。

260. 如何测定界面处理砂浆的剪切粘结强度？

答：标准试验条件为温度（23±2）℃，相对湿度45%~75%。

（1）仪器设备

①水泥胶砂搅拌机；

②试验机：示值误差应不超过±1%，试件的破坏荷载应处于满标负荷的20%~80%；

③试验夹具：有两种试验夹具：一种是适用于压力试验机的剪切试验夹具，如图260-1所示；另一种是适用于拉力试验机的剪切试验夹具，如图260-2所示。

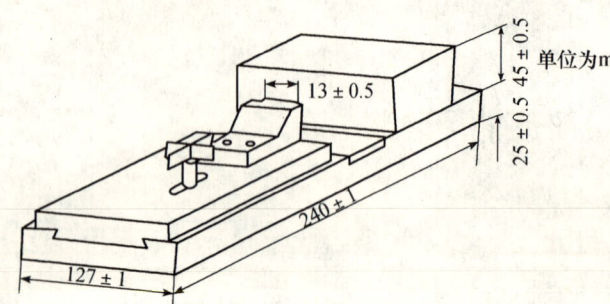

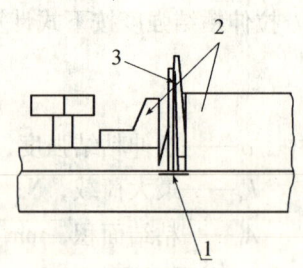

图260-1 适用于压力试验机的剪切试验夹具
1—垫块；2—移动固定爪；3—试样

（2）试验材料

试验用瓷砖：采用符合《干压陶瓷砖 第5部分：陶质砖（吸水率 $E > 10\%$）》（GB/T 4100.5）要求的陶质无釉砖，尺寸为108mm×108mm，至少6mm厚，表面应平整。

（3）试验步骤

①试件制备

取两块试验用瓷砖，在每块瓷砖的正面，距砖边10mm处划一条与砖边平行的参照线。将拌合好的砂浆分别均匀地涂抹在两块瓷砖的正面，应保证砂浆完全覆盖。按划好的参照线将两砖粘贴压合在一起，以确保两砖错开10mm，刮去边上多余的砂浆。将粘合好的试件水平放置，在试件上加7kg±15g的重物，保持3min。

每一龄期各制备至少10个试件。

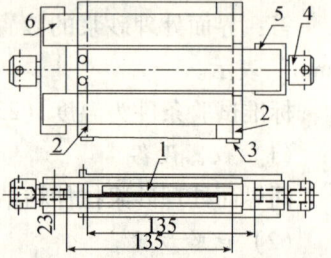

图260-2 适用于拉力试验机的剪切试验夹具
（单位为mm）
1—试样；2—受力挡板；3—限位；
4—与试验机的连接头；5—U型夹具框；
6—匚型夹具框

②养护

试件在标准试验条件下养护7d和14d。

③测试

到规定的养护龄期后，将试件放入材料试验机的夹具中，以5mm/min的速度施加剪切力。加荷至试件破坏，记录最大荷载。试验时如瓷砖先发生破坏，且数据在该组试件平均值的±20%以内，则认为该数据有效。

（4）结果计算

剪切粘结强度按下式计算：

$$\tau = \frac{F_s}{A_s}$$

式中 τ——剪切粘结强度，MPa；

F_s——最大荷载，N；

A_s——粘结面积，mm^2。

(5) 结果评定

单个试件的剪切粘结强度值精确至 0.01MPa。如单个试件的强度值与平均值之差大于 20%，则逐次剔除偏差最大的试验值，直至各试验值与平均值之差不超过 20%；如剩余数据不少于 5 个，则结果以剩余数据的平均值表示，精确至 0.1MPa；如剩余数据少于 5 个，则本次试验结果无效，应重新制备试件进行试验。

(六) 耐磨地坪砂浆

261. 什么是耐磨地坪砂浆？

答：耐磨地坪砂浆是指用于室内、外地面和楼面的砂浆，具有足够的抗压强度、耐腐蚀性能以及优异的耐磨性能。根据骨料种类分为非金属氧化物骨料耐磨材料（Ⅰ型）、金属氧化物骨料或金属骨料耐磨材料（Ⅱ型）两种。耐磨地坪砂浆也可用于公路路面、机场跑道、码头、商场、仓库、生产车间、公共地下停车场、桥梁等工程。

262. 耐磨地坪砂浆主要有哪些种类？

答：耐磨地坪砂浆主要有两类：一类是钢渣耐磨地坪砂浆；另一类是丁苯胶乳地坪砂浆。

(1) 钢渣耐磨地坪砂浆

钢渣耐磨地坪砂浆是指用钢渣、砂和水泥等，按一定的配比混合制得的砂浆。大量的试验研究表明，钢渣中 Fe_2O_3 的含量越高，相同钢渣掺量条件下，所配制的砂浆的耐磨性越好。表 262-1 为几种不同含铁量的钢渣，在相同配比下的耐磨性试验结果，如图 262-1 所示。

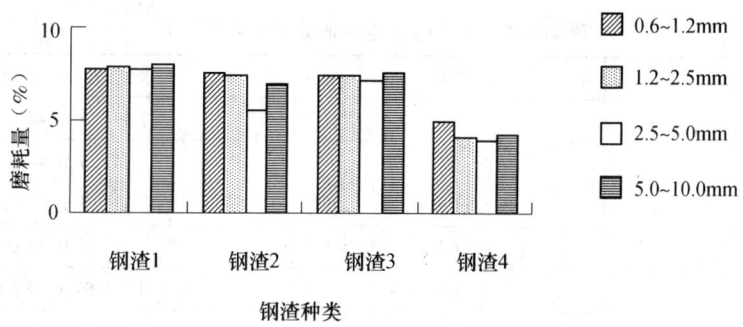

图 262-1 钢渣种类、粒径与砂浆磨耗量的关系

耐磨性试验：采用圆盘耐磨试验机进行，首先按水灰比 0.44，灰集比为 2.5，用河砂和钢渣作集料分别配制基准水泥砂浆和钢渣水泥砂浆，在 $\phi 27mm \times 100mm$ 的圆柱形钢模中成

型，24h 后脱模水养护 26d，然后取出试件，在空气中干燥 2d 后做耐磨试验，每组试件被磨的时间均为（1800±10）s，磨耗试验其他参数都一样，以保证试验的可比性。

表 262-1　钢渣种类化学分析成分　　　　　　　　　　　　　　　　　　%

钢渣种类	烧失量	SiO_2	Al_2O_3	Fe_2O_3	CaO	MgO	S	总计
钢渣 1	9.38	13.26	3.52	20.39	42.02	6.46		95.54
钢渣 2	1.92	13.87	2.43	20.88	50.20	7.69		96.99
钢渣 3	6.09	13.96	5.69	27.74	27.45	14.74		95.67
钢渣 4	3.67	14.80	13.60	21.80	49.85	4.12	0.57	108.41

结果表明，钢渣宜选用 Fe_2O_3 含量较高，且粒径范围在 2.5~5.0mm 时能使地坪砂浆的耐磨性能达到较好。

（2）丁苯胶乳地坪砂浆

丁苯胶乳地坪砂浆是指由硅酸盐水泥、丁苯胶乳液、砂和水按一定比例配制而成。丁苯胶乳是一种聚合物高分子乳液，其颗粒直径大小约为 0.13μm，加入到水泥砂浆中后，可以起到轴承润滑作用，使砂浆的流动性明显增强。随着水泥水化的进行，丁苯橡胶成膜覆盖在水泥水化产物及砂的表面，阻隔了水泥浆体和砂浆内孔隙的通道，提高了砂浆的致密性。同时，丁苯橡胶形成的聚合物膜本身具有纤维拉应力的作用，增强了水泥浆体和水泥混凝土的柔韧性和变形能力，丁苯橡胶具有较好的耐磨性，可以使砂浆的耐磨性得到提高。

263. 常见耐磨地坪砂浆的配合比有哪些？

答：钢渣耐磨地坪砂浆的配合比：试验及实际工程应用经验表明，当水泥：砂：钢渣的质量比为 1:2:0.5 时，钢渣耐磨地坪砂浆具有较好的耐磨性和施工性，考虑到钢渣过多可能会引起砂浆的安定性不良，因此钢渣的掺量还可以降低些。

丁苯胶乳地坪砂浆的配合比一般根据试验及成本控制来确定，主要是丁苯胶乳的掺加量可以增加砂浆的耐磨性，一般砂浆中丁苯胶乳的掺加量占水泥用量的 0.1~0.4，其参考配合比见表 263-1。

表 263-1　丁苯胶乳地坪砂浆的参考配合比

水灰比	编号	水泥:砂:水:丁苯胶乳
0.44	C1	1:2.5:0.44:0.0
	C2	1:2.5:0.44:0.1
	C3	1:2.5:0.44:0.2
	C4	1:2.5:0.44:0.3
0.48	D1	1:2.5:0.48:0.0
	D2	1:2.5:0.48:0.1
	D3	1:2.5:0.48:0.2
	D4	1:2.5:0.48:0.3

通过试验测定发现，丁苯胶乳的掺量存在一个合理的范围。过少，丁苯胶乳的高分子作

用发挥不出来;过高,丁苯胶乳地坪砂浆的磨损质量下降得不明显,但是增加了很多的成本。

所以,一般聚灰比控制在 0.3 左右。

264. 对耐磨地坪砂浆的技术要求有哪些?

答:耐磨地坪砂浆的技术要求见表 264-1。

表 264-1 耐磨地坪砂浆的技术要求

项 目	性能指标	
	Ⅰ型	Ⅱ型
骨料含量偏差	生产商控制指标的 ±5%	
28d 抗压强度(MPa)	≥80.0	≥90.0
28d 抗折强度(MPa)	≥10.5	≥13.5
耐磨度比(%)	≥300	≥350
表面强度(压痕直径)(mm)	≤3.30	≤3.10
颜色(与标准样比)	近似~微	

1. "近似"表示用肉眼基本看不出色差,"微"表示用肉眼看似乎有点色差;
2. Ⅰ型为非金属氧化物骨料耐磨地坪砂浆;Ⅱ型为金属氧化物骨料或金属骨料耐磨地坪砂浆

注:摘自《混凝土地面用水泥基耐磨材料》JC/T 906—2002。

265. 耐磨地坪砂浆的施工工艺如何?

答:耐磨地坪砂浆一般有三种施工方法:干撒法、湿撒法和湿抹法。目前工程上应用最为广泛的是干撒法,它是在基层混凝土的初凝阶段,将粉体材料分两次撒播在基层混凝土的表面,然后用专业机械施工,使其与基层混凝土形成一个整体,成为具有较高致密性及着色性能的高性能耐磨地面。干撒法的施工工艺最为简单,只需在新鲜混凝土面层上干撒一层地坪砂浆即可,现场不需搅拌设备。而地坪砂浆又可以在工厂预先精确配制,这样既可以做到现场文明施工,又可提高混凝土地面的耐磨性。下面简单介绍干撒法的施工工艺。

(1) 施工设备

两用抹光机(或专用提浆机 + 专用抹光机)、木抹子、铁抹子、挑板等。

(2) 施工工艺

施工工艺流程如下:

找平混凝土施工 ——→ 干撒耐磨料 ——→ 用抹光机提浆 ——→ 用抹光机抹光 → 养护

① 找平混凝土施工

基层找平混凝土的质量相当重要,一般用 C30 商品混凝土(不得含有引气剂),施工时混凝土一定要振实(尤其是边角部位),面层不得有积水。而面层的平整度直接影响耐磨料的单位面积使用量和成活后面层的美观,因此,要用长刮杠仔细刮平。

当基层找平混凝土厚度较小(但应在 40mm 以上)时,应使用豆石(或细石)混凝土,且其下底基层上应涂刷混凝土界面剂。

②干撒耐磨料

耐磨料一般分两遍布撒，第一遍约为总量的 2/3，应在基层找平混凝土的初凝阶段布撒（不得抛撒，以免骨料分离出来）。布撒时间可根据使用环境和布撒量等情况酌情稍前或稍晚，一般耐磨料用量大或气温高、湿度小时，布撒时间提前一些，但不能过早或过晚。过早了浪费耐磨料（且可能形成上硬下软的情况），过晚了易形成两层皮，以至空鼓、开裂等。布撒第二遍耐磨料主要是针对第一遍情况进行补撒。

③提浆

耐磨料布撒完毕后，应先在边角等抹光机不易操作处，人工用木抹子将耐磨料反复揉搓、提浆，然后用铁抹子抹平。

待大面上耐磨料全部吸湿变色后，用抹光机进行提浆（底下用大盘）。提浆机转速应慢一些，并按趟提浆。提浆是抹光的基础，因此，一定要耐心做好。

④抹光

提浆完毕后用抹光机分别进行第一遍和第二遍抹光，一般第一遍慢一些，第二遍可快一些。

⑤养护

抹光完毕后，4~8h 即可进行养护，可用混凝土养护剂，或用专用罩面材料罩面，也可直接用水养护（须养护两周左右）。

266. 如何测定耐磨地坪砂浆的抗压和抗折强度？

答： 耐磨地坪砂浆采用 40mm×40mm×160mm 棱柱体试件表示其抗压和抗折强度，试件的成型和强度测定按《水泥胶砂强度检验方法（ISO 法）》GB/T 17671—1999 的规定进行。

267. 如何测定耐磨地坪砂浆的耐磨度比？

答： 本方法是以滚珠轴承为磨头，通过滚珠在额定负荷下回转滚动时，摩擦湿试件表面，在受磨面上磨成环形磨槽。通过测量磨槽的深度和磨头的研磨转数，计算耐磨度。

标准试验条件为温度（20±2）℃，相对湿度 45%~75%。

(1) 仪器设备

①水泥胶砂搅拌机；

②滚珠轴承式耐磨试验机：由直立中空转轴及传动机构、控制系统组成。中空转轴下端配有与磨头啮合的环形滚道。水流经转轴内腔流向试件表面。工作时，中空转轴在垂直方向无约束。轴和配重、辅件的自重全部压在磨头上，如图 267-1 所示。

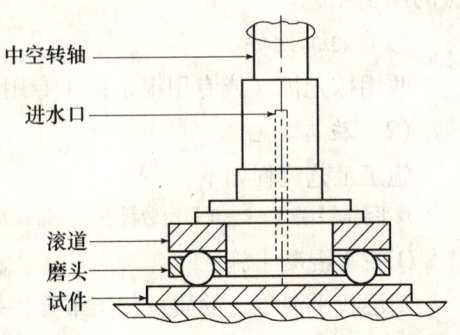

图 267-1 滚珠轴承式耐磨试验机结构示意图

(2) 试验步骤

①试样拌合

基准砂浆用水泥应符合 GB 175 的 42.5 级普通硅酸盐水泥，集料为 ISO 标准砂。基准砂浆的配合比为水泥∶标准砂∶水 = 1∶3∶0.5。

耐磨地坪砂浆拌和时，用水量应根据流动度试验确定。用水量应使拌合物的流动度 $D = (120 \pm 5)$ mm。砂浆拌合物的流动度测定按"水泥胶砂流动度测定方法"进行。

②试件制备

采用 40mm × 40mm × 160mm 的三联试模，抽去中间两块隔板，按《水泥胶砂强度检验方法（ISO 法）》GB/T 17671—1999 的规定成型基准砂浆和耐磨地坪砂浆试件。成型后，随即用刮刀在试验砂浆表面抹光若干次，使表面平整。在砂浆表面接近初凝时，用刮刀在试验砂浆表面抹光 3~4 次，使表面光滑。

每组各成型 5 块试件。

③养护

试件成型后带模在水泥标准养护箱中养护 24h，脱模后将试件放入 (20 ± 1)℃的水中养护至规定龄期。试件应在试验前 15min 从水中取出。擦去试件表面沉积物，并用湿布覆盖。试验在 28d ± 8h 内进行。

④耐磨性试验

a. 将试件受磨面朝上，水平放置在耐磨试验机的试件夹具内，调平后夹紧。

b. 将磨头放在试件的受磨面上，使中空转轴下端的滚道正好压在磨头上。中空转轴的位置，应调整到试验全过程中在垂直方向处于无约束状态。

c. 开启水源，使水从中空转轴内连续流向试件受磨面，并应足以冲去试验过程中磨下的碎末。

d. 启动电机，当磨头预磨 30r 后停机，并测量初始磨槽深度。然后，磨头每分钟 1000r，停机一次，测量磨槽深度。直至磨头转数达 5000r 或磨槽深度（测得的磨槽深度-初始磨槽深度）达 1.5mm 以上时，试验结束。

e. 磨槽深度采用百分表测量，将磨头转动一周，在相互垂直方向上各测量一次，取四次测量结果的算术平均值，精确至 0.01mm。

f. 测量并记录磨头转数和最终磨槽深度。

（3）结果计算

①耐磨度

a. 每个试件的耐磨度按下式计算：

$$I_a = \frac{\sqrt{R}}{P}$$

式中　I_a——耐磨度，精确至 0.01；

　　　R——磨头转数，kr；

　　　P——磨槽深度（最终磨槽深度-初始磨槽深度），mm。

b. 数据处理

每组试件中，舍去耐磨度的最大值和最小值，取三个中间值的平均值为该组试件的试验结果，精确至 0.1。

②耐磨度比

耐磨度比按下式计算：

$$I = \frac{I_1}{I_0} \times 100$$

式中　I——耐磨度比，%；

　　　I_0——基准砂浆的耐磨度；

　　　I_1——耐磨地坪砂浆的耐磨度。

268. 如何测定耐磨地坪砂浆的表面硬度？

答：表面硬度的测定采用钢球压痕方法。钢球在荷载作用下在材料表面产生压痕，压痕直径即反映了材料表面硬度。

（1）试验参数

①钢球与读数显微镜：钢球直径 10mm；钢球与读数显微镜应符合《金属布氏硬度试验方法》GB 231 的规定。

②压力试验机：采用最大量程为 50kN 的压力试验机，以（80±20）N/s 的加荷速率加荷至 4kN±10N 并持荷 10s 卸载。

（2）试验步骤

①试件经耐磨度试验后，即作表面压痕直径测定。每组试件 5 块。

②每个试件测试 6 点，测试点应避开磨槽，并应在试件表面均匀分布，间距大于 15mm。

③每个测试点用读数显微镜读取压痕直径，使读数显微镜的固定端刻度线与试件表面压痕一端边缘相切，调节螺旋测微装置，移动刻度线使之通过压痕直径并与另一端边缘相切，读取压痕直径，精确至 0.01mm。

④每个测试点测定互相垂直的直径读数并取平均值作为该点的压痕直径。

（3）结果评定

每个试件所得 6 个数据剔除最大值与最小值，取其余 4 个数据的算术平均值作为该试件的压痕直径代表值。

取 5 个试件压痕直径代表值的算术平均值作为该组试件的表面硬度，精确至 0.01mm。

（七）耐腐蚀地坪砂浆

269. 什么是耐腐蚀地坪砂浆？

答：耐腐蚀地坪砂浆是指在一些特殊环境下和生产条件下，地坪能经受各种化学酸、碱和盐类的侵蚀，保持完整的地坪功能的特种砂浆。耐腐蚀地坪砂浆可用于碱厂、化工厂等工业厂房的地坪，要求具有良好的抗渗性能，耐酸、碱、各种复合盐类、油脂等化学介质腐蚀。

270. 常见的耐腐蚀地坪砂浆的种类有哪些？

答：目前常见的耐腐蚀地坪砂浆主要有环氧类砂浆，环氧酚醛砂浆，环氧呋喃树脂砂浆，酚醛砂浆，呋喃树脂砂浆，不饱和聚酯砂浆，脲醛树脂水泥砂浆，氯丁胶乳砂浆，树脂玻璃钢砂浆等。

271. 常见的耐腐蚀地坪砂浆的典型配合比有哪些?

答:(1) 环氧砂浆

在常温下可耐任何浓度的碱性介质,耐中等浓度的酸(不耐 HF)。环氧胶泥和砂浆的强度高,粘结力强,收缩小,但脆性大,价格高,一般可以与其他树脂混合使用,改善性能,降低成本。例如环氧酚醛胶泥砂浆(环氧树脂:酚醛树脂 = 7:3)的耐酸碱性能不下降,耐高温性能有所提高,成本有所下降。表 271-1 为常见的以环氧树脂为基础的耐腐蚀地坪砂浆的配合比,供参考。

表 271-1 环氧类胶泥和砂浆参考配合比(质量份)

材料名称		树脂名称				稀释剂		固化剂	石英砂	石英粉或瓷粉	铸石粉
		环氧	酚醛	呋喃	煤焦油	丙酮	二甲苯				
环氧打底料	第一道	100	—	—	—	80~100	—	T31和聚酰胺树脂作固化剂	—	—	—
	第二道	100	—	—	—	60~100	—		—	—	—
环氧胶泥		100	—	—	—	0~10	—		—	150~250	(180~250)
环氧酚醛胶泥		70	30	—	—	0~10	—		—	150~200	(180~220)
环氧呋喃胶泥		70	—	30	—	—	—		—	150~200	(180~220)
环氧煤焦油胶泥		50	—	—	50	(0~10)	0~10		—	150~200	—
环氧砂浆		100	—	—	—	10~20	—		350~500	100~150	—
环氧煤焦油砂浆		50	—	—	—	—	5~15		350~500	150~200	—
环氧稀胶泥		100	—	—	—	10~30	—		—	50~100	—

(2) 酚醛砂浆

酚醛胶泥和砂浆具有良好的耐酸性,耐大多数中等浓度有机酸和无机酸,耐 HF 酸,但不耐碱和碱性介质,同时固化后较脆,与瓷砖粘结较差,渐渐被淘汰,但国内仍然有一定的应用。表 271-2 为参考配比。

表 271-2 酚醛胶泥参考配合比(质量份)

原料	胶泥
酚醛树脂	100
乙醇	0~10
苯磺酰氯	6~8
石英粉或瓷粉	150~200
或 $BaSO_4$	200~330

(3) 呋喃树脂砂浆

YJ 型呋喃树脂和 F-82 型呋喃树脂克服了呋喃树脂的脆性和粘结强度低的缺点,用它们配制砂浆具有耐酸碱交替腐蚀性好,耐热性高的特点。配比见表 271-3。

表 271-3 呋喃树脂砂浆参考配合比(质量份)

原料	打底料	砂浆 YJ 呋喃	砂浆 F-82 呋喃
环氧树脂 E-44	100		
丙酮	40~60		
耐酸粉(一)	0~20		
T31 固化剂	15~20		
YJ 呋喃树脂		100	
F-82 糠醇糖醛树脂			100
YJ 胶泥粉		250	
石英粉		250~300	400
耐酸粉(二)			200
B 型固化剂			15~18

(4) 不饱和聚酯砂浆

不饱和聚酯砂浆的特点是常温固化,粘结力强,耐酸碱,特别是耐 HF,适用于大量的酸洗、电镀车间的建筑防腐工程。常用的有乙烯基酯,3301 双酚 A 型,2608 二甲苯甲醛改性不饱和聚酯砂浆。

1) 乙烯基酯树脂砂浆

乙烯基酯树脂是环氧树脂与含双键不饱和一元酸的加成聚合物,具有环氧树脂和聚酯树脂的共性。常温固化,力学性能高。配合比见表 271-4。

表 271-4 乙烯基酯树脂砂浆参考配合比(质量份)

原料	打底料	砂浆
乙烯基酯树脂	100	100
50%过氧化环己酮	2~4	2~4
环乙酸钴溶液	0.5~4	0.5~4
苯乙烯	0~15	0~10
耐酸粉	0~15	150~200
细骨料(重晶粉)或石英砂		300~400 (350~400)

2) 2608 二甲苯甲醛改性不饱和聚酯树脂砂浆

2608 二甲苯甲醛改性不饱和聚酯树脂是二甲苯甲醛树脂与顺丁烯二酸酐反应制得的,它的特点是黏度低,易成型,收缩率小,吸水性低。其常见配合比见表 271-5。常温施工时,空气中的氧具有阻聚作用,固化聚合不完全,可用苯乙烯石蜡 4% 溶液作隔氧封闭剂。

表 271-5 2608 二甲苯甲醛改性不饱和聚酯树脂砂浆参考配合比(质量份)

原料	砂浆
2608 二甲苯甲醛改性不饱和聚酯树脂	100
过氧化苯甲酰糊(50%的二丁酯糊)	4
二甲基苯胺(1:9)的苯乙烯溶液	1.5
灰绿岩粉 120#	200
石英砂 4#	450

3) 3301 不饱和聚酯砂浆

3301 不饱和聚酯是指双酚 A 耐腐蚀型不饱和聚酯树脂，具有环氧树脂和不饱和树脂的共性，耐酸、碱和盐溶液腐蚀，常温固化。其常见配合比，见表 271-6。

表 271-6 3301 不饱和聚酯砂浆参考配合比（质量份）

原 料	砂 浆
3301 不饱和树脂	100
环己酮	2~3
萘酸钴	0.3~1
砂粉混合料	600
石英粉	(200)
聚氯乙烯粉	2

4) 脲醛树脂水泥砂浆

脲醛树脂水泥砂浆的耐酸能力比较强，一般对于硫酸、碳酸等都有比较好的防护能力，其常见配合比，见表 271-7。

表 271-7 脲醛树脂水泥砂浆参考配合比（质量份）

原 料	打 底 料	砂 浆
脲醛树脂	100	100
硅酸盐水泥	200	400~500
石英砂	400~500	—
氯化铵水溶液（1∶1）	10	10

5) 氯丁胶乳砂浆

氯丁胶乳砂浆是目前发展非常迅速的防腐材料，可以用于混凝土或砖石结构的抹面，如钢结构的抹面、衬磁板等。它的特点是具有良好的化学稳定性能，与硅酸盐水泥固化后形成比普通硅酸盐水泥更具有韧性、弹性的砂浆体系。氯丁胶乳砂浆参考配合比，见表 271-8。

表 271-8 氯丁胶乳砂浆参考配合比（质量份）

原 料	砂 浆
氯丁橡胶	18~50
硅酸盐水泥	100
石英砂	200
稳定剂	3
消泡剂	0.5

（八）防水砂浆

272. 什么是防水砂浆？

答： 防水砂浆是指通过掺加聚合物、外加剂、掺合料或特种水泥所制备的砂浆，达到防水功能的砂浆。

273. 防水砂浆的主要种类有哪些？各有什么特点？

答：普通水泥砂浆是一种非匀质性材料，从微观结构上看属于多孔结构。砂浆中的孔隙主要来源于两方面：一是施工过程中，浇注、振捣不良而引起的，可以通过加强施工管理来减少；另一方面是砂浆中由于水泥的凝结硬化过程中形成的，包括水泥水化产物凝胶本身所固有的凝胶孔及水泥浆与砂界面处的过渡区中的毛细孔等。提高砂浆的抗渗性，关键是要减少砂浆内部的孔隙，减少和阻断连通孔。在普通砂浆中掺加外加剂，来满足工程防水砂浆的需要，我国目前根据不同地区的气候特点和工程要求，主要有掺加引气剂防水砂浆、减水剂防水砂浆、三乙醇胺防水砂浆、三氯化铁防水砂浆、膨胀防水砂浆和有机聚合物防水砂浆。

（1）引气剂防水砂浆的主要特点

引气剂防水砂浆是应用较早的防水砂浆，尤其是同时具有抗冻能力，因此在有抗冻性要求的工程中经常应用。我国目前最常使用的引气剂为蛋白类引气剂、松香热聚物和松香酸钠引气剂。

引气剂能够改善砂浆抗渗能力的机理：引气剂是一种憎水作用的表面活性剂，它可以降低砂浆拌合水的表面张力，搅拌时会在砂浆拌合物中产生大量微小、均匀的气泡，使砂浆的和易性显著改善。由于气泡的阻隔，砂浆拌合物中自由水的蒸发路线变得曲折、分散和细小，因而改变了毛细管的数量和特征，减少了砂浆的渗水通道；由于水泥砂浆的保水能力的增强，泌水大为减少，砂浆内部的渗水通道进一步减少；另外，由于气泡的阻隔作用，减少了由于沉降作用所引起的砂浆内部的不均匀缺陷，也减少了集料周围粘结不良的现象和沉降孔隙。气泡的上述作用，都有利于提高砂浆的抗渗性。此外，引气剂还使水泥颗粒憎水化，从而使砂浆中的毛细管壁憎水，阻碍了砂浆的吸水作用和渗水作用，这也有利于砂浆防水。

影响引气剂防水砂浆性能的因素有：

①引气剂掺量。砂浆的含气量是影响引气剂防水砂浆质量的决定性因素，而含气量的多少，在其他条件都一定的时候，首先取决于引气剂的掺量。一般松香酸钠的掺量为水泥质量的 0.01%~0.03%，蛋白质类引气剂的掺量为水泥质量的 0.02%~0.05%。

②水灰比。水灰比低时，砂浆的稠度小，不利于气泡形成，含气量下降；水灰比高时，砂浆的稠度大，虽然引气剂的掺量相同，但砂浆的含气量会增加，气体也容易逸出。因此，试验研究表明，砂浆的水灰比为 0.50 时，引气剂掺量为 0.01%~0.05%；水灰比为 0.55 时，引气剂掺量为 0.005%~0.03%；水灰比为 0.60 或以上时，引气剂掺量为 0.005%~0.01%。

③水泥用量。砂浆中水泥用量越大，砂浆的黏滞性越大，含气量越小，为了获得一定的含气量，应适当增加引气剂的掺量。反之，如果水泥用量减少，砂的质量增加，相同的引气剂掺量时，会使引气量增加，因此，此时可以适当减少引气剂的掺量。同时，砂的细度也会影响气泡的大小，砂越细，气泡尺寸越小；砂越粗，气泡尺寸越大。考虑到工程中的实际应用情况，应采用中砂。

④搅拌时间。搅拌时间对砂浆的含气量有明显的影响。一般来讲，含气量先随着搅拌时间的增加而增加，搅拌时间一般为 2~3min 时含气量达到最大值。如继续搅拌，则含气量开始下降，其原因是随着搅拌的进行，拌合物中的氢氧化钙不断与引气剂钠皂反应生产难溶的钙皂，使得继续生成气泡变得困难。另外，随着含气量的增加，砂浆的稠度增加，生成气泡

变得越来越困难,最初形成的气泡却在继续搅拌时被不断破坏,消失的气泡量多于增加的气泡量。因而适宜的搅拌时间很重要,一般控制在 2~3min 之间。

⑤养护。引气型防水砂浆要求在一定的温度和湿度下养护,低温养护对引气型防水砂浆不利。一般在 20~30℃之间的常温养护,相对湿度一般要大于 90%。

(2) 减水剂防水砂浆的主要特点

各种掺入减水剂的防水砂浆,统称为减水剂防水砂浆。

1) 减水剂能够提高砂浆抗渗性的机理:由于减水剂分子对水泥颗粒的吸附、分散和润滑作用,减少拌合用水量,提高新拌砂浆的保水性和抗离析性,尤其是当掺入引气型减水剂后,犹如掺入引气剂,在砂浆中产生封闭、均匀分散的小气泡的作用,增加砂浆的和易性,防止了内分层现象的发生。

2) 减水剂的选择:常用作减水剂防水砂浆的减水剂一般选用木钙减水剂,木钙减水剂属于普通型减水剂,减水率为 8%~12%。木钙减水剂有缓凝和引气作用,在夏期施工具有一定的优点。当温度较低时,宜考虑一定的早强剂的作用。

(3) 三乙醇胺防水砂浆的主要特点

三乙醇胺一般用作早强剂,同时也可以用来配制防水砂浆,一般掺量占水泥质量的 0.05%。

三乙醇胺防水砂浆不仅具有良好的抗渗性,而且具有早强和增强作用。其机理为:三乙醇胺能加速水泥的水化作用,促进水泥的早期水化,相应的增加了水泥早期的水化产物,砂浆的早期强度增加,从而提高了砂浆的抗渗性。在实际工程中配制三乙醇胺防水砂浆时,还常常复合掺加氯化钠和亚硝酸钠,这时三者的掺量按砂浆中胶凝材料的质量计,三乙醇胺 0.05%,氯化钠 0.5%,亚硝酸钠 1%。三乙醇胺不仅能够促进水泥的水化,而且能够促进无机盐与水泥矿物的反应,促进低硫型硫铝酸钙和六方板状的固溶体提前生成,并能够增加生成量。氯化钠与亚硝酸钠在水泥水化过程中能生成氯铝酸盐和亚硝酸铝酸盐等络合物,生成过程中有一定的体积膨胀,填充了砂浆内部孔隙和毛细孔,增强了砂浆的密实性。

(4) 氯化铁防水砂浆的主要特点

氯化铁防水砂浆是在砂浆中掺加氯化铁防水剂配制成的,主要利用生成一定的胶体物质来增加砂浆的密实性,起到防水效果。

氯化铁防水剂的防水机理:氯化铁防水剂的主要成分是氯化铁、氯化亚铁、硫酸铝等,它们与硅酸盐水泥水化生成的 $Ca(OH)_2$ 发生反应,生成氢氧化铁、氢氧化亚铁和氢氧化铝等不溶于水的胶体,降低砂浆的泌水,这些胶体可填充砂浆的内部孔隙、堵塞毛细管渗水通道,增加砂浆的密实性。氯化铁与 $Ca(OH)_2$ 反应生成的氯化钙,又能够促进硅酸盐水泥矿物硅酸三钙、硅酸二钙的水化,提高砂浆的密实性和早期强度。

氯化铁防水剂的配制:一般由氯化铁化学试剂经过稀释后,加入一定的硫酸铝,两者的比例一般为 8:2 左右,浓度一般要控制在适当范围。在砂浆中的掺量,按固体质量计算,占胶凝材料质量的 3% 左右为宜。

氯化铁防水砂浆的应用:适用于水下工程、无筋或者少筋的混凝土工程表面防水等工程,氯化铁防水砂浆的防水效果是非常好的,但是要注意防止氯离子对钢筋的锈蚀作用。

(5) 膨胀防水砂浆的主要特点

膨胀防水砂浆是利用膨胀水泥或者掺加膨胀剂配制而成的,在砂浆凝结硬化过程中产生一定的体积膨胀，补偿由于干燥和化学反应所造成的收缩。

膨胀防水砂浆的防水机理：20世纪60年代，我国吴中伟院士提出的冷缩与干燥收缩联合补偿理论，这一理论认为在混凝土或砂浆中掺加一定量的膨胀剂，使混凝土在湿养护期间的膨胀率达到$1.5\times10^{-4}\sim2.0\times10^{-4}$，即可在结构中产生$0.2\sim0.7$MPa的预应力，来补偿温度收缩和干燥收缩，从而避免结构开裂。

膨胀砂浆材料与配合比：膨胀剂种类较多，根据膨胀源的不同，可以分为以下几种：①CaO类型的膨胀剂。当CaO水化变成$Ca(OH)_2$时，固相体积增加97%。$Ca(OH)_2$的形成速度与数量主要取决于CaO的煅烧温度和含量。一般在工业化生产时，应尽量保证稳定的煅烧温度。不同的生产甚至于同一个工作的不同批号，膨胀性能均有差异。此外，该种膨胀剂性能比较敏感，不容易稳定。②MgO类型的膨胀剂。当MgO水化形成$Mg(OH)_2$时，与CaO相比，虽然固体体积增加稍多，但化学收缩很大，该种膨胀剂的膨胀发挥的快慢主要取决于MgO的煅烧温度、晶体尺寸大小和养护温度等。总的来说，该种膨胀剂与其他类型的膨胀剂相比，早期膨胀发挥得较慢，不易控制。因此，单独应用较少，可以将其与其他类型的膨胀剂复合使用。③明矾石$[K_2SO_4\cdot Al_2(SO_4)_3\cdot 4Al(OH)_3]$类型的膨胀剂（UEA）。采用明矾石配制膨胀剂在石灰和石膏的作用下水化形成钙矾石和$K(OH)_2$。特点是早期表现出弱膨胀性，后期的膨胀能较大，但往往不够稳定。因此，对该种膨胀剂进行了较大的改进，开始与其他活性较高的含铝矿物如C_4A_3S等复合，早期膨胀能有所提高。④硫铝酸盐矿物与铝酸盐矿物类型的膨胀剂。该类型的膨胀剂实际上是钙矾石和$Ca(OH)_2$两种膨胀源复合而成，膨胀能较大。因此，以硫铝酸盐水泥熟料和铝酸盐水泥熟料配制的膨胀剂，必须要严格控制熟料、石膏和石灰等原材料成分的稳定性和比例。

膨胀剂砂浆施工要点：①所有的膨胀剂只有在潮湿的环境下，才能很好地发挥对水泥石的补偿收缩作用，只有在此条件下膨胀源才能不断形成，使水泥石渐渐致密，并保持强度与膨胀协调一致，不断补偿水泥石结构的收缩，因此，水泥石不会因收缩而开裂。但是在干燥条件下，膨胀源不能不断形成，不能使水泥石的收缩得到补偿，水泥砂浆后期仍会由于收缩而开裂。②膨胀剂在砂浆中加入量一般较少，因此必须要搅拌均匀，同时要有较高的施工技术和严格的养护制度；否则，膨胀剂的补偿收缩的效果很难达到设计要求。

274. 聚合物水泥防水砂浆的主要种类有哪些？

答：聚合物水泥防水砂浆产品众多，其配制方法亦不尽一致，下面是目前应用较多的聚合物水泥防水砂浆。

（1）有机硅防水砂浆

有机硅防水砂浆是在水泥砂浆之中掺入有机硅防水剂配制而成的一类刚性防水材料。

有机硅防水剂是由甲基硅醇钠或高沸硅醇钠为基材，在水和二氧化碳的作用下生成甲基硅氧烷，并进一步缩聚成高分子聚合物——甲基网状树脂膜（防水膜）的一种防水剂。有机硅防水剂使用方便，既可掺加于水泥砂浆中构成有机硅防水砂浆，又可直接在建筑物表面喷涂，构成防水层。有机硅防水剂中的小分子有机硅聚合物被空气中的二氧化碳分解成甲基硅酸，并很快聚合成不溶于水的甲基聚硅醚防水膜而具有防渗作用。有机硅防水剂的用料配合比参见表274-1。

表274-1　有机硅防水剂的用料配合比

中性有机硅防水剂配合比（质量比）	有机硅表面喷涂防水剂配比
有机硅:硫酸铝:水	有机硅:水
1:0.4:5	1:9（质量比）
1:5:0.4	1:11（体积比）

有机硅防水砂浆的水灰比以满足施工要求为准，若水灰比过大，砂浆则易产生离析；而水灰比过小，则不易施工。因此，严格掌握水灰比对保证施工质量十分重要。

有机硅防水砂浆对原材料的要求为：水泥宜选用42.5级普通硅酸盐水泥；砂则以颗粒坚硬、表面粗糙、洁净的中砂为宜，砂的粒径为1~2mm；水可采用一般洁净水；有机硅防水剂的相对密度以1.24~1.25为宜，pH值为12。

（2）丙烯酸酯共聚乳液防水砂浆

丙烯酸酯共聚乳液防水砂浆是在水泥砂浆中掺入丙烯酸酯共聚乳液配制而成的一类刚性防水材料，简称丙乳砂浆。丙烯酸酯乳液具有良好的减水性能，将其掺入水泥砂浆中可以大大改善砂浆的和易性，在相同的流动度下，掺入丙烯酸酯乳液的水泥砂浆比不掺乳液的水泥砂浆可减水35%~43%；该防水砂浆有很高的抗裂性，如在砂浆中掺入12%（聚灰比）乳胶，收缩变形减小，极限延伸率增加1倍以上，抗裂性系数可增加50倍以上；砂浆粘结强度可提高1倍以上；丙烯酸酯共聚乳液防水砂浆的抗渗性亦比普通水泥砂浆有显著提高，如聚合物掺量为12%时，灰砂比为1:1时，其抗渗能力则可提高1.5倍。

丙烯酸酯共聚乳液防水砂浆由一定比例的水泥、砂、丙烯酸酯共聚乳液以及适量的稳定剂和消泡剂经混拌均匀而成。

丙烯酸酯乳液的固体含量一般为50%左右，丙烯酸酯乳液掺入量一般为水泥的10%~25%（即聚灰比为10%~25%），作为防水材料掺量以12%较为适宜。配制丙烯酸酯共聚乳液防水砂浆，其水泥应采用强度等级为42.5级普通硅酸盐水泥或其他各种硅酸盐水泥；砂宜采用细砂，严禁混入大于8mm的颗粒；水宜用饮用水。

丙乳砂浆的拌制应先将水泥、砂干拌均匀，再加入经试拌确定的水和丙烯酸酯共聚乳液，材料必须称量准确，然后拌和均匀，丙乳砂浆的稠度应控制在160mm左右。每次拌制的砂浆应在规定的设计时间内用完，一次不宜拌合过多。

（3）阳离子氯丁胶乳防水砂浆

阳离子氯丁胶乳防水砂浆是采用一定比例的水泥、砂并掺入水泥量10%~20%（以固体含量计）的阳离子氯丁胶乳、一定量的稳定剂、消泡剂和适量的水，经搅拌混合均匀配制而成的一种具有防水性能的聚合物水泥砂浆。

阳离子氯丁胶乳防水砂浆由于乳液均匀地分散在材料中骨料的表面上，在一定温度条件下，逐步完成交链，使橡胶、骨料、水泥三者相互形成橡胶骨料网络膜，封闭了材料中的毛细孔道，从而使砂浆起到防水抗渗的作用。

阳离子氯丁胶乳防水砂浆适用于地下建筑物和水箱、水池、水塔等贮水设施的防水层，屋面、墙面防水防潮层，建筑物裂缝的修补等工程。

氯丁胶乳防水砂浆是由水泥、砂、氯丁胶乳以及表面活性剂（稳定剂、消泡剂）组成。水泥采用42.5级普通硅酸盐水泥，砂以粒径在3mm以下并过筛的洁净中砂为宜。

(4) EVA 乳液防水砂浆

EVA 乳液砂浆是一种由乙烯-乙酸乙烯共聚乳液为主剂,与一定量的表面活性剂、稳定剂组成的乳液,掺入到水泥砂浆中经搅拌而成的一类防水砂浆。

EVA 乳液砂浆具有较高的抗压、抗折、抗拉及粘结强度,干缩变形小,具有优异的抗裂性。产品抗磨、抗渗、抗冻、抗碳化性能大幅度提高,其物理力学性能与丙烯酸酯乳液砂浆相近,且材料来源广、成本低、耐久性好,是一种较理想的修补材料。

(5) 环氧树脂防水砂浆

环氧砂浆是由环氧树脂、固化剂、增塑剂、稀释剂及填料按一定比例配制而成的一类防水材料,是最早应用于水工混凝土建筑物修补的材料之一,现在已开发出了潮湿水下环氧、弹性环氧等改性环氧修补材料。配制环氧砂浆的常用组分见表 274-2。

表 274-2 配制环氧砂浆的常用组分

环氧树脂	固化剂	增塑剂	稀释剂	填料
E-51#618	间苯二胺	邻苯二甲酸二丁酯	活性:	水泥
E-44#6101	乙二胺	邻苯二甲酸二辛酯	环氧丙烷苯基醚#690	石粉
E-42#634	聚酰胺树脂#600		环氧丙烷丁基醚501	石棉粉
	T-31(水下)		甘油环氧树脂#662	砂
	810(水下)		乙二醇二缩水甘油醚#669	
	MA(水下)			
	酮亚胺(水下)		非活性:	
	CJ-915(弹性)		丙酮、二甲苯	

环氧砂浆具有强度高、弹性模量低、极限拉伸大等优点,但其热膨胀系数大(25×10^{-6} ~ 30×10^{-6}/℃),温度剧烈变化时能使环氧砂浆与老混凝土脱开;另一个缺点是材料易老化,适用于温度变化较小,日光不易照到部位的修补。

弹性环氧砂浆有两种:一种是采用柔性固化剂(室温下固化),既保持环氧树脂的优良的粘结力,又表现出类似橡胶的弹性行为;另一种是以聚硫橡胶作为改性剂,使弹性环氧砂浆的延伸率增大到 25%~40%,但抗拉强度下降较大,28d 抗压强度仅为 17~19MPa。

环氧树脂材料用于潮湿面粘结或水下时,必须使用水下环氧固化剂,常用的水下固化剂有 MA、酮亚胺、T-31 等。

(6) 高分子益胶泥

高分子益胶泥是指在工厂中将水泥、烘干的细砂和多种树脂粉末搅拌均匀配制而成的粉料,在施工现场加水搅拌而成的一种单组分、多功能、无味、无毒的高分子防水材料。

防水原理:高分子益胶泥的内部孔洞为球状或近似球状的闭合孔洞,故不会形成连通的毛细管通道,具有良好的抗渗性,能有效阻止水分进入结构层或水泥砂浆找平层。

高分子益胶泥可分为两类,即粘结型和防水型。粘结型的特点是粘结力强、保水性好,能应用于粘贴饰面砖、大理石等饰面,能有效地阻止水分进入结构层或水泥砂浆找平层,阻止水泥水化引起的返碱、吐白现象;防水型高分子益胶泥的抗渗能力强,粘结力大,防水效果好,其 3mm 厚涂层的主要技术性能为:抗渗压力≥1.5MPa;抗拉强度≥1.5MPa;抗压强度≥16MPa;凝结时间:初凝≥1h,终凝≤10h。

高分子益胶泥是由进口高分子材料辅以普通硅酸盐水泥、粉砂,经科学配比精制而成,材料配比为:高分子益胶泥:水 = (3.3~4):1。一般100kg益胶泥加入25~30kg水,搅拌均匀成厚糊状即可使用。

高分子益胶泥适用于内外墙面、楼地面、地下室、游泳池、厕浴间、贮水池等部位的防水、抗渗装饰工程的各种面砖以及板材的粘贴。

高分子益胶泥与水混合后,用人工或机械搅拌成厚糊状(稠度为100~200mm),搅拌均匀后需放置5~10min,方可使用。在清理好的基层上,稍用力刮除1~2mm厚的胶泥作为防水界面层,随即在上面铺刮2~3mm厚益胶泥作为防水层。对于水位较高、渗透压力较大的工程,应采取迎水面、背水面双面防水或多道设防处理。

275. 聚合物水泥防水砂浆的技术要求有哪些?

答:聚合物水泥防水砂浆的技术要求见表275-1。

表275-1 聚合物水泥防水砂浆的技术要求

项 目		性能指标
凝结时间[a]	初凝(min)	≥45
	终凝(h)	≤24
抗渗压力[b](MPa)	涂层(7d)	≥0.4
	砂浆(7d)	≥0.8
	砂浆(28d)	≥1.5
抗压强度(MPa)	28d	≥20.0
抗折强度(MPa)	28d	≥7.0
柔韧性(mm)		≥2.0
粘结强度(MPa)	7d	≥1.0
	28d	≥1.2
耐碱性 饱和Ca(OH)$_2$溶液,168h		无开裂、剥落
耐热性 100℃水,5h		无开裂、剥落
抗冻性 冻融循环(-15~+20℃),25次		无开裂、剥落
28d收缩率(%)		≤0.30
吸水率(%)		≤4.0

a 凝结时间项目可根据用户需要及季节变化进行调整。
b 当产品使用的厚度小于5mm时测定涂层抗渗压力,当产品使用的厚度大于5mm时测定砂浆抗渗压力;或根据产品用途,测定涂层或砂浆层的抗渗压力。

注:摘自《聚合物水泥防水砂浆》(2008年修订报批稿)。

276. 防水砂浆的施工技术要求有哪些?

答:(1)施工前的准备

主要包括确定施工环境是否适合进行施工,天气、温度、湿度和清洁情况是否满足施工要求,基面要求的平整度,管道和地漏等部位的处理。

（2）材料的准备

原材料的准备，砂浆制备设备的检查及搅拌工序的确定，砂浆制备量的合理设计。对双组分产品，应做到准确计量，保证质量。

（3）施工方法

一般确定合理的施工方法与顺序，要注意适当的养护，每一遍都要等上一遍固化后进行。

（4）注意事项

施工中避免强烈的日照和雨淋，过时稠硬的材料不可加水再用，操作人员要穿软底鞋，不可在未硬化的砂浆面上行走。

（5）节点的处理

阴阳角要做成圆弧角，阴角直径要大于50mm，阳角直径要大于100mm。管根部要加以保护。

（6）工程自检

主要涂层不能有明显的裂纹、翘边、鼓泡、分层、脱皮等现象，砂浆层的厚度不能低于设计要求。

277. 丙烯酸酯共聚乳液砂浆的施工工艺如何？

答： 丙烯酸酯共聚乳液（丙乳）砂浆施工方便，对基层处理不要求烘干，适合于潮湿面施工。配制、拌和砂浆工艺简单，不仅可以采用机械喷涂施工，而且还可以采用人工涂抹施工。只要正确掌握施工技术要点，便可保证施工质量。

（1）丙乳砂浆的配制

丙乳砂浆施工配合比可根据工程需要，参照下列规定在施工现场经试拌确定。一般配合比为：水泥:砂子:丙乳:水的比例为1:（1~2）:（0.25~0.35）:适量。配制丙乳砂浆采用质量称量，其误差应小于3%，称量容器应干净无油污。丙乳砂浆用人工或立式砂浆搅拌机拌和，拌和器具也应干净。拌制时，水泥与砂子先干拌均匀，再加入丙乳和经试拌确定的水，拌和3min后，尽快运送至施工部位，配制好的砂浆需在30~45min（视气候而定）内用完，因此，一次拌和量应根据施工能力确定。

（2）丙乳砂浆的施工与养护

基层处理：为确保施工质量，基层必须清除疏松层、油污、灰尘等杂物，用钢丝刷刷毛或打毛后，用压力水冲洗，并划出每块摊铺的分割线。在涂抹砂浆前，基层表面必须24h潮湿，但不积水。先用丙乳净浆［丙乳:水泥=1:（1~2）］打底，涂刷力求薄而均匀，15min后，即可摊铺丙乳砂浆。

丙乳砂浆施工温度以5~30℃为宜，遇寒流、高温或雨雪应停止施工。丙乳砂浆摊铺前应检查基底是否符合规定，在分割线内摊铺完毕要立即压抹，操作速度要快，要求一次用力抹平，避免反复抹面，如遇气泡要刺破压紧，保证表面密实。

大面积施工时应进行分块间隔施工或设置接缝条，分块面积宜小于10~15m²，间隔时间应小于24h，接缝条可用8mm×14mm、两边均为30°坡面的木条或聚氯乙烯预先固定在基础上，待丙乳砂浆抹面收光后即可抽取，并在24h后进行补缝。直面或仰面施工时，当涂层厚度大于10mm时，必须分层施工，分层间隔时间视施工季节不同，室内3~24h，室外2~

6h（前一层触干时进行下一层施工）。当碰到结构伸缩缝时，伸缩缝填缝料必须低于基底1cm，然后再在其上摊铺或填筑丙乳砂浆。丙乳砂浆抹面收光后，表面触干即要立即喷雾养护或覆盖塑料薄膜、草袋进行潮湿养护7d，然后进行自然养护21d后才可以承载。潮湿养护期间如遇寒流或雨天要加以保温覆盖，使砂浆温度高于5℃，不受雨水冲洗。丙乳砂浆养护结束后，要涂刷一层丙乳净浆。如遇雨天、寒流等影响丙乳砂浆质量的意外情况，要采取措施进行处理。必要时清除重铺。

丙乳砂浆若采用机械施工，最好采用改进的湿喷工艺。湿喷工艺是将包括水在内的各组分材料预先按设计配比拌制好，通过泵送设备将全湿料输送至喷枪，再由枪口附近输入的压缩空气将湿料喷出。与干喷法相比，湿喷工艺具有水灰比控制准确、涂层质量均匀、回弹损失小及没有粉尘污染等优点。但干喷法所具有的优点（如可远距离输送与高差大，一次可喷涂厚度较大）都正好是湿喷法的缺陷。这是由于湿喷法的输料方式是通过挤压式或柱塞式泵来完成的，泵送设备所需克服的全湿料在整个管路中的摩擦阻力比干喷法的风送干料要大得多。从泵送角度考虑，砂浆宜拌制成大流动度的稀浆，否则将使设备泵送效率大大降低，甚至导致管路堵塞，但喷至结构面的砂浆又被要求尽可能是低流动度的稠浆，以形成一定厚度的涂层，并使其具有良好的力学与耐久性能。当采用传统的湿喷法喷涂丙乳砂浆时，其适宜于泵送且不易引起堵塞的水灰比约为0.35（灰砂比为1:2），尽管这一水灰比的丙乳砂浆仍具有良好的力学与耐久性能，但其一次可喷涂厚度通常仅约2~3mm。这一厚度有时难以满足工程需要，如碾压混凝土坝上游面防渗涂层厚度设计要求一般为5~8mm。虽可通过多层喷涂（待前一层砂浆初凝后，再喷第二层、第三层）的办法增厚，但往往又为现场条件或工期所不允许，同时也将增大施工成本。

为了改进喷涂工艺，一方面，在制浆时适当加大水灰比，使较大流动度的砂浆便于泵送但不易堵塞；另一方面，便于泵送的较大流动度的砂浆被送至喷枪时，如果能在喷枪内补充适宜的干料，使喷出的砂浆流动度变小，则可大大降低浆料喷至基面后的流淌性，并增大一次可喷厚度。根据湿喷工艺在喷枪内送风喷涂的特点，认为这种干料应该是可以通过风送的粉状材料，即把传统湿喷工艺中的单纯送风改进成带粉料的风。喷粉机系统按其功能主要由五部分组成：①密封粉料贮罐；②定量螺旋输料器；③驱动装置；④气路控制系统；⑤定位支架。压缩空气经过喷粉机械系统后，即成为携带粉料的压缩空气。其在单位时间内输送粉量的大小，可根据工程需要由喷粉机换挡装置调节。

喷粉机械系统中携带粉料的压缩空气，使砂浆喷出后水灰比减小，从而克服流淌现象，并增大一次可喷厚度。此外，可通过粉料种类的适当选择来满足不同工程的需要，起到使砂浆改性的辅助作用。当以增稠、增强为主要目的时，宜选择硅粉作为补充粉料；当需考虑砂浆的补偿收缩时，则应选择微膨胀剂；当工期紧迫需要速凝或要求连续喷涂多遍时，则可选择速凝剂；当缺乏任何改性粉料时，也可以水泥代之等。值得指出的是，使用湿喷工艺时，如果从工程进度考虑要求涂层速凝，而速凝剂不能直接掺入砂浆中，只能通过喷粉工艺掺入。

传统湿喷工艺的喷枪进风管由于单纯送风，通常管径较细．且管口位置靠近喷嘴以利于砂浆喷出后的雾化。但当风管需输送带粉料的风时，除了须将风管内径增大外，还需将枪身自喷嘴至风管口间的距离适当加长，使粉料与砂浆在喷出前有一个较充分的混合过程，以充分发挥粉料的增稠作用。然而，风管口离喷嘴较远，又将大大影响砂浆喷出后的雾化状况。

试验表明,将枪管这段距离加长 5~6cm 较适宜,使"混合"与"雾化"状况均可接受。为使雾化效果更完善,在喷嘴部位增加了二次进风嘴,使砂浆二次雾化,以达到更佳效果。二次进风并不需要另增风源,只需在喷粉机风路系统中设一旁路即可。为防止输料系统被堵塞,对扬料斗的形式及输料管的连接方式进行了改进。设有搅拌装置的输料斗对降低堵管概率效果明显,料斗出料口的形式及与输料管的连接应尽可能平顺。改进后的湿喷系统,在操作过程正常且保持相对连续喷涂的情况下,已基本上消除了堵塞现象,且使丙乳砂浆的一次喷涂厚度达到 6~8mm。

278. 有机硅防水砂浆的施工工艺如何?

答:首先做好基层处理,然后才能进行防水层的施工。将已配制好(有机硅:水 =1:7)、调匀的硅水喷或刷在基层面上 1~2 道,并在湿润的状态下抹结合面水泥浆,结合面水泥浆应随拌随用,用力刮抹在潮湿不积水的基层面上,第一层刮1mm、第二层抹1mm,保持均匀粘结牢固,待初凝时方可再抹底层水泥砂浆。按配合比配制底层水泥防水砂浆,应认真计量,搅拌均匀后,方可粉抹在初凝时的水泥浆面上,掌握抹灰的力度,控制抹灰的厚度在6mm以内,处理好阴角的圆弧和阳角的钝角,粉平粉直,压实压密,并用木抹子拉成小毛。

按配合比配制而成的面层水泥砂浆,搅拌均匀,方可粉抹在终凝后的底层水泥砂浆面上。间隔时间夏季为24h,冬季为48h。控制抹灰的厚度在6mm以内,抹压平整,表面用铁抹子抹压密实、光滑。待防水层施工完成后,隔24h进行湿养护,保持面层湿润达14d,防止防水砂浆层中的水分过早蒸发而出现干缩裂缝,也可喷涂养护液进行封闭养护。基层过于潮湿和雨天不能施工,防止喷涂的硅水被雨水冲走,影响防水的效果。有机硅防水剂耐高、低温性能较好,故可在冬季进行旋工。有机硅防水剂为强碱性材料,经稀释后虽碱度已大大降低,但使用时仍要注意避免与人体皮肤接触,施工人员特别要注意保护好眼睛。

穿墙管道处作有机硅防水砂浆防水层,应将管道按设计要求的位置固定,并在其周围剔凿出深 10~80mm、宽3mm 的槽沟,用细石防水混凝土(配合比为水泥:砂:豆石:硅水 = 1:2:3:0.5)填入槽内捣实,待凝固后再用防水砂浆(其配合比为水泥:砂:硅水 = 1:2:0.5,硅水的配合比为有机硅防水剂:水 = 1:9)分层抹入槽内,压实即可。有机硅防水剂防水层的施工要点见表278-1。

表278-1 有机硅防水剂防水层的施工要点

施工部位	操作要求
新建屋面防水施工	(1) 按有机硅防水剂:水 = 1:8 配制有机硅水。 (2) 预制水泥板用油膏嵌缝,在油膏上用有机硅水:水泥 = 1:2.5 的水泥砂浆抹成宽100mm,高 20~30mm 的覆盖层。 (3) 水泥砂浆硬化后,屋面满刷有机硅水两遍。待第二遍有机硅水稍干后,刷水泥素浆一道,厚1mm,素浆的配合比为水泥:建筑胶:水 = 1:0.13:0.55,水泥素浆干燥硬化后接着刷一道有机硅水。最后刷砂浆一道,厚1mm砂浆的配合比为水泥:细砂:建筑胶:水 = 1:1:0.13:0.5
墙面防水施工	(1) 新建房屋墙面干燥后,直接用有机硅水喷涂两遍,有机硅防水剂:水 = 1:8 配制有机硅水。旧房屋墙面,先用建筑胶:水泥:中性有机硅水 = 0.2:1:0.5 的水泥胶浆修补裂缝,清除表面的尘土、浮皮等,待裂缝修补处干燥后喷涂1:8 有机硅水两遍。 (2) 中性有机硅水配合比为:有机硅防水剂:水:硫酸铝 = 1:6:0.5,pH 值调至 7~8

279. 氯丁胶乳防水砂浆的施工工艺如何？

答：氯丁胶乳防水砂浆的施工主要包括涂刷结合层，铺抹胶乳砂浆防水层，涂刷保护层，养护等。在处理好的基层上，用毛刷、棕刷、橡胶刮板或喷枪把胶乳水泥净浆均匀涂刷在基层表面上，不得漏涂。待结合层的胶乳水泥净浆涂层表面稍干后，即可铺抹防水层砂浆。因胶乳成膜较快，胶乳水泥砂浆摊开后，应迅速顺着一个方向，边抹平边压实，一次完成，不得往返多次抹压，以防止破坏胶乳砂浆面层胶膜。铺抹时，按先立墙后地面的顺序施工，一般垂直面抹 5mm 厚左右，水平面抹 10~15mm 厚，阴阳角加厚抹成圆角。胶乳水泥砂浆凝结时间比普通水泥砂浆慢，20℃时初凝约 4h，终凝约为 8h，凝结后防水层不吸水，因此设计要求做水泥砂浆保护层时，必须在防水层初凝后进行，一般垂直墙面保护层厚 5mm，水平地面保护层厚 20~30mm。氯丁胶乳水泥砂浆应采用干湿结合的养护方法，一般龄期 2d 前不洒水，采取干养护，使面层砂浆接触空气，较早形成胶膜，因此如果过早浇水养护，养护水会冲走砂浆中的胶乳而破坏胶网膜的形成，2d 以后再进行 10d 左右的洒水养护。

对于干燥基层，施工前应当进行湿润处理，以提高胶乳水泥砂浆与基层的粘结力。胶乳水泥砂浆中的胶乳在空气中凝聚较快，应随拌随用，拌合后的砂浆必须在 1h 以内用完。胶乳水泥砂浆不允许长时间进行强烈搅拌，夏季材料应避免暴晒。

280. 聚合物水泥防水砂浆的工程应用实例

答：聚合物水泥砂浆在我国正式应用始于 1980 年，比较成熟和最为广泛的是丙烯酸酯共聚乳液水泥砂浆（简称丙乳砂浆），已在全国各省市数千项工程中得到应用。

冻融剥蚀破坏主要发生在我国的三北地区，对工程危害较大。剥蚀会使水工建筑物的墩、板、桩等钢筋混凝土结构的有效承载面积减小，并诱发钢筋锈蚀，加速老化进程，导致结构物的承载能力和稳定性下降。对于大体积水工混凝土建筑物，冻融剥蚀往往不受重视，但是，如果发生在大坝溢流面、溢洪道底板等泄流部位，就会强烈加剧高速水流的冲刷气蚀破坏，甚至危及建筑物的安全运行。因此，必须重视水工混凝土建筑物的冻融剥蚀破坏，并及时对破坏部位给予修补，以延长其使用寿命，确保安全运行。对有冻融破坏工程的补强，如采用传统的凿除老混凝土、补焊钢筋网、浇筑加气混凝土的办法，一般修补厚度要达 20~30cm，费工、费时、费材料。丙乳砂浆具有优异的抗冻性，又可以薄层修补，所以在北京西斋堂、崇青水库溢流面，黑龙江镜泊湖发电厂尾水渠和调压塔，河北邯郸武仕水库、潘家口水电站、岳城水库溢洪道等冻融面破坏修补工程中广泛应用。下面以河北岳城水库溢洪道泄槽面板修补处理为例，介绍丙乳砂浆在大坝溢流面和水工建筑物冻融破坏修补上的应用。

（1）工程概况

岳城水库是海河流域南系漳河上的一个控制性工程，流域面积 18100km^2，1957 年开始兴建，1970 年建成并投入运行，水库总库容 10.9 亿 m^3。主要泄水建筑物之一溢洪道位于主坝左侧，为 9 孔开敞式溢洪道，最大泄量 11000m^3/s，溢洪道全长 357m，面板总面积约 54000m^2。溢洪道泄槽面板混凝土表面，经多年运行后破坏比较严重，混凝土表面乳皮成片剥落，粗骨料外露，有的成层状酥碎剥落，局部剥蚀深度达 3~5cm，有的虽未剥落但已脱空,破坏面积占总面积的50%以上。以前曾用环氧砂浆、钢纤维砂浆等材料作过局部修补试验,但效果不够理想。鉴于溢洪道泄槽面板混凝土破坏比较严重,为了延长工程使用寿命,确保安全泄洪,在岳城水库加固工程的同时,对溢洪道泄槽面板进行修补处理。处理方案经组织有关人员调研和参观应用工程,经比较确定,采用南京水科院与南京永丰化工厂共同研制的丙烯酸酯共聚乳液水泥砂浆(简称丙乳砂浆)作抹面处理。

本次泄槽面板处理范围,因资金所限,仅处理破坏比较严重的部位,经设计部门划定修复范围总面积约4500m²,泄槽面板混凝土表面采用丙乳砂浆修补,工程设计指标如下:

①抗压强度:30~35MPa;
②抗拉强度:>5MPa;
③抗折强度:8~10MPa;
④与老混凝土的粘结抗折强度:>5MPa;
⑤与老混凝土的粘结抗拉强度:>4MPa;
⑥抗冻等级:>F200;
⑦极限拉伸率:>4×10^{-4};
⑧抗拉弹性模量:<(1.5~2.0)×10^{4}MPa;
⑨干缩率:<6×10^{-4};
⑩软化系数:>0.85。

(2)丙乳砂浆配制
①原材料
水泥:河北省邯郸水泥厂52.5级普通硅酸盐早强水泥;
砂子:中砂,过3mm筛,含泥量1.5%,细度模数2.34;
丙乳:南京永丰化工厂生产;
拌和用水:自来水。
②配合比
根据已作工程经验,在满足工程要求的前提下,采用如下配合比:灰砂比1:(1~2),聚灰比1:(0.1~0.2),水灰比1:(0.28~0.3)。

丙乳砂浆性能(28d龄期)见表280-1。

表280-1 丙乳砂浆性能(28d龄期)

抗压强度(MPa)	抗折强度(MPa)	抗拉强度(MPa)	粘结抗折强度(MPa)	粘结抗拉强度(MPa)
52.3	11.6	7.6	6.7	5.5
抗拉弹性模量(MPa)(×10^4)	极限拉伸率(×10^{-4})	干缩率(×10^{-4})	软化系数 抗压 / 抗折	抗冻F200,相对动弹模
1.1	6.4	6.67	0.99 / 0.91	94.4

(3)施工

为保证施工质量,在大面积施工前对丙乳砂浆的主要性能进行了验证。对丙乳砂浆的配制、抹面工艺及养护方法都作了现场试验。根据当地气候特点、施工进度要求及人员安排等进行施工组织设计。

基层处理是丙乳砂浆施工中的重要工序之一,基层处理的好坏直接影响施工质量。根据丙乳砂浆的施工技术要求，在抹面施工前必须清除原混凝土表面的疏松层、污垢、灰尘。在处理过程中视破坏深度不同，采用人工与机械相结合的凿毛方法，使基层露出坚硬、牢固的混凝土面，再用高压风枪将碎屑、灰尘清除干净，经质检人员验收合格后，才能抹面施工。

根据选定原材料试验结果、设计指标和施工和易性的要求，通过室内试验和现场试拌，确定丙乳砂浆、丙乳净浆配合比，并根据已处理工程应用效果，本着既满足工程设计要求又节约的原则，在本次抹面施工中采用与室内试验相同的配合比。

施工中，丙乳砂浆采用人工拌和。先将水泥、砂子干拌均匀，再将称好的丙乳、水混合后加入灰砂中充分湿拌均匀。丙乳净浆：将称好的水泥缓缓加入称好的丙乳中，不断用木棒搅拌，直至浆液均匀无水泥团后才能使用。在涂浆过程中仍不断搅拌，防止水泥沉淀，影响效果。

施工时间历时近50d，施工特点是面积大，修补块分散。以交通道为界，上游10块，下游10块。先作下游后作上游。抹面厚度要求1cm，但因原泄槽混凝土石子粒径偏大，实际凿毛深度超过1cm，局部达3~5cm。为保证工程质量，对于破坏深度较大的部位，采用丙乳豆石混凝土找平，表面再抹丙乳砂浆的做法。每层在铺设前，先用水将基底润湿，但不能有积水，然后涂刷丙乳净浆，摊铺砂浆，并根据每盘砂浆拌和量及抹面厚度，找出应摊铺的范围。一次抹面宽度不超过75cm。上述抹面工序完成后，覆盖塑料布进行养护，湿养时间为5~7d，然后揭去塑料布，涂刷一道丙乳水泥净浆。自然干燥养护28d后，即可投入运行。

为检查施工质量，在施工过程中，按现场取样规定，进行抽样检测，其结果都达到或超过设计指标。岳城水库溢洪道泄槽面板修补处理，原设计用环氧砂浆抹面，后因环氧砂浆施工工艺复杂，毒性大，大面积修补处理投资高，工期紧迫等，改为丙乳砂浆修补处理。完工后经核算，本次共处理4500m²，仅材料费就节约近20万元，如再考虑施工工艺、劳务用工及工期，节约工程开支更为显著。

试验结果表明，丙乳砂浆抗压强度、抗折强度、抗拉强度高，与旧混凝土的粘结性能好，抗拉弹性模量小，极限拉伸率大，干缩小，抗冻性能好，软化系数大于0.9。丙乳砂浆的物理力学性能均满足设计要求，修补效果良好，技术经济效益显著。

281. 如何制备聚合物水泥防水砂浆试验用试样？

答：试验室试验条件：温度（23±2）℃，相对湿度（50±5）%。

聚合物水泥防水砂浆检验时，水和各组分的用量按生产厂家推荐的配合比进行，并在各项试验中，保持同一个配合比。

对于单组分材料，按规定比例称量粉料和水，将水倒入水泥胶砂搅拌机的搅拌锅内，然后将粉料徐徐加入到水中进行搅拌。

对于双组分材料，按规定比例称量粉料，将粉料搅拌均匀，然后加入到液料中搅拌均匀。如需要加水的，应先将乳液与水搅拌均匀。

搅拌可采用水泥胶砂搅拌机低速搅拌，也可采用人工搅拌。搅拌时间和是否需晾置由生产厂家指定，否则搅拌3min。

282. 如何测定聚合物水泥防水砂浆的凝结时间？

答：凝结时间以试针沉入砂浆至一定深度所需的时间表示。

(1) 仪器设备

①维卡仪：如图282-1所示，其中试针由钢制成，其有效长度初凝针为（50±1）mm、终凝针为（30±1）mm、直径为（1.13±0.05）mm的圆柱体；试模由耐腐蚀的、有足够硬度的金属制成。试模深为（40±0.2）mm、顶内径为（65±0.5）mm、底内径为（75±0.5）mm的截顶圆锥体。每只试模应配备一个大于试模、厚度≥2.5mm的平板玻璃底板。

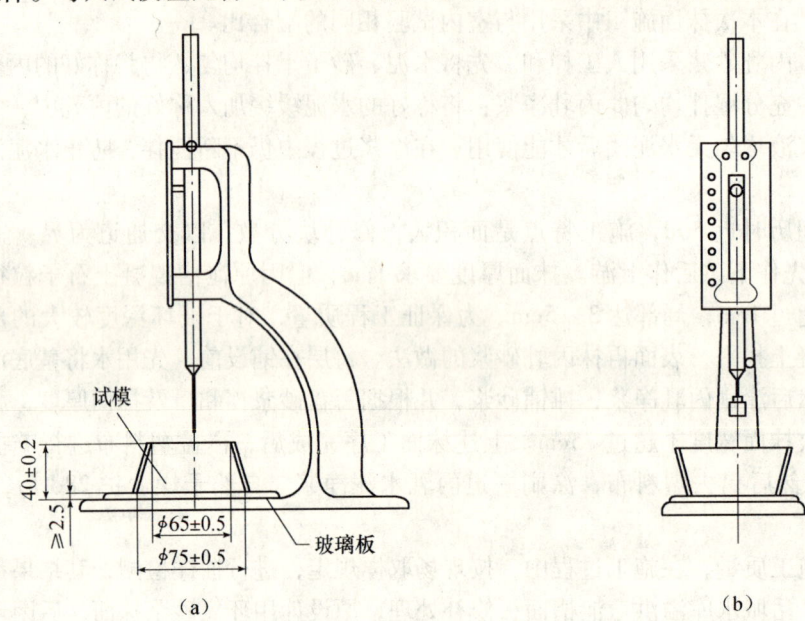

图282-1 测定凝结时间用的维卡仪
(a) 初凝时间测定用立式试模的测试图；(b) 终凝时间测定用反转试模的前试图

(2) 试验步骤

①调整凝结时间测定仪的试针接触玻璃板时，指针对准零点。

②将拌制好的砂浆一次装满试模，振动数次刮平，立即放入湿气养护箱[温度（20±1）℃，相对湿度不低于90%]中。记录粉料全部加入水中的时间作为凝结时间的起始时间。

③初凝时间的测定：试件在湿气养护箱中养护至加水后30min时进行第一次测定。测定时，从湿气养护箱中取出试模放到试针下，降低试针与砂浆表面接触。拧紧螺丝1~2s，突然放松，试针垂直自由地沉入砂浆中。观察试针停止下沉或释放试针30s时指针的读数。当试针沉至距底板（4±1）mm时，为砂浆达到初凝状态。

由粉料全部加入水中至初凝状态的时间为砂浆的初凝时间，用"min"表示。

④终凝时间的测定：为了准确观测试针沉入的状况，在终凝针上安装了一个环形附件。在完成初凝时间测定后，立即将试模连同浆体以平移的方式从玻璃板取下，翻转180°，直径大端向上，小端向下放在玻璃板上，再放入湿气养护箱中继续养护，临近终凝时间时每隔15min测定一次，当试针沉入砂浆0.5mm时，即环形附件开始不能在试体上留下痕迹时，为砂浆达到终凝状态。

由粉料全部加入水中至终凝状态的时间为砂浆的终凝时间，用"min"表示。

⑤测定时应注意，在最初测定的操作时应轻轻扶持金属柱，使其徐徐下降，以防试针撞弯，但结果以自由下落为准；在整个测试过程中试针沉入的位置至少要距试模内壁10mm。

临近初凝时，每隔5min测定一次，临近终凝时每隔15min测定一次；到达初凝或终凝时应立即重复测一次，当两次结论相同时才能定为到达初凝或终凝状态。每次测定不能让试针落入原针孔，每次测试完毕须将试针擦净并将试模放回湿气养护箱内，整个测试过程要防止试模受振。

283. 如何测定聚合物水泥防水砂浆涂层抗渗压力？

答：（1）仪器设备
①水泥胶砂搅拌机；
②砂浆渗透仪。
（2）试验步骤
①制备基准砂浆试件

采用标准砂和符合 GB 175—2007 的 42.5 级普通硅酸盐水泥，称取水泥 350g、标准砂 1350g，搅匀后加入水 350mL，将上述物料在水泥胶砂搅拌机中搅拌 3min 后，装入上口直径为 70mm，下口径为 80mm，高为 30mm 的截头圆锥带底金属抗渗试模中，振动台上振动 20s，5min 后用刮刀刮去多余的料浆、抹平。成型 12 个试件（其中六个成型时采用加垫层或刮平的方法在相应迎水面或背水面使试块厚度减少 2mm 左右）。在温度 (20±3)℃、相对湿度大于 90% 的条件下养护 (24±2)h 后脱模，放入温度 (20±2)℃ 的水中养护。如产品用于迎水面或背水面不明确时，按迎水面和背水面各成型三个试件，否则按背水面或迎水面成型六个试件。

②测定基准砂浆试件抗渗压力

取出六个已养护 14d 的基准砂浆试件。待表面干燥后，用密封材料密封装入渗透仪中进行透水试验。水压从 0.2MPa 开始，恒压 2h，增至 0.3MPa，以后每隔 1h 增加水压 0.1MPa。当六个试件中有三个试件端面呈现渗水现象时，即可停止试验，记下当时的水压值。若加压至 0.5MPa，恒压 1h 还未透水，应停止试验，重新调整水泥或水灰比制作试件，进行抗渗试验，使透水压力在 0.5MPa 内。

以六个试件中四个未出现渗水的最大压力值，作为基准砂浆试件的抗渗压力 (P_0)。

③制备涂层试件

取出另六个已养护 7d 的基准砂浆试块，在水中浸泡至充分湿润。然后用刮板分别在三个试件的迎水面和三个试件的背水面上，分两层刮压试样，刮压每层料的操作时间不应超过 5min。刮料时要稍用力并来回几次使其密实，不产生气泡，同时注意搭接，第二层须待第一层硬化后（手指轻压不留指纹）再涂刮，第二层涂刮前涂层要保持湿润，涂层总厚度约 2mm，先在温度 (20±3)℃，相对湿度大于 90% 的条件下保湿养护 (24±2)h，再放入温度 (20±2)℃ 的水中养护至规定龄期。

④测定涂层试件抗渗压力

涂层试件养护 7d，取出，将涂层冲洗干净，风干表面，按步骤②的方法进行抗渗试验。

若水压增至 1.5MPa，恒压 1h 还未透水，应停止升压。涂层试件的抗渗压力为每组六个试件中四个未出现渗水时的最大水压力。

（3）结果计算

涂层抗渗压力按下式计算，计算结果精确到 0.1MPa。

$$P = P_1 - P_0$$

式中　P——涂层抗渗压力，MPa；

　　　P_0——基准砂浆试件的抗渗压力，MPa；

　　　P_1——涂层试件的抗渗压力，MPa。

284. 如何测定聚合物水泥防水砂浆的抗压和抗折强度？

答：聚合物水泥防水砂浆的抗压和抗折强度采用 40mm×40mm×160mm 棱柱体试件表示。

（1）标准试验条件

试验室试验及干养护条件：温度（23±2）℃，相对湿度（50±5）%。

养护室养护条件：温度（20±3）℃，相对湿度≥90%。

（2）试验步骤

①将搅拌好的砂浆分两次装入试模，用捣棒从边缘向中间插捣 25 次，最后保持砂浆高出试模 5mm，将高出的砂浆压实、刮平。试件成型后在温度（20±3）℃、相对湿度≥90%的条件下养护，24h 脱模。如经 24h 养护，会因脱模对强度造成损害的，可以延迟 24h 脱模。

②脱模后试件立即放入温度为（20±2）℃的不流动水中养护至 7d 龄期，再在温度（20±3）℃、相对湿度≥90%的条件下养护至 28d 龄期。

③按《水泥胶砂强度检验方法（ISO 法）》GB/T 17671—1999 的规定测试砂浆试件的抗折强度、抗压强度。

（3）结果计算

按 GB/T 17671—1999 的规定进行计算。

285. 如何测定聚合物水泥防水砂浆的拉伸粘结强度？

答：聚合物水泥防水砂浆拉伸粘结强度的试验方法类似于界面处理砂浆拉伸粘结强度的试验方法，但 40mm×40mm×10mm 水泥砂浆块用被测聚合物水泥防水砂浆样品代替。成型框采用橡胶或硅酮密封材料制成，外框尺寸为 70mm×70mm，内框尺寸为 40mm×40mm，厚度为 5mm。

试验室试验及干养护条件：温度（23±2）℃，相对湿度（50±5）%。试验步骤如下：

（1）成型试件

将成型框放在 70mm×70mm×20mm 的水泥砂浆块上，将制备好的试样倒入成型框中，用刮刀平整表面，同时在 40mm×40mm×10mm 砂浆块上薄刮一层约 0.1～0.2mm 厚的试样，然后将两者对放，轻轻按压，放置 24h 后脱模。

共成型两组试件，每组 5 块。

（2）养护

①7d 龄期试件的养护

脱模后，试件在温度（20±2）℃的不流动水中继续养护至 3d 龄期，再在温度（20±3）℃、相对湿度≥90%的条件下养护至 7d 龄期。

②28d 龄期试件的养护

脱模后，试件立即在温度（20±2）℃的不流动水中养护至 7d 龄期，再放入试验室干养护至 28d 龄期。

（3）测试

到规定龄期 24h 前，用适宜的高强度粘结剂（如环氧类粘结剂）将拉拔接头粘贴在 40mm×40mm×10mm 的砂浆块上，24h 后测定拉伸粘结强度。

286. 如何测定聚合物水泥防水砂浆的耐碱性？

答：将成型框放在 70mm×70mm×20mm 的水泥砂浆块上，将拌和好的砂浆倒入成型框中，抹平，放置 24h 后脱模，然后在温度（20±2）℃的不流动水中继续养护至 3d 龄期，再在温度（20±3）℃、相对湿度≥90%的条件下养护至 7d 龄期。

在化学纯 0.1% NaOH 溶液中，加入 $Ca(OH)_2$ 试剂，使之达到饱和状态。将试件在饱和 $Ca(OH)_2$ 溶液中浸泡 168h，取出试件，观察有无开裂、剥落。每组试件 3 块。

当试件无开裂、剥落现象时，则耐碱性合格。

287. 如何测定聚合物水泥防水砂浆的耐热性？

答：将成型框放在 70mm×70mm×20mm 的水泥砂浆块上，将拌和好的砂浆倒入成型框中，抹平，放置 24h 后脱模，然后在温度（20±2）℃的不流动水中继续养护至 3d 龄期，再在温度（20±3）℃、相对湿度≥90%的条件下养护至 7d 龄期。将试件置于沸煮箱中煮 5h，取出试件，观察有无开裂、剥落。每组试件 3 块。

当试件无开裂、剥落现象时，则耐热性合格。

288. 如何测定聚合物水泥防水砂浆的抗冻性（冻融循环）？

答：将成型框放在 70mm×70mm×20mm 的水泥砂浆块上，将拌和好的砂浆倒入成型框中，抹平，放置 24h 后脱模，然后在温度（20±2）℃的不流动水中继续养护至 3d 龄期，再在温度（20±3）℃、相对湿度≥90%的条件下养护至 7d 龄期。然后将试件放入 15~20℃的水中浸泡，浸泡时水面应至少高出试件顶面 20mm，浸泡 4d 后进行冻融循环试验。

每次冻融循环为：

①将试件从水中取出，用湿布擦除表面水分，当冷冻箱（室）内温度低于 -20℃时，放入试件。

试件放入后如温度有较大升高，则以温度重新降至 -15℃时计算冻结时间。每次从装完试件至温度重新降至 -15℃的时间不应超过 2h。冷冻箱（室）内的温度均以其中心温度为准。

②试件在 -15~ -20℃下冻结时间不小于 4h。

③取出试件并立即放入能使水温保持在 15~20℃的水槽中进行融化。此时，槽中水面应至少高出试件表面 20mm，试件在水中融化的时间不小于 4h。

重复进行 25 次循环。试验结束后，取出试件，观察有无开裂、剥落。每组试件 3 块。

当试件无开裂、剥落现象时，则抗冻性合格。

289. 如何测定聚合物水泥防水砂浆的收缩率？

答：测试原理：采用两端装有球形钉头的 25mm×25mm×280mm 的试件，在一定温度、湿度的空气中养护后，用比长仪测量不同龄期试件的长度变化来确定材料的干缩性能。

(1) 仪器设备

①试模

试模为三联模,由互相垂直的隔板、端板、底座以及定位用螺丝组成,如图289-1所示。各组件可以拆卸,组装后每联内壁尺寸为25mm×25mm×280mm。端板有3个安置测量钉头的小孔,其位置应保证成型后试件的测量钉头在试件的轴线上。

测量钉头用不锈钢或黄铜制成,如图289-2所示。成型试件时测量钉头伸入试模端板的深度为(10±1)mm。

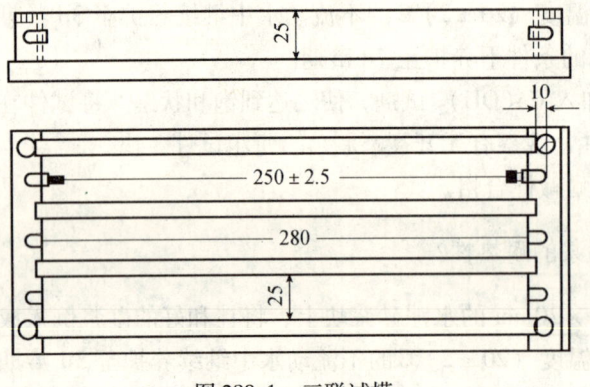

图289-1 三联试模

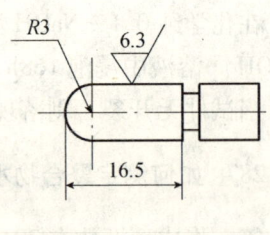

图289-2 钉头

②捣棒

捣棒包括方捣棒和缺口捣棒两种,如图289-3所示,均由金属材料制成。方捣棒受压面积为23mm×23mm,缺口捣棒用于捣固测量钉头两侧的试样。

③刮砂板

用不易锈蚀和不被水泥浆腐蚀的金属材料制成,如图289-4所示。

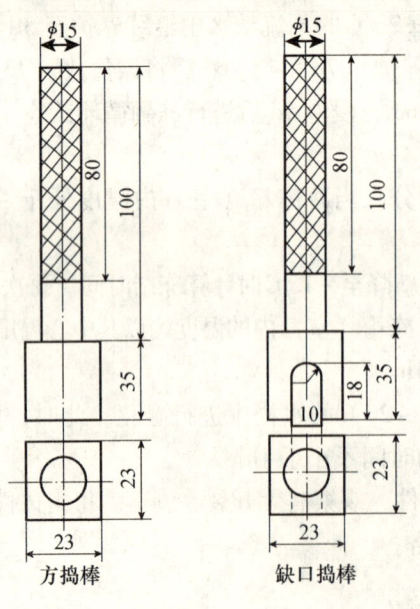

图289-3 捣棒

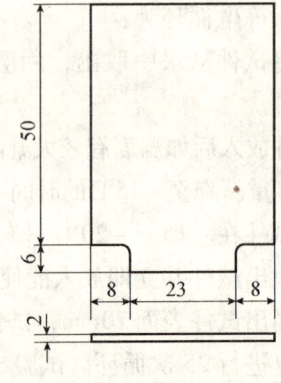

图289-4 刮砂板

④养护箱

用不易被药品腐蚀的塑料制成,其最小单元能养护6条试件并自成密封系统,最小单元的结构如图289-5所示。有效容积为340mm×220mm×200mm，有5根放置试件的笆条，分为上、下两部分，笆条宽10mm，高15mm，相互间隔45mm，笆条上部放置试件的空间高度为65mm，笆条下部用于放置控制单元湿度用的药品盘。药品盘由塑料制成，大小应能从单元下部自由进出，容积约2.5L。

⑤比长仪

由千分表、支架及校正杆组成，千分表分度值为0.01mm，最大基长不小于300mm，量程为10mm，校正杆中部用于接触部分应套上绝热层。

（2）试验室温度和湿度

试件成型时温度为17～25℃，相对湿度大于50%。

试件干缩养护温度为（20±3）℃，相对湿度（50±4）%。

（3）试验步骤

①制备试件

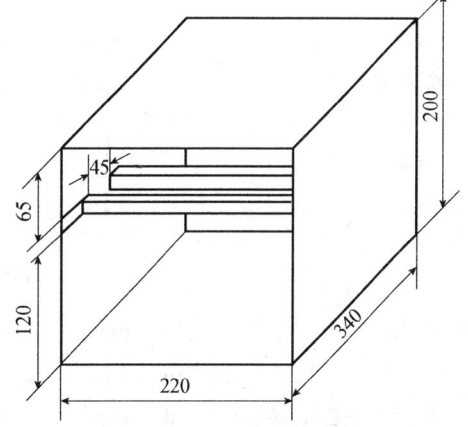

图289-5 干缩养护湿度控制箱单元示意图

先将试模擦净，四周模板与底座的接触面涂上黄干油，紧密装配，防止漏浆，内壁均匀刷一薄层机油，然后将钉头擦净，在钉头的圆头端沾上少许黄干油，将钉头嵌入试模孔中，并在孔内左右转动，使钉头与孔准确配合。

将拌和好的砂浆分两层装入两端已装有钉头的试模内。第一层砂浆装入试模后，先用小刀来回划实，尤其是钉头两侧，必要时可多划几次，再用刮砂板刮去多于试模高度3/4的试样，然后用23mm×23mm方捣棒从钉头内侧开始，从一端向另一端顺序地捣10次，返回捣10次，共捣压20次。再用缺口捣棒在钉头两侧各捣压2次，然后将余下的砂浆装入模内，同样用小刀划匀，刀划深度应透过第一层砂浆表面，再用23mm×23mm捣棒从一端开始顺序地捣压12次，往返捣压24次（每次捣压时，先将捣棒接触砂浆表面再用力捣压。捣压应均匀稳定，不得冲压）。捣压完毕，用小刀将试模边缘的砂浆拨回试模内并用三棱刮刀刮平，然后编号，放入温度为（20±3）℃，相对湿度为90%以上的养护箱内养护。

②养护

试件自加水时算起，养护（24±2）h后脱模，然后将试件放入温度（20±2）℃的水中养护。如脱模有困难时，可延长脱模时间。

试件在水中养护2d后，从水中取出，用湿布擦去表面水分和钉头上的污垢，用比长仪测定初始读数。比长仪使用前应用校正杆进行校准，确认零点无误后才能测量（零点是一个基准数，不一定是零）。

测完初始读数后应用校正杆重新检查零点，如零点变动超过±1格，则整批试件应重新测定。接着将试件移入干缩养护湿度控制箱的笆条上养护，试件之间留有间隙，同一批出水试件可以放在一个养护单元里，最多可以放置两组同时出水的试件，药品盘上按每组0.5kg放置控制相对湿度的药品。药品一般可使用硫氰酸钾固体，也可使用其他能控制规定相对湿度的盐，但不能使用对人体与环境有害的物质。关紧单元门闩使其密闭与外部隔绝。箱体周围环境温度控制在（20±3）℃。此时药品应能使单元内相对湿度为（50±4）%。

干缩试件也可放在能满足规定温度和相对湿度的条件下养护，但应在试验报告中作特别说明。当结果有矛盾时,以干缩养护湿度控制箱养护的结果为准。

③测试

28d 时取出试件,测量长度。测量应在 17~25℃ 的试验室里进行,比长仪应在试验室温度下恒温后才能使用。

读数时左右旋转试件,使试件钉头和比长仪正确接触,指针摆动不得大于 2 小格。读数应记录至 0.005mm。

测量结束后,应用校正杆校准零点,当零点变动超过 ±1 格,应重新测量。

(4) 结果计算

试件干缩率按下式计算,精确至 0.001%：

$$S_t = \frac{L_0 - L_t}{250} \times 100$$

式中　L_0——初始测量读数,mm；

　　　L_t——某龄期的测量读数,mm；

　　　250——试件有效长度,mm。

(5) 结果评定

以三个试件的平均值作为试验结果。如有一个值超过中间值的 15%,则取中间值作为试验结果;如有两个值超过中间值的 15%,则应重新进行试验。

(九)自流平地坪砂浆

290. 什么是自流平地坪砂浆？常见有哪些种类？

答：自流平地坪砂浆是指与水(或乳液)搅拌后,摊铺在地面,具有自行流平性或稍加辅助性摊铺能流动找平的地面用材料。它可以提供一个合适的、平整的、光滑和坚固的铺垫基底,可以架设各种地板材料,亦可以直接作为地坪。典型的地坪构造如图 290-1 所示。

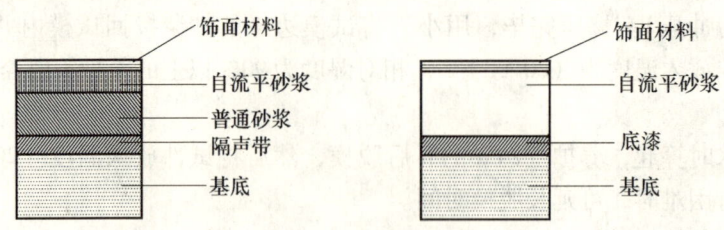

图 290-1　地坪构造形式

根据砂浆所用胶凝材料,分为水泥基自流平砂浆和石膏基自流平砂浆两大类。水泥基自流平砂浆因强度高、耐磨性好,可作为面层,也可作为垫层;而石膏基自流平砂浆因耐水性、耐磨性差,一般只作为垫层。

水泥基自流平砂浆是一种具有很高流动性的薄层施工砂浆,加水搅拌后具有自动流动找平或稍加辅助性铺摊就能流动找平的特点。通常施工在找平砂浆、混凝土或其他类型不平整和粗糙的地面基层上,典型厚度为 3~5mm,其目的是获得一个光滑、均匀和平整的表面,以便能够在上面铺设最终地板面层(如地毯、聚烯烃、PVC 或木地板)或直接作为最终面层使用。

291. 自流平地坪砂浆有哪些种类？其特点是什么？

答：自流平砂浆可分为水泥基和石膏基两类，石膏基自流平砂浆用于室内，国外用量较大，但国内目前工程上使用的基本上是水泥基的。水泥基自流平砂浆主要用于干燥的、室内准备铺设地毯、PVC、聚乙烯地板、天然石材等区域的地面找平，也可用于混凝土表面施工树脂涂层材料的找平层，还可以在仓库、地下停车场、工业厂房、学校、医院和展览厅等需要高耐久性及平滑性的地方，直接作为地面的最终饰面材料。自流平砂浆可以泵送，施工时自到找平，施工效率高，质量稳定。

自流平水泥地坪砂浆可分为：①高强型：表面硬度高，耐磨损，用于高耐磨地坪，重负荷交通地面，也可作为混凝土表面拟施工树脂涂层材料前的找平层；还可以在工厂、地下停车场、仓库等需要高耐久性及平整性的地方，直接作地面的最终饰面材料，还用于大面积起砂地坪的修复，如码头起砂或磨损后的蜂窝麻面修补，铺设其他材料的基底找平；②防水型：用于建筑防水地面；③彩色型：可做成多种颜色，增加装饰效果，用于有装饰要求的自流平地面。

自流平砂浆的主要优点为：可泵送，因而施工效率高，可节省时间及人工；自动流平，可避免昂贵的找平及抹光工作；快硬，施工 3~4h 后即可上人；表面美观，固化后的地面光洁、平整，是地面装饰材料的理想基层，不需要再抹光。自流平砂浆是在水泥基砂浆中加入聚合物及各种外加剂，完工后表面光滑平整，且具有较高的抗压强度。绿色环保，无任何辐射及气体污染。

292. 水泥基自流平地坪砂浆的特点有哪些？

答：①自流动性能，以获得光滑的表面，从而使终饰地板面层可直接铺设于其上；

②快速硬化，以尽快达到上人行走施工的目的，典型的高质量产品 2h 后即可上人，过夜干燥后即可铺设终饰地板面层；

③具有较高的抗压和抗折强度，以及与基层良好的粘结性和耐磨性。

293. 水泥基自流平地坪砂浆的主要原材料有哪些？

答：目前为止，水泥基自流平砂浆是最复杂的砂浆配方，通常由 10 种以上的组分构成。其胶凝材料系统一般由普通硅酸盐水泥（OPC）、高铝水泥（CAC）和石膏（硫酸钙）混合而成，以提供足够的钙、铝和硫来形成钙矾石，主要要求是这些矿物胶凝材料的质量。至于石膏，非常重要的一点是使用 α 型半水石膏或硬石膏 $CaSO_4$，它们能以足够快的速度释放硫酸根而无需增加用水量。经常被问到的一个问题是为什么不能使用 β 型半水石膏，它比 α 型半水石膏更容易获得而且价格也便宜，但问题在于 β 型半水石膏的高空隙率会显著增加用水量，从而导致硬化砂浆强度的下降。这种以混合胶凝材料系统为基础的自流平砂浆主要有两种类型，OPC 为主（OPC > CAC）和 CAC 为主（CAC > OPC）。后者的成本较高，但其凝结硬化更快，强度更高。如果不添加缓凝剂，凝结会变得太快；另一方面，又要添加促凝剂来获得早期强度。理想的颗粒级配需要将较粗的填料（如石英砂）和磨得更细的填料（如磨细石灰石粉）配合使用。超塑化剂（干酪素或合成超塑化剂）起到减水作用，因而提供流动和找平性能。消泡剂可以减少含气量，最终提高抗压强度。少量的稳定剂（如纤维素醚）可以防止砂浆的离析和表皮的形成，从而防止对最终表面性能产生负面影响。聚合物一般采用丙烯酸分散体、乙烯-乙酸乙烯酯共聚物等，由于价格的因素，一般仅在面层结构中使用高含量的聚合物，垫层则使用较低含量的聚合物材料。可再分散乳胶粉是自流平砂浆的关键成分，它可以提高流动性、表面耐磨性、拉拔强度和抗折强度；此外，它还可以降低弹性模量，从而减小系统的内部应力。可再分散乳胶粉必须能够形成坚固的聚合物膜，不能太软，否则可能使抗压强度下降。

抗裂性自流平砂浆的典型配合比（质量份）如下：

矿渣硅酸盐水泥	100	石灰	6
分散剂	1.4	无水石膏	12
保水剂（甲基纤维素）	0.3	骨料	100
消泡剂	0.3	水	50

294. 自流平砂浆使用中要注意哪些事项？

答：自流平砂浆在施工现场按照生产商的要求加入适量的水，即可容易地进行搅拌和施工。准确的水量是达到正确的材料性能的关键。很多性能上的损害都是由于拌合水过量造成的。自流平砂浆是一种低黏度的砂浆，浇注在找平层上面，使用镘刀和带刺的消泡滚筒均匀地摊开并流平。自流平砂浆应在数小时内硬化，具有一定的一天强度，以允许一天后在上面行走。最终硬化的砂浆应提供一个均匀、坚硬、平整和光滑的表面，在粘贴面层（覆盖层）材料之前残余水分应小于2%。目前与自流平砂浆最常用的配套面层装饰材料为PVC地板，目前使用的是对环境友好的水基胶来粘贴PVC地板，因此自流平砂浆必须具有一定的吸收性，以便水基胶尽早地产生粘结力。这一点对于获得理想的工作性和对面层材料（终饰覆盖层）的最终粘结性是非常重要的。

因要求自流平砂浆有特殊性能——快硬、快干和低收缩性，若全部使用硅酸盐水泥作为胶凝材料，砂浆干燥速度不够快，达到可以铺设地面的程度所需的时间过长。此外，还可能出现较大的收缩。使干燥速度加快的有效方式是增加体系中水进行化合的速度。通常这种效果是由形成钙矾石获得的，钙矾石可以通过硅酸盐水泥、铝酸盐水泥（或硫铝酸钙）和硫酸盐三者之间的反应形成。形成1mol的钙矾石，可以结合32mol的水，是极为有效的化合水的方式，因此会显著减少系统中游离水的含量，这种方法还可以对收缩进行控制，这是因为钙矾石的形成是一种膨胀反应，可以对水泥水化反应产生的收缩进行补偿。所以大部分商业产品采用混合胶凝材料系统，从而获得以钙矾石为主要水化产物的硬化自流平砂浆。

295. 自流平砂浆的技术要求有哪些？

答：水泥基自流平砂浆的技术要求见表295-1。

表295-1　水泥基自流平砂浆的技术要求

项　目		性能指标
流动度（mm）	初始流动度	≥130
	20min流动度	≥130
拉伸粘结强度（MPa）		≥1.0
耐磨性[a]（g）		≤0.50
尺寸变化率（%）		-0.15～+0.15

续表

项目	性能指标				
抗冲击性	无开裂或脱离底板				
24h 抗压强度（MPa）	≥6.0				
24h 抗折强度（MPa）	≥2.0				
抗压强度等级					
强度等级	C16	C20	C25	C30	C35	C40
28d 抗压强度（MPa）	≥16	≥20	≥25	≥30	≥35	≥40
抗折强度等级					
强度等级	F4		F6		F7	F10
28d 抗折强度（MPa）	≥4		≥6		≥7	≥10

a. 适用于有耐磨要求的地面

注：摘自《地面用水泥基自流平砂浆》JC/T 985—2005。

296. 自流平砂浆的施工工艺如何？

答：（1）施工设备

打磨机、洗地机、吸尘器、普通辊子、连续式专用砂浆搅拌机（或电动搅拌器、料桶、水桶）、细齿刮板（无齿刮板）、滚筒、消泡辊子、钉鞋、馒刀、抹子、铲刀等。

（2）自流平砂浆的施工工艺流程

基层处理 → 涂刷专用界面剂 → 砂浆浇注 → 摊平 → 养护
　　　　　　粉料加水搅拌 ↗

①基层处理　正确的基层处理对整个地面施工非常关键。首先检查基层表面应无起砂、空鼓、起壳、脱皮、疏松、麻面、油脂、灰尘、裂纹等缺陷，表面平整度应符合要求。用清洁剂去除地面上的油脂、蜡及其他污染物，必要时用洗地机对地面进行清洗，用吸尘器吸净表面。对地面的蜂窝、孔洞等采用专用修补砂浆进行修补，对大面积空鼓应彻底剔除，重新施工；局部空鼓宜采取灌浆或其他方法处理。对基层裂缝，先用机械切出约 20mm 深、20mm 宽的 V 形槽，然后用专项材料灌注、找平、密封。另外，要求基层必须坚固、密实，混凝土抗压强度不应小于 20MPa，水泥砂浆抗压强度不应小于 15MPa，否则，应采取补强处理或重新施工。对有防水防潮要求的地面，应预先在基层以下完成防水防潮层的施工。

②涂刷专用界面剂　根据基层情况选择相应的界面剂，在处理好的基层上均匀涂刷自流平界面剂。一般横竖涂刷两遍，不得有遗漏之处。对于多孔表面，可以多涂刷一遍。

③制备浆料　参考生产厂家的推荐用水量，并现场试配至流动度合适，然后再进行大面积施工。对于大面积施工可以采用专用砂浆搅拌机进行搅拌（机械法）；对于小面积施工，可采用电动搅拌器搅拌（人工法）。充分搅拌至砂浆均匀、无结块为止。

人工法制备浆料应将准确称量好的拌合用水倒入干净的搅拌桶内，开动电动搅拌器，徐徐加入已精确称量的自流平砂浆，持续搅拌 3～5min，至均匀无结块为止，静置 2～3min，使自流平材料充分润湿，熟化，排除气泡后，再搅拌 2～3min，使料浆成为均匀的糊状。机械法制备浆料应将拌合用水量预先设置好，再加入自流平材料，进行机械拌和，将拌和好的自流平砂浆泵送到施工作业面。因自流平砂浆成分较多，在大型工程中宜使用机械搅拌，否则会影响分散效果。另外，拌和时加水量应准确。

④砂浆浇注　按预先制定的施工方案，采用人工或机械方式将自流平浆料倾倒于施工面，使其自行流展找平，可用专用锯齿刮板辅助浆料均匀展开。应连续浇注，两次浇注的间隔最好在10min之内，以免接茬难以消除。

⑤摊平　浆料摊铺后，用带齿的刮板将料浆摊开并控制厚度。静置3~5min，让里面包裹的气泡排出，再用消泡滚筒进行放气，以帮助浆料流动并清除所产生的气泡，达到良好接茬效果。应注意消泡滚筒的钉长与摊铺厚度的适应性，消泡滚筒主要辅助料浆流动并减少拌料和摊铺过程中所产生的气泡及接茬，操作人员必须穿钉鞋作业。

⑥养护　施工完成后的自流平地面，在施工环境条件下养护24h以上方可上人，并做好成品保护。养护期间应避免阳光直射、强风气流，温度不宜过高，如温度或其他条件不同于正常施工环境条件，应视情况调整养护时间。

297. 如何制备自流平砂浆试验用试样？

答： 标准试验条件：温度（23±2）℃，相对湿度（50±5）%，试验区的循环风速低于0.2m/s。

①按产品生产商提供的使用比例称取样品，若给出一个值域范围，则采用中间值，并保证在整个试验过程中按同一比例进行；

②按产品生产商规定的比例称取对应于2kg粉状组分的用水量或液体组分用量，倒入水泥胶砂搅拌机的搅拌锅内，将2kg粉料样品在30s内匀速放入搅拌锅内，低速拌合1min；

③停止搅拌后，30s内用刮刀将搅拌叶和料锅壁上的不均匀拌合物刮下；

④高速搅拌1min，静停5min，再继续高速搅拌15s，拌合物不应有气泡，否则再静停1min使其消泡，然后立即对该样品进行测试；

⑤产品生产商如有特殊要求，可参考产品生产商要求进行制备。

298. 如何测定自流平砂浆的流动度？

答： 水泥基自流平砂浆具有很高的流动性，加水搅拌后具有自动流动找平或稍加辅助性铺摊就能流动找平的特点，因此采用流动度来表征砂浆的工作性。

(1) 仪器设备

①水泥胶砂搅拌机；

②试模：内径（30±0.1）mm，高（50±0.1）mm的金属或塑料空心圆柱体。

③测试板：面积大于300mm×300mm的平板玻璃。

(2) 试验步骤

①将流动度试模水平放置在测试板中央，测试板表面应平整光洁、无水滴。将制备好的试样灌满流动度试模后，开始计时，在2s垂直向上提升5~10cm，保持10~15s，使试样自由流下。

②4min后，测两个垂直方向的直径，取两个直径的平均值。

③将同批试样在搅拌锅内静置20min，按步骤①和②的方法进行测试，即为20min流动度。

(3) 结果评定

对同一样品进行两次试验，流动度为两次试验结果的平均值，精确至1mm。

299. 如何测定自流平砂浆的拉伸粘结强度？

答：标准试验条件：温度为（23±2）℃，相对湿度为（50±5）%，试验区的循环风速低于 0.2m/s。

（1）试验器具

①拉伸粘结强度测试仪器：精度 1%，破坏荷载在其量程的 20%~80%，应能通过适宜的连接方式并不产生任何弯曲应力，加荷速度（250±50）N/s。

②混凝土板：其性能与测试瓷砖粘结砂浆拉伸粘结强度试验用的混凝土板相同，但尺寸为 200mm×400mm×（40~50）mm。

③成型框：由硅橡胶或硅酮密封材料制成，表面平整光滑，并保证砂浆不从成型框与混凝土板之间流出。孔尺寸精确至±0.2mm，如图 299-1 所示。

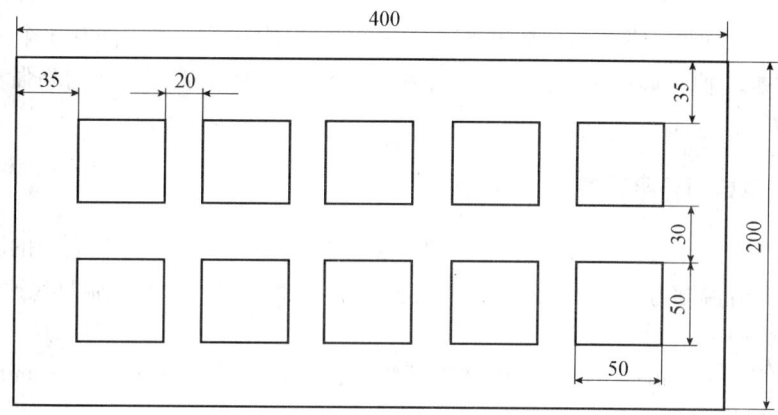

图 299-1　拉伸粘结强度成型框（厚度：5mm）（单位：mm）

④拉拔接头：尺寸为（50±1）mm×（50±1）mm 并具有足够强度的正方形钢板，最小厚度 10mm，有与测试仪器相连接的部件。

（2）试验步骤

①制备试件

将成型框放在混凝土板成型面上，将制备好的试样倒入成型框中，抹平，放置 24h 后出模，10 个试件为一组，如图 299-2 所示。

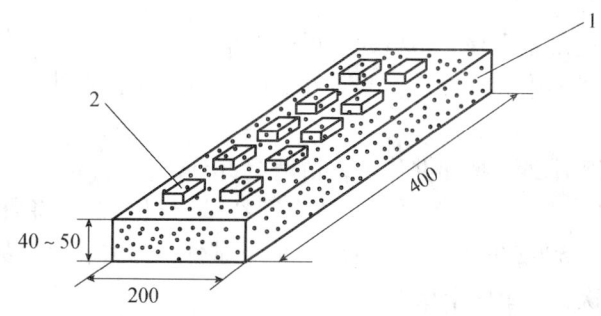

图 299-2　拉伸粘结强度试件成型示意图（单位：mm）
1—混凝土板；2—自流平砂浆试件

②养护

脱模后的试件在标准试验条件下养护到27d后,用砂纸打磨掉表面的浮浆,然后用适宜的高强粘结剂将拉拔接头粘结在试件成型面上,在标准试验条件下继续放置24h后进行拉伸粘结强度试验。

(3) 结果计算

拉伸粘结强度按下式计算:

$$P = \frac{F}{S}$$

式中　P——拉伸粘结强度,MPa,精确至0.1MPa;
　　　F——最大破坏荷载,N;
　　　S——粘结面积,mm^2（$2500mm^2$）。

(4) 结果评定

求10个数据的平均值,舍弃超出平均值±20%范围的数据,如仍有5个或更多数据被保留,求新的平均值;如保留数据少于5个则重新试验。如果破坏模式为高强粘结剂与拉拔头之间界面破坏,应重新进行测定。

300. 如何测定自流平砂浆的耐磨性?

答:原理:当产品表面与砂磨轮相对摩擦到规定转速时,测定产品表面的磨耗量。

标准试验条件温度为（23±2）℃,相对湿度为（50±5）%,试验区的循环风速低于0.2m/s。

(1) 仪器设备

①耐磨试验机:Taber型或同等的磨耗试验机,工作台转速（60±2）r/min;

②试模:最小内径105mm,高5mm的金属或塑料模具。

(2) 试验步骤

①制备试件

将制备好的试样倒入试模内,无需振动,24h后脱模,在标准试验条件下继续放置27d后测定。

②制作研磨轮

a. 将棕刚玉 P60 干磨砂布裁成如橡胶轮厚度的规格;

b. 用聚醋酸乙烯乳液将裁好的砂布粘在橡胶轮上,防止胶液污染砂粒,如果是自粘型砂布则直接粘结;

c. 保证砂布接头处既不重叠又不离缝,每条砂布只能用一次,试件调换时必须更换;

d. 将粘了砂布后的研磨轮在标准试验条件下放置24h以上备用。

③测试

a. 将试件表面用脱脂纱布擦净并称量,精确至10mg。

b. 将试件接触空气成型的一面向上安装在磨耗试验机上,并将研磨轮安装在支架上,在每个砂磨轮上加砝码500g条件下磨耗100r,取下试件,除去表面浮灰并称重。

每个试件测试一次,一组两个试件。

(3) 结果计算

耐磨性按下式计算:

$$F = G_0 - G_1$$

式中　F——磨耗值，g；
　　　G_0——试件磨前质量，g；
　　　G_1——试件磨后质量，g。

（4）结果评定

取两个试件的平均值作为试验结果，精确至10mg。两个试件的相对误差不得大于5%，否则应重新试验。

301. 如何测定自流平砂浆的尺寸变化率？

答：试件尺寸变化率为试件养护后相对于试件刚脱模时基准长度的负（收缩）或正（膨胀）变化，用百分数表示。

（1）仪器设备

①收缩仪：立式砂浆收缩仪，标准杆长度为（176±1）mm，测量精度为0.01mm。

②试模：内部尺寸为10mm×40mm×160mm的金属或塑料模具，在试模的两个端面中心各开一个直径6.5mm的孔洞。

（2）试验步骤

①在试模内表面涂一薄层脱模油，将收缩头固定在试模两端面的孔洞中，使收缩头露出试件端面（8±1）mm。

②将制备好的试样倒入试模内，无需振动，用金属刮刀清除多余试样，使试样完全充满试模并使表面平整，三个试件为一组。

③试件在标准试验条件下放置24h后拆模，编号，标明测试方向，脱模后30min内按标明的测量方向测定试件长度，即为试件的初始长度。测定前，用标准杆调整收缩仪的百分表原点。

④试件在标准试验条件下放置27d后，按标明的测试方向测定试件长度，即为自然干燥后长度。

（3）结果计算

尺寸变化率按下式计算，精确至0.01%。

$$\varepsilon = \frac{L_t - L_0}{L - L_d} \times 100$$

式中　ε——尺寸变化率，%；
　　　L_0——试件成型后1d的长度，即初始长度，mm；
　　　L_t——试件成型后28d的长度，即自然干燥后长度，mm；
　　　L——试件长度160mm；
　　　L_d——两个收缩头埋入砂浆中长度之和，即（20±2）mm。

（4）结果评定

取三个试件的算术平均值，若单个数值与平均值偏差大于20%，剔除后取其平均值；若一组中有两个数据与平均值偏差大于20%，应重新进行试验。

302. 如何测定自流平砂浆的抗冲击性？

答：（1）仪器设备

①试模：内框尺寸75mm×75mm，高5mm的金属或塑料模具。

②混凝土板：其性能与测试瓷砖粘结砂浆拉伸粘结强度试验用的混凝土板相同，但尺寸为 75mm×75mm×(40~50)mm。

③落垂装置：由装有水平调节旋钮的钢基和一个悬挂着电磁铁的竖直钢架，一个导管和 (1±0.015)kg 金属落垂组成，锤头如图 302-1 所示。

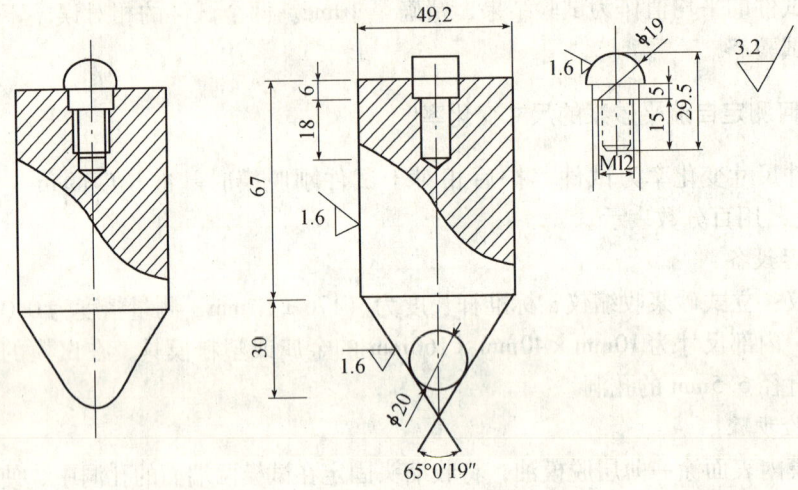

图 302-1 锤头示意图（单位：mm）

(2) 试验步骤

①将制备好的试样倒入试模内，无需振动，24h 后脱模，三个试件为一组。

②在标准试验条件下放置 27d 后测定。26d 时用适宜的高强粘结剂将试件（成型面向上）粘在混凝土板上，在标准试验条件下继续放置 24h 后测定。

③将试件水平放置在冲击设备的底座上，保证落锤落在试件的中心部位。将 (1±0.015)kg 落锤固定 1m 高度并自由落下，目测试件表面是否有开裂或脱离底板现象。

(3) 结果评定

每个试件冲击一次，3 个试件均无开裂或脱离底板时判定为合格。

303. 如何测定自流平砂浆的抗压、抗折强度？

答：自流平砂浆的抗压和抗折强度采用 40mm×40mm×160mm 棱柱体试件表示。

标准试验条件：温度 (23±2)℃，相对湿度 (50±5)%，试验区的循环风速低于 0.2m/s。

试验步骤：将制备好的试样按 GB/T 17671 的规定成型，无需振动，成型 24h、28d 两组试件，每组试件 3 个。24h 后脱模，按 GB/T 17671 的规定测定 24h 强度，其余试件脱模后在标准试验条件下继续放置 27d，测定 28d 强度。

（十）灌浆砂浆

304. 什么是灌浆砂浆？

答：灌浆砂浆是一种具有高流动性、早强、高强和微膨胀的特殊混凝土材料，它是由特殊胶凝材料、膨胀材料、外加剂和高强骨料组成的，将其灌入设备地脚螺栓、后张法预应力混凝土结构孔道等结构孔中，浆体会自行流淌、密实填充结构孔洞，同时，硬化后浆体体积可略膨胀。

305. 灌浆砂浆的种类及要求是什么？

答：灌浆砂浆可分为水泥基灌浆材料、树脂基灌浆材料及复合灌浆材料等，属于预拌砂浆范畴的是水泥基灌浆材料，其基本性能见表305-1。

表305-1 水泥基灌浆砂浆的基本性能

项 目		性能指标
粒径	4.75mm方孔筛筛余（%）	≤2.0
凝结时间	初凝（min）	≥120
泌水率（%）		≤1.0
流动度（mm）	初始流动度	≥260
	30min流动度	≥230
抗压强度（MPa）	1d	≥22.0
	3d	≥40.0
	28d	≥70.0
竖向膨胀率（%）	1d	≥0.020
钢筋握裹强度（圆钢）（MPa）	28d	≥4.0
对钢筋锈蚀作用		应说明对钢筋有无锈蚀作用

注：摘自《水泥基灌浆材料》JC/T 986—2005。

（1）原材料和配合比

原材料由硅酸盐水泥、级配骨料、矿物外加剂及化学助剂等组成。

典型的配合比（质量份）：

水泥	1.0	矿物外加剂	0.10
砂	1.0	减水剂	0.008
膨胀剂	0.12	水	0.5

（2）技术要求

1）高流动性。一般要求灌浆砂浆的流动度大于260mm，高流动性可依靠自重作用或稍加插捣就能流入所要填充的全部空隙，同时浆体的粘聚性好，无泌水。

2）无收缩。灌浆砂浆具有微膨胀性能，强化了对旧混凝土、基础螺栓及预应力钢筋的粘结性能，体积稳定，防水防裂。

3）强度高。灌浆砂浆1d抗压强度大于22MPa，28d抗压强度大于70MPa。

4）耐久性好。在潮湿环境中强度可有一定的增长，在干燥环境中强度不下降。

306. 水泥基灌浆砂浆的特点是什么？

答：水泥基灌浆砂浆，也称作无收缩灌浆料，是由优质水泥、各种级配的骨料，辅以高流态、防离析、微膨胀等物质，经工厂化配制生产而成的干混料，加水拌合均匀即成流动性很好的灰浆。常用于干缩补偿、早强、高强灌浆、修补等。其特点如下：

①使用方便。加水搅拌后即可使用,无离析,质量稳定。

②具有膨胀特性。在塑性阶段和硬化期均产生微膨胀以补偿收缩,体积稳定,防水、防裂、抗渗、抗冻融。

③高流动性。一般在低水灰比下即具有良好的流动性,便于施工浇筑,保证工程质量。

④快硬高强。可用于紧急抢修,节省工期。

⑤适用面广,耐久性好。可用于地脚螺栓锚固、设备基础的二次灌浆、混凝土结构改造和加固、后张预应力混凝土结构预留孔道的灌浆及封锚。

⑥安全环保。无毒无味,使用安全。

307. 水泥基灌浆砂浆的主要原材料及参考配方是什么?

答:(1)主要原材料

1)胶凝材料:硅酸盐水泥;

2)矿物掺合料:粉煤灰、硅灰等;

3)骨料:不同规格的天然砂、破碎砂、重钙等;

4)外加剂:为改善或提高砂浆的某些性能,如无收缩性、粘结性、早期强度等,满足施工条件及使用功能,可在砂浆中掺入一些外加剂,如膨胀剂、可再分散乳胶粉、减水剂、早强剂等。

(2)参考配方

灌浆砂浆的参考配方见表307-1。

表307-1 灌浆砂浆的参考配方

原材料	规格	质量比
硅酸盐水泥	42.5R	350~500
砂	0.1~3mm	400~600
改性填充料		5~15
无水石膏		0~50
纤维素醚	15000~45000mPa·s	0.2~1
可再分散乳胶粉		10~25
膨胀剂		30~50
其他功能性添加剂 (如减水剂、缓凝剂、早强剂)		0~10
合计		1000
加水量		15%~18%

308. 如何制备水泥基灌浆砂浆试验用试样?

答:试件成型试验室的温度为(20±2)℃,相对湿度不低于50%。

水泥基灌浆砂浆拌合时,采用砂浆搅拌机搅拌。搅拌时间由加水开始计算,搅拌3min。用水量按生产厂家推荐的同一水料比进行试验。

309. 如何测定水泥基灌浆砂浆的粒径？

答：（1）试验步骤

称取 500g 样品，精确至 1g。将试样倒入 4.75mm 筛中，采用手筛，筛至每分钟通过量小于试样质量 0.1% 为止。

（2）结果计算

试样筛余百分数按下式计算：

$$F = \frac{R}{W} \times 100$$

式中 F——试样筛余百分数，%；

R——筛余物质量，g；

W——试样质量，g。

310. 如何测定水泥基灌浆砂浆的凝结时间？

答：采用贯入阻力法测定水泥基灌浆砂浆的凝结时间。

（1）仪器设备

①贯入阻力仪：由加荷装置、测针、砂浆试样筒组成，可以是手动的，也可以是自动的，并应符合下列要求：

a. 加荷装置：最大测量值应不小于 1000N，精度为 ±10N；

b. 测针：长为 100mm，承压面积为 100mm²、50mm² 和 20mm² 三种测针，在距贯入端 25mm 处刻有一圈标记；

c. 砂浆试样筒：上口径为 160mm，下口径为 150mm，净高为 150mm 刚性不透水的金属圆筒，并配有盖子。

（2）试验步骤

①将制备好的砂浆一次分别装入三个试样筒中，做三个试验。用捣棒沿螺旋方向由外向中心均匀插捣 25 次，然后用橡皮锤轻轻敲打筒壁，直至插捣孔消失为止。插捣后，砂浆表面应低于砂浆试样筒口约 10mm，砂浆试样筒应立即加盖。

②试样筒编号后置于温度为（20±2）℃ 的环境中待试，并在以后的整个测试过程中，环境温度始终保持在（20±2）℃。在整个测试过程中，除在吸取泌水或进行贯入试验外，试样筒应始终加盖。

③凝结时间从加水开始计时。根据砂浆性能，确定测针试验时间，以后每隔 0.5h 测试一次，在临近初凝时可增加测定次数。

④在每次测试前 2min，将一片 20mm 厚的垫块垫入筒底一侧使其倾斜，用吸管吸去表面的泌水，吸水后平稳地复原。

⑤测试时将砂浆试样筒置于贯入阻力仪上，测针端部与砂浆表面接触，然后在（10±2）s 内均匀地使测针贯入砂浆（25±2）mm 深度，记录贯入压力，精确至 10N；记录测试时间，精确至 1min；记录环境温度，精确至 0.5℃。

各测点的间距应大于测针直径的两倍且不小于 15mm，测点与试样筒壁的距离应不小于 25mm。

⑥在测试过程中应根据砂浆凝结状况，适时更换测针，更换测针宜按表310-1选用。

表 310-1　测针选用规定表

贯入阻力（MPa）	0.2~3.5	3.5~20	20~28
测针面积（mm²）	100	50	20

(3) 结果计算

①贯入阻力

贯入阻力按下式计算：

$$f_{PR} = \frac{P}{A}$$

式中　f_{PR}——贯入阻力，MPa，精确至0.1MPa；
　　　P——贯入压力，N；
　　　A——测针面积，mm^2。

②凝结时间

a. 凝结时间宜通过线性回归方法确定。将贯入阻力 f_{PR} 和时间 t 分别取自然对数 $\ln(f_{PR})$ 和 $\ln(t)$，把 $\ln(f_{PR})$ 当作自变量，$\ln(t)$ 当作因变量，作线性回归，得到回归方程式：

$$\ln(t) = A + B\ln(f_{PR})$$

式中　t——时间，min；
　　　f_{PR}——贯入阻力，MPa；
　　　A、B——线性回归系数。

b. 根据上式求得当贯入阻力为3.5MPa时为初凝时间 t_s：

$$t_s = e^{[A+B\ln(3.5)]}$$

c. 凝结时间也可用绘图拟合方法确定，以贯入阻力为纵坐标，经过的时间为横坐标（精确至1min），绘制出贯入阻力与时间之间的关系曲线，以3.5MPa画一条平行于横坐标的直线，与曲线相交的交点的横坐标即为初凝时间。

(4) 结果评定

以三个试验结果的初凝时间的算术平均值作为此次试验的初凝时间。如三个测值的最大值或最小值中有一个与中间值之差超过中间值的10%，则以中间值为试验结果；如最大值和最小值与中间值之差均超过中间值的10%时，则此次试验无效。

凝结时间用 h：min 表示，并修约至5min。

311. 如何测定水泥基灌浆砂浆的泌水率？

答：(1) 试验器具

①试样筒：容积为5L的容量筒，配有盖子。

(2) 试验步骤

①用湿布湿润试样筒内壁后立即称量，记录试样筒的质量。

②将制备好的砂浆分两层装入试样筒，每层用捣棒插捣25次。捣棒由边缘向中心均匀地插捣，插捣底层时捣棒应贯穿整个深度，插捣第二层时，捣棒应插透本层至下一层的表面；每一层捣完后用橡皮锤轻轻沿试样筒外壁敲打5~10次，进行振实，直至砂浆表面插捣

孔消失并不见大气泡为止；并使砂浆表面低于试样筒筒口（30±3）mm，用抹刀抹平。抹平后立即计时并称量，记录试样筒与试样的总质量。

③在以下吸取砂浆表面泌水的整个过程中，应使试样筒保持水平、不受振动；除了吸水操作外，始终盖好盖子；室温保持在（20±2）℃。

从计时开始后 60min 内，每隔 10min 吸取 1 次砂浆表面渗出的水。60min 后，每隔 30min 吸 1 次水，直至不再泌水为止。为了便于吸水，每次吸水前 2min，将一片 35mm 厚的垫块垫入筒底一侧使其倾斜，吸水后平稳地复原。吸出的水放入量筒中，记录每次吸水的水量并计算累计水量，精确至 1mL。

（3）结果计算

泌水率按下式计算：

$$B = \frac{V_w}{\left(\dfrac{W}{G}\right)G_w} \times 100$$

$$G_w = G_1 - G_0$$

式中　B——泌水率，%，精确至 1%；

　　　V_w——泌水总量，mL；

　　　G_w——试样质量，g；

　　　W——砂浆拌合物总用水量，mL；

　　　G——砂浆拌合物总质量，g；

　　　G_1——试样筒及试样总质量，g；

　　　G_0——试样筒质量，g。

（4）结果评定

泌水率取三个试样测值的平均值。三个测值中的最大值或最小值，如果有一个与中间值之差超过中间值的 15%，则以中间值为试验结果；如果最大值和最小值与中间值之差均超过中间值的 15% 时，则此次试验无效。

312. 如何测定灌浆砂浆的流动度？

答：由于灌浆砂浆具有良好的流动性能，流动度一般大于 260mm，而稠度试验方法无法反映灌浆砂浆的这种流淌性能，因此采用流动度来表征砂浆的工作性。

（1）仪器设备

①水泥胶砂搅拌机；

②截锥圆模：上口内径（70±0.5）mm、下口内径（100±0.5）mm、下口外径 120mm、高度（60±0.5）mm；

③玻璃板：400mm×400mm×5mm。

（2）试验步骤

①将玻璃板放置在水平位置，用湿布将玻璃板、截锥圆模、搅拌器及搅拌锅均匀擦过，使其表面湿而不带水滴。将截锥圆模放在玻璃板中央，并用湿布覆盖待用。

②称取不少于 2000g 的试样，倒入砂浆搅拌锅内，用水量按生产厂家推荐的用水量，搅拌时间由加水开始算起，搅拌 3min。

③将拌好的砂浆迅速注入截锥圆模内,用刮刀刮平,将截锥圆模按垂直方向提起,同时,开启秒表计时,至30s时用直尺量取流淌砂浆互相垂直的两个方向的最大直径,取平均值作为砂浆初始流动度。此砂浆应弃去,不再倒入搅拌锅内。

④已测过流动度的试样应弃去,不再装入搅拌锅中。试样停放时,应用湿布覆盖搅拌锅。

⑤剩留在搅拌锅内的试样,至加水后30min,开启搅拌机,搅拌4min,按步骤③的方法测定30min的流动度,即为灌浆砂浆30min流动度保留值。

313. 如何测定水泥基灌浆砂浆的抗压强度?

答:试件带模养护的养护箱或雾室温度为(20±1)℃,相对湿度不低于90%。

灌浆砂浆的抗压强度采用40mm×40mm×160mm棱柱体试件表示。

将拌和好的砂浆倒入试模,不振动,按GB/T 17671的规定进行试验。

314. 如何测定水泥基灌浆砂浆的竖向膨胀率?

答:(1)试验器具

①千分表:量程1mm;

②千分表架:磁力表架;

③玻璃板:140mm×80mm×5mm;

④试模:100mm×100mm×100mm立方体试模,拼装缝应填入黄油,不得漏水;

⑤铲勺:宽60mm,长160mm;

⑥捣板:可用钢锯条代用;

⑦钢垫板:250mm×250mm×15mm普通钢板。

(2)仪表安装

竖向膨胀率装置如图314-1所示。

①钢垫板:表面平整,水平放置在工作台上,水平度不应超过0.02;

②试模:放置在钢垫板上,不可摇动;

③玻璃板:平放在试模中间位置。其左右两边与试模内侧边留出10mm空隙;

④千分表:千分表与千分表架卡头固定牢靠,但表杆能够自由升降。安装千分表时,要下压表头,使表针指到量程的1/2处左右。千分表不可前后左右倾斜;

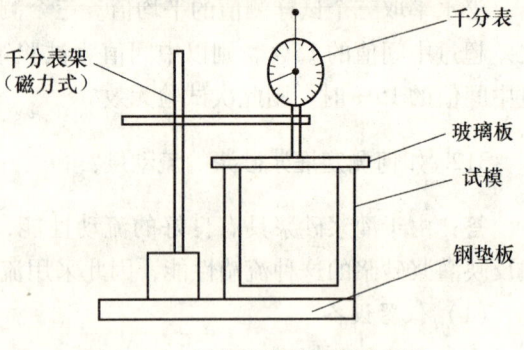

图314-1 竖向膨胀率装置示意图

⑤千分表架固定在钢垫板上,尽量靠近试模,缩短横杆悬臂长度。

(3)试验步骤

①将制备好的砂浆立即倒入试模。2h后,盖上玻璃板,安装千分表,使测量头垂放在玻璃板上,在30s内记录千分表读数,为初始读数。

②测定初始读数后30s内,玻璃板两侧砂浆表面盖上两层湿棉布;

③从测定初始读数起,每隔2h浇水1次。连续浇水4次。以后每隔4h浇水1次。保湿养护至1d,测定试件高度读数。

从测量初始读数开始,测量装置和试件应保持静止不动,并不受振动。

(4) 结果计算

竖向膨胀率按下式计算:

$$\varepsilon_t = \frac{h_t - h_0}{h} \times 100$$

式中 ε_t——竖向膨胀率;

h_0——试件高度的初始读数,mm;

h_t——试件龄期为 t 时的高度读数,mm;

h——试件基准高度,100mm。

试验结果取一组三个试件的算术平均值,计算精确至 10^{-2}。

315. 如何测定水泥基灌浆砂浆的钢筋握裹强度?

答:(1) 仪器设备

①试模:规格为 150mm×150mm×150mm,试模应能埋设一水平钢筋,水平钢筋轴线距离模底 75mm。埋入的一端恰好嵌入模壁,予以固定,另一端由模壁伸出,作为加力之用,如图 315-1 所示。

②试件夹具:如图 315-2 所示,试件夹具系两块厚度为 30mm 的长方形钢板(面积为 250mm×150mm,45 号钢)。用四根直径约 18mm 的钢筋穿入。上端钢板附有直径为 25mm 的拉杆,拉杆下端套入钢板并成球面相接,上端供万能机夹持。另附 150mm×150mm×10mm 钢垫板一块;中心开有直径 40mm 的圆孔,垫于试件与夹头下端钢板之间。

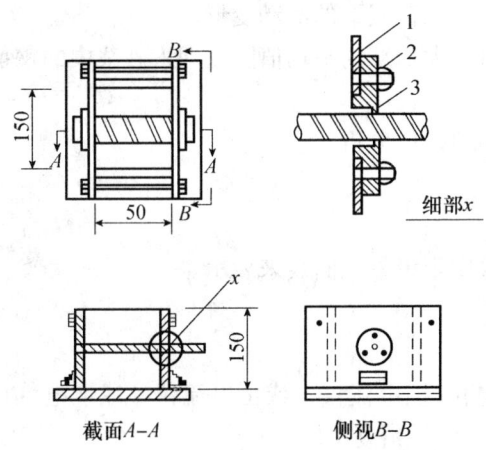

图 315-1 握裹力试模装置
1—模板;2—固定圈;3—用橡皮圈堵塞

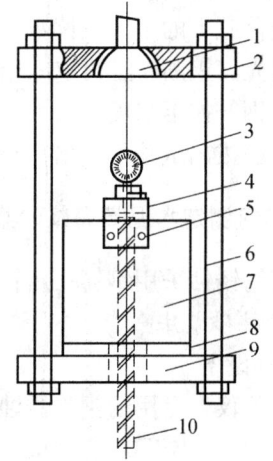

图 315-2 握裹力试验装置示意图
1—带球座拉杆;2—上端钢板;3—千分表;
4—量表固定架;5—止动螺丝;6—钢杆;7—试件;
8—垫板;9—下端钢板;10—埋入试件的钢筋

③千分表。

④量表固定架:金属制成,横跨试件表面,并可用止动螺丝固定在试件上。上部中央有孔,可夹持千分表,使之直立,量杆朝下。

⑤万能试验机。

(2) 试验步骤

①试验采用φ20mm 的光面钢筋，钢筋埋入长度为 200mm。成型前钢筋应用钢丝刷刷净，并用丙酮擦拭，不得有锈屑和油污存在。钢筋的自由端顶面应光滑平整，并与试模预留孔吻合。

②将制备好的砂浆倒入已埋入钢筋的试模中成型试件，以六个试件为一组。

试件成型后直至试验龄期，特别在拆模时，不得碰动钢筋，拆模时间以 48h 为宜。拆模时应先取下橡皮固定圈，再将套在钢筋上的试模小心取下。

③到 28d 龄期时，将试件从养护室取出，擦拭干净，检查外观（试件不得有明显缺损或钢筋松动、歪斜），并应尽快试验。

④将试件套上中心有孔的垫板，然后装入已安装在万能机上的试验夹具中，使万能机的下夹头将试件的钢筋夹牢。

在试件上安装量表固定架和千分表，使千分表杆端垂直向下，与略伸出试件表面的钢筋顶面相接触。

⑤加荷前应检查千分表量杆与钢筋顶面接触是否良好，千分表是否灵活，并进行适当的调整。

记下千分表的初始读数后，开动万能试验机，以不超过 400N/s 的加荷速度拉拔钢筋。每加一定荷载（1000~5000N），记录相应的千分表读数。

⑥到达下列任何一种情况时应停止加荷：

a. 钢筋达到屈服点；

b. 砂浆发生破裂；

c. 钢筋的滑动变形超过 0.1mm。

(3) 试验结果处理

将各级荷载下的千分表读数减去初始读数，即得该荷载下的滑动变形。

当采用光面钢筋时，可取六个试件拔出试验时最大荷载的平均值除以埋入砂浆中的钢筋表面积即得钢筋握裹强度。

光面钢筋拔出试验可绘出荷载-滑动变形关系曲线供分析。

316. 如何测定水泥基灌浆砂浆对钢筋锈蚀作用？

答：钢筋锈蚀采用钢筋在新拌砂浆或硬化砂浆中阳级电位曲线来表示。

(1) 新拌砂浆法

1) 仪器设备

①恒电位仪：专用的钢筋锈蚀测量仪，或恒电位/恒电流仪，或恒电流仪，或恒电位仪（输出电流范围不小于 0~2000μA，可连续变化 0~2V，精度≤1%）；

②甘汞电极；

③定时钟；

④电线：铜芯塑料线；

⑤绝缘涂料（石蜡:松香 =9:1）；

⑥试模：40mm×100mm×150mm 塑料有底活动模。

2) 试验步骤

①制作钢筋电极

将Ⅰ级建筑钢筋加工制成直径 7mm，长度为 100mm，表面粗糙度 R_a 的最大允许值为

1.6μm 的试件，用汽油、乙醇、丙酮依次浸擦除去油脂，并在一端焊上长 130～150mm 的导线，再用乙醇仔细擦去焊油，钢筋两端浸涂热熔石蜡松香绝缘涂料，使钢筋中间暴露长度为 80mm，计算其表面积。经过处理后的钢筋放入干燥器内备用，每组试件三根。

②制作试件

将拌制好的砂浆浇入试模中，先浇一半（厚20mm左右）。将两根处理好并经检查无锈痕的钢筋电极平行放在砂浆表面，间距40mm，拉出导线，然后灌满砂浆抹平，并轻敲几下侧板，使其密实。

③连接试验仪器

按图316-1所示连接试验装置，以一根钢筋作为阳极接仪器的"研究"与"＊号"接线孔，另一根钢筋为阴极（即辅助电极）接仪器的"辅助"接线孔，再将甘汞电极的下端与钢筋阳极的正中位置对准，与新鲜砂浆表面接触，并垂直于砂浆表面。甘汞电极的导线接仪器的"参比"接线孔。

在一些新型钢筋锈蚀测量仪或恒电位/恒电流仪上，电极输入导线通常为集束导线，只需按规定将三个夹子分别接阳极钢筋、阴极钢筋和甘汞电极即可。

④测试

a. 未通外加电流前，先读出阳极钢筋的自然电位 V（即钢筋阳极与甘汞电极之间的电位差值）。

b. 接通外加电流，并按电流密度 $50 \times 10^{-2} A/m^2$（即 $50\mu A/cm^2$）调整 μA 表至需要值。同时，开始计算时间，依次按 2min、4min、6min、8min、10min、15min、20min、25min、30min、60min，分别记录阳极极化电位值。

3) 试验结果处理

①以三个试验电极测量结果的平均值，作为钢筋阳极极化电位的测定值，以时间为横坐标，阳极极化电位为纵坐标，绘制电位-时间曲线（图316-2）。

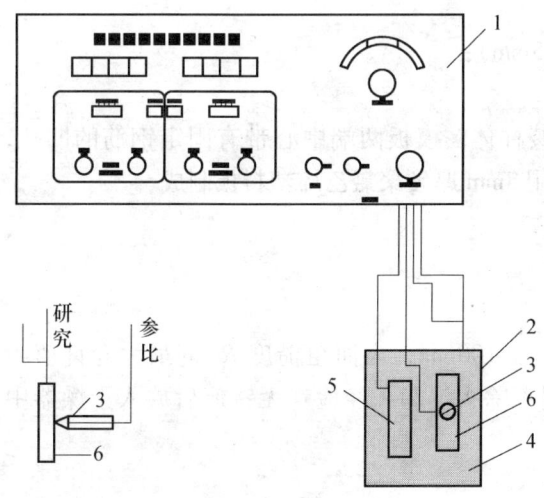

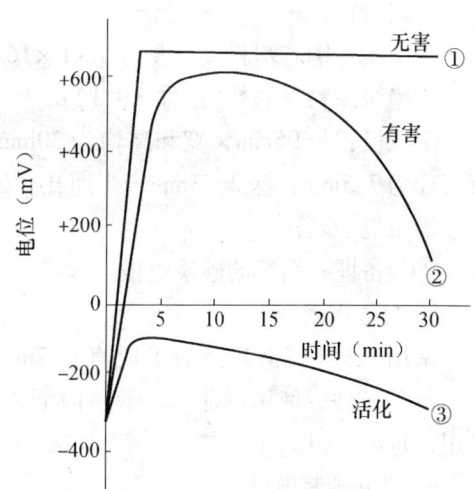

图316-1 新鲜砂浆极化电位测试装置图

1—钢筋锈蚀测量仪或恒电位/恒电流仪；2—硬塑料模；
3—甘汞电极；4—新拌砂浆，5—钢筋阴极；6—钢筋阳极

图316-2 恒电流、电位-时间曲线分析图

②根据电位-时间曲线判断样品对钢筋锈蚀的影响。

a. 电极通电后，阳极钢筋电位迅速向正方向上升，并在 1～5min 内达到析氧电位值，经 30min 测试，电位值无明显降低，如图 316-2 中的曲线①，则属钝化曲线。表明阳极钢筋表面钝化膜完好无损，所测样品对钢筋是无害的。

b. 通电后，阳极钢筋电位先向正方向上升，随着又逐渐下降，如图 316-2 中的曲线②，说明钢筋表面钝化膜已部分受损。而图 316-2 中的曲线③属活化曲线，说明钢筋表面钝化膜破坏严重。这两种情况均表明钢筋钝化膜已遭破坏。但这时对样品对钢筋锈蚀的影响仍不能作出明确的判断，还必须再作硬化砂浆阳极极化电位的测量，以进一步判别样品对钢筋有无锈蚀危害。

c. 通电后，阳极钢筋电位随时间的变化有时会出现图 316-2 曲线①和②之间的中间态情况，即电位先向正方上升至较正电位值（例如 ≥ +600mV），持续一段稳定时间，然后渐呈下降趋势，如电位值迅速下降，则属第②项情况。如电位值缓降，且变化不多，则试验和记录电位的时间再延长 30min，继续 35min、40min、45min、50min、55min、60min，分别记录阳极极化电位值，如果电位曲线保持稳定不再下降，可认为钢筋表面尚能保持完好钝化膜，所测样品对钢筋是无害的；如果电位曲线持续下降，可认为钢筋表面钝化膜已破损而转变为活化状态，对于这种情况，还必须再做硬化砂浆阳极极化电位的测量，以进一步判别样品对钢筋有无锈蚀危害。

（2）硬化砂浆法

1）仪器设备

①恒电位仪

专用的钢筋锈蚀测量仪，或恒电位/恒电流仪，或恒电流仪，或恒电位仪（输出电流范围不小于 0～2000μA，可连续变化 0～2V，精度 ≤1%）；

②不锈钢片电极；

③甘汞电极（232 型或 222 型）；

④定时钟；

⑤电线：铜芯塑料线（型号 RV1×16/0.15mm）；

⑥绝缘涂料（石蜡:松香=9:1）；

⑦试模：长 95mm，宽和高均为 30mm 的棱柱体，模板两端中心带有固定钢筋的凹孔，其直径为 7.5mm，深 2～3mm，半通孔。试模用 8mm 厚硬聚氯乙烯塑料板制成。

2）试验步骤

①制备埋有钢筋的砂浆电极

a. 制备钢筋

采用 I 级建筑钢筋经加工成直径 7mm，长度 100mm，表面粗糙度 R_a 的最大允许值为 1.6μm 的试件，使用汽油、乙醇、丙酮依次浸擦除去油脂，经检查无锈痕后放入干燥器中备用，每组三根。

b. 成型砂浆电极

将钢筋插入试模两端的预留凹孔中，位于正中。将制备好的砂浆灌入预先安放好钢筋的试模内，置检验水泥强度用的振动台上振 5～10s，然后抹平。

c. 砂浆电极的养护及处理

试件成型后盖上玻璃板，移入标准养护室养护，24h 后脱模，用水泥净浆将外露的钢筋两头覆盖，继续标准养护 2d。取出试件，除去端部的封闭净浆，仔细擦净外露钢筋头的锈斑。在钢筋的一端焊上长 130～150mm 的导线，用乙醇擦去焊油，并在试件两端浸涂热石蜡松香绝缘，使试件中间暴露长度为 80mm，如图 316-3 所示。

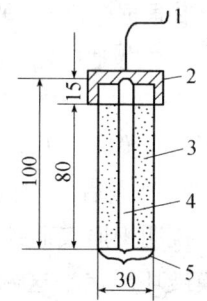

图 316-3　钢筋砂浆电极
1—导线；2 和 5—石蜡；
3—砂浆；4—钢筋

②测试

a. 将处理好的硬化砂浆电极置于饱和氢氧化钙溶液中，浸泡数小时，直至浸透试件，其表征为监测硬化砂浆电极在饱和氢氧化钙溶液中的自然电位至电位稳定且接近新拌砂浆中的自然电位，由于存在欧姆电压降可能会使两者之间有一个电位差。试验时应注意不同品种的试件不得放置在同一容器内浸泡，以防互相干扰。

b. 把一个浸泡后的砂浆电极移入盛有饱和氢氧化钙溶液的玻璃缸内，使电极浸入溶液的深度为 8cm，以它作为阳极，以不锈钢片作为阴极（即辅助电极），以甘汞电极作参比。按图 316-4 的要求连接好试验线路。

c. 未通外加电流前，先读出阳极（埋有钢筋的砂浆电极）的自然电位 V。

d. 接通外加电流，并按电流密度 $50 \times 10^{-2} A/m^2$（即 $50 \mu A/cm^2$）调整 μA 表至需要值。同时，开始计算时间，依次按 2min、4min、6min、8min、10min、15min、20min、25min、30min，分别记录埋有钢筋的砂浆电极阳极极化电位值。

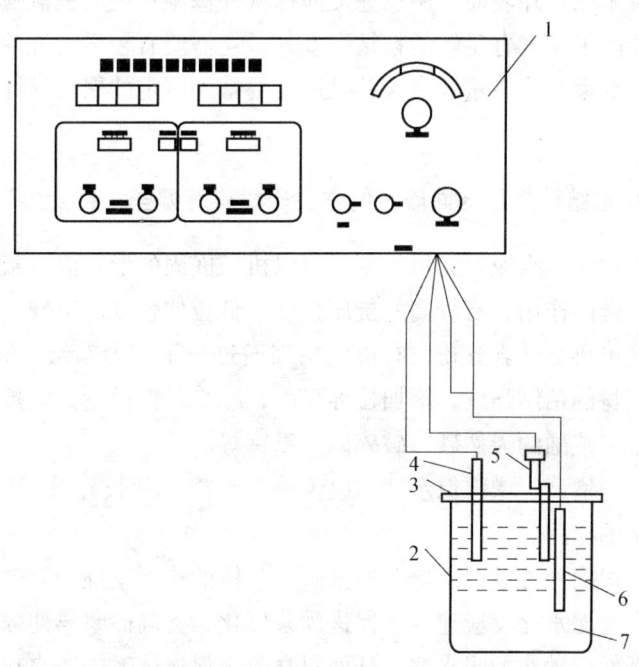

图 316-4　硬化砂浆极化电位测试装置图
1—钢筋锈蚀测量仪或恒电位/恒电流仪；2—烧杯，1000mL；3—有机玻璃盖；
4—不锈钢片（阴极）；5—甘汞电极；6—硬化砂浆电极（阳极）；7—饱和氢氧化钙溶液

3) 试验结果处理

①取一组三个埋有钢筋的硬化砂浆电极极化电位的测量结果的平均值作为测量值，以阳极极化电位为纵坐标，时间为横坐标，绘制阳极极化电位-时间曲线。

②根据电位-时间曲线判断样品对钢筋锈蚀的影响。

  a. 电极通电后，阳极钢筋电位迅速向正方向上升，并在 1～5min 内达到析氧电位值，经 3min 测试，电位值无明显降低，如图 316-2 中的曲线①，则属钝化曲线。表明阳极钢筋表面钝化膜完好无损，所测样品对钢筋是无害的。

  b. 通电后，阳极钢筋电位先向正方向上升，随着又逐渐下降，如图 316-2 中的曲线②，说明钢筋表面钝化膜已部分受损。而图 316-2 中的曲线③活化曲线，说明钢筋表面钝化膜破坏严重。这两种情况均表明钢筋钝化膜已遭破坏，所测样品对钢筋是有锈蚀危害的。

（十一）保温系统用粘结砂浆与抹面砂浆

317. 什么是保温系统用配套砂浆？

  答：保温系统用配套砂浆基本上可分为内保温用和外保温用两大类。内保温用的以石膏基砂浆为代表（含粘结石膏和粉刷石膏），外保温用的以膨胀聚苯板薄抹灰系统用水泥基粘结砂浆与抹面砂浆的使用范围最广。

  粘结砂浆是用于将聚苯板粘结到基层墙体上；抹面砂浆是薄抹在粘贴好的聚苯板外表面，或薄抹在胶粉聚苯颗粒外表面，用以保证薄抹灰外保温系统的机械强度和耐久性。由于其处于外层，其性能除了要求有足够的粘结强度外，还需要有较强的抗冲性、抗热应力、耐水性及抗冻性等。一般聚合物掺量较多，并且通常要掺加一定的聚丙烯纤维或其他纤维，以提高抗裂性能。

318. 保温系统用粘结砂浆与抹面砂浆的主要原材料有哪些？

  答：①无机胶凝材料：水泥等无机胶凝材料以机械嵌固的形式嵌入基材孔隙中，凝结硬化后产生类似于销、键的作用，有较高的抗压强度、低拉伸强度、坚硬。

②聚合物乳液或可再分散乳胶粉：有机胶粘剂通过分子间力粘结，通过水分蒸发结膜。柔软，增强对所有基材的粘结强度，增加拉伸强度，减少弹性模量，低抗压强度。

③骨料：不同规格范围的天然砂、破碎砂、重钙等。

④甲基纤维素醚：增稠、增强保水性、改善施工性能、延长开放/可工作时间、增加粘结性，起到均衡粘结的作用。

⑤改性淀粉醚：根据配方设计需要，增强砂浆整体的抗下垂性。

⑥早强剂：提高水泥水化反应速度，促进砂浆硬化，提高砂浆早期强度。

⑦憎水剂：降低面层砂浆的吸水率，从而提高整个保温体系的防水功能。

⑧抗裂剂：减少砂浆可塑阶段的收缩开裂现象，减少砂浆由于温度梯度、湿度梯度等引起的干缩。

319. 对聚苯板薄抹灰外墙外保温系统用配套砂浆的技术要求有哪些？

  答：聚苯板（包括模塑聚苯板和挤塑聚苯板）薄抹灰外墙外保温系统用粘结砂浆的技术要求见表 319-1，抹面砂浆的技术要求见表 319-2。

表 319-1 粘结砂浆性能指标

项目		模塑聚苯板	挤塑聚苯板
拉伸粘结强度（MPa）（与水泥砂浆）	常温常态	≥0.60	≥0.60
	耐水	≥0.40	≥0.40
拉伸粘结强度（MPa）	常温常态	≥0.10，破坏界面在模塑聚苯板上	≥0.20
	耐水		
可操作时间（h）		1.5~4.0	

表 319-2 抹面砂浆性能指标

项目		模塑聚苯板	挤塑聚苯板
拉伸粘结强度（MPa）（与水泥砂浆）	常温常态	≥0.60	≥0.60
	耐水	≥0.40	≥0.40
拉伸粘结强度（MPa）（与保温板）	常温常态	≥0.10，破坏界面在模塑聚苯板上	≥0.20
	耐水		
	耐冻		
柔韧性a	抗冲击（J）	≥3	
	压折比	≤3.0	
可操作时间（h）		1.5~4.0	
24h吸水量（g/m²）		≤500	

a. 对于外墙外保温采用钢丝网做法时，柔韧性可只检测压折比。

320. 建筑外墙外保温系统对抹面砂浆有哪些要求？

答：建筑外墙外保温技术是提高建筑物围护结构的保温隔热性能最重要的措施。该技术将保温层置于建筑围护结构的外表面，能使建筑物的保温性能和隔热性能均得到保证，又能对建筑物起到保护作用，使建筑物避免直接暴露于大气环境中，使之免受大气环境中的各种腐蚀和破坏作用。因而，建筑外墙外保温技术的应用与发展越来越受到人们的重视。对抹面砂浆的要求如下：

（1）系统的整体性、耐久性和有效性的要求

外墙外保温工程应能适应基层的正常变形而不产生裂缝或者空鼓，长期承受自重而不产生有害的变形，承受风载荷的作用而不产生破坏，耐受室外气候的长期反复作用而不产生破坏，在发生罕遇地震时不应从基层上脱落。

（2）防火性的要求

外墙外保温工程的防火性能应符合国家有关法规规定，高层建筑外墙外保温工程应采取防火构造措施。

（3）防水性的要求

外墙外保温系统应具有防水渗透性能、防雨水和地表水渗透性能，雨水不能透过保护层，不得渗透至任何可能对外保温复合墙体造成破坏的部位。外保温复合墙体的保温、隔热和防潮性能应符合国家现行标准《民用建筑热工设计规范》GB 50176—1993、《民用建筑节能设计标准（采暖居住建筑部分）》JGJ 26—1995、《夏热冬冷地区居住建筑节能设计标准》

JGJ 75—2003 的有关规定。

（4）物理、化学稳定性的要求

外墙外保温工程各组成部分应具有物理、化学稳定性。所有组成材料应彼此相容并具有防腐性。在可能受到生物侵害（鼠害、虫害）时，外墙外保温工程还应具有防止生物侵害性能。

（5）外墙外保温系统其他性能的要求

抗风荷载性能、抗冲击性能、耐冻融性能等均应符合国家相关标准的要求。

321. 常见的建筑墙体外墙外保温系统有哪些类型？

答：目前常见的几种建筑外墙外保温系统有：
①膨胀聚苯板薄抹灰外墙外保温系统（EPS 板薄抹灰体系）；
②挤塑聚苯板薄抹灰外墙外保温系统（XPS 板薄抹灰体系）；
③胶粉聚苯颗粒保温浆料外墙外保温系统（保温浆料体系）；
④EPS 钢丝网架板现浇混凝土外墙外保温系统（有网现浇体系）；
⑤EPS 板现浇混凝土外墙外保温系统（无网现浇体系）；
⑥机械固定 EPS 钢丝网架板外墙外保温系统（机械固定体系）。

聚苯板类保温系统是国内外使用最普遍、保温效果较好、技术上较成熟的外保温系统。该系统导热系数小，保温隔热效果好，并且聚苯板的厚度一般不受限制，可满足严寒地区节能设计标准要求。虽然胶粉聚苯颗粒保温系统导热系数比聚苯板大，但由于我国的地域广，各种气候区分布不一，加之该产品施工简便、成本低，虽然在严寒地区使用会受到一些限制，但在夏热冬暖地区以及一些特殊部位使用有着明显优势。

322. 膨胀聚苯板薄抹灰外墙外保温体系的构造是什么？对其配套砂浆有哪些要求？

答：膨胀聚苯板薄抹灰外墙外保温体系置于建筑物外墙外侧的保温及饰面系统，是由胶粘剂、膨胀聚苯板、抹面砂浆、耐碱网布等组成，基本构造如图 322-1 所示。首先用胶粘剂把膨胀聚苯板粘贴固定在基层墙体上形成保温层，然后在聚苯板表面刮抹抹面砂浆，其上铺贴耐碱网格布，在网格布上再刮抹面砂浆形成表面保护层。保护层的厚度宜控制在：普通型 3～5mm，加强层 5～7mm。

由于膨胀聚苯板薄抹灰外墙外保温体系用聚合物砂浆是其重要组成部分之一，作为系统的配套产品，该体系必须把各组成视为一个整体。

胶粘剂是由水泥或其他无机胶凝材料、高分子聚合物和填料等材料组成，专用于把膨胀聚苯板粘结到基层墙体上的工业产品。当夏季采取降温措施时，此处的温度和室温相近，与室外温差较大，及室内湿度的影响，因此要具有较好的耐水性和耐变形性，耐水性是至关重要的。由于极性大的水分子会渗透到聚合物胶结界面层，破坏胶结界面层的氢键，使胶结界面层的分子

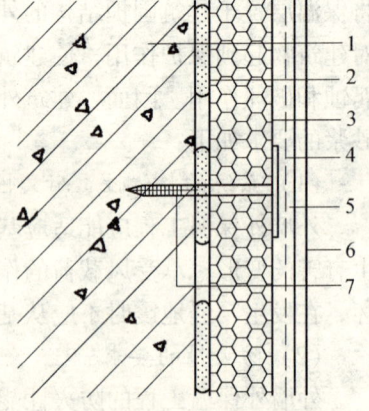

图 322-1 膨胀聚苯板薄抹灰外墙外保温体系结构

1—基层；2—胶粘剂；
3—膨胀聚苯板；4—耐碱网布；
5—抹面砂浆；6—饰面涂料；7—锚栓

间力下降，导致粘结强度下降。抹面砂浆是由水泥或其他无机胶凝材料、高分子聚合物和填料等材料组成，薄抹在粘贴好的膨胀聚苯板外表面，用于保证薄抹灰外保温系统的机械强度和耐久性。

要求聚合物砂浆具有如下特点：

①和易性、操作性、保水性好。

②粘结强度高，能与基层墙体及各类保温板产生良好的粘结性能。

③砂浆具有一定的柔性。

④面层砂浆具有优异的柔韧性，抗裂效果好。

⑤面层砂浆具有良好的呼吸性，可透气不渗水。

⑥面层砂浆具有疏水效果，有很好的抗冻性。

⑦面层砂浆和饰面体系材料有很好的兼容性。

⑧现场加水搅拌即可使用，施工方便。

⑨无毒环保，安全可靠。

聚合物砂浆的基础配合比见表322-2、表322-3。

表322-2 粘结砂浆参考配合比

原材料	规格	质量比
普通硅酸盐水泥	32.2R 或 42.5R	280~30
可再分散胶粉	—	25~30
砂	0.1~0.5mm	500~600
熟石灰	—	0~20
重钙粉	0.05mm	100~200
纤维素醚	15000~45000mPa·s	1.5~2.5
其他功能性添加剂（如改善抗下垂性的淀粉醚）	—	0.5
其他功能性添加剂（如冬期施工时使用的早强剂甲酸钙）	—	0~10
合计	—	1000
加水量	—	18%~21%

表322-3 抹面砂浆参考配合比

原材料	规格	质量比
普通硅酸盐水泥	32.2R 或 42.2R	200~300
可再分散胶粉	—	30~40
砂	0.1~0.5mm	650~750
熟石灰	—	0~20
重钙粉	250目	0~120
纤维素醚	15000~45000mPa·s	1.0~3.0

323. 膨胀聚苯板薄抹灰外墙外保温系统的施工工艺如何？

答：膨胀聚苯板薄抹灰外墙外保温系统的施工工艺流程如下：

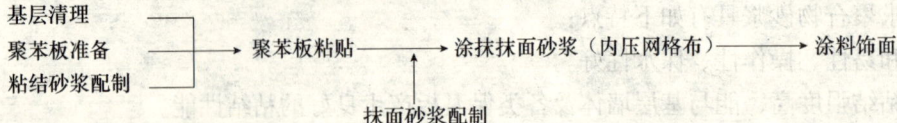

(1) 基层清理

基层要求：基层墙体应坚实平整，墙面应清洁、干净。

清除施工基层上的浮灰、疏松物、油污和其他废弃物，局部油污用10% NaOH 溶液清洗并用清水冲净。

因基层清理情况直接影响粘结砂浆的粘结效果，进而影响整个保温系统的安全性，因此，新浇筑混凝土的脱模剂等必须清理干净，对于老房改造等则需采用机械锚固。另外，基层的平整度直接影响粘结砂浆的使用量，因此，应严格控制基层墙面平整度和垂直度，用2m靠尺检查，最大偏差不大于5mm，超差部分应剔凿或用聚合物水泥砂浆修补平整。

(2) 粘结砂浆配制

对于干混砂浆，干粉料与水直接搅拌到一定稠度即可，须用电动搅拌器搅拌均匀。配制时，先将一定量的水加入到搅拌桶中，然后边搅拌边加入干粉料，至稠度合适时，停止搅拌，将桶边及搅拌叶上的干粉料刮入桶中，静停5min以上，再搅拌2~3min即可。一次配制量须在厂家推荐的可操作时间范围（一般为2h）内用完。

对于双组分砂浆，须用专用胶与相应的干粉料按比例配制，但不得外加水及其他物质，以免影响砂浆的性能。

(3) 聚苯板粘贴

聚苯板粘贴时一般由下往上施工，而抹面则由上到下施工。

①聚苯板切割：用电热丝切割器或手用刀锯切割，标准板面尺寸为1200（900）mm×600mm×70（50）mm，板厚误差为±2mm；非标准板按实际需要的尺寸加工，尺寸允许偏差为±2mm，大小面垂直。

②变形缝两侧及门窗洞口边缘处，须粘贴250mm宽包底网格布，可根据实际情况将网格布预先粘于上述要求部位。

③一般采用"点-框法"涂抹粘结砂浆：在聚苯板面四周涂抹一圈粘结砂浆，宽约50~60mm；板心按梅花形布设粘结点，直径约100mm，如图323-1所示。

要求：a. 聚苯板粘贴面积应符合有关标准或规程的规定。b. 粘结层厚度以能调平聚苯板粘贴层为宜，平均约10mm。c. 抹完粘结砂浆后，立即将板立起粘贴，粘贴时轻揉、均匀挤压，并用托线板检查垂直平整，板与板间挤紧，碰头缝处不留粘结砂浆。粘贴聚苯板时应做到上下错缝，每贴完一块板，应及时清除挤出的粘结砂浆，板间不留间隙，如出现间隙，应用相应宽度的聚苯板填塞。d. 聚苯板粘贴1d后，方可根据设计要求进行尼龙胀栓的固定工作。e. 聚苯板接缝不平处应用打磨抹子磨平，打磨动作宜为轻柔的圆周运动，磨平后应用刷子将碎屑清理干净。磨平工作应在聚苯板粘贴24h后进行，以避免对聚苯板粘贴层的扰动。

(4) 抹面砂浆配制

抹面砂浆的配制要求基本同粘结砂浆，不过相对稍稀一些，尤其是面层的。

（5）抹面砂浆的施工

聚苯板粘贴24h后，方可进行抹面施工。

①在聚苯板表面均匀涂抹一层配制好的抹面砂浆（第一次涂抹），厚度为2~3mm。

②贴网格布

a. 先将门窗洞口处预留的网格布翻包粘好，并在门窗洞口处，沿45°角方向各加一层400mm×200mm网格布进行加强，加强网位于大面网格布下面（图323-2）。

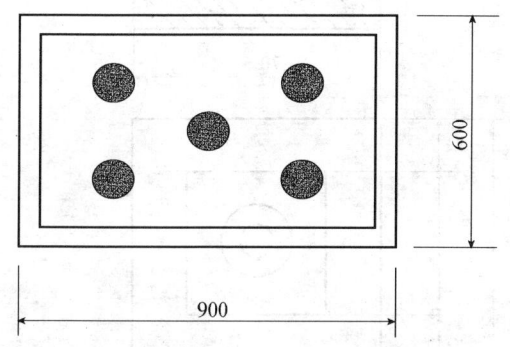

图323-1 "点-框法"粘结示意图　　图323-2 门窗洞口加强网格布粘贴示意图

b. 将大面网格布沿水平方向绷平，用抹子由中间向上、下两边将网格布抹平，将其压入底层抹面砂浆，网格布左右搭接宽度不小于100mm，上、下搭接宽度不小于80mm，不得使网格布皱褶、翘边。

③抹面（第二次涂抹），抹灰厚度以盖住网格布为准，约1~2mm，抹面砂浆总厚度约为3mm。

324. 如何测定外保温粘结砂浆和抹面砂浆的拉伸粘结强度？

答：标准试验条件为空气温度（23±2）℃，相对湿度（50±10）%。

（1）仪器设备

①拉力试验机：精度1%，破坏荷载为其量程的20%~80%；

②成型框：外框尺寸70mm×70mm，内框尺寸40mm×40mm，厚度3mm的硬聚氯乙烯或金属框。

（2）试验步骤

①制备基底水泥砂浆试块

采用普通硅酸盐水泥、中砂，按照水泥:砂:水=1:3:0.5（质量比）的配合比，采用水泥胶砂搅拌机进行机械搅拌，成型70mm×70mm×20mm和40mm×40mm×10mm两种规格的水泥砂浆试块。试件成型后在标准试验条件下放置24h后拆模，养护28d，备用。

②制备基底膨胀聚苯板块

用表观密度为18kg/m³、按规定经过陈化后合格的膨胀聚苯板作为试验用标准板，切割成70mm×70mm×20mm试块。

③制备拉伸粘结强度试件

将成型框置于70mm×70mm×20mm水泥砂浆或膨胀聚苯板块上，将制备好的砂浆填满型框，用刮刀平整表面，除去型框，同时在40mm×40mm×10mm水泥砂浆块上薄刮一层约

0.1~0.2mm厚的砂浆，然后将两块对放，轻轻按压，刮去边上多余的砂浆，再在试验条件下养护，如图324-1所示。

每组制作六对试件。

④原强度（未处理的拉伸粘结强度）

将试件在试验条件下养护14d，在到规定龄期24h前，用适宜的高强度粘结剂（如环氧类粘结剂）将拉拔接头粘贴在40mm×40mm×10mm的砂浆试块上，24h后进行测定。

将试件置于试验机的夹具中，进行拉伸，拉伸速度为（5±1）mm/min。记录每个试件的测试结果及破坏界面，并取4个中间值计算算术平均值。

⑤耐水拉伸粘结强度

试件在试验条件下养护7d后，将试件在试验条件水中浸泡7d。6d后将试件从水中取出并用布擦干表面水渍，用适宜的高强度粘结剂粘结拉拔接头，24h后测定拉伸粘结强度。

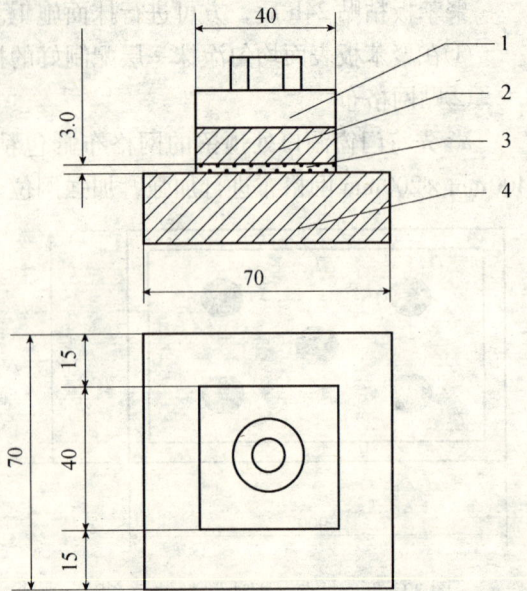

图324-1 拉伸粘结强度试件示意图
1—拉伸用钢制夹具；2—水泥砂浆块；
3—测试样品；4—膨胀聚苯板或砂浆块

⑥耐冻融拉伸粘结强度（抹面砂浆）

试件在试验条件下养护7d后，将试件放在（50±3）℃的干燥箱中16h，之后浸入（20±3）℃的水中8h，试件抹面砂浆面向下，水面应至少高出试件表面20mm；然后置于（-20±3）℃冷冻24h为一个循环，每一个循环观察一次，试件经10次循环，试验结束；再测定拉伸粘结强度。

325. 如何测定外保温粘结砂浆与抹面砂浆的可操作时间？

答：与测定外保温粘结砂浆拉伸粘结强度的方法相同，只是砂浆搅拌后，在试验环境中按制造商提供的可操作时间（没有规定时按4h）放置，然后按外保温粘结砂浆原强度的测试方法进行测试。

试验结果平均粘结强度不低于原强度的要求。

（十二）填缝剂

326. 什么是填缝剂？

答：填缝剂也叫勾缝剂，是用于填满墙壁或地板上的瓷砖（或天然石料）之间缝隙的材料。与瓷砖、石材等装饰材料相配合，提供美观的表面和抵抗外界因素的侵蚀。它由水泥、骨料及各种功能性添加剂在工厂配制生产而成。

327. 填缝剂的主要特点有哪些？

答：填缝剂的主要特点有：

①与瓷砖边缘具有良好的粘合性，粘结强度高，抗拉伸性能强，可塑性大，不龟裂，不脱落；

②低收缩率，减少裂纹形成；

③优质的柔性配方，具有足够的抗变形能力；

④低吸水率，具有良好的防水抗渗性能，防止水分从砖缝隙渗入；

⑤美观，有多种颜色与瓷砖相配，经久不褪色；

⑥无毒无味，安全环保。

328. 填缝剂的主要原材料和参考配方是什么？

答：（1）主要原材料组成

①水泥：无机胶凝材料。

②石英砂：作为填料并调节其稠度。

③重钙：细填料。

④纤维素醚：作为增稠剂并保持填缝剂中的水分稳定，确保薄层施工工艺中砂浆中的水分不会很快蒸发或被基材和瓷砖吸收，从而能在最佳状态下凝结硬化。

⑤可再分散乳胶粉：增强对所有基材的粘结强度，增加拉伸强度，降低弹性模量，改善工作性，减少碳化，减少水的渗透性。

⑥其他功能性外加剂等。

（2）参考配方

填缝剂的参考配方见表328-1。

表328-1 填缝剂的参考配方

组成	规格型号	配方
水泥	32.5R	250~350
石英砂	0.1~0.4mm	400~600
重钙	0.05mm	100~200
可再分散乳胶粉		10~30
纤维素醚		0~1
其他功能助剂（改善施工性）		0~10

329. 常见的水泥基填缝剂的种类有哪些？技术要求是什么？

答：根据建材行业标准《陶瓷墙地砖填缝剂》JC/T 1004—2006，水泥基填缝剂按产品的性能可分为普通型、改进型两类；按产品的附加性能可分为快硬性、低吸水性、高耐磨性三种。其技术要求见表329-1，表329-2为特殊使用场合需要的填缝剂的附加性能。

表 329-1 水泥基填缝剂的技术要求

项　目			指　标	
			普通型	快硬性-普通型
耐磨损性（mm³）		≤	2000	
收缩值（mm/m）		≤	3.0	
抗折强度（MPa）	标准试验条件	≥	2.50	
	冻融循环后	≥	2.50	
抗压强度（MPa）	标准试验条件	≥	15.0	
	冻融循环后	≥	15.0	
吸水量（g）	30min	≤	5.0	
	240min	≤	10.0	
标准试验条件24h抗压强度（MPa）		≥	—	15.0

表 329-2 水泥基填缝剂的技术要求

项　目	指　标
高耐磨损性（mm³） ≤	1000
30min 低吸水量（g） ≤	2.0
240min 低吸水量（g） ≤	5.0

330. 如何进行填缝剂的施工？

答：应在面砖或板材粘贴24h后进行勾缝，按下述步骤施工：
①将需要勾缝的部位清理干净，不得有疏松物；
②按推荐用水量搅拌砂浆，搅至均匀的糊状物，静置5~10min，再搅拌均匀，即可施工；
③用灰刀将混合好的浆料涂在瓷砖接缝上，并用力均匀地摊开；
④在填缝剂未凝固前，用湿布或海绵擦去多余部分；若超过24h，可用瓷砖清洁剂去除。

331. 什么是石膏基填缝剂？

答：石膏填缝剂是一种用于石膏板板间接缝、嵌填、找平和粘结的通用型接缝剂，是由无机或有机胶凝材料、填料以及多种化学外加剂，经一定的生产工艺制成的预混合材料。预混合材料的成品有两种：一种是粉状的，称为嵌缝石膏粉；另一种是膏状的，称为石膏板接缝膏（简称接缝膏）。

嵌缝石膏粉是以建筑石膏为基材，含有多种化学外加剂，经过预混合配制的粉状材料，在现场加净水拌成膏状剂后使用。这种接缝处理的特点是粘结面积大，中间又有一层与腻子结合牢固的接缝带。当板面受荷载作用时，应力被约束在单块石膏板面上，不易开裂，形成一个整体性强、粘结牢固、平整的墙面。因此，这类以胶凝材料的水化而固化的填缝剂又称为凝固型接缝剂。

接缝膏是以聚合物乳液为基料，加入特有的化学外加剂及粉状填料，经混合制成的膏状胶体材料。这种接缝处理的特点是接缝层为柔性连接，当板面受荷载作用时，应力分布在整个板面上，不易开裂，形成一个刚柔结合的整体墙面。因此，这类以胶凝材料的水分失去而固化的填缝剂又称为干燥型接缝剂。

嵌缝石膏粉是多种材料预混合的粉状材料，需加水搅拌成可操作的膏状体填缝剂。进行嵌填、找平等接缝处理，硬化后使石膏板板面成为一体。它具有和易性好、黏稠合适、易涂刮、有足够的可使用时间、干硬快、不收缩，属于凝固型填缝剂，能充分嵌填充满不同厚度的板间缝隙，无裂纹。由于嵌填饱满有利于提高隔声指数和耐火性能，具有合适的粘结性能，使填缝剂与石膏板的纸面、石膏芯材以及接缝带等均能粘结牢固，耐火性能及强度均优于纸面石膏板，是一种适合各种类型石膏板板间接缝用的通用型接缝剂。

332. 石膏基填缝剂的原材料有哪些？

答：嵌缝石膏粉是一种由建筑石膏、缓凝剂、胶粘剂、保水剂、增稠剂、表面活性剂等多种材料组成、经一定的生产工艺加工而成的预混合粉状材料。其主要组成材料是以具有遇水能迅速发挥其应有作用的粉状材料。

（1）建筑石膏

建筑石膏是以半水石膏（$\alpha\text{-}CaSO_4 \cdot \frac{1}{2}H_2O$）为主要成分，含有少量Ⅲ型无水石膏和二水石膏，具有凝结快、可塑性好、硬化体不收缩，有良好的粘结性和强度，是一种适合石膏板板间嵌缝的理想胶凝材料。

其主要技术性能满足下列要求：细度为120目，全部通过0.2mm标准筛，其他性能符合《建筑石膏》GB 9776—2008—T标准中的规定，强度达到合格品即可。

（2）缓凝剂

缓凝剂的作用是延长石膏的凝结时间，使填缝剂有足够的可操作时间。其种类很多，有无机盐（Na_2SiO_3、Na_2CO_3等）、可溶性有机化合物（甘油、酒精、酒石酸、柠檬酸、丙二酸、丁二酸等及其盐类）等。根据半水石膏凝固机理、缓凝机理，通常单独采用一种缓凝剂，为了达到足够的凝结时间，就需加大掺量。某些无机盐类在加大掺量时，产生泌水，石膏强度明显下降，以至于发生粉化、表面涂层脱离、空鼓、脱皮、剥落等弊病。因此，需选用适当的缓凝剂复合使用。

其主要技术性能满足下列要求：易溶于水，掺少量即能使石膏填缝剂初凝时间延长至30min以上，并使石膏填缝剂的强度试验和腐败试验符合标准要求。

（3）胶粘剂

胶粘剂的作用是改善石膏的粘结性能，提高填缝剂对纸面石膏板的面纸及接缝带等被粘物的粘结性。

嵌缝石膏粉用的胶粘剂应该是水溶性或水溶胀型的粉状胶粘剂，其种类有动物胶、植物胶（可溶性淀粉、骨胶等）、有机高分子化合物（聚醋酸乙烯类、可再分散乳胶粉）和两者共混或改性的产品。一般动植物类胶粘剂容易霉变，影响其性能，而有机高分子类胶粘剂一般价格昂贵，单独使用成本高。根据聚合物共混原理，将两种以上的胶粘剂共混，增大水溶性和粘结性，遇水溶解快，搅拌不易结团，提高石膏的塑性，改善脆性和抗裂性，使填缝剂有足够的粘结强度。

其主要技术性能满足下列要求：在水中能分散、不结团的胶结材料，使石膏填缝剂与接缝带的粘结试验符合标准要求。

（4）保水剂（增稠剂）

保水剂（增稠剂）与水形成胶体溶液，使水不易挥发或被基层吸收，保证了石膏水化所需的水分，起到保水的作用。同时调整石膏填缝剂的黏稠度，使其在嵌填板间缝隙时不会因下垂而嵌填不饱满，不易产生裂缝。但这类产品的掺入有可能会降低石膏的强度和延缓石膏的水化过程，为了保持其综合性能良好，保水剂（增稠剂）的选择及掺量必须合适。常用的有水溶性纤维素衍生物、改性淀粉等，其主要技术性能满足下列要求：适量掺加使石膏填缝剂不下垂，保水率高，并使石膏填缝剂的强度试验和腐败试验符合标准要求。

（5）表面活性剂

表面活性剂能降低水的表面张力，对填缝剂的各组分之间起到浸润、分散作用。表面活性剂分子结构是一端有水溶性的原子团如羧基（—COOH）、磺酸基等亲水基团和另一端有较大较长的碳氢链的憎水基团。表面活性剂能溶于水，是因为其亲水部分与水的亲合力大于憎水部分与水的相斥力。在水溶液中的表面活性剂的憎水部分与水相斥，舍水而伸向被溶物的界面，而亲水部分则被水吸引，结果发生吸附现象，形成薄分子膜而降低张力，从而产生润湿、乳化、分散、起泡等作用。

表面活性剂的种类很多，一般根据表面活性剂在水中能够产生表面活性的基团是阳离子称为阳离子型表面活性剂（如烷基三甲基氯化铵等有机叔胺盐或季胺盐），是阴离子称为阴离子型表面活性剂（如烷基磺酸钠等有机羧酸盐或磺酸盐），是水溶性分子称为非离子型表面活性剂（如高级醇环氧乙烷加成物等聚氯乙烯型和多元醇型）。嵌缝石膏粉宜采用阴离子型表面活性剂，它的适应性强，货源充足，价格便宜。

其主要技术性能满足下列要求：易溶于水，控制掺量，以不过多降低强度为宜，配制的填缝剂易拌和，不结块。

嵌缝石膏粉的原材料中有遇水作用的粉状材料，因此，包装必须密封、防潮、防水，存放在阴凉、通风、干燥的库房内。运输中注意避免受潮。

333. 石膏基填缝剂的参考配方是什么？

答：石膏基填缝剂的参考配方如下：

	（质量份）
建筑石膏	100.0
缓凝剂	0.15
胶粘剂（可再分散乳胶粉）	0.20
保水剂（DOS 美施乐纤维素醚）	0.50～0.80

（十三）饰面砂浆

334. 什么是饰面砂浆？常见的种类有哪些？

答：饰面砂浆是以无机胶凝材料、填料、添加剂和/或骨料、颜料等所组成的用于建筑墙体表面及顶棚装饰性抹灰的材料，可代替涂料而用作建筑外墙装饰。不需要光滑的基层，是建筑物立面涂层材料，可以作为最终装饰，使用厚度不大于6mm。适用于各种墙面的装饰，如内外墙保温墙体装饰面、内外混凝土墙体装饰面、内外砂浆墙体装饰面，可以手工施工，也可以机械喷涂施工，并且基于施工方式的不同而得到不同的装饰效果。根据所使用的粘结材料不同可分为三大类：水泥基饰面砂浆、石膏基饰面砂浆和纯聚合物基饰面砂浆，其中石膏基饰面砂浆只能用于室内场合。

饰面砂浆在欧洲的应用相当普遍，其典型的厚度为 2～3mm，其表面可以用不同的工具做出不同的纹理效果，并且可以通过调整配方中骨料的粒径大小，以获得或细腻或粗糙的效果。

从国内饰面砂浆的应用状况来看，应用较多的是水泥基干混饰面砂浆和纯聚合物基的膏状饰面砂浆，而石膏基饰面砂浆应用得很少。

335. 水泥基饰面砂浆的特点有哪些？

答：①水泥基饰面砂浆具有比涂料（包含粘结剂层）或瓷砖更低的成本，色彩丰富，可制造多种纹理的饰面效果，装饰效果多样化，质感自然。

近年来还发展了仿瓷砖的装饰效果。这主要是由于国内外保温系统的大量应用，使本来设计贴瓷砖的建筑陷入了尴尬的境地——怕贴瓷砖不安全，不贴又不能获得设计效果。仿瓷砖的饰面砂浆施工方法的出现解决了这一问题。

②饰面砂浆具有良好的透气性，墙面干爽。通过选择合适的添加剂，还可以获得良好的防水效果。

③保水性能好，施工时可不润湿或适当润湿墙面。粘结强度高，收缩小，耐久性能好。

④表面颜色的一致性和抗泛碱性较难控制。

水泥基饰面砂浆最大的缺点就是表面容易有色差和泛碱问题。部分商业产品配套有罩面清漆以减轻泛碱。另外也有专业的抑制泛碱添加剂可以增加饰面砂浆自身的抗泛碱能力。

336. 饰面砂浆的主要原材料组成及参考配方有哪些？

答：水泥基饰面砂浆可分为室外用和室内用两种，在性能要求上有所区别。另外还可以根据其使用的基层分为普通墙面用和保温墙面用，保温墙面用的饰面砂浆应该具有更好的柔性和抗开裂性能。

（1）主要原材料组成

水泥基饰面砂浆配方中的主要材料有：水泥、熟石灰、可再分散乳胶粉、颜料、填料、不同粒径的砂和其他功能添加剂。

（2）参考配方

饰面砂浆的参考配方见表 336-1。

表 336-1 饰面砂浆的参考配方

材　料	质量比
普通硅酸盐水泥，白色或灰色	10～20
碳酸钙，300 目	0～15.00
熟石灰	5.00
石英砂	平衡到 100
颜料（建议使用无机氧化物颜料，掺量根据色彩的要求调整）	0～5.00
引气剂	0.00～0.03

续表

材 料	质量比
木质纤维	0.20~0.50
纤维素醚，10000~15000mPa·s	0.20~0.30
憎水剂	0.20~0.40
淀粉醚	0.01~0.03
可再分散乳胶粉	1.50~4.00
总计	100.00

337. 饰面砂浆的技术要求有哪些？

答：建材行业标准《墙体饰面砂浆》JC/T 1024—2007 对饰面砂浆的要求见表 337-1。

表 337-1 饰面砂浆性能指标

项 目		技术指标	
		外墙饰面	内墙和顶棚饰面
可操作时间	30min	刮涂无障碍	
初期干燥抗裂性		无裂纹	
吸水量（g）	30min ≤	2.0	
	240min ≤	5.0	
强度（MPa）	抗折强度 ≥	2.50	
	抗压强度 ≥	4.50	
	拉伸粘结原强度 ≥	0.50	
	老化循环拉伸粘结强度 ≥	0.50	—
抗泛碱性		无可见泛碱，不掉粉	—
耐沾污性（白色或浅色）	立体状/级 ≤	2	—
耐候性（750h）	≤	1 级	—

338. 饰面砂浆的施工工艺如何？

答：①采用适当的方法对基层进行处理，使基层平整坚固、干燥洁净、无油污及其他松散物，有裂缝的地方需修补完毕后才能施工。处理基层的目的是为了使饰面砂浆和墙体之间粘结得更牢固。

②在处理好的基层上，涂 1~2 遍乳液界面剂，以封闭基材吸水通道，使饰面砂浆表面质感效果更好。

③按推荐的用水量加水搅拌饰面砂浆。先搅拌 3min，静置 10min 左右，让砂浆熟化，再稍微搅拌即可使用。

④用钢制抹刀将砂浆均匀涂抹到墙上，涂抹厚度不小于砂浆中骨料的最大粒径。

⑤在涂抹完毕的 10min 内，用塑料抹刀在砂浆表面以 30cm 为直径做圆周运动，搓平砂浆。

⑥待砂浆硬化干燥后，用密封剂在砂浆表面涂刷 2 遍，进行罩面。

⑦饰面砂浆施工完成后应自然养护，不得浇水及沾上其他赃物，以保护成品饰面整洁

美观。

339. 如何测定饰面砂浆的可操作时间?

答：饰面砂浆的标准试验条件为：空气温度（23±2）℃，相对湿度（50±5）%，试验区的循环风速低于 0.2m/s。

（1）砂浆制备

①将水或液体倒入水泥胶砂搅拌锅中；

②将干粉撒入搅拌锅内，低速搅拌 15s；

③取出搅拌叶，在 60s 内清理搅拌叶和搅拌锅壁上的砂浆；

④重新放入搅拌叶，再搅拌 75s。

（2）试验步骤

在标准试验条件下，将搅拌好的砂浆存放在搅拌锅中。30min 后，将砂浆涂抹在标准混凝土板上，然后进行梳理。方法是握住抹刀与混凝土板约成 60°的角度，与混凝土板一边成直角，平行地抹至混凝土板另一边（直线移动）。

（3）结果评定

检验砂浆刮涂过程中是否有障碍。如无障碍，则可操作时间合格。

340. 如何测定饰面砂浆的初期干燥抗裂性?

答：将搅拌好的饰面砂浆涂布于石棉水泥平板表面，指触干后，将其置于风洞内的试架上面，试件与气流方向平行。放置 6h 后取出，用肉眼观察试件表面有无裂纹出现。

每组制作两个试件。

结果评定：当试件表面无裂纹时，初期干燥抗裂性合格。

341. 如何测定饰面砂浆的吸水量?

答：（1）仪器

①三联试模：尺寸为 40mm×40mm×160mm；

②平底盘子：最小深度 20mm，能容纳三个待测试件；

③隔板：三个 1mm 厚的硬质塑料片（如聚四氟乙烯），尺寸为（40±0.1）mm×（40±0.1）mm。

（2）试件制备

把隔板插入三联试模的中间，与三联模较小的面相平行。然后成型六个饰面砂浆试件，在标准试验条件下养护 5d 后脱模。继续养护 16d，用中性的密封材料涂抹于试件的四个长方形面上加以密封。再在标准试验条件下养护 7d。

（3）试验步骤

称取每个试件的质量，精确到 0.01g。之后，把试件垂直放在平底盘子里，使未密封的面朝下，浸入水中 5~10mm，如图 341-1 所示。试件彼此独立。30min 时，从水中取出试件，用拧干的湿布迅速地擦去表面的水分，称量并记录。然后，把试件再放入盘子里，240min 时重复上述操作。

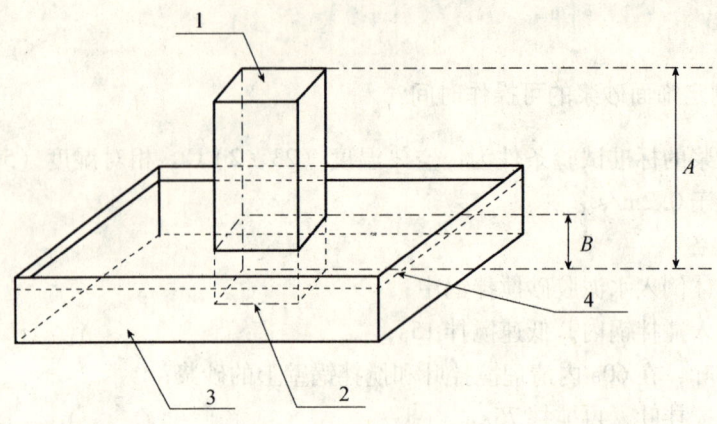

图 341-1 吸水量试验示意图
A—约 80mm；B—浸入深度 5~10mm
1—试件；2—试件断面；3—平底盘子；4—水面

(4) 结果计算

每个试件的吸水量按下式计算：

$$W_{ab} = m_t - m_d$$

式中：W_{ab}——吸水量，g；

m_d——浸水前试件的质量，g；

m_t——规定时间浸水后试件的质量，g。

以六个试件的算术平均值作为试验结果，精确到 0.1g。

342. 如何测定饰面砂浆的拉伸粘结强度？

答：(1) 仪器设备

①成型框：由钢质材料制成的厚度为 5mm 的钢质平板（图 342-1），表面平整光滑。孔尺寸为 50mm×50mm，精确至 ±0.1mm。

②拉力试验机：精度 1%，最大破坏荷载应在其量程的 20%~80% 范围内。

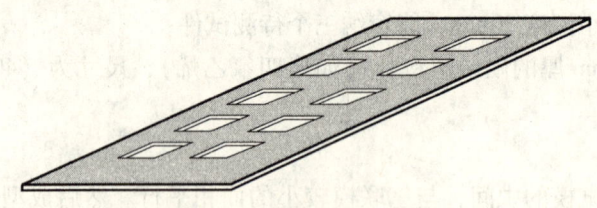

图 342-1 粘结强度成型框

(2) 试验步骤

①试件制备

将成型框放在标准混凝土板成型面上，将制备好的砂浆倒入成型框中，抹平。脱模后，在标准试验条件下养护。

10 个试件为一组。

②拉伸粘结原强度

27d 龄期时，用适宜的高强粘结剂将拉伸接头粘结在砂浆成型面上，继续养护 24h，测定拉伸粘结原强度。

③老化循环后的粘结强度

7d龄期时，将试件在下述两种试验条件下分别进行四次循环。两项试验之间，试件至少在标准试验条件中放置48h。

(a) 冷热循环试验

1) 将试件表面温度加热达到 (60 ± 2)℃，保持 $8h \pm 15min$；
2) 将试件在标准试验条件下放置 $(30 \pm 2)min$；
3) 将试件放置在空气温度为 (-15 ± 1)℃的冰柜中保持 $15h \pm 15min$；
4) 将试件在标准试验条件下放置 $(30 \pm 2)min$。

(b) 冻融循环试验

1) 将试件的成型面浸入 (20 ± 2)℃水中约5mm，保持 $8h \pm 15min$；
2) 将试件在标准试验条件下放置 $(30 \pm 2)min$；
3) 将试件放置在空气温度为 (-15 ± 1)℃的冰柜中保持 $15h \pm 15min$；
4) 将试件在标准试验条件下放置 $(30 \pm 2)min$。

在最后一次循环后取出试件，在标准试验条件下用适宜的高强胶粘剂将拉拔接头粘在成型面上。取出试件后的24h内，测定老化循环后的拉伸粘结强度。

(3) 结果计算

拉伸粘结强度按下式计算：

$$P = \frac{F}{S}$$

式中　P——拉伸粘结强度，MPa；
　　　F——最大破坏荷载，N；
　　　S——粘结面积，$2500mm^2$。

(4) 结果评定

求10个数据的平均值；舍弃超出平均值 $\pm 20\%$ 范围的数据；若仍有5个或更多数据被保留，求新的平均值；若少于5个数据被保留，重新试验。如果破坏模式为高强粘结剂与拉拔头之间界面破坏，应重新进行测定。

试验结果计算精确至0.1MPa。

343. 如何测定饰面砂浆的抗泛碱性？

答：(1) 仪器设备及材料

①电热鼓风干燥箱：温控器灵敏度为 ± 1℃。
②电控淋水装置：水平安装的内径为30mm的PVC管，沿PVC管长度方向每隔40mm带有一个直径为3mm的径向圆孔，所有圆孔均排列在一条直线上。PVC管通过定时电磁阀与自来水管连接。
③封闭材料：采用固体含量约33%、玻璃化温度 $(-7 \sim 6)$℃、pH值 $6.0 \sim 7.0$ 的苯乙烯丙烯酸酯乳液。
④标准混凝土板。

(2) 试验步骤

①用封闭材料横遮竖盖封闭标准混凝土板表面（除背面外），晾干备用。

②按生产厂商提供的涂覆量，将饰面砂浆涂布于两块标准混凝土板表面。在标准试验条下养护24h后，将试件安放到电控淋水装置的下方，放置的倾斜角为（60±5）°。PVC管的开孔方向与流量与试件表面基本垂直，水管与试件的垂直距离为（15±2）cm。将自来水的流量调节到300mL/s，连续喷淋10min。然后将试件放到（50±2）℃电热鼓风干燥箱中烘干4h，取出放在标准试验条件下冷却至室温，再连续喷淋10min。循环21次后，检查试件表面有无可见泛碱，用干净的手指轻搓表面，检查是否掉粉。

(3) 结果评定

当试件表面有无可见泛碱，不掉粉时，抗泛碱性为合格。

注：抗泛碱性能除了按照标准中规定的方法外，还可以根据实际情况设计不同的试验方法，如低温高湿法、早期喷水法等以模拟实际的气候条件。

（十四）修补砂浆

344. 什么是修补砂浆？

答：修补砂浆是由水泥、筛选石料、优质填料及合成聚合物配制而成，能保证砂浆的早期强度及其他适用于修补因钢筋锈蚀导致的混凝土剥落，并可用于修补结构性及一般混凝土构件的蜂窝及麻面。

345. 常用的修补砂浆的种类有哪些？

答：目前修补砂浆种类主要有：①无机修补砂浆：采用普通水泥或特种水泥与级配骨料配制的水泥基砂浆；②有机高分子修补砂浆：如环氧树脂、聚酯树脂和丙烯酸等各种树脂材料；③有机与无机材料复合的聚合物修补砂浆：主要有聚合物改性砂浆。

346. 无机修补砂浆的特点有哪些？

答：采用普通水泥或特种水泥与级配骨料配制的水泥基砂浆是最常用的修补材料，具有耐久性好、耐水性好、价廉、环保等优点，但对于细小裂纹，因水泥基材料与骨料颗粒尺寸较大难以进入裂缝而无法实施对裂缝的修复与修补，同时，砂浆与基底旧砂浆的粘结性能较差。

例如在混凝土路面维修中，若采用水泥基砂浆作为修补材料，应先进行基层的缺陷修补，然后再进行面层板块的修补。采用高强水泥砂浆压力灌浆对基层的缺陷进行修补，以加固路面板块基础。面层板块则采用早强、高强、微膨胀、粘结性良好的砂浆进行修补。为此，在配合比中采用"早强剂+高效减水剂+膨胀剂"。试验表明：水泥砂浆的2d抗压强度在27.8~41.3MPa，抗折强度在5.05~8.0MPa；28d抗压强度在42.0~71.5MPa，抗折强度在7.47~11.43MPa，早期强度与28d强度均较高，对路面混凝土基础，压力灌浆水泥砂浆足够满足强度要求。掺加粉煤灰的砂浆早期强度略低，2d抗压强度在15.2~26.3MPa，抗折强度在3.10~5.47MPa；28d抗压强度在45.2~54.1MPa，抗折强度在7.57~8.80MPa。对压力灌浆加固的路面混凝土基础，在经过2d的养护后，亦可满足支撑面层混凝土的强度要求。

347. 聚合物改性修补砂浆的特点有哪些？

答：采用普通水泥砂浆中混合掺加塑化树脂粉末与水溶性聚合物所配制的修补砂浆，可用于修补严重磨耗的砂浆路面。水溶性聚合物、塑化树脂粉末的掺入均能提高修补砂浆的抗拉强度，水溶性聚合物对提高抗拉强度的作用更显著。水溶性聚合物可显著改善修补砂浆的韧性，且掺量愈大，增韧作用愈明显；塑化树脂粉末的掺入，对修补砂浆韧性的影响很小。

高掺量水溶性聚合物的修补砂浆粘结强度虽高，但增大干缩。普通砂浆以及掺塑化树脂的修补砂浆在保湿养护条件下不产生收缩，但掺入水溶性聚合物的修补砂浆在保湿条件下仍有明显的收缩，这可能是水溶性聚合物在参与水泥水化时发生化学缩减所致。在干燥条件下，各类砂浆均发生收缩，大掺量的水溶性聚合物砂浆收缩值更大，因此采用水溶性聚合物砂浆作修补砂浆进行薄层修补，可能出现大面积收缩开裂。例如对表面严重磨耗的砂浆路面，目前主要采用整板拆除重建、用沥青砂浆罩面及环氧砂浆罩面法进行修补，整板拆除重建法费工耗时、中断交通时间长；沥青罩面使用寿命短；环氧砂浆罩面因上下层变形不同步且易老化、起壳剥落；普通水泥砂浆因粘结不牢会很快起壳剥落。

（十五）石膏基砂浆

348. 什么是石膏基砂浆？

答：石膏基砂浆主要由半水石膏加上相应的辅助材料及化学外加剂，经均匀混合而成。按其使用性能来讲，一般又可分为用于墙体抹灰用的石膏抹灰砂浆，以及用于地面找平用的石膏基自流平砂浆。

349. 什么是自流平石膏砂浆？

答：自流平地面找平石膏（以下简称自流平石膏）是一种在混凝土楼板垫层上能自流动摊平，即在自身重力作用下形成平滑表面，成为较为理想的建筑物地面找平层，是铺设地毯、木地板和各种地面装饰材料的基层材料。

建筑物室内地面传统做法是先在楼板上做垫层（一般为石灰-炉渣夯实或混凝土垫层），再用水泥-砂浆做找平层，然后做面层。这种做法既费工、又费时，特别是找平层，需手工抹平。而采用自流平石膏，则可直接在垫层上浇灌出找平层，待其硬化后，用户就可根据自己意愿在石膏找平层上做饰面层。采用自流平石膏施工的地面，尺寸准确，平整度极为突出，不空鼓、不开裂。浇灌24h后，即可在上面行走；48h后可以在上面进行作业。干燥后，一般不需进行修整，其平整度即能达到高水平，可直接在地面上铺贴PVC板或地毯等。若做实木地板或粘贴地面砖，用粘结剂量极少，既减少了楼地面重量，又节省了大量粘结剂。由于自流平石膏地面导热系数大大低于水泥砂浆地面，脚踩在其上面没有冰冷感觉。采用自流平地面找平材料做高标准室内地面省时、省工，可以不用高级抹灰工即可完成，作业时轻松方便，效率高，还可以做出无缝隙大面积地面。

自流平石膏在日本和西欧国家应用比较普遍，有成熟的生产技术及配套的施工机具。我国自20世纪80年代开始研制，目前已有厂家批量生产。

350. 自流平石膏砂浆的原材料有哪些？各有什么要求？

答： 自流平石膏砂浆根据所用石膏分为Ⅱ型硬石膏型和α-半水石膏型两种。

Ⅱ型硬石膏应选用质地松软的透明石膏或高品位、质地松软的雪花石膏，如内蒙古地区的透明石膏，新疆、青海、甘肃等省的品位高的雪花石膏。Ⅱ型硬石膏的煅烧温度为650～750℃之间。

α-半水石膏生产技术主要有干法转化工艺和湿法转化工艺。干法转化工艺又分为脱水烘干一体化工艺和脱水干燥二步法工艺。鉴于脱水干燥二步法工艺质量不稳定，强度偏低，不宜配制自流平石膏。适宜配制自流平石膏的α-半水石膏性能见表350-1。

表350-1 α-半水石膏性能

细度（%）	标准稠度（%）	初凝时间（min）	终凝时间（min）	绝干抗压强度（MPa）
全部通过0.08mm方孔筛	≤40	≥10	≤20	≥12.0

在配制自流平石膏时，可掺加少量水泥，其主要作用是：①为某些外加剂提供碱性环境；②提高石膏硬化体软化系数；③提高料浆流动度；④调节Ⅱ型硬石膏型自流平石膏的凝结时间。所用水泥为42.5R硅酸盐水泥。若制备彩色自流平石膏时，可选用白色硅酸盐水泥。水泥掺入量不允许超过20%。

石膏的凝结时间调节剂分为缓凝剂和促凝剂。Ⅱ型硬石膏配制的自流平石膏应掺用促凝剂（实为激发剂），α-半水石膏配制的自流平石膏一般采用缓凝剂。各种硫酸盐及其复盐，如硫酸钙、硫酸氨、硫酸钾、硫酸钠及各种矾类，如白矾（硫铝钾）、红矾（重铬酸钾）、胆矾（硫酸铜）等都可以作为促凝剂。缓凝剂一般选用柠檬酸或柠檬酸三钠，其特点是易溶于水，缓凝效果明显，价廉，但可以降低石膏硬化体的强度。其他可以使石膏缓凝的还有胶水、胳胶、蛋白胶、淀粉渣、糖蜜渣、畜产品水解物、氨基酸甲醛、单宁酸、酒石酸等。

近年来国内研究单位先后研制出不少石膏缓凝剂，如上海建科院研制的SC—石膏缓凝剂和中国林科院研制的HG系列缓凝剂。这两种缓凝剂既有较好的缓凝效果，且石膏硬化强度降低较少，但价格较高。

自流平石膏既然是能够自动流平的石膏，因此流动度是一个关键问题。欲获得流动度很好的石膏浆体，若单靠加大用水量，必然引起石膏硬化体强度降低，甚至出现泌水现象，从而使表层松软、掉粉，无法使用。因此，必须引入石膏减水剂，以加大石膏浆体的流动性。目前减水剂种类很多，但真正专用的石膏减水剂却较少。

通过试验，用于配制自流平石膏的减水剂有SM、NF等。其中SM为嘧胺树脂类，透明液体，固含量40%左右，但长时间储存液体变混浊，有沉淀，使用时应搅拌均匀再取料称量。这种产品也有固体粉末，但冷水溶解较慢，加水后搅拌时间应适当延长。作为水泥用的萘磺酸盐甲醛缩合物类减水剂，也可用于自流平石膏，但减水效果略逊于SM。

料浆自行流平时，由于基底吸水，导致料浆流动度降低。欲获得理想的自流平石膏料浆，除本身的流动性要满足要求外，料浆还必须具有较好的保水性。又由于基料中的石膏、水泥的细度及比重相差较大，料浆在流动过程中和静止硬化过程中，易出现分层现象。为避免上述现象的出现，掺加少量保水剂是必要的。保水剂一般采用纤维素类物质，如甲基纤维素、羟乙基纤维素以及羧甲基纤维素等。

掺入细骨料的目的是减少自流平石膏硬化体的干燥收缩,增加硬化体表面强度和耐磨性能。一般采用细河砂或石英砂,粒径为 0.15mm 左右。

自流平石膏料浆在高速搅拌下,极易出现气泡,从而造成硬化体内部结构的缺陷,导致强度降低,表面出现凹坑,为此加入适量的消泡剂是必不可少的。消泡剂一般可以采用磷酸三丁脂。

351. 自流平石膏砂浆的配合比有什么要求?

答:根据原材料的特点,自流平石膏由于所用石膏原料不同,配料方案也不相同。

(1) Ⅱ型硬石膏型自流平石膏

这类自流平石膏是用复合型激发剂,促使Ⅱ型硬石膏水化硬固,再加入适量外加剂,以提高料浆流动性而配制的。具体配合比见表 351-1。水泥掺量对 AⅡ石膏浆体的抗压强度的影响如图 351-1 所示。

表 351-1　Ⅱ型自流平石膏砂浆的配合比

编号	配合比(%)					凝结时间(h:min)		28d强度(MPa)		软化系数
	AⅡ	32.5R 水泥	42.5R 水泥	激发剂	加水量	初凝	终凝	$R_{折}$	$R_{压}$	
l_0	100			4	24	0:12	1:11	14.7	45.5	0.81
l_1			100		27	0:49	13:00	4.3	71.1	0.93
l_{1-1}	90		10	2	28	0:20	5:35	5.6	36.3	0.82
l_{1-2}	80		20	4	24	0:32	1:14	5.4	50.2	0.96
l_{1-3}	70		30	6	26	0:24	1:56	5.1	50.2	0.88
l_2		100			28	0:30	13:00	3.2	43.1	0.96
l_{2-1}	90	10		4	28	0:38	6:38	6.9	32.7	0.76
l_{2-2}	80	20		6	26	0:40	3:05	4.3	54.7	0.69
l_{2-3}	70	30		2	27	0:17	2:12	8.2	47.8	0.58

注:42.5R 为韶峰牌快硬硅酸盐水泥;32.2R 为长城牌快硬矿渣硅酸盐水泥。

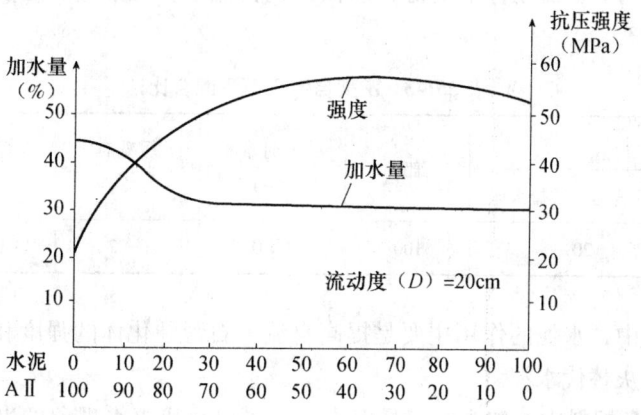

图 351-1　水泥掺量对 AⅡ石膏浆体的抗压强度的影响

表 351-1 中的水泥具有双重作用,既是Ⅱ型硬石膏的碱性激发剂,又可以适当提高自流

平石膏的软化系数。但水泥掺量一定不得超过 20%，否则会引起后期膨胀开裂。为避免后期膨胀，可适当掺入一定量的活性掺合料，如磨细水淬矿渣、磨细粉煤灰或沸石粉，加入量要经过试验确定。

1）水泥掺量对 AⅡ 型自流平石膏性能的影响

试验表明，在Ⅱ型硬石膏（AⅡ）中掺加水泥时，应控制水泥的掺量，可在保证Ⅱ型自流平石膏砂浆的凝结时间、强度等基本不变的情况下，提高砂浆硬化体耐水性能及降低在淡水中的溶蚀率。从表 351-1 中可以看出，42.5R 硅酸盐水泥比 32.5R 矿渣硅酸盐水泥的效果好。

为保证料浆具有一定流动度（$D=20cm$），随水泥掺量的增加，料浆需水量下降，硬化体强度提高。但为保证料浆一定的凝结时间和安定性，水泥加入量不超过 20%。

2）减水剂品种及掺量的影响

自流平石膏要求在保证使用强度的前提下尽量提高其流动性能。为达到自动流平的目的，减水剂是必不可少的。表 351-2 是两种减水剂不同掺量的流动性能与强度的关系。

表 351-2 减水剂种类及掺量对流动性能及强度的影响

原料		减水剂	减水剂掺量（%）	用水量（%）	扩展度	抗压强度
Ⅱ型石膏	42.5 普通硅酸盐水泥					
80	20	SM	0.5	35	150	23.7
80	20	SM	1.0	35	170	24.2
80	20	SM	1.5	35	200	25.0
80	20	NF	0.5	40	150	21.2
80	20	NF	1.0	40	180	20.3
80	20	NF	1.5	40	200	21.5

（2）α-半水石膏型自流平石膏砂浆

这类自流平石膏砂浆，由于半水石膏结晶呈圆柱状，结晶较完整，故需水量低，而强度较高。在减水剂作用下，流动性能更好，从而达到自流平，且强度满足使用性能的要求。基本配合比见表 351-3。

表 351-3 α 型自流平石膏配合比

基础原料		细砂	减水剂掺量（%）	缓凝剂（%）	保水剂（%）	消泡剂（%）
α 型石膏	42.5 普通硅酸盐水泥					
80	20	100	1.0	0.2	0.05	0.05

在基础原材料中，水泥的作用主要是提高自流平石膏硬化体的强度和软化系数，也可用活性掺合料和消石灰替代水泥。

α 型自流平石膏配料中，加入一定量保水剂，可以防止泌水现象的出现，但保水剂的加入又会使料浆的流动度降低。因此，保水剂品种和掺入量的选择是非常重要的。

试验表明，不同种类的纤维素，其溶解速度和黏度直接影响着掺入量及保水效果。通过试验，当采用双组分工艺路线时，可以选用羟甲基纤维素；当采用单组分粉状工艺路线时，则应选择溶解速度快，且黏度高的甲基纤维素或羟乙基纤维素。一般情况下，单组分粉状自流平石膏的纤维素掺量为 0.03%～0.05%；双组分自流平石膏选用羧甲基纤维素时，其掺量为 0.05%～0.1%。由于各种纤维素黏度差异很大，在生产之前一定要通过试验确定。

352. 自流平石膏砂浆的生产工艺有什么要求？

答：自流平石膏砂浆的生产工艺流程及生产设备如下：

（1）工艺流程

自流平石膏生产工艺须保证各种原材料质量稳定，称量准确及混合均匀，否则将影响自流平石膏性能。

1）双组分自流平石膏典型生产工艺流程如下：

①混料组分生产工艺流程如下：

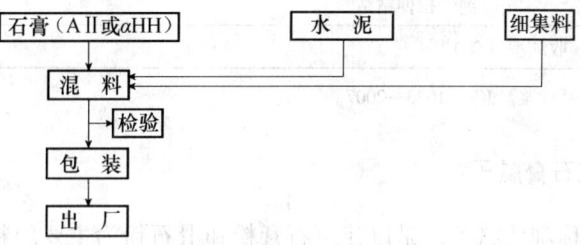

②液体组分生产工艺流程如下：

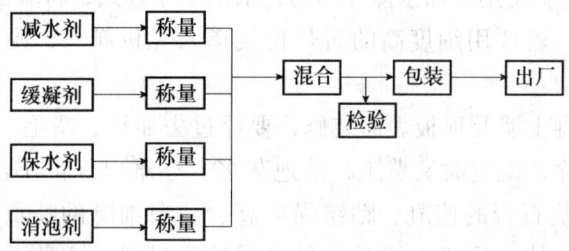

2）单组分（粉状）自流平石膏生产工艺流程如下：

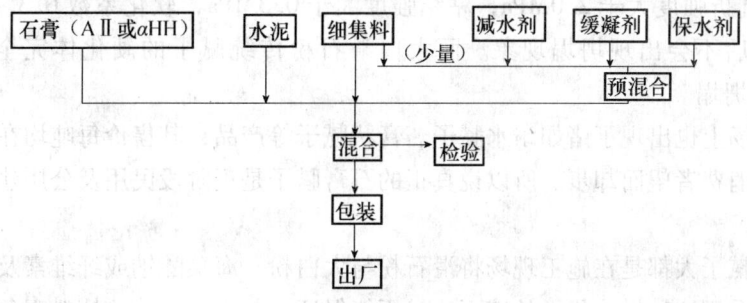

（2）生产设备

单组分自流平石膏与粉刷石膏、石膏腻子、石膏填缝剂、粘结石膏等同属干混料产品，生产装备可采用干混料装备。液体部分可采用液体搅拌罐，将几种物料充分混合分装到容器中，出厂时按比例将干粉料与液体组分同时售出即可。

353. 自流平石膏砂浆的技术性能有什么要求？

答：自流平石膏砂浆的技术要求见表353-1。

表353-1　石膏基自流平砂浆的技术要求

项目		性能指标
30min流动度损失（mm）		≤3
凝结时间（h）	初凝	≥1
	终凝	≤6
强度（MPa）	24h抗折	≥2.5
	24h抗压	≥6.0
	绝干抗折	≥7.5
	绝干抗压	≥20.0
	绝干拉伸粘结	≥1.0
收缩率（%）		≤0.05

注：摘自《石膏基自流平砂浆》JC/T 1023—2007。

354. 什么是建筑石膏腻子？

答：石膏腻子又称刮墙腻子，是以建筑石膏粉和滑石粉为主要原料，辅以少量石膏改性剂混合而成的粉状材料。使用时加水搅拌均匀，采用刮涂方式，将墙面找平，是喷刷涂料和粘贴壁纸的理想基材。若选用细度高的石膏粉或掺入无机颜料，则可以直接做内墙装饰面层。

众所周知，在混凝土墙及顶板表面装修，要经过去油污、凿毛、抹底层砂浆后做面层抹灰，再刮腻子等工序，既费时又费工，落地灰多，亦难以保证不出现空鼓、开裂现象。石膏腻子充分利用建筑石膏的速凝、粘结强度高、洁白细腻的特点，并加入改善石膏性能的多种外加剂配制而成，广义上讲是一种薄层抹面材料。这种石膏腻子的抗压强度大于4.0MPa，抗折强度大于2.0MPa，粘结强度大于0.3MPa，软化系数0.3~0.4，因此这种硬化体吸水后不会出现坍塌现象。而大白滑石粉传统腻子的硬化体完全靠干燥强度，浸水后立即会坍塌。

近年来市场上也出现了诸如耐水腻子、膏状腻子等产品，其售价每吨均在千元以上，使一些民用住宅消费者望而却步。所以说真正的石膏腻子是现阶段民用及公用建筑中不可缺少的一种材料。

传统石膏腻子大都是在施工现场将滑石粉与大白粉、海藻酸钠或纤维素及白乳胶调制成稠粥状使用。采用这种做法找平的墙面质量不能保证，起皮、脱落、掉粉现象无法避免，更不能在其上面粘贴壁纸。

20世纪70年代末80年代初，北京中建建筑科学技术研究院和北京市建筑材料研究院分别研制出了以建筑石膏为主要原料的饰面石膏和SG-821石膏腻子。以石膏为基料的饰面石膏或石膏腻子既可用于纸面石膏板面层找平，也可用于混凝土墙面及顶板找平，也适用于压光的石灰-砂浆墙面层腻子。由于不同材质墙面的表面强度不尽相同，石膏腻子性能差别较大，但是基础原料一定要有超过50%的建筑石膏，否则就不能称之为石膏腻子。

355. 建筑石膏腻子的主要原材料有哪些?

答：(1) 建筑石膏粉

建筑石膏粉是石膏腻子的主要原料，是保证粘结强度和抗冲击强度的基础原料，故对其质量要求较严格。

1) 物理性能

细度应全部通过120目筛，初凝时间>6min，终凝时间<30min，2h抗折强度>2.1MPa，2h抗压强度>4.9MPa，白度：直接做装饰层石膏腻子时要求>85；做涂料或粘贴壁纸基层石膏腻子，要求>75。

2) 化学成分

①生产建筑石膏粉的石膏石，其$CaSO_4 \cdot 2H_2O$含量>75%；

②有害杂质：$Na_2O<0.03\%$，$K_2O \leqslant 0.03\%$，Cl^-离子$\leqslant 10ppm$（10^{-5}）；

③建筑石膏粉中，$CaSO_4 \cdot 2H_2O \leqslant 1\%$。

(2) 滑石粉

滑石粉在石膏腻子中主要是提高料浆的施工性，易于刮涂，增加表面光滑度。细度应全部通过325目筛，Na_2O含量<0.10%，K_2O含量<0.30%。

(3) 保水剂

石膏腻子料浆的刮涂性能主要由保水剂作保证，保证石膏腻子料浆的和易性，并使石膏腻子层中的水分不会被墙面过快地吸收，避免石膏水化所需水量不足而出现掉粉、脱落现象。保水剂以纤维素的衍生物为主，如甲基纤维素（MC）、羟乙基纤维素（HEC）、羟丙基甲基纤维素（HPMC）和羧甲基纤维素（CMC）等。

(4) 粘结剂

在石膏腻子配料中，CMC虽然有一定黏度，但会对石膏的强度有不同程度的破坏作用，尤其是表面强度，因此需掺加少量粘结剂，使其在石膏腻子干燥过程中迁移至表面，增加石膏腻子表面强度，否则刮到墙上的石膏腻子，因长时间不喷刷涂料而出现表面掉粉现象。但采用MC、HPMC或HEC则可不掺粘结剂，它们与CMC不同，其可以作粉状粘结剂用，对石膏强度不会降低或降低甚少。

石膏腻子常用的粘结剂有：糊化淀粉、淀粉、氧化淀粉、常温水溶性聚乙烯醇、可再分散聚合物粉末等。

(5) 缓凝剂

尽管某些纤维素醚和粘结剂对石膏有缓凝作用，但缓凝效果达不到石膏腻子的使用时间要求，因此还要加入一定量缓凝剂。

(6) 渗透剂

为了使石膏腻子能与基底结合得更好，在石膏腻子中掺入极少量渗透剂。常用的渗透剂有阴离子型和非离子型。

(7) 柔韧剂

石膏硬化体本身软脆，一旦石膏腻子层过厚，极易从界面层之间剥离，因此加入一定量柔韧剂和渗透剂，则可以提高石膏腻子的柔韧程度，可进一步提高石膏腻子料浆的操作性能。常用的柔韧剂有各种磺酸盐、木质素纤维等。

356. 建筑石膏腻子的常见配合比是什么？如何调整？

答：建筑上对石膏腻子的基本要求为：

①应与基底粘结牢固，以保证不起鼓、不脱落；

②应具有足够的抗冲击强度和抗裂性，以保证受外力冲击时不裂、不脱落；

③应当在受潮后不霉、不腐、不变色；

④应具有良好的施工性能，以加快施工速度和提高施工质量。

因各地使用的建筑石膏粉、滑石粉以及各种化学外加剂的性能差异和波动较大，并且各地气候条件也不尽相同，因此各地的石膏腻子配合比也不尽相同，但对石膏腻子的基本要求是一样的。各地可根据当地的原材料、外加剂及气候条件、操作工人手法等进行微调。表356-1为石膏腻子的参考配合比。

表 356-1 石膏腻子的参考配合比

原 料	掺入量（%）	
	北方地区	南方地区
建筑石膏	50~85	70~85
滑石粉	50~15	30~15
保水剂	0.4~2.5	0.3~1.5
粘结剂	0.2~1.0	0.2~1.0
缓凝剂	0~0.2	0.1~0.2
渗透剂	0.05~0.1	0.05~0.1
柔韧剂	0.03~0.3	0.03~0.5

目前国内石膏粉生产厂家生产设备都较小，并且石膏石品位变化较大，故各厂的建筑石膏粉性能波动较大。此外，一些外加剂生产厂的产品质量也有波动。而我国地域广阔，各地气候差异更大，石膏腻子的配方就不可能一成不变，因此各厂生产时要做适当调整。下面是配合比调整的基本方法。

①石膏腻子料浆一定要保证易于刮涂，使工人操作时轻松，易于刮平，因此保水剂的品种及加入量十分关键。一般情况下，刮腻子时，特别是反复刮涂时不能起皮，否则就应适当提高保水剂加入量。

②拌好的料浆要有一定的使用时间，一般情况要调整到可使用时间在（2.5~3.5）h之间，才能保证工人操作。因此，要根据当地建筑石膏粉的凝结时间对缓凝剂做适当增减。

③料浆在刮涂时，最忌讳出现个别大颗粒。因此选用的石膏细度一定要全部通过120目筛，所选用的外加剂一定要易溶于冷水中，一经搅拌即能溶化或溶胀。

357. 建筑石膏腻子的生产设备有哪些？

答：石膏腻子的生产主机是粉料混合机，年产10000t的生产装备（表357-1）仅供参考。

表357-1 石膏腻子生产装备

序 号	名 称	规格型号	备 注
1	包装机	D6T-50型单嘴	产量15t/h
2	给料机	单嘴D6T-500	
3	成品仓梯子		
4	成品仓闸门		
5	成品仓支撑架平台		
6	成品仓	$V=10.56m^3$	容量12t
7	提升机固定夹子		
8	出料溜槽		
9	斗式提升机维修平台		
10	斗式提升机	TD160型 $H=9.92$	产量$8m^3/h$ 深斗
11	锥形双螺旋混合机	SLH—6 $V=6m^2$	产量6.5~8t/h
12	混合机接料槽		
13	斗式提升机出料溜槽		
14	斗式提升机	TD160型 $H=0.82$	产量$8m^3/h$ 深斗
15	斗式提升机维修平台		同SKN—07
16	维修平台梯子Ⅰ		
17	维修平台梯子Ⅱ		
18	斗式提升机固定夹子		
19	混合机平台架子		
20	振动筛	SZD—4型	
21	筛出料溜槽		
22	地脚螺栓	M20×400	
23	地脚螺栓	M16×300	包装机振动筛
24	混合机支承立柱		
25	混合机出料闸门		
26	混合机出料溜槽		
27	混合机支承架子		
28	设备基础		
29	混合机平台梯子		

石膏腻子生产工艺装备立面布置参考图如图357-1所示。

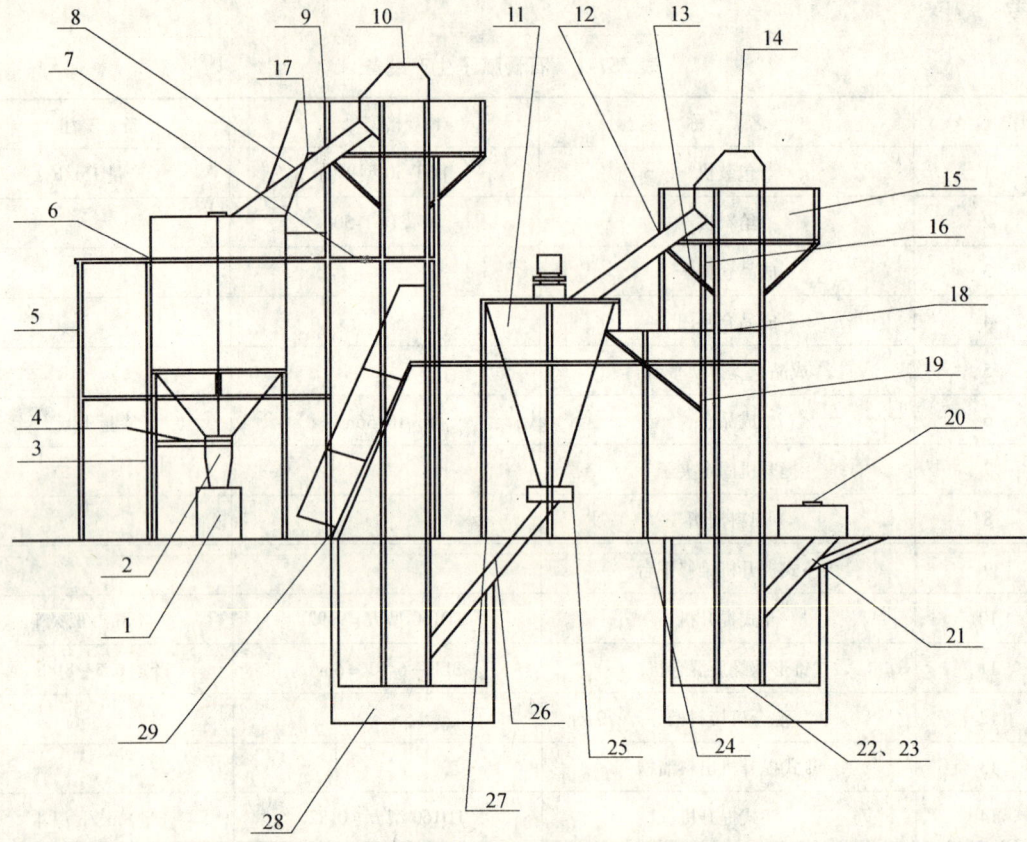

图357-1 石膏腻子生产工艺装备立面布置参考图
注：图中编号所指设备参见表357-1

石膏腻子的生产工艺简述如下：

①为防止大的石膏块或袋装石膏粉中的包装绳等进入成品中，石膏粉必须经过振动筛（20）筛分。待石膏粉筛完后，再将其他几种原料也通过振动筛送入斗式提升机（14）（因其他几种原料购入时就是细的，能够全部通过振动筛）。

②几种原料经斗式提升机送入双螺旋锥形搅拌机中，经过7～15min的混合即可出料，经斗式提升机出料溜槽（13）送入斗式提升机（10）。混合好的物料经斗式提升机（10）送入成品仓（6）。

③成品仓（6）中的混合物料经包装机（1）包装后即为成品。

358. 建筑石膏腻子的主要技术性能有哪些？

答：石膏腻子的优良性能已成为建筑物室内装修不可缺少的材料之一，建工行业标准《建筑室内用腻子》JG/T 3049—1998规定了其主要性能指标，见表358-1。

表358-1 建筑室内用腻子技术指标

项 目	技术指标	
	Y型	N型
容器中状态	无结块、均匀	
施工性	刮涂无障碍	

续表

项 目		技术指标	
		Y 型	N 型
干燥时间（表干）(h)		<5	
打磨性（%）		20~80	
耐水性（48h）		—	无异常
耐碱性（24h）		—	无异常
粘结强度	标准状态	>0.25	>0.50
	浸水后	—	>0.30
低温储存稳定性		-5℃冷冻4h无变化，刮涂无困难	

国内几个典型生产厂的石膏腻子性能见表358-2。

表358-2 国内几个典型生产厂的石膏腻子性能

生产厂	技术性能							商标
	细度120目筛余（%）	料浆可使用时间（h）	$R_压$（MPa）	$R_折$（MPa）	$R_粘$（MPa）	裂纹掉粉试验	霉腐试验	
北京市建材研究院	5	3.5	5.0	3.0	0.3	无	无	金鼎牌
北京市大兴宏光保温建材厂	7	2.5	4.2	1.9	0.35	无	无	
北京市保温建材公司	6	2.5	4.3	2.0	0.36	无	无	京宝牌
北京中建建筑科学技术研究院	0.2mm筛余<2%	>0.42<1.5	>2.5	1.0				五行牌
太原市晋源区新型建材厂	<4.0	≥2.0	≥2.5	≥1.2	0.3			金龙凤牌

359. 如何检测建筑石膏腻子？

答：依据行业标准《建筑室内用腻子》JG/T 3049—1998，建筑物用石膏腻子的测试方法如下（鉴于石膏腻子是气硬性材料，故耐水性指标可不检验）。

（1）试样制备

1）试板的表面处理及试板尺寸

除粘结强度一项，所用试板均为石棉水泥板，试板表面按《建筑涂料涂层试板的制备》GB 9152 的规定进行处理。

2）试样制备

在要求规格的石棉水泥板上，用钢制刮板刮涂试样，刮涂两道，每道间隔5h。

（2）测试方法

1）施工性

将试板放置在水平面上，用钢制刮板（刀头宽约120mm）刮涂试样约0.5mm厚，检验刮涂作业是否有障碍，放置1h后（鉴于石膏腻子使用时间短，故改为1h）再用同样方法刮涂第二道试样，刮涂运行无困难，所得涂层平整无针孔、无毛刺时，认为"刮涂无障碍"，即施工性好。

2) 打磨性

①试验仪器

打磨试验机是一种利用贴有砂纸的试块在试板的涂层表面作直线往复运动，进行打磨的仪器。打磨试验机由打磨块及夹具、滑动架、试验台板、电动机、电源开关、计数器等部分构成。在 90mm×38mm×25mm 的硬木板上，贴有 16mm 厚的泡沫塑料块作为垫层构成打磨块。

②试验操作

a. 试验前将 120 目（0 号）干磨砂纸贴于打磨块上。

b. 将试板水平地固定在打磨试验机的试验台板上。

c. 将贴有砂纸的打磨块置于试板的石膏腻子涂层上，试板承受 (450±5)g 的负荷（打磨块及夹具的总重），往复摩擦涂磨 5 次，小心取下砂纸（每次试验需要重换砂纸）。

d. 目测打磨砂纸上沾有的打磨粉末为砂纸面积的 20%~80% 为合格。

（十六）加气混凝土专用砂浆

360. 加气混凝土砌块为什么要配用专用砂浆？

答：加气混凝土砌块是一种利用工业废料生产的新型墙体材料，具有轻质、绝热、吸声隔声、抗震防火、可锯可刨可钉、施工简便等优点。但与传统墙材相比，也存在一些不足，如干燥收缩值偏大、弹性模量低、抗变形能力差、孔隙率高、吸水率大（一般大于 10%）。传统的砌筑砂浆与加气混凝土砌块的性能不配套，易使墙体出现开裂和渗漏，严重地影响建筑工程质量。因此，有必要针对加气混凝土砌块，配制专用砂浆。

361. 加气混凝土砌块建筑对砂浆的要求有哪些？

答：加气混凝土具有封闭的微孔结构，吸水速度先快后慢。由于其持续吸水时间较长，因而吸水率较大，致使砌筑和抹灰施工难度大，易出现开裂、空鼓甚至脱落等现象。如果施工前不对基层表面进行处理或处理不当，砂浆的水分会过早被加气混凝土砌块吸收，使水泥失去凝结、水化硬化的条件，造成砂浆粘结强度和抗压强度低，砌体粘结不牢，易开裂。采用传统砂浆施工时，为解决吸水率大的问题，通常在砌筑时向砌筑面浇水，进行充分湿润；为提高粘结强度，通常用 107 胶或其他粘结剂进行处理，但费工、费时、成本高，且所用粘结剂含有甲醛等有害物质，易造成环境污染。加气混凝土体积变形系数偏大，材料较脆，强度偏低，传统的砌筑砂浆和抹面砂浆与其性能不配套，导致墙体材料易出现空鼓和开裂现象。加气混凝土砌块高度较大，高度的最小规格为 200mm，最大规格为 300mm。因此竖向灰缝高度大，故易造成砌块的竖向灰缝砂浆饱满度及均匀性差。所以，根据上述砌块的建筑特点，对砂浆提出如下要求：

①较好的流动性　为方便施工，专用砂浆通常采用干法作业（砌筑时，不向砌筑面浇水），所以砂浆应有较好的流动性（稠度 90~110mm），以满足砌筑的要求。

②良好的保水性　砂浆保水性好，能够有效地阻止砂浆水分被加气混凝土砌块吸走，不仅能保障施工操作，还有利于砂浆强度的充分发挥。

③较好的黏附性　黏附性好的砂浆在砌筑后不易自动流淌，保持灰缝（特别是竖向灰

缝）的饱满；还可减少施工中落地灰，减少材料浪费。

④较好的粘结强度　为使砌块整体牢固，防止砌缝开裂，砂浆应有较好的粘结强度。

⑤适合的抗压强度　加气混凝土砌块的抗压强度较低，主要用作非承重的填充墙。因此，不需要较高的砂浆强度，但应有一定的砂浆抗压强度以保证砌体抗剪强度。

⑥较小的收缩性　普通砂浆的收缩性较大，应减小砂浆的收缩性，使之与加气混凝土砌块的收缩性接近，从而有效地防止砌体的开裂和渗漏。

362. 加气混凝土专用砂浆的主要原材料有哪些？

答：加气混凝土专用砂浆的主要原材料有：

①水泥：强度等级为42.5的普通硅酸盐水泥或矿渣硅酸盐水泥。

②砂：应符合GB/T 14684的技术要求。

③专用外加剂：适合用于加气混凝土砌块的砌筑砂浆外加剂。通常是一些复合外加剂，主要由具有保水、增稠、增黏等作用的各种成分所组成。它能够显著改善砂浆保水性和黏附性，增加稠度，提高粘结强度。

④矿物掺合料：由于对流动性和保水性的要求都很高，必须掺入矿物掺合料才能满足要求。通常可掺入Ⅲ级以上粉煤灰。为保证砂浆的粘结强度和胶凝材料总量，可采用外掺粉煤灰的方法，即以水泥用量计，掺入一定量的粉煤灰替代部分砂，而不是替代部分水泥。根据砂浆的强度，粉煤灰的外掺量宜为40%~70%。

八 生产及运输

363. 对湿拌砂浆生产设备及设施有哪些要求？

答：目前，湿拌砂浆主要由商品混凝土搅拌站生产、供应。由于砂浆供应量与混凝土相比要少得多，如果单独设计一条砂浆生产线，既造成浪费，使用率又不高。因此，目前砂浆与混凝土共用一条生产线，均采用混凝土搅拌机进行搅拌，但需要安排好生产任务。

湿拌砂浆的生产工艺与商品混凝土类似，因此可通过对商品混凝土搅拌站的设备改造，即可生产湿拌砂浆。混凝土搅拌站的改造可分为以下几部分：

①搅拌设备系统：设置过筛砂及砂浆稠化粉专用料仓，改造搅拌机的搅拌臂和搅拌刀的构造。

②搅拌控制系统：改编电脑控制程序，调小原料秤称量的感量。

③筛分系统：湿拌砂浆要求砂粒径必须小于5mm，因此必须通过机械筛分后才能使用。筛分设备一般可分为平板式和滚筒式。

364. 湿拌砂浆的典型生产工艺如何？

答：湿拌砂浆的典型生产工艺如图364-1所示。

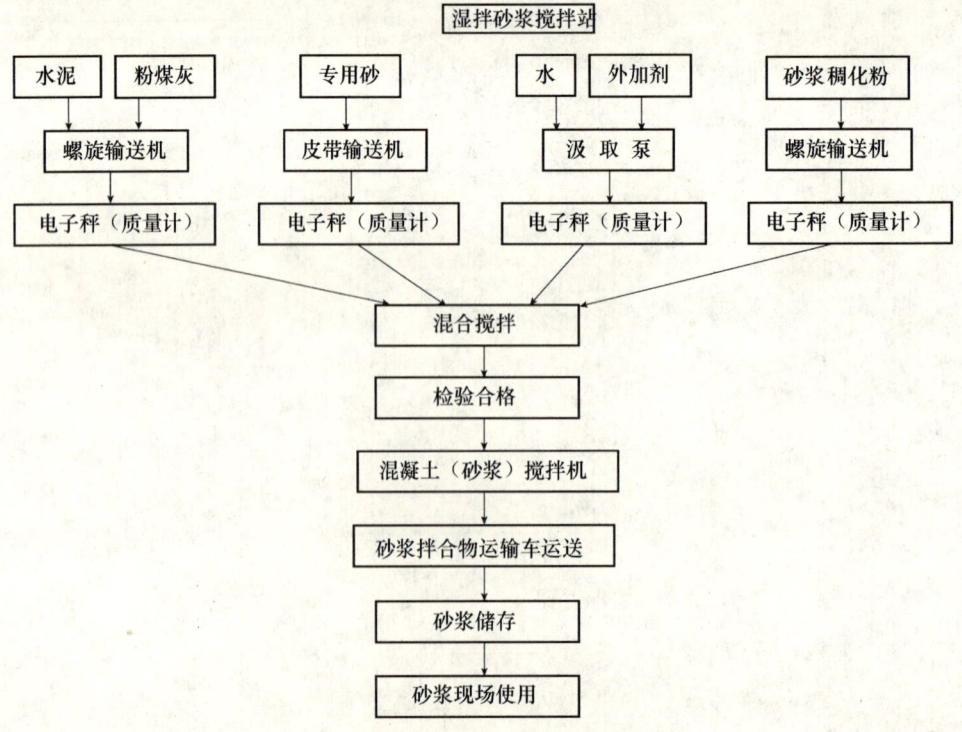

图364-1 湿拌砂浆生产工艺流程简图

(1) 砂的筛分

砂浆用砂的最大粒径应不大于5mm，因此湿拌砂浆的生产应增加一道筛分工序，以保证砂全部通过5mm筛网。过筛砂应堆放在专用堆场，我们称之为专用砂。筛分机一般选用滚筒筛，其长度和直径可根据产量决定。砂浆生产时应注意控制砂的含水率，若砂的含水率过高，砂容易粘结成团，砂粒易堵塞筛网，导致筛分效率降低。筛网应有排堵装置，及时除去堵塞筛网的砂粒和泥团。

(2) 原材料计量

固体原材料的计量应按质量计，水和液体外加剂的计量可按体积计。由于固体组成材料因操作方法或含水状态不同而密度变化较大，如按体积计量，易造成计量不准，从而难以保证砂浆性能和均匀性，因此各种固体原材料的计量均应按质量计。

计量设备应能连续计量不同配合比砂浆的各种材料，并应具有实际计量结果逐盘记录和贮存功能。计量设备应按有关规定由法定计量部门进行检定，使用期间应定期进行校准。

水泥、粉煤灰和砂浆稠化粉均为粉状材料，可采用螺旋输送，电子秤质量计量。水泥、粉煤灰可采取叠加计量，砂浆稠化粉采取单独计量。砂采用皮带输送机输送，电子秤质量计量。原材料计量精度见表364-1。

表364-1　原材料计量允许误差

原材料	水泥	砂	水	外加剂	保水增稠材料	掺合料
每盘计量允许偏差（%）	±2	±3	±2	±2	±2	±2
累计计量允许偏差（%）	±1	±2	±1	±1	±1	±1

注：累计计量允许偏差是指每一运输车中各盘砂浆的每种材料计量和的偏差。

在用电子秤计量时，不能仅根据电子秤的精度来确定材料的计量误差，还应考虑螺旋的计量误差。在保证称料精度的前提下，应兼顾称料速度。每盘料称量大的组分，螺旋输送速度可快些。根据砂浆配合比各组分不同和对砂浆性能影响的大小，确定合理的称料螺旋。一般来讲，水泥的螺旋输送速度最快，粉煤灰其次，砂浆稠化粉最慢。砂的计量应考虑其含水率波动对计量精度和加水量的影响，砂的含水率测定每班不宜少于1次，如果气候和原材料发生变化，应加倍测试频率。对液体外加剂应经常核实固含量，以确保计量准确。

(3) 砂浆搅拌

湿拌砂浆搅拌时间应略长于混凝土搅拌时间。因为砂浆不含粗骨料，可搅拌性低于混凝土，砂浆各组分混合均匀程度较混凝土的难。砂浆搅拌时间不应小于90s，一般为120s。

(4) 砂浆运输

搅拌好的砂浆应由带有搅拌装置的运输车运输。如果容器不带搅拌装置，那么砂浆在运输过程中，由于车辆运输途中的颠簸、振动，易使砂浆中的砂下沉，水分上浮，产生离析现象。砂浆也可由混凝土搅拌输送车运输，但是，混凝土搅拌输送车运输砂浆前，应清洗干净，确保旋转筒体内没有残余的混凝土等杂物。

365. 湿拌砂浆原材料的计量允许偏差是如何确定的？

答：对于目前商品混凝土搅拌站而言，绝大多数搅拌机的粉料称量装置，其最小感量为1kg。如实际称量仅1kg，便已产生了2%左右的误差。由于水泥、砂及水的掺量较大，计量偏差可控制得严一些，而保水增稠材料、掺合料的掺量较低，如控制得太严，则目前的称量装置实际上做不到，没有可操作性，故规定其每盘计量允许偏差为±4%。

外加剂称量装置的最小感量大多数为0.1kg，极少数新添置的能达到0.01kg。如实际称量仅0.1kg，测算所得偏差已经在2%左右。因外加剂的掺量较低，且掺量范围比较宽，为了保证实际生产的可操作性，规定外加剂每盘计量允许偏差为±3%，累计计量允许偏差为±2%。

为了验证现有搅拌机称量装置的精度，随机抽取15台搅拌机，对称量装置的最小感量进行了统计，结果见表365-1。

表365-1 原材料称量装置的最小感量

原材料	水泥		砂		水		外加剂		保水增稠材料		掺合料	
最小感量（kg）	1	0.1	1	0.1	1	0.1	0.1	0.01	1	0.1	1	0.1
所占比例（%）	67	33	93	7	67	33	80	20	67	33	67	33

从表365-1可见，大部分搅拌机的粉料称量装置，其最小感量为1kg，而外加剂的最小感量大多数为0.1kg。

另外，为了研究外加剂计量偏差对砂浆性能的影响，进行了不同掺量外加剂的砂浆性能试验，结果见表365-2。

表365-2 外加剂掺量对砂浆性能的影响

外加剂掺量（%）	不同测试时间的稠度（mm）						28d抗压强度（MPa）
	0h	3h	5h	20h	24h	30h	
1.3	107	87	80	83	70	63	19.2
1.45	98	80	77	74	45	50	16.5
1.5	114	88	85	74	68	60	17.3
1.7	97	83	78	69	67	59	16.5

从表365-2可见，当砂浆配合比、原材料相同时，随着外加剂掺量的提高，砂浆稠度损失逐渐加大，抗压强度也发生变化。当外加剂掺量为1.3%时，抗压强度最高。但外加剂掺量从1.3%变化到1.7%时，稠度和抗压强度均满足设计要求。可见，外加剂的微量偏差对湿拌砂浆性能并无显著的影响。

366. 为什么对湿拌砂浆的搅拌时间做出规定？

答：砂浆是由多种不同组成材料搅拌而成的，在搅拌过程中，各组成材料及其之间会发生一系列复杂的物理、化学及物理化学等作用，这需要一定的时间。另外，湿拌砂浆中一般都掺有保水增稠材料、外加剂、矿物掺合料等，且其掺量较小，只有经过一定时间外界强力的搅拌，才能将砂浆的各组成材料均化，充分发挥各组成材料的作用，使砂浆达到所要求的性能。因此，要求湿拌砂浆最短搅拌时间（从全部材料投完算起）不应小于90s，一般为120s。

367. 干混砂浆生产采用哪些设备？

答：干混砂浆通常是由成套生产设备进行制备的，该设备是用来集中混合干混砂浆的联合装置，又称干混砂浆生产工厂。它是由一种先进的生产设备，通过烘干筛分、配料计量、搅拌混合、储存包装或散装的工厂化生产的"干粉式"预拌砂浆。由于在生产过程中严格的称量配比，并能根据砂浆的不同功能要求加入相应的添加剂，因而大大提高了砂浆的性能。干混砂浆的应用避免了现场人工配制的质量缺陷，可确保建筑施工质量，同时减少城市垃圾及环境污染，提高文明施工的程度。

近年来，干混砂浆在我国逐步发展并壮大起来，干混砂浆的生产与施工设备原来多为从国外进口，主要有德国摩泰克（M-TEC）技术有限公司、芬兰劳特精密（RAUTE）公司、奥地利筑霸王（DOUBRAVA）股份有限公司，但其价格昂贵，在一定程度上阻滞了干混砂浆这一新材料在我国的应用与发展。近年来，国内已有多家企业参与干混砂浆生产设备的研发和生产，国产设备已能完全替代进口。

368. 干混砂浆的典型生产工艺如何？

答： 干混砂浆的典型生产工艺如图368-1所示。

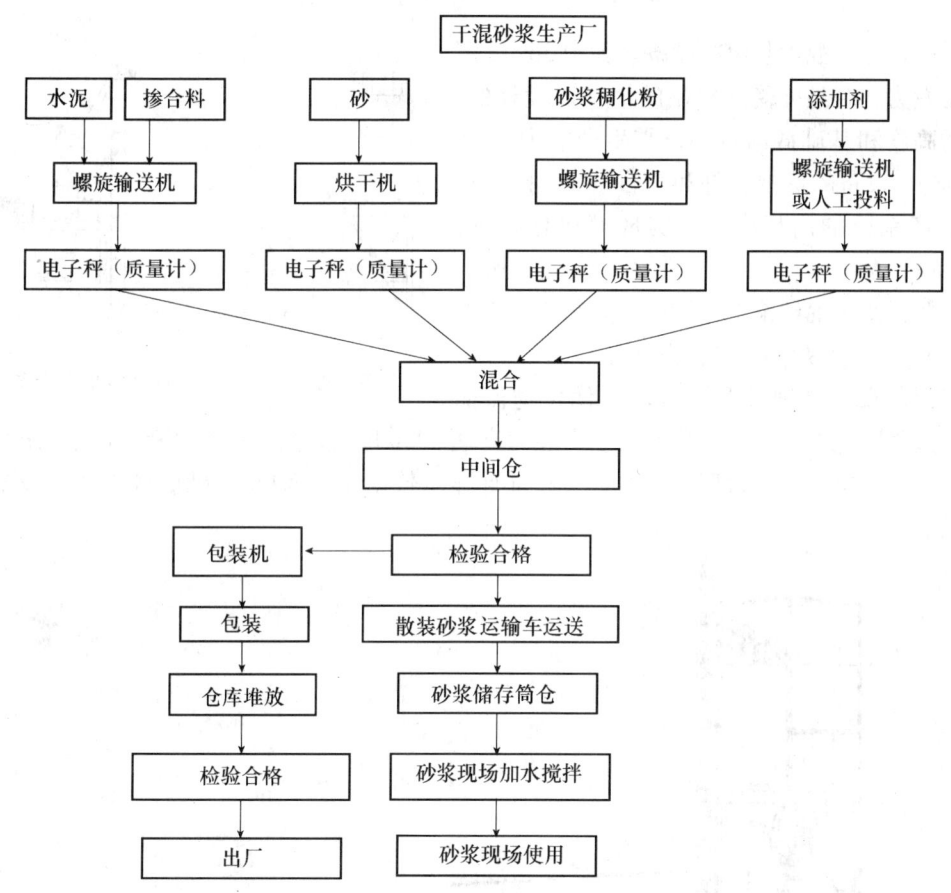

图368-1 干混砂浆生产工艺

369. 干混砂浆的生产设备有哪些类型？

答： 干混砂浆的生产设备类型较多，按混合形式分为单混式和双混式；按结构形式分为简易式、串行式和塔楼式；产品结构形式灵活多样，适应性强，可模块化扩展；控制方式有手动、半自动、全自动；混合主机主要有双轴桨叶式混合机、犁刀式混合机、卧式螺带混合机；按混合机工作方式有间隙式和连续式。

①简易式干混砂浆生产设备：如图369-1所示，用于特殊产品的生产，其生产能力为1~10t/h。设备的设置是半自动化的，但主要成分的配料、称量和装袋也可实现自动化。设备结构紧凑、模块化扩展、投资少、建设快。

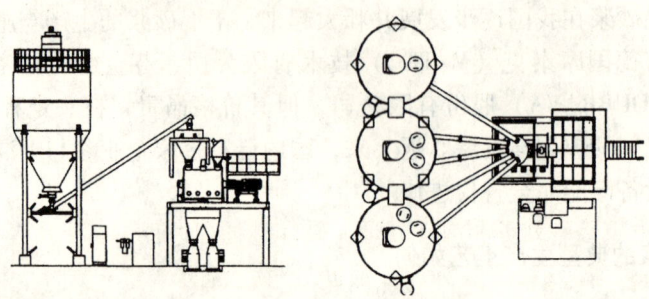

图369-1 简易式干混砂浆生产设备

②串行式干混砂浆生产设备：如图369-2所示，是专为建筑高度受到限制的情况而设计的。设备的高度和基础截面较小，其生产能力为50~100t/h，设备的机械组件和全自动PC控制保证了生产系统的高精度。可实现模块化扩展，性价比好。

③塔楼式干混砂浆生产设备：如图369-3所示，具有紧凑的纵向结构和模块化设计，适于进行广泛的散装物料拌和，可通过优化物流而

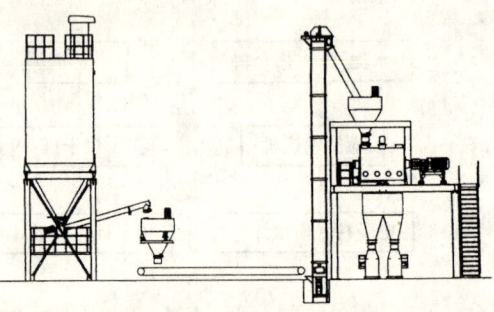

图369-2 串行式干混砂浆生产设备

使生产过程和企业成本最小化，其生产能力高达200t/h，设备的全自动PC控制系统具有完美的配料和称重功能、常用配方的记录和统计显示数据库、客户/后勤服务组件。设备的投资较大。

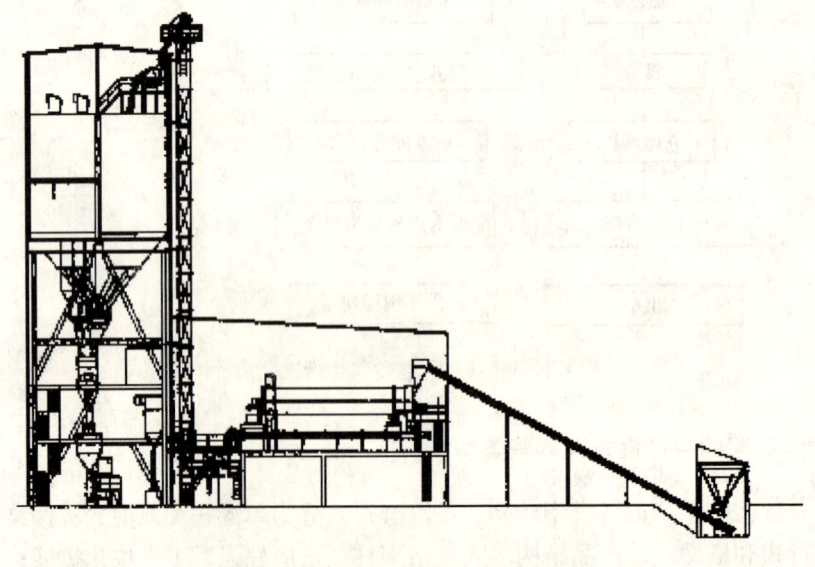

图369-3 塔楼式干混砂浆生产设备

国内外生产商习惯将生产能力高于 25t/h、单班年产量大于 6 万 t/年的干混砂浆生产设备称为大型设备;生产能力为 10~25t/h、单班年产量 2.5~6 万 t/h 的称为中型设备;生产能力低于 10t/h、单班年产量低于 2.5 万 t/年的称为小型设备。

370. 干混砂浆生产线是如何构成的?

答:干混砂浆生产设备的基本组成分为:砂预处理(干燥、筛分、输送)系统、各种粉状物料仓储系统、配料计量系统、混合搅拌系统、包装系统、收尘系统、电气控制系统及辅助系统等。

(1)砂预处理系统

砂的预处理分为破碎砂处理和河砂处理。破碎砂处理过程包括:从砂矿运回粗料,然后进行破碎、干燥、(碾磨)、筛分、储存。河砂处理过程有干燥、筛分。部分有条件的厂家可直接采购成品砂。

干混砂浆与湿拌砂浆的区别在于各组分都是干物料混合,产品是干粉(包含颗粒)状的混合物。干混砂浆原材料除砂外都是干物料,砂是干混砂浆的主要成分,其比例达 70% 左右。砂的含水率变化范围大,而用于干混砂浆的砂的含水率必须控制在 0.5% 以下,且须贮存在密封容器内,否则将严重影响成品干混砂浆的贮存时间,所以,首先应对砂进行烘干处理工艺。砂为不定型二氧化硅,化学结构稳定,其杂质为云母和淤泥。通过烘干和除尘工艺,砂的含水率可从 5%~8% 降低到 0.5% 以下,并且云母和淤泥在旋风收尘作用下,其含量也大大下降。为此,应对市场上采购的原始砂进行含水率测定、干燥、筛分、输送等。

1)砂含水率测定

使成品砂浆中不含水分是保证干混砂浆质量的关键,为此应严格控制砂的含水率。为了精确地控制干砂机滚筒的转速,必须测出砂中的含水率。目前大多采用微波自动显示测湿系统测定砂的含水率,其原理是水对微波具有高吸收能力,不同含水率的砂,其微波吸收程度也不相同。通过微波能量场的变化,测量出正在通过的物料湿度百分比。由于各种物料的粒径区别和含有杂质的不同,还需要实测和修正。

将微波测湿传感器装置于砂仓壁上,与计算机控制系统闭环控制程序接通,其主要组成如图 370-1 所示。自动显示检测系统可显示流动物料的瞬时湿度,也可同时显示流动物料在一段时间内的平均湿度百分比。根据测定到的砂含水率对砂的干燥速度实现自动调整。也可采用试验室测定方法预先设定烘干速度。

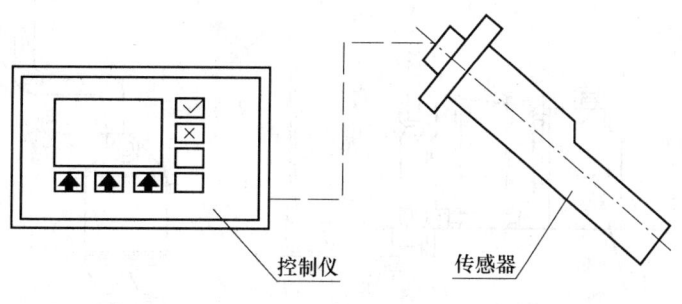

图 370-1 测湿系统

2) 原砂的干燥

烘干设备一般为热风炉、烘干机和除尘器。热风炉可由煤或油或天然气燃烧产生热源，经风机引入烘干机与湿砂形成热交换，而达到烘干物料之功效。烘干机一般分为流化床和回转式滚筒干燥机。前者投资大，热效率高，后者投资少，经济耐用。我国目前干混砂浆生产企业以回转式滚筒干燥机为主。

图370-2为振动流化床式干燥机。该设备技术较为先进，运行成本低，流化床的振动支撑阻力有弹簧和压缩空气式两种。振动流化床式干燥机和滚筒式干燥机相比，其优点有：高效、经济、几乎无辐射热损失、无机械运动、低磨损、维修保养费用低、启动时间短、噪声低、环保性能好等。设备工作时物料在给定方向的激烈振动力作用下跳跃前进，同时床底输入一定温度的热风，使物料处于流化状态，物料与热风充分接触，混合气由引风机从排出口引出，从而达到理想的干燥效果。

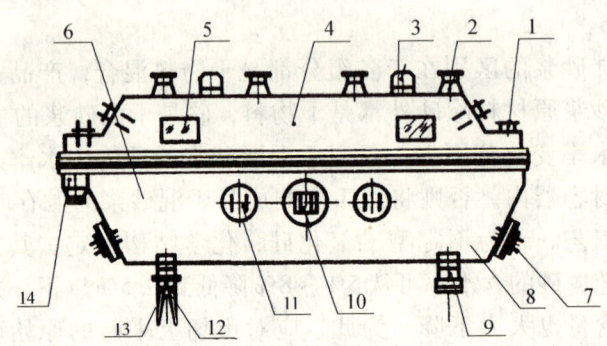

图370-2 振动流化床式干燥机
1—进料口；2—引风管；3—吊耳；4—上盖体；5—观察窗；6—床面；7—清扫口；
8—床体；9—起吊耳；10—振动机；11—给风管；12—防震橡胶簧；13—机架；14—出料斗

回转式滚筒干燥机按物料在其中的行程，可分为单回程、双回程和三回程烘干机，燃烧器可按用户需求配置燃油、燃气、燃煤粉等多种形式，并可根据砂的含水率对干燥速度实现人工或自动调节控制。其中单回程烘干机的结构及设计制造相对简单，维护方便，但占地面积较大，能耗大。目前推荐使用环保节能型的新颖三回程干燥机（图370-3），其结构紧凑、工作可靠、能耗低、烘干效果好、设备燃料取材方便、造价低，适用于中小型干混砂浆生产设备配套。

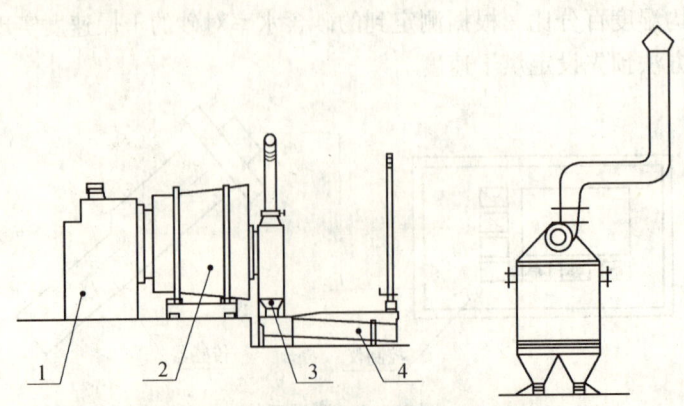

图370-3 单滚筒三回程冷却式干燥机
1—热风炉；2—三回程烘干滚筒；3—排料漏斗；4—振动冷却机

三筒干燥机是替代传统烘干设备的环保节能型新颖烘干设备。该设备由三个不同直径的同心圆筒按照一定的数学关系和结构形式，彼此相嵌组合而成的。根据热功原理，筒内装有不同角度和间距的扬料板和导料板，由于这种特殊的结构形式，能够保证被烘干物料在重力作用下沿着热气流的运动方向运动，在烘干筒内保持足够的停留时间和充分的分散度，致使物料在烘干筒内与来自燃烧室内的热气流进行充分的热交换，消除了常规烘干设备筒内截面常出现风洞而引起的热交换面积小、单位容积蒸发强度低的缺陷。同时由于特殊的三筒结构，内筒和中筒被外筒包围而形成了一个自身保温系统，内筒、中筒体表面散发的热量参与到外一层筒内物料的热交换，而外筒又处在热气流的低温端，所以筒体的散热面积和损失大大减少。

三筒多回程烘干能充分利用余热，减少散热损失，增加热交换面积，使烘干机的单位容积蒸发强度大大提高，从而有效地提高了热能利用率，降低了能耗，使三筒烘干机的热效率得到较大幅度的提高。与相同规格的单筒烘干机相比，热效率提高40%～55%，节约能耗1倍以上。由于三筒烘干机的特殊结构，致使筒体的长度大大缩短，这就减少了占地面积，设备占地面积比单筒烘干机节约50%左右，土地投资相应降低。同时，这种三筒式结构不用大小齿轮，而是采用托轮与轮带的摩擦传动，降低了造价、传动功率和噪声；密封部分采用微接触密封，提高了密封效果，减少了粉尘污染。

砂的烘干质量控制要点是：砂的喂料速度和燃料的燃烧方式。砂的出机水分应控制在0.5%以下，温度应控制在105～120℃。干砂从烘干机出口到混合机，应保证干砂充分冷却。

3）干砂的筛分

砂的筛分工序，与湿拌砂浆中砂的过筛工序相比，可选择设备和过筛方式较多。例如，可以在砂进入烘干机前筛分，也可在砂烘干以后筛分。从筛分效率讲，干砂的筛分效率高，湿砂的效率低；从节约能源角度讲，湿砂可筛除要除去、不用烘干的大颗粒，比较节能。通常的布置是：分两道筛分工序，第一道筛除粒径20mm以上的大颗粒；砂经烘干机后，再经第二道筛分除去粒径5mm以上颗粒。有的企业在第二道筛分机上设置多重筛网，对干砂按粒径进行分级。

筛分机按形式可分为直线振动筛和回转式滚筒筛。

生产中应定期检查筛网是否堵塞和破损，并定期更换。

4）干砂的输送

干砂的输送不同于水泥、石灰粉及矿物掺合料等，应采用斗式提升机或皮带运输机。

①斗式提升机：该机在带或链等绕性牵引构件上，每隔一定间隙安装若干个钢质料斗，作连续向上输送物料。斗式提升机具有占地面积小，输送能力大，输送高度高（一般为30～40m，最高可达80m），密封性好等特点。

②皮带运输机：采用皮带运输机的优点是生产效率高，不受气候的影响，可以连续作业而不易产生故障，维修费用低，只需定期对某些运动件加注润滑油。为了改善环境条件，防止骨料的飞散和雨水混入，可在皮带运输机上安装防护罩壳。

（2）物料仓储系统

干混砂浆除骨料（干砂）外，还有胶凝材料、掺合料、外加剂、添加剂等物料。水泥等填充料必须储存于密封的筒仓内，除化学外加剂可采用人工投料外，其余物料一般采用气力输送设备和螺旋排料系统进入筒仓。筒仓的数量和大小与生产品种、生产规模等因素有关。一般的生产厂必须具备以下几个配料仓：通用硅酸盐水泥仓、白水泥仓、石膏仓、不同粒径的砂仓、保水增稠材料仓、各种添加剂仓。砂浆品种多或者生产规模大的生产厂应根据生产需要建立足够的配料仓。筒仓内的材料使用状况由料位指示器来监视，同时控制上料。

向筒仓内输送物料，可采用管道气力输送或斗式提升机输送，也可采用螺旋输送机输送。现在许多散装输送车都有输送泵，只要在筒仓上装一根输送管即可。把水泥输送车上的管道与筒仓上的管道用快速接头相连接，开动车上的输送泵，即可将粉料泵入筒仓中。

从筒仓向混合机的供料输送一般采用管道气力输送和螺旋输送机输送，干砂一般采用斗式提升机。

螺旋输送机是利用电机带动螺旋回转，推移物料以实现输送的目的，它能水平、倾斜输送，具有结构简单，截面积小，便于封闭输送，可多点加料或卸料等优点，适合于输送各类粉状、粒状和小块散料等。

为了防止物料在筒仓内部拥塞，筒仓一般都设有不同形式的破拱装置，用以保证连续供料。筒仓的出口尺寸和壁的倾斜角度应考虑完全排料。为了检测筒仓内的储存量，在仓内设置有各种料位指示器。为了消除粉尘污染，采用仓顶收尘器进行除尘。

(3) 配料计量系统

配料计量是干混砂浆生产过程中的一项重要工序，它直接影响到产品的配比质量，因此精确、高效的配料计量设备和先进的自动化控制手段是生产高质量干混砂浆的可靠保证。

配料计量系统采用精确的全电子秤和先进的微机控制，并具有落差跟踪、称量误差自动补偿、故障诊断等功能，可靠的送排料系统保证了物料排送时的均匀流畅，以达到精确的计量效果，有效地保证了产品的质量。

配料计量包括砂、胶凝材料、添加剂等的计量。砂、胶凝材料的计量采用料仓秤，用双速螺旋给料机将砂、胶凝材料从料仓中输送到料仓秤上。每种配料称量一般分三个阶段：第一，将料高速输入；第二，将料低速输入；第三，校准秤获得料的质量。输送速度采用变频器。在计量结束后，采用气动圆盘式闸门中断配料输入。

料仓秤最大称量值是根据混合机最大加料量确定的。对于砂料仓秤，为100%混合机最大加料量，而胶凝材料为50%。料仓秤需做成密封的结构形式。在料仓秤装满时排出含尘空气，并对含尘空气采用吸尘系统或者压力式收尘器进行净化。收下的灰尘重新回到系统中。

应注意的是，生产特种干混砂浆时，添加剂的计量应考虑添加剂的流动性、黏附性、吸潮性和计量的精度控制。有的添加剂每盘料的称量可能只有几百克，对螺旋螺距要求非常高，生产厂家不得不采取人工计量和投料。因此，从生产质量稳定考虑，应尽量避免人工投料。如果只能采用人工投料，应有连锁装置，确保有人工的质量控制手段。目前，我国国产生产设备企业已进行对添加剂等小料的计量实现螺旋计量设备的开发。

(4) 混合搅拌系统

干混砂浆的混合工艺与湿拌砂浆有较大的区别。干混砂浆混合时原材料不含水分，混合机混合形式与搅拌机有较大的差别。干混砂浆混合机起初是立式锥形混合机，之后发展为卧式混合机。目前，卧式混合机已成为干混砂浆生产企业的首选。

卧式混合机可分为犁刀式混合机（图370-4）、双轴桨叶式混合机（图370-5）、卧式螺带式混合机（图370-6）三种机型，有的在筒体配备飞刀。卧式混合机国外的技术

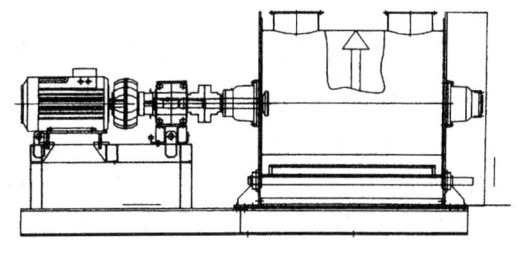

图370-4　犁刀式混合机

路线是高转速、小容量、混合时间短，即混合机转速高，混合机容量一般为1～1.5m³，混合时间90s。国内的技术路线是低转速、大容量、混合时间长，即混合机转速低，混合机容量一般为6～10m³，混合时间6～8min。

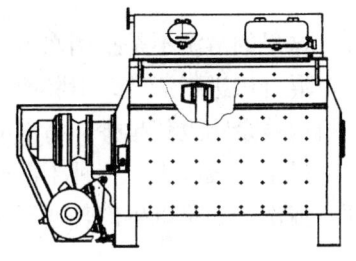

图370-5　双轴无重力桨叶式混合机

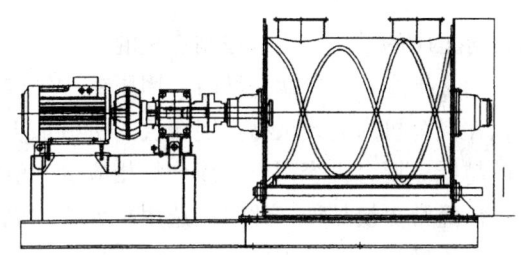

图370-6　卧式螺带式混合机

下面主要介绍国产混合机的原理及特点：

1）立式混合机

立式混合机有立式单螺旋混合机和立式双轴螺带锥形混合机。立式单螺旋混合机中间一条螺旋提升分散混合，但由于机器高度约3m，靠重力作用下降分散混合，使得密度不同的物料难以混合均匀，效率低、速度慢，且放料时下部残余多，混合均匀度只有80%。只适合低档腻子粉的混合，不能用来生产高档腻子粉、保温干混砂浆等。

立式双轴螺带锥形混合机具有锥形机体，通过双轴双螺带将各种生产原料向不同的角度推动达到混合均匀的效果，能有效避免死角，提高混合均匀度，且无残余，但它有以下缺点：①机体高度太高，安装不方便，且提高了各种生产原料输送高度；②容积小，混合量少，利用率低，增加生产成本，难以满足大批量生产的需要。一般流水生产线不采用立式双轴螺带锥形混合机。

2）卧式混合机

卧式混合机避免了立式混合机因重力作用引起的不同密度原材料在混合过程中出现分层的现象，且设备安装方便，成本低。卧式混合机主要有三种：卧式单轴单螺带混合机、卧式单轴多螺带混合机和卧式双轴双桨叶无重力混合机。

卧式单轴单螺带混合机工作时，由单螺带推动物料向一个方向运动，其混合效率较低，残留量较大，适合不加添加剂的膏状水泥砂浆的混合，不适合腻子粉、外保温砂浆干混料等粉体材料的搅拌混合。

卧式单轴多螺带混合机采用卧式筒体，单轴连起内外二至三层螺旋带，生产原料向不同的方向充分混合，外层螺带和筒体间距离极小，放料后残留少。卧式机体下部设有下开活动

门,以便更换不同品种砂浆时清扫。安装方便,噪声小,混合效率高,适合各种干混砂浆的生产,而且价格低廉,是较理想的生产设备。

卧式双轴双桨叶混合机属于无重力混合机,广泛用于腻子粉、干混砂浆、保温砂浆等粉体材料的混合搅拌。无重力混合机卧式筒体内装有双轴旋转反向的桨叶,桨叶成一定角度将产生沿轴向、径向循环翻搅,使各种原料迅速混合均匀。减速机带动双轴的旋转速度与桨叶的结构会使物料重力减弱,随着重力的消失,各物料存在的颗粒大小、比重悬殊的差异在混合过程中消失。激烈的搅拌运动缩短了一次混合的时间,更快速、更高效。

在上海地区,生产普通干混砂浆一般选用国产卧式混合机;生产特种干混砂浆的主流企业选择进口混合机。干混砂浆的混合时间因砂浆品种不同,各组分物料的比例不同,各物料的流动性不同,各物料的颗粒大小不同和各物料的密度不同,其混合时间也不尽相同,均应通过试生产决定。其质量控制点是干混砂浆的匀质性,可通过筛分和强度试验来确定混合时间。

混合工序的另一个质量控制点是混合机的残余物和清洗,这里的清洗不是指用水清洗混合机,而是指企业在更换品种时,用压缩空气或干砂或石粉对混合机进行清洗,清除前一品种砂浆在混合机内的残余物。混合机的机械加工精度越高,机内残余物也就越少,清洗的难度也就越低。混合机容积小,残余物相应少,清洗也方便。如果生产线以生产特种干混砂浆为主,需经常更换品种,此时应选用小容积的混合机,以便于清洗。如果以生产普通干混砂浆为主,更换品种时不需要清洗,可选择大容积的混合机。

(5) 包装、运输系统

干混砂浆产品按包装形式分为袋装产品和散装产品。袋装产品可用包装机包装,散装产品可放入专用的散装筒仓或专用散装运输罐车中。

1) 袋装产品的包装

目前粉状产品的包装机一般有三种:吹气装料包装机、气室式装料包装机和蜗轮式装料包装机。

吹气装料包装机价格较低,但包装速度较慢,一般不被采用,仅用于类似液体流动的、很松散的细分散状产品的包装,不适于其他粉状产品包装,因为容易引起产品离析。

气室式装料包装虽然和吹气装料包装都采用压缩空气作为动力,但作用原理和有效性是有区别的。对于吹气装料,压缩空气用于使包装产品具有流动性,而产品装入袋中动力则来自于料仓中产品自身重量。气室式装料包装中产品输入袋中靠压缩空气推动,一般气室气压为0.5个大气压,这是最有效的强制输入料方法。气室式装料的特点是具有较高的速度,并且应用范围广。但它也有缺点,即需要大的压缩空气量,并且空气与产品一起进入到包装中容易引起包装袋爆裂。该包装机往往需要采用具有夹套的装料管或者采用高透气性包装袋或普通穿孔牛皮纸袋,而且需要配备有效的吸尘系统从包装袋中挤出有灰尘的空气,所以该包装机在干混砂浆厂中应用也较少。

蜗轮式装料包装机采用机械方法将产品装入袋中,其特点是装料速度快,产品含空气量少,而且机器自身所占的体积也较小。蜗轮式装料包装机有两种:轴水平放置和轴垂直放置。轴水平放置的蜗轮式装料包装机使用方便、可靠,并且料很容易通过上部侧壁进入到蜗轮中;轴垂直放置的蜗轮式装料包装机具有较大的料斗截面,容易进料但也容易漏料。

包装机的计量精确度，根据不同的产品有不同的要求，成本越高的产品计量精确度要求越高。包装机产品的计量一般有两种：毛重和净重。现在的包装机上一般有两种计量器：机械计量器和电子计量器。机械计量器是一种杆秤，用移动秤锤来实现所需重量，其计量速度慢，效率低，很少被采用。电子计量器则将机械负载转变为电信号，通过放大电信号、数字转换，在显示器上显示所称重量。目前更先进的电子计量器具有存储器，事先输入所需重量值，当秤上达到该数值则发出信号自动关闭装料闸门。

电子计量器与机械计量器相比具有以下优点：①不需要机械调整，不存在机械磨损，比机械计量器易保养；②装料前自动显示空袋重量；③采用电子计量器可以在键盘上进行包装全过程的操作或者建立自动包装过程，也可以用计算机对包装过程进行全程控制。

袋装干混砂浆的生产控制要点是计量的精度和物料的离析。有的生产线布置不当，如中间仓与混合机落差太大，可能造成物料离析；有的包装机设计不合理也会造成离析。检验方法是：从不同包装袋的干混砂浆中取样，做强度匀质性试验。袋装砂浆的计量误差允许范围是：每袋误差在98%之内，20袋总质量不得小于标志重量。包装袋要求密封，袋装干混砂浆不得堆放在水泥地坪上，应有垫仓板或塑料布隔离地坪，大包装袋装砂浆堆放高度不应超过8皮。仓库应通风良好，袋装干混砂浆储存期不应大于3个月。

2) 散装产品的储存

散装干混砂浆的储存技术途径在国内有两种：一种是"移动储罐系统"，这套系统是国外公司目前采用的一种干混砂浆散装化的技术途径。这套系统具体程序为：用背罐车把装满干混砂浆料的储罐背到工地，再用背罐车的液压系统把储罐立起来摆放到施工现场，背罐车再把用完的空储罐背回砂浆厂装料。如此往复。另一种是"压力罐车运输及现场固定储罐系统"。这套系统是南京天印专用汽车有限公司结合国内的实际情况，提出的一种干混砂浆散装化的技术途径。这套系统具体程序为：采用散装干混砂浆专用运输罐车把干混砂浆运输到工地，再通过专用运输罐车上随车携带的空压机把干混砂浆打到工地上摆放的防离析干混砂浆储罐内，再通过储罐下部连接的连续搅拌器自动加水后现场搅拌出料。

对于用量大的产品，如砌筑、抹灰、自流平砂浆等越来越多地使用筒仓。以散装形式运往工地，配合输送系统和施工机器进行机械化施工。未用完的料还可返回工厂，真正实现无损失循环。常用筒仓的体积，根据材料和用途不一，有 $1.0m^3$、$1.2m^3$、$5.0m^3$、$12m^3$、$18m^3$、$20m^3$、$22m^3$ 等不同的规格。国产散装干混砂浆物流系统与发达国家技术相比，特点在于用干混砂浆输送车替代了背罐车，解决了物料在运输及输送过程中容易分离的难题，符合我国大规模建设的需求，减少储料罐的流动，提高工效，大大降低了物流成本。散装干混砂浆成本比袋装干混砂浆降低 19.44 元/t，占总成本的 10%。2005 年推广至今已使用散装干混砂浆 300 万 t。

(6) 收尘系统

收尘是改善干混砂浆生产设备现场工作环境的重要手段。粉料筒仓在气送粉料时要求收尘，混合料与粉料进入混合机时要求收尘。收尘设备是指能将空气中粉尘分离出来的设备。目前常用的收尘设备有旋风收尘器和袋式收尘器。

1) 旋风收尘器

旋风收尘器是利用颗粒的离心力而使粉尘与气体分离的一种收尘装置，常用于粉料筒仓的收尘装置。旋风收尘器结构简单、性能好、造价低、维护容易，因而被广泛应用。

2）袋式收尘器

袋式收尘器是一种利用天然纤维或无机纤维作过滤布，将气体中的粉尘过滤出来的净化设备。由于滤布都做成袋形，因而称为袋式收尘器。袋式收尘器常用于混合粉尘源的收尘。这种方式在安装初期效果显著，时间一长，袋壁上积尘不予清理，则除尘效果变差，所以干混砂浆生产设备的收尘器要定期清理积尘。

(7) 电气控制系统

电气控制系统采用先进的可编程序控制器（PLC）和 PC 控制方式，可完美处理配料、称重和混合等整个生产工艺流程的自动控制；具有配方、记录和统计显示及数据库的 PC 监测控制功能；有客户/服务器数据库的系统扩展及网络功能。在多点安全监视系统的辅助下，操作人员在控制室内就可以了解整体生产线的重点工作部位情况。可提供的订单处理程序，能控制干混砂浆生产设备中的所有基础管理模块，从定单接收到时序安排到开具发货单。界面模拟显示干混砂浆生产线的整个动态工艺流程，操作直观、简单、方便。

371. 犁刀式混合机的工作原理是什么？

答：犁刀式混合机主要用来混合干混砂浆，是目前应用最广泛的混合机之一。

(1) 结构

犁刀式混合机的结构主要由筒体（卧式）、犁刀、飞刀以及传动机构所组成。

①卧式筒体：由钢板制成，进出料口以及与各连接处均有密封要求。

②传动机构：犁刀轴的转动是由电机（主电机）通过摆线针轮行星减速机变速，然后由联轴器带动。飞刀由电机（副电机）直接驱动。

③犁刀是通过犁刀臂安装在主轴上。

④飞刀组是由多刀片组成。飞刀组采用多功能密封结构，能有效地防止粉尘进入轴承。

(2) 工作原理

混合时，机内物料在犁刀的作用下，一方面沿筒体内壁作周向和径向湍动，另一方面物料又沿犁刀两侧面的法线方向飞溅。当物料流经飞刀时，被高速旋转的飞刀强烈抛散，在犁刀和飞刀的复合作用下，使物料不断地对流、扩散、翻动，从而在极短的时间内达到均匀的混合。

(3) 设备技术参数（表371-1）

表371-1 混合机设备技术参数

容积（m³）	0.5	1	2	4	6
装载系数	0.3~0.6（按物料的表观密度不同而变化）				
工作压力	常压，粉尘密封				
混合时间（min）	一般物料 4~6				
物料细度（μm）	38~830				
装机总功率（kW）	10.5	14	23	28	33
设备自重（kg）	850	1500	2100	3100	6750

372. 散装干混砂浆运输系统各有哪些特点?

答：目前，散装干混砂浆技术途径在国内有两种：一种是"移动储罐系统"，即用背罐车把装满干混砂浆料的储罐背到工地，再用背罐车的液压系统把储罐立起来摆放到施工现场。砂浆用完后，背罐车再把空储罐背回砂浆厂装料。另一种是"压力罐车运输及现场固定储罐系统"，它是采用散装干混砂浆专用运输罐车把干混砂浆运输到工地，再通过专用运输罐车上随车携带的空压机把干混砂浆打到工地上摆放的防离析干混砂浆储罐内，再通过储罐下部连接的连续搅拌器自动加水后现场搅拌出料。

两套系统的使用状态各有利弊，对比结果为：

1) "移动储罐系统"的优点是：由于是把满罐的干混砂浆料用背罐车整体背到工地使用，因此可以基本上保证进入到储罐内的干混砂浆料不离析；它的弊端是：①由于是背运满罐的实料，对背罐车的车辆要求必须是四轴以上车辆，汽车底盘成本很高；②对液压件的要求高，国产液压件不能满足需要，必须全套是进口件，因此造价很高，车辆的维护费用也很高；③由于该系统是将满罐料的实罐用背罐车背到工地，再用背罐车将用完的空罐背回到砂浆厂装料，这种系统的运作效果是周转效率不高，必须等工地上储罐内的砂浆料用完后才能背回砂浆厂装料，不能在工地上随时装料。

2) "压力罐车运输及现场固定储罐系统"的优点是：①由于对干混砂浆专用运输车和现场固定储罐采用了特殊的设计制造技术，因此当干混砂浆专用运输车开到工地后，用随车携带的空压机将干混砂浆打入现场固定储罐内，能够保证干混砂浆不离析；②由于固定储罐在进入工地前是空罐，因此所使用的背罐车可以是二轴的车辆，汽车底盘成本低；③对液压件的要求也较低，国产液压件能够满足使用要求，因此背罐车的造价要远低于背实罐的背罐车的造价；④由于背罐车把空罐背入工地后，要几个月以后才会移动，背罐车的使用频率不高，一台背罐车可以服务50只左右固定储罐，因此背罐车可以采用社会服务的方式来开展业务，砂浆厂不需要购买背罐车或者只需少量购买背罐车，减少了砂浆厂的一次性物流设备投资；⑤平时向工地上的空罐内加注干混砂浆则是使用干混砂浆专用运输车，可以做到随时加注，方便灵活，大大提高了车辆和储罐的周转效率。而且干混砂浆专用运输车的造价仅是背实罐的背罐车造价的40%，可以大大降低砂浆厂物流运输设备的一次性投入。

对比以上两种运行系统的优缺点，我们认为国外公司的这套系统运行成本高，使用周转效率不高，不适合中国国情，不宜在大批量使用砂浆的工地上推广使用。"压力罐车运输及现场固定储罐系统"运行成本低，使用周转效率高，适合中国国情，建议在干混砂浆散装物流系统中推广使用。

南京天印专用汽车有限公司通过对散装水泥运输车辆的改造、固定储罐的研制、螺旋搅拌机的研制和称量设备的配套，解决了物料在气力输送过程中不同粒径颗粒的分离问题和干混砂浆加水搅拌的出料均匀性问题（表372-1、372-2）。

表372-1 筒仓不同部位的物料粒径分布

取样编号	>0.16mm（%）	0.16~0.09mm（%）	<0.09mm（%）	<0.16mm（%）
底部-1	74.8	11.4	12.5	23.9
底部-2	74.1	17.1	9.8	26.9
中间-1	73.0	10.8	16.3	27.0

续表

取样编号	>0.16mm（%）	0.16~0.09mm（%）	<0.09mm（%）	<0.16mm（%）
中间-2	73.4	14.4	12.2	26.6
中间-3	72.2	11.9	15.9	27.8
中间-4	72.9	15.9	11.2	27.1
中间-5	72.7	15.1	12.2	27.3
中间-6	72.1	20.2	7.6	27.9
顶部-1	68.4	16.3	15.2	31.6
顶部-2	70.0	13.3	16.8	30.0

表372-2　筒仓不同部位物料的砂浆性能试验

编号	干砂浆（kg）	加水量（mL）	加水量（%）	砂浆密度（kg/m³）	稠度（mm）	分层度（mm）	凝结时间（min）	R_7（MPa）	R_{28}（MPa）
底部1-2	11	1900	17.3	302	2050	82	9	376	11.4	21.4
中间1-3	15.7	2650	16.9	297	2055	84	9	337	12.1	24.7
中间4-8	16.15	2750	17.0	300	2064	82	10	340	12.8	24.4
顶部1-2	16	2800	17.5	307	2064	86	10	346	16.7	29.5

上述试验表明，筒仓底部的物料与筒仓其他部位的物料存在分离，但分离较少。底部粗颗粒部分稍多，比平均值多3%；顶部粗颗粒部分稍少，比平均值小3%。从分层度和28d强度看，均与其他部位差异较小，说明该物料系统能满足使用要求。

373. 如何设计散装干混砂浆筒仓？应注意哪些问题？

答： 使用散装干混砂浆应根据工程规模、工程进度和砂浆使用种类制定散装干混砂浆筒仓的数量、分布、进场时间和送料计划。其原则是应满足工程需要，同时也应使布置的筒仓数量经济合理，在满足工程之需条件下，筒仓数量应尽量少。如果工程规模大，单位工程多，分包单位多，那么散装干混砂浆筒仓数量就应多些，应保证筒仓与施工操作面不应水平距离太长，不然运输距离长将影响施工效率。采用散装干混砂浆，其品种也不应过于繁琐，不然将增加筒仓数量。筒仓数量也应根据工程进度决定，在施工初期，砂浆需求仅在砌筑工程，那么只要提供少量的筒仓即可满足工程要求，可选择14m³筒仓。如果工程进入大量砌筑阶段，或者砌筑工程结束进入抹灰阶段，那么筒仓数量应随砂浆用量增大而增加。筒仓的规格也可增大，如18m³、20m³。筒仓有可能同时供应砌筑砂浆、内墙抹灰砂浆和外墙抹灰砂浆。在施工收尾阶段应逐步减少筒仓数量。

使用散装干混砂浆应在筒仓上标明筒仓内储存的干混砂浆品种。特别是在由砌筑进入抹灰工程阶段，要注意当变换筒仓内砂浆品种时，应排空筒仓。在同时进行内外墙体抹灰时，要注意不能混淆干混砂浆的品种，不然将造成质量事故。例如，将内墙抹灰砂浆误用到外墙后，将造成砂浆层在经过一段时间使用后，发生起壳、开裂甚至剥落等破坏现象。如果将外墙抹灰砂浆误用到已完成底糙的内墙抹灰层上，由于外墙抹灰砂浆强度高于内墙抹灰砂浆，外墙抹灰砂浆收缩变形和弹性模量都大于内墙抹灰砂浆，将使外墙抹灰砂浆拉坏内部的内墙抹灰砂浆，造成砂浆层底糙与基层的起壳现象产生。如果将内墙抹灰砂浆误用到外墙抹灰，还可能造成砂浆层渗漏现象。所以，现场筒仓的砂浆种类标识一定要清晰、准确，便于施工操作人员掌握。

筒仓在运进工地现场前，施工企业应根据筒仓规格，按筒仓使用说明书进行筒仓基础施工。可采用砖基础，也可采用钢筋混凝土基础，确定原则是确保筒仓在现场使用期间不发生倾斜和倾覆的危险，保证筒仓的安全使用。筒仓位置应靠近作业区，同时也应靠近筒仓的区内施工道路，方便专用散装输送车停靠卸料和进出。筒仓应有施工电源和水源供应，筒仓的水源应有水池，以确保水压的稳定。

筒仓应有专人负责操作和保养工作。操作人员应了解并掌握筒仓内干混砂浆的质量，根据工程实际消耗量和干混砂浆生产企业与工程现场的运输距离和时间来确定供货时机，以保证筒仓内干混砂浆在合理的使用范围内。供货时机掌握不好也会给施工流水节奏带来麻烦。如果筒仓内干混砂浆没有用完就打电话通知厂方发货，那么散装干混砂浆专用输送车将新的干混砂浆运到工地现场，可能运送的干混砂浆质量超过了筒仓所负荷的干混砂浆质量，造成散装砂浆专用输送不能将干混砂浆全部打到筒仓内，多余部分可能要运回工厂，导致运能浪费。如果打电话通知干混砂浆生产厂晚了，将造成工地停工待料等窝工现象的发生。操作人员对砂浆的稠度和加水量控制应根据工程实际掌握，不能教条主义。例如，在夏期施工的砂浆稠度就应该大些，冬期施工砂浆稠度就应该小些；施工操作面与筒仓搅拌机距离远，砂浆稠度就应大些，反之亦然。

筒仓操作人员还应做好设备的维护和保养工作，避免人为因素造成的设备损坏和故障。对筒仓下面的螺旋搅拌装置中的螺旋绞刀，每班工作完毕后，应卸下螺旋绞刀，及时冲洗干净，清除积存在螺旋筒内的砂浆拌合物，确认螺旋筒内没有砂浆拌合物后，再将清洗干净的绞刀安装在螺旋筒内。如果发现砂浆出料速度减慢，应检查螺旋绞刀的磨损状态，如果确实是绞刀磨损超过了范围，那么应将磨损的绞刀卸下修理，装上新的绞刀。一般绞刀都经过热处理，每把绞刀可搅拌400t干混砂浆。

筒仓操作人员应注意观察砂浆拌合物的出料速度和砂浆稠度的均匀性。如果发现砂浆出料速度时快时慢，那么应检查筒仓内干混砂浆是否存在起拱现象，或者是筒仓内干混砂浆存量太少，或者是水泵发生堵塞。如果经检查排除了上述原因，那么在相同的加水量条件下，发生某一段时间内砂浆拌合物稠度一直偏小，而某一段时间内砂浆拌合物稠度呈一直偏大的现象，则可能是干混砂浆本身存在拌合均匀性问题。此时应停止搅拌砂浆，通知厂方技术人员到现场解决干混砂浆的质量问题。如果电子传感器显示筒仓内干混砂浆质量一直没有变化，那么可能是电子传感器发生故障。

374. 如何检验散装普通干混砂浆的均匀性？

答：普通干混砂浆主要是由水泥、砂等原材料组成的颗粒状产品，由于水泥、砂的流动性差别较大，砂浆在装卸、运输过程中会发生不同程度的离析，底部的重颗粒如砂较多，而上部的粉料如水泥较多，导致不同部位的砂浆性能有所差异，从而影响砂浆性能的均匀性，因此，散装普通干混砂浆进场时必须检验其均匀性指标。

（1）试验步骤

①在散装干混砂浆移动筒仓放料过程中的10个不同时间，分别取样，每份样品数量不

少于5000g，共取得10份样品。分别将每份样品充分拌和均匀，称取500g试样进行筛分。

②将500g试样倒入符合《建筑用砂》GB/T 14684—2001要求的附有筛底的标准套筛中，按GB/T 14684—2001的方法进行筛分试验，称量通过0.08mm筛的筛余量。每个样品检测两次，取两次试验结果的平均值。

③按照上述步骤分别对其他9个样品进行筛分试验。

（2）结果计算

①按下式计算10个样品0.08mm筛下的离散系数：

$$C_V = \frac{\sigma}{\overline{X}} \times 100\% \tag{1}$$

式中　C_V——0.08mm筛下的离散系数；

　　　σ——10个样品通过0.08mm筛的筛余量（或抗压强度）的标准偏差；

　　　$\overline{X}$——10个样品通过0.08mm筛的筛余量（或抗压强度）的平均值。

②按下式计算干混砂浆的均匀度T：

$$T = 100\% - C_V \tag{2}$$

（3）结果判定

当0.08mm筛下均匀度≥90%时，该筒仓中散装干混砂浆的均匀性合格；当0.08mm筛下均匀度<90%时，应继续进行抗压强度试验。

（4）抗压强度试验

①按《建筑砂浆基本性能试验方法标准》JGJ/T 70—2009的规定成型、养护试件，测试28d抗压强度，得到10个试样的抗压强度值。

②分别按式（1）、式（2）计算抗压强度对应的砂浆均匀度。

③结果判定

当抗压强度的均匀度≥85%时，该筒仓散装干混砂浆的均匀性合格；当抗压强度的均匀度<85%时，则均匀性不合格。

九 砂浆性能及检验方法

(一)砂浆拌合物的性能及检验方法

375. 如何采集砂浆试验用样?

答:(1)砂浆试样应从同一盘或同一车砂浆中取样。取样量不少于试验所需量的4倍。

(2)在施工过程中进行砂浆试验时,取样方法应按相应的施工验收规范执行。宜在现场搅拌点或预拌砂浆卸料点,至少在3个不同部位及时取样。现场取来的试样,试验前应人工搅拌均匀。

(3)从取样完毕到开始进行各项性能试验,不宜超过15min。

376. 如何制备砂浆试样?

答:①试验室制备砂浆试样时,所用材料应提前24h运入室内。拌合时,试验室温度保持在(20±5)℃。

②试验所用原材料与现场使用材料一致。砂通过4.75mm筛。

③试验室拌制砂浆时,材料用量以质量计。称量精度:水泥、外加剂、掺合料等为±0.5%;细骨料为±1%。

④试验室拌制砂浆时采用机械搅拌,搅拌量为搅拌机容量的30%~70%,搅拌时间不少于120s。掺有掺合料和外加剂的砂浆,搅拌时间不少于180s。

377. 如何测定砂浆的稠度?

答:本方法适用于确定砂浆配合比或施工过程中控制砂浆的稠度,目的是控制砂浆的用水量。普通砂浆通常采用稠度表示砂浆的工作性。

(1)仪器设备

砂浆稠度测定仪,如图377-1所示。

(2)试验步骤

①用润滑油轻擦滑杆,多余油用吸油纸擦净,使滑杆能自由滑动。

②用湿布润湿容器及试锥表面,将试样一次装入容器,试样表面低于容器口10mm左右。用捣棒自容器中心向边缘均匀插捣25次,然后轻轻摇动或敲击容器5~6下,使砂浆表面平整。

③将容器置于仪器底座上。移动滑杆至试锥尖端与砂浆表面刚接触,然后使齿条测杆下

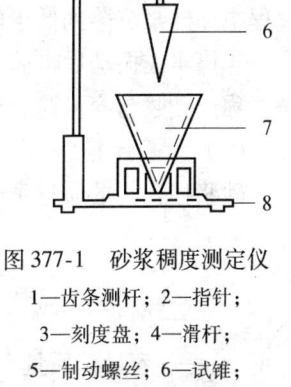

图377-1 砂浆稠度测定仪
1—齿条测杆;2—指针;
3—刻度盘;4—滑杆;
5—制动螺丝;6—试锥;
7—盛浆容器;8—底座;9—支架

端与滑杆上端接触，调零。

④拧开制动螺丝，计时，10s时拧紧螺丝，使齿条测杆下端接触滑杆上端，读数（精确至1mm），两次读数的差值即为砂浆的稠度值。

容器内的试样，只允许测定一次稠度。

(3) 结果评价

取两次试验结果的算术平均值作为测定值，精确至1mm。如两次试验值之差大于10mm，应重新取样测定。

378. 如何测定砂浆的表观密度？

答：本方法适用于测定砂浆拌合物捣实后的单位体积质量，以确定每立方米砂浆拌合物中各组成材料的实际用量。

(1) 仪器设备

①砂浆密度测定仪，如图378-1所示。

②容量筒：内径108mm，净高109mm，筒壁厚2~5mm，容积为1L，由金属制成。

③砂浆稠度测定仪。

(2) 试验步骤

①按稠度试验方法测定砂浆拌合物的稠度。

②用湿布擦净容量筒的内表面，称量容量筒质量 m_1，精确至5g。

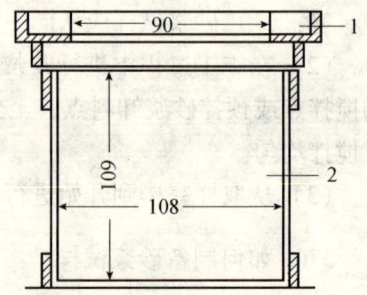

图378-1　砂浆密度测定仪
1—漏斗；2—容量筒

③捣实可采用手工或机械方法。当砂浆稠度大于50mm时，宜采用人工插捣法，当砂浆稠度不大于50mm时，宜采用机械振动法。

采用人工插捣时，将砂浆拌合物一次装满容量筒，使之稍有富余，用捣棒由边缘向中心均匀地插捣25次，插捣过程中如砂浆沉落到低于筒口，则应随时添加砂浆，再用木锤沿容器外壁敲击5~6下。

采用振动法时，将砂浆拌合物一次装满容量筒，连同漏斗一起在振动台上振10s，振动过程中如砂浆沉落到低于筒口，应随时添加砂浆。

④捣实或振动后将筒口多余的砂浆拌合物刮去，使砂浆表面平整，然后将容量筒外壁擦净，称出砂浆与容量筒总质量 m_2，精确至5g。

(3) 结果计算

砂浆拌合物的质量密度按下式计算：

$$\rho = \frac{m_2 - m_1}{V} \times 1000$$

式中　ρ——砂浆拌合物的表观密度，kg/m^3；

　　　m_1——容量筒质量，kg；

　　　m_2——容量筒及试样质量，kg；

　　　V——容量筒容积，L。

(4) 容量筒容积的校正方法

可采用一块能覆盖住容量筒顶面的玻璃板，先称出玻璃板和容量筒质量，然后向容量筒中灌入温度为（20±5）℃的饮用水，灌到接近上口时，一边不断加水，一边把玻璃板沿筒口徐徐推入盖严。应注意使玻璃板下不带入任何气泡。然后擦净玻璃板面及筒壁外的水分，称量容量筒、水和玻璃板的质量（精确至5g）。后者与前者质量之差（以kg计）即为容量筒的容积（L）。

取两次试验结果的算术平均值作为测定值，精确至$10kg/m^3$。

379. 如何测定砂浆的分层度？

答：分层度是确定砂浆拌合物在运输及停放时砂浆拌合物的稳定性。

（1）仪器设备

①砂浆分层度测定仪，见图379-1，筒内径为150mm，上节高度为200mm，下节带底净高为100mm，用金属板制成，上、下层连接处需加宽到3~5mm，并设有橡胶垫圈。

②砂浆稠度仪。

分层度测定方法有标准法和快速法。有争议时，以标准法为准。

（2）标准法的试验步骤

①测定砂浆拌合物的稠度。

②将试样一次装满分层度筒，用木锤在筒壁大致相等的四个不同部位各轻轻敲击1~2下，将筒口抹平。

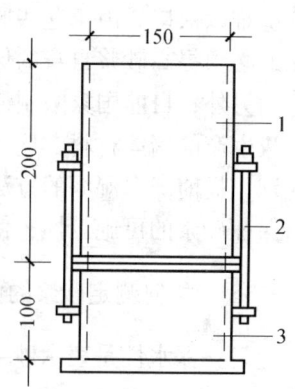

图379-1 砂浆分层度测定仪
1—无底圆筒；
2—连接螺栓；3—有底圆筒

③静置30min，去掉上节圆筒内的砂浆，将下节圆筒内的砂浆倒入拌合锅内拌2min，测其稠度。前后测得的稠度之差即为该砂浆的分层度值。

（3）快速法的试验步骤

①测定砂浆拌合物的稠度。

②将分层度筒固定在振动台上，将试样一次装满分层度筒，振动20s。

③去掉上节圆筒内的砂浆，将下节圆筒内的砂浆倒入拌合锅内拌2min，测其稠度。前后测得的稠度之差即为该砂浆的分层度值。

（4）结果评价

取两次试验结果的算术平均值作为该砂浆的分层度值，精确至1mm。如两次试验值之差大于10mm，应重新取样测定。

说明：关于分层度试验，由于其试验工作量较大，另外当砂浆配合比中胶凝材料较少时，因砂浆空隙较大，水往下走，测出的分层度值偏小，不符合实际情况，即分层度方法在实际应用中存在缺陷，因此现在大多数砂浆，如预拌砂浆，都用保水性代替了分层度。

380. 砂浆保水性有什么意义？

答：水是砂浆工作性能最重要的影响因素，水分损失会导致砂浆流动性减少，施工难以操作；水分不足就会影响胶凝材料的水化，影响砂浆各种性能的发展。因此，保持砂浆中水分的相对稳定是十分必要的。

砂浆通常被砌筑在吸水块材之间或涂抹在基层上，只要砂浆与块材或基层一接触，砂浆就被吸去水分并向大气蒸发水分，使砂浆的施工性能变差，甚至使砂浆中的胶凝材料因缺水而不能充分水化，导致砂浆强度特别是粘结强度降低，造成砂浆开裂、空鼓、脱落等质量问题。解决这一问题的传统做法是预先往基层表面浇水，但浇水受气温、浇水时间、浇水均匀度的影响，而使基层的吸水量不均匀。当基层吸水量不足时，就会吸收砂浆中的水分，影响水泥水化和水化产物向基体渗透；当基层浇水量大时，水泥水化产物向基层中迁移速度慢，甚至在砂浆与基体之间形成一个复水层，影响砂浆的粘结强度。

砂浆的使用环境对砂浆中水分的保持不利，主要原因为：①砂浆一般以薄层形式使用，具有较大的表面积，因而水分容易蒸发；②有些基材有较强的吸水性，可从砂浆中吸取大量的水分，如加气混凝土砌块等；③养护比较困难，砂浆常常用于立面，难以覆盖，洒上的水分也难以保持。由于这些原因，影响了砂浆性能的正常发展，也常常导致砂浆过早开裂，因此，必须提高砂浆自身的保水能力。

另外，目前国家限制使用实心黏土砖，而大力推广使用新型墙体材料，特别是采用工业废渣生产的墙体材料，这些新型墙体材料与实心黏土砖在吸水率、吸水速度方面有着较大的区别，提前浇水湿润的方法并不适用。解决砂浆失水的最有效方法是提高砂浆的保水性，从而保证砂浆的可施工性，使水泥水化充分，保证砂浆本身强度和粘结强度。

381. 如何测定砂浆的保水性？

答： 保水性是表示砂浆在被吸水的情况下，保持它内部拌合水的能力。

(1) 仪器设备

①试模：内径 100mm，内部深度 25mm 的金属或硬塑料圆环。

②金属滤网：网格尺寸 45μm，直径 110mm。

③超白滤纸：中速定性滤纸。

④不透水片：边长或直径大于 110mm 的金属或玻璃片。

⑤天平：量程 200g，感量 0.1g；量程 2000g，感量 1g。

(2) 试验步骤

①将试模放在底部不透水片上，接触面用黄油密封，保证水分不泌出，称其质量 m_1；

②称量 15 片中速定性滤纸质量 m_2；

注：滤纸数量可根据砂浆保水性大小调整，砂浆保水率高时，可减少滤纸数量。

③将试样一次装入试模，插捣数次，将表面抹平，称其总质量 m_3；

④用金属滤网覆盖在砂浆表面，再放上 15 片滤纸，盖上不透水片，压上 2kg 重物；

⑤静置 2min，移走重物及上部不透水片，取出滤纸（不包括滤网），立即称量滤纸质量 m_4；

⑥根据砂浆配合比及加水量计算砂浆的含水率；若无法计算，可按下述 (4) 的方法测定砂浆的含水率。

(3) 结果计算

砂浆保水率按下式计算：

$$W = \left[1 - \frac{m_4 - m_2}{\alpha \times (m_3 - m_1)}\right] \times 100\%$$

式中 W——砂浆保水率，%；

m_1——试模与底部不透水片的质量，g；

m_2——15 片滤纸吸水前质量，g；

m_3——试模、底部不透水片与砂浆总质量，g；

m_4——15 片滤纸吸水后质量，g；

α——砂浆含水率，%。

取两次试验结果的算术平均值作为砂浆的保水率，精确至0.1%。当两个测定值之差超过2%时，此组试验结果无效。

（4）砂浆含水率测定方法

称取（100±10）g 试样，置于一干燥并已称重的盘中，在（105±5）℃的烘箱中烘干至恒重。

砂浆含水率按下式计算：

$$\alpha = \frac{m_6 - m_5}{m_6} \times 100\%$$

式中 α——砂浆含水率，%；

m_5——烘干后砂浆样本的质量，g；

m_6——砂浆样本的总质量，g。

取两次试验结果的算术平均值作为砂浆的含水率，精确至0.1%。当两个测定值之差超过2%时，此组试验结果无效。

382. 如何测定砂浆的凝结时间？

答：本方法适用于采用贯入阻力法确定砂浆拌合物的凝结时间。

（1）仪器设备

①砂浆凝结时间测定仪：如图382-1所示。

②定时钟。

（2）试验步骤

①将试样装入容器内，试样表面低于容器上口10mm，轻轻敲击后抹平，盖上盖子，放在（20±2）℃的试验条件下保存。

②砂浆表面的泌水不清除。将容器放到压力表座上，使试针与砂浆表面接触。调节螺母，使试针压入砂浆内部25mm深，调节压力表指针为零。

③测定贯入阻力值。使试针与砂浆表面接触，在10s内缓慢而均匀地垂直压入砂浆内部25mm深，记录仪表读数。

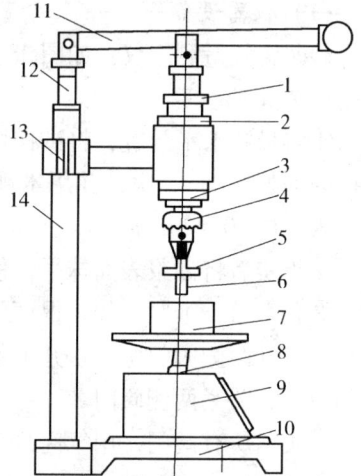

图382-1 砂浆凝结时间测定仪
1—调节螺母；2—调节螺母；3—调节螺母；
4—夹头；5—垫片；6—试针；7—盛浆容器；
8—调节螺母；9—压力表座；10—底座；
11—操作杆；12—调节杆；
13—立架；14—立柱

④从砂浆成型 2h 后开始测定，以后每隔 30min 测定一次。当贯入阻力值达到 0.3MPa 时，改为每 15min 测定一次，直至贯入阻力值达到 0.7MPa 为止。

注：在测定湿拌砂浆的凝结时间时，时间间隔可选为受检砂浆预测凝结时间的 1/4、1/2、3/4 等，当接近凝结时间时改为每 15min 测定一次。

（3）结果计算

砂浆贯入阻力值按下式计算：

$$f_p = \frac{N_p}{A_p}$$

式中 f_p——贯入阻力值，MPa；

N_p——贯入深度至 25mm 时的静压力，N；

A_p——贯入试针的截面积，即 30mm^2。

(4) 结果评价

①凝结时间的确定可采用图示法或内插法，有争议时以图示法为准。

②从砂浆加水搅拌开始计时，分别记录时间和相应的贯入阻力值，根据试验所得各阶段的贯入阻力与时间的关系绘图，由图求出贯入阻力值达到 0.5MPa 时所需的时间 t_s（min），即为砂浆凝结时间测定值。

③测定砂浆凝结时间时，应在同盘内取两个试样，以两个试验结果的算术平均值作为该砂浆的凝结时间值。两次试验结果的误差不应大于 30min，否则应重新测定。

383. 如何用仪器法测定砂浆的含气量？

答：砂浆含气量的测定方法有两种：仪器法和容重法，有争议时以仪器法为准。

(1) 仪器设备

砂浆含气量测定仪：如图 383-1 所示。

(2) 试验步骤

①将量钵水平放置，将试样均匀地分三次装入量钵内，每层由内向外插捣 25 次，并用木锤敲几下。插捣上层时，捣棒应插入下层 10～20mm。

②捣实后将砂浆表面抹平，使表面平整、无气泡。

③盖上盖，卡紧卡扣，保证不漏气。

④打开两侧阀门，并松开上部微调阀，注水，直至水从排水阀流出，关紧两侧阀门。

⑤关紧所有阀门，用气筒打气加压，再用微调阀调整指针为零。

⑥按下按钮，刻度盘读数稳定后读数。

⑦开启通气阀，压力仪示值回零。

⑧重复⑤～⑦的步骤，再测一次压力值。

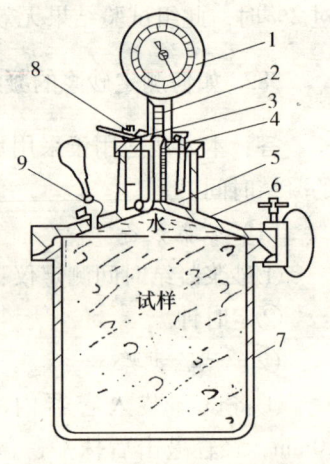

图 383-1 砂浆含气量测定仪
1—压力表；2—出气阀；3—阀门杆；
4—打气筒；5—气室；6—钵盖；
7—量钵；8—微调阀；9—小龙头

(3) 结果评价

①当两次测值的绝对误差不大于 0.2% 时，取两次试验结果的算术平均值作为砂浆的含气量。否则，试验结果无效。

②当所测含气量数值 <5% 时，测试结果精确到 0.1%；当所测含气量数值 ≥5% 时，测试结果精确到 0.5%。

384. 如何用密度法测定砂浆的含气量？

答：密度法是根据一定组成的砂浆理论表观密度与实际表观密度的差值确定砂浆中的含气量。

(1) 仪器设备

①砂浆密度测定仪。

②天平：称量5kg，感量5g。

(2) 试验步骤

①测定砂浆的实际表观密度。

②根据砂浆中各组成材料的表观密度与配比计算砂浆的理论表观密度。

(3) 结果计算

砂浆含气量按下列公式计算：

$$A_c = \left(1 - \frac{\rho}{\rho_t}\right) \times 100$$

$$\rho_t = \frac{1 + x + y + W_c}{\frac{1}{\rho_c} + \frac{x}{\rho_s} + \frac{y}{\rho_p} + W_c}$$

式中 A_c——砂浆含气量的体积百分数，%；

ρ——砂浆拌合物的实测表观密度，kg/m^3；

ρ_t——砂浆理论表观密度，kg/m^3；

ρ_c——水泥实测表观密度，g/cm^3；

ρ_s——砂实测表观密度，g/cm^3；

ρ_p——外加剂实测表观密度，g/cm^3；

W_c——砂浆达到指定稠度时的水灰比；

x——砂与水泥的重量比；

y——外加剂与水泥用量之比，当 $y < 1\%$ 时，可忽略不计。

计算结果精确至0.1%。

(二)硬化砂浆性能及检验方法

385. 如何制作砂浆立方体抗压强度试件？

答：普通砂浆如砌筑砂浆、抹灰砂浆等采用70.7mm×70.7mm×70.7mm立方体试件测定其抗压强度。在《建筑砂浆基本性能试验方法》JGJ 70—90中规定砂浆抗压强度试验用试模采用无底模，基底采用普通黏土砖。这一规定是根据当时墙体材料基本上为黏土砖而制定的。目前，随着新型墙体材料的发展，非烧结硅酸盐墙体材料越来越普及，而实心黏土砖的使用越来越受到限制，取而代之的是新型墙体材料，如混凝土小型空心砌块、加气混凝土砌块等，所以在今天如果还采用实心黏土砖做底模已不适应新型墙体材料的发展要求。由于新型墙体材料与烧结黏土砖的性能不同，吸水率及吸水速度等都不一样，用不同块材做底模，其抗压强度会有较大差异。可见，原JGJ 70—90中规定的砂浆抗压强度试验方法已不能满足新型墙体材料的需要，因此，该标准进行了修订。新版的JGJ/T 70—2009已于2009年6月1日起实施，其中，抗压强度试验用试模由无底试模改为有底试模，其试验方法如下：

①采用70.7mm立方体带底试模，每组试件3个。

②用黄油等密封材料涂抹试模的外接缝，试模内涂刷薄层机油或脱模剂。将砂浆试样一次装满试模。

③当砂浆稠度不小于50mm时采用人工插捣。插捣时，捣棒均匀地由边缘向中心按螺旋方式插捣25次，然后将试模一边抬高5~10mm，各振动5次。

④当砂浆稠度小于50mm时，采用振动台振实成型。振动时间5~10s。

⑤待表面水分稍干后，将砂浆表面抹平。

⑥试件成型后，在室温（20±5）℃的环境下静置（24±2）h，然后编号、拆模。当气温较低或砂浆凝结时间大于24h时，可适当延长时间，但不应超过2d。拆模后，立即放入温度为（20±2）℃，相对湿度为90%以上的标准养护室中养护。

386. 不同底模对砂浆试件抗压强度有何影响？

答：原《建筑砂浆基本性能试验方法》JGJ 70—90 中规定采用无底模制做砂浆立方体抗压强度试块，即将三联试模置于一块含水率不大于2%的烧结普通砖上，砖上预先铺一张润湿的报纸。由于烧结普通砖的吸水率为13%左右，制做强度试件时砖的含水率控制在2%以下，而普通砂浆的保水率只有80%~90%，这样当砂浆与砖接触后，砂浆中的部分水分就被砖吸走，使得砂浆的真实水灰比降低，砂浆试块强度要比不吸水的钢底模（有底模）试块强度高，一般要高30%~50%，见表386-1。

表386-1 砖底模与钢底模抗压强度对比

序号	砂浆品种	7d抗压强度（MPa）			28d抗压强度（MPa）		
		砖底模	钢底模	比值（%）	砖底模	钢底模	比值（%）
1	DP M5	9.6	4.9	51	17.1	10.2	60
2	DP M10	22.5	14.0	62	32.4	20.5	63
3	DP M15	15.3	8.2	54	24.3	15.9	65
4	DP M20	18.4	9.3	51	27.7	16.5	60
5	1:3 水泥砂浆	30.6	17.8	58	45.0	31.3	70
6	1:4.6 水泥砂浆	19.3	12.5	65	23.1	17.4	75
7	1:5 水泥砂浆	18.9	13.9	74	25	19.6	78
8	1:6 水泥砂浆	14.7	10.0	68	20.1	16.2	81
9	1:7.3 水泥砂浆	10.3	6.8	66	13.8	10.8	78
10	1:1:4 混合砂浆	7.4	5.0	68	13.2	9.4	71
11	1:0.5:7.32 混合砂浆	9.5	6.1	67	9.8	6.7	70
12	1:4.5 稠化粉砂浆	13.4	6.4	48	23.4	12.3	53

注：比值为钢底模与砖底模的抗压强度之比。

砌筑砂浆是用于将块材粘结为一个整体，所粘结的块材，因其吸水率不同，对砂浆的要求也不尽相同。砂浆试块强度只是砂浆的名义强度，与砂浆在实际使用环境中的强度还是有所差异的，最终反映砌筑砂浆性能指标的是砌体抗压和抗剪（拉）强度。为此，《砌体结构设计规范》GB 50003—2001 规定，砌体强度试验时，砌体采用哪种块材，砂浆强度试块就用该种块材做底模。采用不同块材做底模时，其抗压强度会有较大的差异，见表386-2。

表 386-2　不同块材做底模的抗压强度

砂浆 底模	水泥石灰混合砂浆			水泥砂浆		
	试块质量（g）	抗压强度（MPa）	强度比（%）	试块质量（g）	抗压强度（MPa）	强度比（%）
烧结普通砖	748	8.5	100	729	11.4	100
烧结多孔砖	751	6.5	76.5	735	10.2	89.5
混凝土小型空心砌块	760	5.0	58.8	761	6.0	52.6
木质三夹板	768	4.5	52.9	768	5.1	44.7
SBS 油毡	782	3.0	35.3	774	4.9	43.0
铁板	774	2.7	31.8	788	3.8	33.3

注：表中数据为江阴市建筑工程质量检测中心近年来的试验数据。

从表 386-2 可以看到，烧结普通砖做底模时，其抗压强度最高，而钢底模的抗压强度最低。这是因为，在这几种块材中，烧结普通砖的吸水率最大，而铁板的吸水率为零。这也反映在试块质量上，试块的质量越轻，表明砂浆中的水分被底模吸走越多，因而强度也就越高。

从理论上讲，砂浆用于哪种块材，就应选用该块材作底模制作砂浆试块。但实际施工检验时可操作性差，因为不同强度等级的块材，其吸水率不同，同一配合比的砂浆试块的强度，由于吸水率差异，导致强度变化。而事实上砂浆是一个配合比，同一强度等级的块材，由于成型方式不同、胶凝材料用量不同、骨料不同，其吸水率也存在较大的差异。例如，同一强度等级的混凝土小型空心砌块，采用底模振动成型砌块和采用模箱振动成型砌块的材料吸水率就不同；采用高强度等级水泥的砌块和采用低强度等级水泥的砌块，材料的吸水率也不同；这样砂浆强度测试值就产生差异，工程中质量监督部门不可能配齐各种砌块来检验砂浆强度，很有可能造成误判，造成执法困难和法律纠纷。特别是砂浆商品化以后，因为工厂化制作的砂浆变异系数较小，更有可能造成误判。

我们可以要求预拌砂浆或专用砂浆砌筑的块材砌体抗压强度和通缝抗剪强度必须达到 GB 50003 的规定来评判其性能指标，在试验室可以做大量工作来确定采用钢底模和块材底模的关系。目前的试验表明，采用钢底模的砂浆试块强度的变异系数比用块材作底模的小，这样有利于推广预拌砂浆和专用砌筑砂浆。

387. 如何测定砂浆立方体试件的抗压强度？

答： 砌筑、抹灰等砂浆采用立方体试件的抗压强度。

（1）仪器设备

压力试验机。

（2）试验步骤

①试件从养护地点取出后及时进行试验。试验前将试件表面擦干净，测量尺寸，检查外观。

②将试件放在试验机的下压板上，并与下压板的中心对准。启动试验机，加荷速度为 0.25~1.5kN/s（砂浆强度不大于 2.5MPa 时，取下限）。当试件接近破坏而开始迅速变形时，停止调整油门，直至试件破坏，然后记录破坏荷载。

（3）结果计算

砂浆立方体抗压强度按下式计算：

$$f_{m,cu} = k \frac{N_u}{A}$$

式中 $f_{m,cu}$——砂浆立方体试件抗压强度，MPa；
　　　N_u——试件破坏荷载，N；
　　　A——试件承压面积，mm^2；
　　　k——换算系数，取 1.35。

(4) 结果评价

以三个试件测值的算术平均值作为该组试件的抗压强度平均值，精确至 0.1MPa。

当三个测值的最大值或最小值中有一个与中间值的差值超过中间值的 15% 时，把最大值及最小值一并舍去，取中间值作为该组试件的抗压强度值；当两个测值与中间值的差值均超过中间值的 15% 时，该组试件的试验结果无效。

388. 如何制作砂浆棱柱体抗压和抗折强度试件？

答：有些干混砂浆如自流平砂浆、灌浆砂浆、耐磨地坪砂浆、聚合物水泥防水砂浆等都采用 40mm×40mm×160mm 的棱柱体表示其抗压、抗折强度。

(1) 仪器设备

①行星式水泥胶砂搅拌机。
②水泥胶砂振动台。
③试模：40mm×40mm×160mm 三联棱柱体试模。

(2) 试验步骤

①将空试模和模套固定在振实台上，将试样分两层装入试模。装第一层时，每个槽里约放 300g 试样，用大播料器来回一次将料层播平，振实 60 次。再装入第二层试样，用小播料器播平，振实 60 次。

②移走模套，取下试模，用一金属直尺以近似 90°的角度从长度一端横向锯割至另一端，再将表面抹平。

③在试模上做好标记，表面盖上膜。

④脱模。对于 24h 龄期，在破型试验前 20min 内脱模；对于 24h 以上龄期，在成型后 20~24h 之间脱模。

⑤将脱模试件在标准试验条件下养护至规定龄期。

389. 如何测定砂浆棱柱体试件的抗折、抗压强度？

答：本方法采用中心加荷法测定棱柱体试件的抗折强度。在折断后的棱柱体上进行抗压试验，受压面是试体成型时的两个侧面，面积为 40mm×40mm。

当不需要抗折强度数值时，抗折强度试验可以省去。但抗压强度试验应在不使试件受有害应力情况下折断的两截棱柱体上进行。

(1) 仪器设备

①电动抗折试验机；
②压力试验机。

(2) 抗折强度试验步骤

①将试件的一个侧面放在抗折试验机的支撑圆柱上，试体长轴垂直于支撑圆柱。以

(50±10)N/s 的速率均匀加荷,直至折断。

②保持两个半截棱柱体处于潮湿状态直至抗压试验。

③抗折强度按下式计算:

$$R_f = \frac{1.5F_f L}{b^3}$$

式中 R_f——棱柱体试件的抗折强度,MPa;
　　F_f——折断时施加于棱柱体中部的荷载,N;
　　L——支撑圆柱之间的距离,mm;
　　b——棱柱体正方形截面的边长,mm。

④结果评价

以三个试件测值的算术平均值作为试验结果,精确至 0.1MPa。当三个测值中有超出平均值 ±10% 时,应剔除后再取平均值作为抗折强度试验结果。

(3) 抗压强度试验步骤

①抗压强度试验在半截棱柱体的侧面上进行。

②试件中心与压力机压板受压中心差应在 ±0.5mm 内,试件露在压板外的部分约为 10mm。

③以 (2400±200)N/s 的速率均匀加荷至试件破坏。

④抗压强度按下式计算:

$$R_c = \frac{F_c}{A}$$

式中 R_c——棱柱体试件的抗压强度,MPa;
　　F_c——破坏时的最大荷载,N;
　　A——受压部分面积,mm²,即 1600mm²。

⑤结果评价

以三个棱柱体上得到的六个抗压强度测定值的算术平均值作为试验结果,精确至 0.1MPa。

当六个测定值中有一个超出平均值的 ±10%,剔除这个结果,以剩下五个的平均值作为试验结果。当五个测定值中再有超过他们平均值 ±10% 的,则此组结果无效。

390. 什么是压折比?

答:棱柱体试件抗压强度与抗折强度的比值称为压折比。压折比用来表示砂浆的柔韧性,压折比越小,砂浆的柔韧性就越好。

水泥制品的特性是抗压强度高,而抗折强度低。强度越高,压折比就越大。钢筋混凝土就是充分利用混凝土和钢筋的各自优势,取长补短,使之成为一种主要的结构材料。

砂浆除了用于砌筑工程外,还用于抹灰工程,主要起装饰和保护基层(墙体)的作用。在外贴 EPS 或 XPS 保温板材上覆盖体层防护砂浆,砂浆的使用厚度仅 3~5mm。保温板的材料密度仅 18~35kg/m³,强度低,弹性模量低。如果采用传统砂浆抹灰,必然由于"内软外刚"而产生界面变形应力,导致抹灰层起壳、空鼓和开裂。为此,必须对水泥砂浆进行改性,降低压折比,提高砂浆的柔韧性,以确保薄层砂浆与基层粘结牢固。一般要求压折比小于 3。

391. 粘结强度有何意义？

答：由于砂浆是与基体共同构成一个整体，如抹灰砂浆与墙体材料粘结在一起构成一面墙，地面砂浆与楼面、地面等粘结在一起构成一层地坪，有的直接以粘结为使用目的，如砌筑砂浆是将各种砖、砌块等粘结为一个整体即砌体。瓷砖粘结砂浆是将瓷砖粘结到墙上或地面等，因而粘结强度是砂浆的一个非常重要的性能。只有砂浆本身具有一定的粘结力，才能与基层实现有效的粘结，并长期保持这种稳定性；否则，砂浆容易在由各种形变引起的拉应力或剪应力作用下，发生空鼓、开裂、脱落等质量问题。大多数砂浆都有粘结强度的要求，如抹灰砂浆、瓷砖粘结砂浆、界面砂浆、自流平砂浆等。

砂浆拉伸粘结强度试验方法在许多行业标准中都有规定，但其试验方法又各不相同，导致一个技术指标有多种不同的试验方法，各标准之间没能很好的协调。

目前，测定拉伸粘结强度的方法多种多样，其测定原理大致相同，均是将砂浆涂抹在一定尺寸的基体上，然后采用拉伸的方法测定其拉伸粘结强度，但试验采用的基体块、涂层厚度、一次成型的数量等不尽相同。如抹灰砂浆、界面处理砂浆、聚合物水泥防水砂浆、外保温粘结及抹面砂浆、腻子等采用 70mm×70mm×20mm 的水泥砂浆试块作为基底块，一次成型一个试件；而自流平砂浆、瓷砖粘结砂浆等采用的基体块为混凝土板，一次成型 10 个试件；另外，砂浆涂层厚度也不尽相同，还有的在砂浆涂层上加一块 40mm×40mm×10mm 的试块，有的则不加。这就导致砂浆拉伸粘结强度的测试方法混乱，给操作者带来不便，还增加了仪器设备的投资。

392. 如何测定普通砂浆的拉伸粘结强度？

答：本方法适用于测定抹灰砂浆、普通防水砂浆等的拉伸粘结强度。

（1）仪器设备

①拉力试验机；

②拉伸专用夹具：如图 392-1、图 392-2 所示；

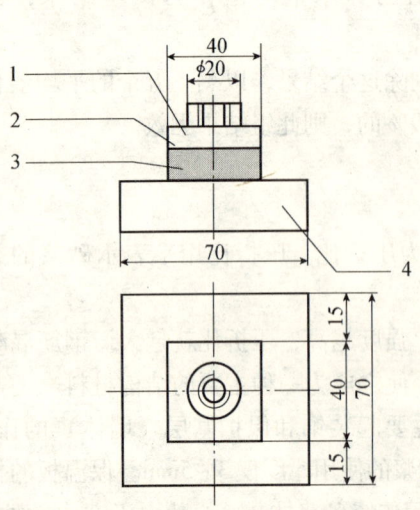

图 392-1　拉伸粘结强度用钢制上夹具
1—拉伸用钢制上夹具；2—黏合剂；
3—检验砂浆；4—水泥砂浆块

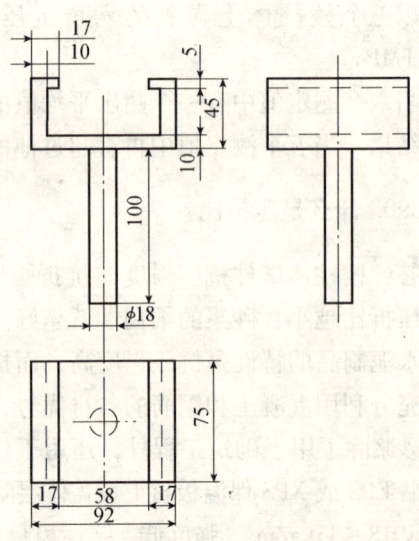

图 392-2　拉伸粘结强度用钢制下夹具

③成型框：外框尺寸 70mm×70mm，内框尺寸 40mm×40mm，厚度 6mm；
③钢制垫板：外框尺寸 70mm×70mm，内框尺寸 43mm×43mm，厚度 3mm。

(2) 试验步骤

①制备基底水泥砂浆块

将符合 GB 175 的 42.5 级水泥、符合 JGJ 52 的中砂，按照水泥：砂：水 = 1:3:0.5（质量比）的比例拌制，然后倒入 70mm×70mm×20mm 试模中，振动成型。24h 后脱模，放入水中养护 6d，再在试验条件（温度 20±5℃、相对湿度 45%～75%）下放置 21d 以上。试验前用 200# 砂纸将试块成型面磨平。

②制备拉伸粘结强度试件

a. 将基底水泥砂浆块在水中浸泡 24h，并提前 5～10min 取出，用湿布擦拭其表面。

b. 将成型框放在水泥砂浆块的成型面上，将试样倒入成型框中，用抹灰刀均匀插捣 15 次，人工颠实 5 次，转 90°，再颠实 5 次，然后将砂浆表面抹平，24h 内脱模。

c. 脱模后，置于温度（20±2）℃、相对湿度 60%～80% 的环境中养护至规定龄期。

每组砂浆试样制备 10 个试件。

③测定拉伸粘结强度

a. 试验前 1d，用粘合剂将上夹具粘在试件表面，继续养护 24h。

b. 将钢制垫板套入基底水泥砂浆块上，将拉伸夹具安装到试验机上，再装上试件。以 (5±1)mm/min 速度加荷至试件破坏，记录破坏荷载值。

当破坏形式为拉伸夹具与黏合剂破坏时，试验结果无效。

(3) 结果计算

砂浆拉伸粘结强度按下式计算：

$$f_{at} = \frac{F}{A}$$

式中 f_{at}——砂浆拉伸粘结强度，MPa；

F——试件破坏时的荷载，N；

A——粘结面积，mm^2。

(4) 结果评定

①以 10 个试件测值的算术平均值作为拉伸粘结强度的试验结果，精确至 0.01MPa。

②当单个试件的强度值与平均值之差大于 20% 时，逐次舍弃偏差最大的试验值，直至各试验值与平均值之差不大于 20%。当有效数据不少于 6 个时，取有效数据的平均值作为试验结果。当有效数据不足 6 个时，此组试验结果无效。

393. 如何测定砂浆的抗渗性能？

答：(1) 仪器设备

①砂浆渗透仪；

②试模：上口直径 70mm，下口直径 80mm，高 30mm 的截头圆锥带底金属试模。

(2) 试验步骤

①将试样一次装入试模中，用抹灰刀均匀插捣 15 次，再颠实 5 次，然后将表面抹平。共成型 6 个试件。

②试件在室温（20±5）℃的环境下静置（24±2）h 后脱模。试模后，放入温度（20±2）℃、湿度 90% 以上的养护室养护至规定龄期。

③取出试件，待表面干燥后，用密封材料密封，装入砂浆渗透仪中进行抗渗试验。

④从 0.2MPa 开始加压，恒压 2h 后增至 0.3MPa，以后每隔 1h 增加 0.1MPa。当 6 个试件中有 3 个试件表面出现渗水现象时，停止试验，记下水压。

在试验过程中，当发现水从试件周边渗出，应停止试验，重新密封后再继续试验。

（3）结果计算

砂浆抗渗压力值以每组 6 个试件中 4 个试件未出现渗水时的最大压力计，并按下式计算：

$$P = H - 0.1$$

式中　P——砂浆抗渗压力值，MPa，精确至 0.1MPa；

　　　H——6 个试件中 3 个试件出现渗水时的水压力，MPa。

394. 如何检验砂浆的抗冻性能？

答：本方法采用砂浆试件在负温环境中冻结，正温水中融解的方法进行抗冻性能检验，适用于强度等级大于 M2.5 的砂浆。

（1）仪器设备

①冷冻箱；

②融解水槽；

③天平或案秤：称量 2kg，感量 1g；

④压力试验机。

（2）试验步骤

①制作两组、每组 3 块 70.7mm³ 立方体砂浆试件，其中一组进行抗冻试验，另一组作为对比试件。试件成型、拆模后在温度为（20±2）℃、相对湿度 90% 以上的标准养护室中养护至规定龄期。

②在 28d 龄期进行冻融试验。试验前 2d，把冻融试件和对比试件从养护室取出，外观检查后，浸泡在 15~20℃ 的水中，水面至少高出试件顶面 20mm。冻融试件浸泡 2d 后取出，擦去表面水分，对冻融试件编号、称重，然后置入篮框内进行冻融试验。对比试件则放回标准养护室中继续养护，直到完成冻融循环后，与冻融试件同时试压。

③当冷冻箱内的温度低于 -15℃ 时，放入试件。当试件放入之后，温度高于 -15℃ 时，以温度重新降至 -15℃ 时计算冻结时间。从装完试件至温度重新降至 -15℃ 的时间不应超过 2h。

④每次冻结时间为 4h，冻结完成后立即取出试件，放入 15~20℃ 的恒温水槽中融化，水面至少高出试件表面 20mm，融化时间不小于 4h。融化完毕即为一次冻融循环。

⑤取出试件，用拧干的湿毛巾轻轻擦去表面水分，送入冻冷箱进行下一次循环试验，以此连续进行至设计规定次数或试件破坏为止。

⑥每五次循环进行一次外观检查，并记录试件的破坏情况。当该组试件中有 2 块出现明显分层、裂开、贯通缝等时，试验终止。

⑦冻融试验结束后，取出试件，擦去表面水分，称重。对比试件提前 2d 浸水。冻融试件与对比试件同时进行抗压试验。

（3）结果计算

①砂浆试件冻融后的强度损失率按下式计算：

$$\Delta f_m = \frac{f_{m1} - f_{m2}}{f_{m1}} \times 100$$

式中　Δf_m——n 次冻融循环后的砂浆强度损失率，%，精确至 1%；

f_{m1}——对比试件的抗压强度平均值，MPa；

f_{m2}——经 n 次冻融循环后的 3 块试件抗压强度的算术平均值，MPa。

②砂浆试件冻融后的质量损失率按下式计算：

$$\Delta m_m = \frac{m_0 - m_n}{m_0} \times 100$$

式中　Δm_m——n 次冻融循环后的质量损失率，以 3 块试件的算术平均值计算，%，精确至 1%；

m_0——冻融循环试验前的试件质量，g；

m_n——n 次冻融循环后的试件质量，g。

（4）结果评定

当冻融试件的抗压强度损失率不大于 25%，且质量损失率不大于 5% 时，则该组砂浆试件在试验的冻融循环次数下，抗冻性能判为合格，否则判为不合格。

395. 如何测定砂浆的自然干燥收缩值？

答：本方法适用于测定砂浆的自然干燥收缩值。

（1）仪器设备

①立式砂浆收缩仪：标准杆长度为（176±1）mm，测量精度为 0.01mm，如图 395-1 所示；

②收缩头：如图 395-2 所示；

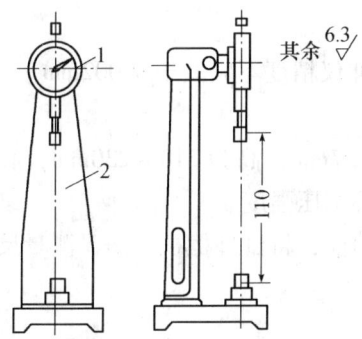

图 395-1　立式砂浆收缩仪（mm）
1—千分表；2—支架

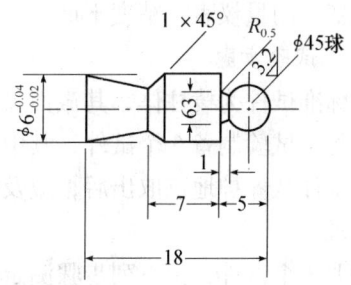

图 395-2　收缩头（mm）

③试模：尺寸为 40mm×40mm×160mm 棱柱体，试模的两个端面中心，各开一个 ϕ6.5mm 的孔洞。

（2）试验步骤

①将收缩头固定在试模两端面的孔洞中，收缩头露出试件端面（8±1）mm。

②将试样装入试模中，振动密实，然后置于（20±5）℃的室内。4h 后将砂浆表面抹平，

试件带模在温度为（20±2）℃，相对湿度 90% 以上的标准养护室中养护。7d 后拆模，编号，标明测试方向。

③将试件移入温度（20±2）℃、相对湿度（60±5）% 的环境中预置 4h。先用标准杆调整仪表的原点，然后，按标明的测试方向测定试件的初始长度。

④测完初始长度后，将试件置于温度（20±2）℃、相对湿度为（60±5）% 的环境中，到第 7d、14d、21d、28d、56d、90d 时分别测定试件的长度，即为自然干燥后长度。

（3）结果计算

砂浆自然干燥收缩值按下式计算：

$$\varepsilon_{at} = \frac{L_0 - L_t}{L - L_d}$$

式中 ε_{at}——相应为 td（7d、14d、21d、28d、56d、90d）时的自然干燥收缩值；

L_0——试件成型后 7d 的长度，即初始长度，mm；

L——试件的长度 160mm；

L_d——两个收缩头埋入砂浆中长度之和，即（20±2）mm；

L_t——相应为 td（7d、14d、21d、28d、56d、90d）时试件的实测长度，mm。

（4）结果评定

取三个试件测值的算术平均值作为干燥收缩值。当一个值与平均值偏差大于 20%，应剔除；当有两个值超过 20% 时，该组试件结果无效。

每块试件的干燥收缩值取二位有效数字，精确至 10×10^{-6}。

396. 如何测定砂浆的弹性模量？

答：本方法适用于测定砂浆静力受压时的弹性模量（简称弹性模量）。本方法测定的砂浆弹性模量是指应力为 40% 轴心抗压强度时的加荷割线模量。

（1）仪器设备

①压力试验机；

②变形测量仪表：精度不低于 0.001mm；镜式引伸仪精度不应低于 0.002mm。

（2）试验步骤

①标准试件为棱柱体，其截面尺寸为 70.7mm×70.7mm，高为 210~230mm，底模为钢底模。每次试验制备 6 个试件，其中 3 个用于测定轴心抗压强度。

②试件从养护地点取出后，应及时进行试验。试验前，将试件擦拭干净，测量尺寸，并检查外观。

③取 3 个试件，按下列步骤测定轴心抗压强度：

a）将试件直立放置于试验机的下压板上，试件中心与下压板中心对准。以 0.25~1.5kN/s 的速度加荷，直至试件破坏，记录破坏荷载。

b）砂浆轴心抗压强度按下式计算：

$$f_{mc} = \frac{N'_u}{A}$$

式中 f_{mc}——砂浆轴心抗压强度，MPa，精确至 0.1MPa；

N'_u——棱柱体破坏压力，N；

A——试件承压面积,mm^2。

c) 结果评定

以三个试件测值的算术平均值作为该组试件的轴心抗压强度值,精确至 0.1MPa。当三个试件测值的最大值和最小值中有一个与中间值的差值超过中间值的 20% 时,把最大及最小值一并舍去,取中间值作为该组试件的轴心抗压强度值。当两个测值与中间值的差值超过 20%,该组试件结果无效。

④将变形测量仪表安装在试件成型时两侧面的中线上,并对称于试件两端。试件的测量标距为 100mm。

⑤调整试件在试验机上的位置,使砂浆弹性模量试验物理对中。

对中的方法是加荷至轴心抗压强度的 35%,两侧仪表变形值之差,不得超过两侧变形平均值的 ±10%。

⑥以 0.25~1.5kN/s 的速度连续而均匀地加荷至轴心抗压强度的 40%,然后以同样的速度卸荷至零,如此反复预压 3 次(图 396-1)。

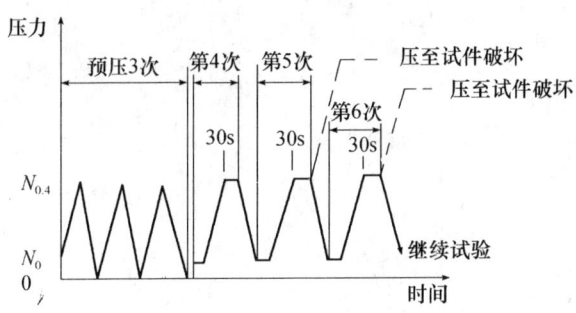

图 396-1 弹性模量试验加荷制度示意图

⑦按上述速度进行第 4 次加荷。先加荷到应力为 0.3MPa 的初始荷载,恒荷 30s 后,记录两侧仪表的测值。然后再加荷到控制荷载（$0.4f_{mc}$）,恒荷 30s 后,记录两侧仪表的测值。两侧测值的平均值,即为该次试验的变形值。按上述速度卸荷至初始荷载,恒荷 30s 后,记录两侧仪表上的初始值。再按上述方法进行第 5 次加荷、恒荷、记数,并计算出该次试验的变形值。当前后两次试验的变形值差,不大于测量标距的 0.2‰ 时,试验方可结束。否则重复上述过程,直到两次相邻加荷的变形值差不大于测量标距的 0.2‰ 为止。

⑧卸除仪表,以同样速度加荷至破坏,测得试件的棱柱体抗压强度 f'_{mc}。

(3) 结果计算

砂浆弹性模量值按下式计算:

$$E_m = \frac{N_{0.4} - N_0}{A} \times \frac{l}{\Delta l}$$

式中 E_m——砂浆弹性模量,MPa,精确至 10MPa;

$N_{0.4}$——应力为 $0.4f_{mc}$ 的压力,N;

N_0——应力为 0.3MPa 的初始荷载,N;

A——试件承压面积,mm^2;

Δl——最后一次从 N_0 加荷至 $N_{0.4}$ 时,试件两侧变形差的平均值,mm;

l——测量标距,mm。

（4）结果评定

以三个试件测值的算术平均值作为砂浆的弹性模量。当其中一个试件在测完弹性模量后的棱柱体抗压强度值 f'_{mc} 与决定试验控制荷载的轴心抗压强度值 f_{mc} 的差值超过后者的 20% 时，弹性模量值按另外两个试件的算术平均值计算。当两个试件超过上述规定时，试验结果无效。

十 工程质量验收

(一)砌体工程施工质量验收

397. 砌体工程验收依据哪个标准?

答:砌体工程验收依据国家标准《砌体工程施工质量验收规范》GB 50203—2002,该规范包括砖砌体工程、混凝土小型空心砌块砌体工程、石砌体工程、配筋砌体工程和填充墙砌体工程等五个分项工程的验收。每一分项工程包括对原材料及施工过程质量控制的要求,验收项目的质量要求、抽检数量及检验方法等。

398. 砌体施工质量控制等级分为哪三级?

答:由于砌体施工为人工操作,因而砌体结构的质量在很大程度上取决于人的因素,现场质量管理水平、工人的技术水平等对施工质量均有影响;另外,砂浆、混凝土强度直接影响着砌体的强度。在《砌体工程施工质量验收规范》GB 50203—2002 中将砌体施工质量分为三个等级,见表 398-1。

表 398-1 砌体施工质量控制等级

项目	施工质量控制等级		
	A	B	C
现场质量管理	制度健全,并严格执行;非施工方质量监督人员经常到现场,或现场设有常驻代表;施工方有在岗专业技术管理人员,人员齐全,并持证上岗	制度基本健全,并能执行;非施工方质量监督人员间断地到现场进行质量控制;施工方有在岗专业技术管理人员,并持证上岗	有制度;非施工方质量监督人员很少作现场质量控制;施工方有在岗专业技术管理人员
砂浆、混凝土强度	试块按规定制作,强度满足验收规定,离散性小	试块按规定制作,强度满足验收规定,离散性较小	试块强度满足验收规定,离散性大
砂浆拌合方式	机械拌合;配合比计量控制严格	机械拌合;配合比计量控制一般	机械或人工拌合;配合比计量控制较差
砌筑工人	中级工以上,其中高级工不少于 20%	高、中级工不少于 70%	初级工以上

399. 对砌筑砂浆用水泥有何要求?

答:对现场拌制砂浆,进场水泥应有质量保证书,使用前应分批对其强度、安定性进行复验。检验批应以同一生产厂家、同一编号为一批。经复试水泥各项技术指标合格,方可使用。

水泥受潮结块、出厂期超过3个月（快硬硅酸盐水泥超过1个月）或对水泥质量有怀疑时，应经试验鉴定，按实际强度等级使用。

不同品种的水泥不得混合使用。因不同品种的水泥其成分、特性及用途不同，若混用，将会改变砂浆配合比和砂浆性能，导致砂浆强度等级和使用功能达不到设计要求，严重时还会发生质量事故。因此，应加强现场材料管理，按水泥的不同品种、强度等级、出厂日期、批号等分别储存，并设置明显标记。

400. 对砌筑砂浆用砂有何要求？

答：若砂中含泥量过大，就会增加砂浆的水泥用量，还可能使砂浆的收缩增大，耐水性降低，同时降低砂浆的粘结强度和抗拉强度，严重时还会影响砌体的强度和耐久性，因此对砂的含泥量做出如下规定：

①对水泥砂浆和强度等级不小于M5的水泥混合砂浆，含泥量不应超过5%；

②对强度等级小于M5的水泥混合砂浆，含泥量不应超过10%；

③对人工砂、山砂及特细砂，如经试配在能满足砌筑砂浆技术条件的情况下，含泥量可适当放宽。

对M5及以上的水泥混合砂浆，砂含泥量过大，会对强度有较明显的影响，所以对M5以下的水泥混合砂浆，砂含泥量才允许放宽，但不应超过10%。对于人工砂、山砂及特细砂，由于其所含有的泥量较多，如规定较严格，则一些地区施工用砂要从外地调运，不仅影响施工，还会增加工程成本，故对其含泥量予以放宽，以合理利用这些地方资源。

砌筑砂浆用砂宜选用中砂，并过筛，且不得含有草根等杂物。因用中砂拌制的砂浆，既能满足和易性的要求，又节约水泥，宜优先采用。而毛石砌体因表面粗糙不平，宜选用粗砂。另外，砂中不得含有有害物质。

401. 配制水泥石灰砌筑砂浆时，为何不得使用脱水硬化的石灰膏或消石灰粉？

答：砂浆中掺入未充分熟化的石灰膏后，它在砂浆硬化后还会继续熟化产生膨胀，使砂浆因鼓胀而破坏，进而影响砌体的力学性能。消石灰粉是未充分熟化的石灰，颗粒较粗，起不到改善和易性的作用，故不得直接用于砌筑砂浆中。由于已经脱水硬化的石灰膏及消石灰粉，在砂浆中起不到塑化作用，还会降低砂浆的强度，影响砌体的承载力，故严禁使用。

在配制水泥石灰混合砂浆时，应选用符合质量标准的生石灰。为了保证砂浆质量，需将生石灰熟化成石灰膏后再使用。块状生石灰熟化成石灰膏时，应采用孔径不大于3mm×3mm的网过滤，熟化时间不得少于7d；采用磨细生石灰粉时，熟化时间不得小于2d，以保证石灰能充分熟化。为了保证石灰膏的质量，应采取防止石灰膏干燥、冻结和污染的措施。严禁使用脱水硬化的石灰膏。

砂浆中严禁使用未经充分消化或陈伏的干石灰，以防墙体泛霜或因石灰爆裂导致墙体破坏。

生石灰及磨细生石灰粉应符合《建筑生石灰》（JC/T 479）和《建筑生石灰粉》（JC/T 480）的要求。

402. 对砌筑砂浆中的其他掺加料有何要求？

答：当用黏土或亚黏土制备黏土膏时，要用搅拌机加水搅拌，以达到所需细度，从而起到塑化作用，并用孔径不大于 3mm×3mm 的网过筛。为防止黏土中有机物含量过高降低砂浆质量，应采用比色法鉴定，浅于标准色时方可使用。

当用电石渣制作电石膏时，电石渣应先用孔径不大于 3mm×3mm 的网过滤，并在 70℃ 下加热 20min，无乙炔气味后，方可使用。

403. 砌筑砂浆用外加剂有何要求？

答：砌筑砂浆中可掺入有机塑化剂、早强剂、缓凝剂、防冻剂、减水剂等外加剂，用以改善砂浆的一些性能。但由于外加剂的生产厂家较多，同一型号、不同厂家的产品，其性能也存在着较大的差异，因此为了保证工程质量，外加剂在使用前应经检验和试配符合要求后，方可使用。当砌筑砂浆中掺入有机塑化剂时，应考虑砌体抗压强度较水泥混合砂浆降低 10% 的不利影响。因加入有机塑化剂的水泥砂浆，其砌体的破坏荷载低于水泥混合砂浆，会对砌体的性能产生一定的影响。为了保证结构的安全性，使用有机塑化剂时应具有法定检测机构出具的该产品砌体强度型式检验报告，根据其结果确定砌体强度，并经砂浆性能检验合格后，才能使用。

404. 现场拌制混合砂浆时如何控制石灰膏的稠度？

答：为了使石灰膏的含水率有一个统一可比的标准，试验室试配时要求石灰膏的稠度为 (120±5)mm。现场施工时，当石灰膏稠度与试验室出具的配合比中石灰膏稠度不一致时，应调整石灰膏的掺量，否则石灰膏实际用量会与试验室配合比通知单中的用量不同，从而影响砂浆的强度。石灰膏的用量可按表 404-1 给出的换算系数进行调整。

表 404-1　石灰膏不同稠度时的换算系数

石灰膏稠度（mm）	120	110	100	90	80	70	60	50	40	30
换算系数	1.00	0.99	0.97	0.95	0.93	0.92	0.90	0.88	0.87	0.86

例如：现场石灰膏稠度为 70mm 时，则石灰膏实际用量应将配合比通知单中的用量乘以换算系数 0.92。如果不进行调整，则石灰膏实际用量就会增加 8%，导致砂浆强度降低，进而影响砌体质量。

405. 现场拌制砌筑砂浆为何应通过试验室试配？

答：施工前，应根据设计要求的砂浆种类、强度等级和现场实际使用的材料，委托有资质的试验室进行材料检验和砂浆配合比设计，以保证砂浆能够达到设计所要求的强度等级，并减少砂浆强度的离散性。若没有经过试验室进行材料检验及配合比试配就直接使用，容易造成使用的材料有可能不符合要求，砂浆强度等级达不到设计要求，砂浆和易性差，不能满足施工要求等，或砂浆强度等级偏高，水泥用量过多，造成浪费。

砌筑砂浆配合比应按行业标准《砌筑砂浆配合比设计规程》JGJ 98—2000 确定，砂浆稠度可根据砌体种类按表 405-1 选定。

表 405-1　砌筑砂浆的稠度

砌 体 种 类	砂浆稠度（mm）
烧结普通砖砌体	70～90
轻骨料混凝土小型空心砌块砌体	60～90
烧结多孔砖、空心砖砌体	60～80
烧结普通砖平拱式过梁 空斗墙、筒拱 普通混凝土小型空心砌块砌体 加气混凝土砌块砌体	50～70
石砌体	30～50

为了保证砌筑砂浆的质量，砂浆配合比应采用质量比，不应采用体积比。因采用体积比计量误差大，砂浆强度离散大，造成材料浪费大。

当现场所用材料与试验室试配材料发生变化时，应重新进行砂浆配合比设计。

406. 对砌筑砂浆有什么技术要求？

答：砌筑砂浆的强度是保证砌体强度的最基本因素之一，砌筑砂浆强度等级分为 M2.5、M5.0、M7.5、M10、M15、M20 六个等级。

砌筑砂浆的操作性能对砌体的质量影响较大，它不仅影响砌体的抗压强度，而且对砌体抗剪和抗拉强度影响显著。砂浆硬化前具有良好的保水性、黏聚性和触变性，硬化后具有良好的粘结力，有利于防止墙体渗漏、开裂等，因此砌筑砂浆应具有良好的可操作性，分层度不宜大于 25mm。因砂浆本身不能单独作为结构材料，判断砌筑砂浆性能好坏，最终评价指标是砌体的抗压、抗剪（拉）强度和弹性模量，所以，砌筑砂浆除了评判砂浆本身性能指标外，砌体力学性能指标也是不可缺少的。

407. 砌体施工中当用水泥砂浆代替水泥混合砂浆时，为何应重新确定砂浆强度等级？

答：当施工中因缺乏石灰膏或来不及淋制石灰膏，拟采用水泥砂浆代替同强度等级的水泥混合砂浆时，不能只简单地从砂浆配合比中去除石灰膏，否则砂浆的保水性和流动性会变差，不利于砂浆的铺平和正常硬化，砌体的抗压、抗剪、抗拉和粘结强度等也有不同程度的降低，达不到设计要求的质量。另外，在《砌体结构设计规范》GB 50003 中规定，当砌体用水泥砂浆砌筑时，砌体强度设计值应乘以调整系数，其中砌体抗压强度设计值乘以 0.9，砌体轴心抗压、弯曲抗压、抗剪强度设计值乘以 0.8。因此，当用水泥砂浆代替水泥混合砂浆时，应根据设计强度要求和材料组成重新设计配合比并进行试配，以保证砂浆各项技术性能指标均达到设计要求。

408. 现场拌制砂浆对搅拌有何规定？

答：现场拌制砂浆应采用机械搅拌，因人工拌和不易搅拌均匀，造成砂浆匀质性差，难以保证砂浆的质量。为提高试验的精确性，减少误差，砂浆拌和应采用机械搅拌，搅拌时间从全部材料投完算起，并应符合下列规定：

①水泥砂浆和水泥混合砂浆，搅拌时间不得少于2min；
②水泥粉煤灰砂浆和掺用外加剂的砂浆，搅拌时间不得少于3min；
③掺用有机塑化剂的砂浆，搅拌时间应为3～5min。

砂浆应随拌随用，因砂浆搅拌好后停放过长的时间，会导致砂浆凝结，如再加水使用，就会降低砂浆的强度，破坏砂浆与基体的粘结力，进而影响砌体的整体质量，因此严禁砂浆凝结后加水搅拌使用。同时要求水泥砂浆和水泥混合砂浆应分别在拌成后3h和4h内使用完毕；当施工期间最高气温超过30℃时，应分别在拌成后2h和3h内使用完毕。

超过上述时间的砂浆，不得使用，并不应再次拌和后使用，以防止因砂浆强度降低引起的砌体强度降低。砂浆存放时间较长会产生分层泌水现象，这不仅给砌筑带来不便，还使砂浆的粘结力和灰缝砂浆饱满度受到影响，故在拌和后和使用中，当砂浆出现泌水现象时，应在砌筑前进行二次拌和。二次拌和可人工拌和，拌和时应使砂浆稠度符合施工要求。

对掺用缓凝剂的砂浆，其使用时间可根据具体情况延长。

409. 现场取样时为何要求在砂浆搅拌机出料口随机取样？

答： 由于施工地点与搅拌地点距离不同，有远有近，如从施工地点取样，就会造成从砂浆搅拌完到制作试件的时间各不相同，这样就缺乏取样的统一性和代表性，因而要求砂浆试块应在砂浆搅拌机出料口随机取样、制作，以保证砂浆取样的统一性和代表性，且同一组试件应从同一盘砂浆中取样，同盘砂浆只做一组试件。

当现场采用多台搅拌机搅拌砂浆时，由于每台砂浆搅拌机的配料和搅拌情况不完全相同，如果仅从一台搅拌机取样试验，则试块缺乏代表性，因而要求每一检验批且不超过250m³砌体的各种类型及强度等级的砌筑砂浆，每台搅拌机应至少抽检一次。

410. 砌筑砂浆强度是如何验收的？

答： 砂浆强度是以标准养护、龄期为28d的试块抗压试验结果为依据。砌筑砂浆试块强度验收时其强度合格标准必须符合以下规定：

同一验收批砂浆试块抗压强度平均值必须大于或等于设计强度等级所对应的立方体抗压强度；同一验收批砂浆试块抗压强度的最小一组平均值必须大于或等于设计强度等级所对应的立方体抗压强度的0.75倍。

砌筑砂浆的验收批，同一类型、强度等级的砂浆试块应不少于3组。当同一验收批只有一组试块时，该组试块抗压强度的平均值必须大于或等于设计强度等级所对应的立方体抗压强度。

抽检数量：每一检验批且不超过250m³砌体的各种类型及强度等级的砌筑砂浆，每台搅拌机应至少抽检一次。

检验方法：在砂浆搅拌机出料口随机取样制作砂浆试块，且同盘砂浆只制作一组试块，最后检查试块强度试验报告单。

411. 什么情况下可采用现场检验方法检验砂浆和砌体强度？

答： 新建砌体工程施工中或验收时，当出现表411-1所列情况之一时，或已建砌体工程在进行表411-1所列可靠性鉴定时，可采用现场检验方法对砂浆和砌体强度进行原位检测或取样检测，并判定其强度。

表 411-1 需进行现场检验的情况

新建砌体工程	已建砌体工程
砂浆试块缺乏代表性或试块数量不足； 对砂浆试块的试验结果有怀疑或有争议； 砂浆试块的试验结果，不能满足设计要求	静力安全鉴定及危房鉴定或其他应急鉴定； 抗震鉴定； 大修前的可靠性鉴定； 房屋改变用途、改建加层或扩建前的专门鉴定

412. 现场检验砌筑砂浆抗压强度的方法有哪些？

答：无论是建筑物先天不足，为抗御自然灾害而进行加固，为了适应新的使用要求而对建筑物实施改造；还是后天管理不善、使用不当，为了灾后所需而进行修复，以及为建筑物进入中老年期而进行的正常检查诊断、处理，都需要对建筑物进行正确的检测和鉴定，从而对其可靠性作出科学的评估和对建筑物实施正确的管理维护与改造加固，以延长其使用寿命。

砖石砌体是一种具有悠久历史的基本结构型式，自古以来始终是一种量大面广的建筑结构型式，约占我国墙体的 90% 以上。砌体是由各种墙体材料和粘结材料组成的，墙体材料的力学性能一般较容易进行试验和检测；而粘结材料主要是使用砌筑砂浆，砌体中的砂浆强度检测技术就比较麻烦和困难。硬化砂浆的检测主要集中在砌体工程中砌筑砂浆抗压强度的检测。该检测分两种情况：一种是工程质量事故的检测鉴定；另一种是安全鉴定和加固改造时的检测鉴定。目前，国内外有关砌体中砌筑砂浆抗压强度的现场检测技术主要有以下几种：①贯入法评定砌筑砂浆抗压强度；②冲击法检测硬化砂浆抗压强度；③回弹法评定砌筑砂浆抗压强度；④筒压法评定砌筑砂浆抗压强度；⑤推出法评定砌筑砂浆抗压强度；⑥拉拔法评定砌筑砂浆抗压强度；⑦砂浆片剪切法评定砌筑砂浆抗压强度；⑧点荷法评定砌筑砂浆抗压强度；⑨弯曲抗拉法评定砌筑砂浆抗压强度；⑩射钉法评定砌筑砂浆抗压强度。

413. 如何采用贯入法评定砌筑砂浆抗压强度？

答：贯入法适用于工业与民用建筑砌体工程中砌筑砂浆抗压强度的现场检测，并作为推定抗压强度的依据。它通过压缩工作弹簧，加荷将测钉贯入砂浆中，测得贯入深度，再根据测钉贯入砂浆的深度和砂浆抗压强度的相关关系换算得到砂浆的抗压强度。贯入法检测得到的砂浆抗压强度换算值相当于被测构件在该龄期同条件养护下的边长为 70.7mm 立方体试块的抗压强度平均值。该方法科学、简单、便捷。

大量试验表明，风干条件下贯入法检测砌筑砂浆抗压强度换算值与抗压强度实测值之间的偏差约 5%，试验结果可靠；砂浆龄期对贯入法检测砌筑砂浆抗压强度无明显影响，可以不考虑；砂浆含水状态对贯入法检测砌筑砂浆抗压强度有较大影响，在检测时必须保证砂浆处于风干状态；砂的细度模数对贯入法检测砌筑砂浆抗压强度影响较小，通常可以不用考虑。

（1）测试仪器

①贯入仪：如图 413-1 所示，贯入力为 (800 ± 8)N，工作行程为 (20 ± 0.10)mm；

②贯入深度测量表：如图413-2所示，最大量程为（20±0.02）mm，分度值为0.01mm；也可采用直读式测量表。

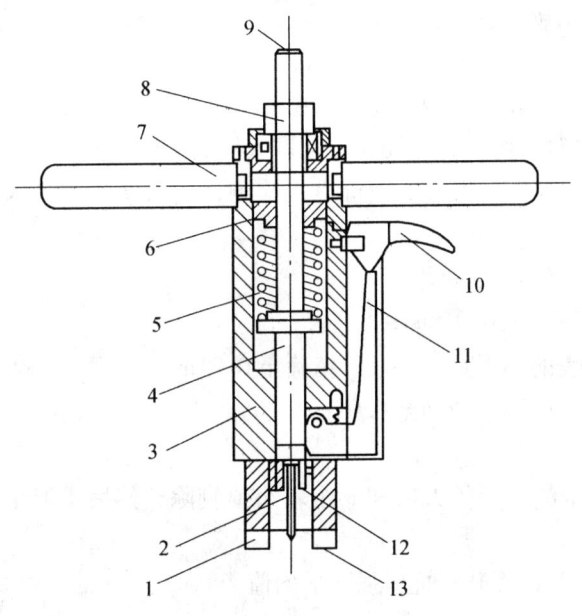
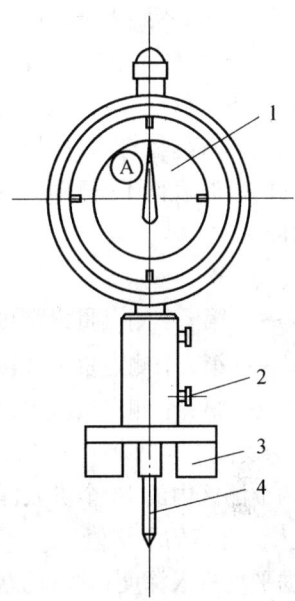

图413-1　贯入仪

1—扁头；2—测针；3—主体；4—贯入杆；5—工作弹簧；
6—调整螺母；7—把手；8—螺母；9—贯入杆外端；
10—扳机；11—挂钩；12—贯入杆端面；13—扁头端面

图413-2　贯入深度测量表

1—百分表；2—锁紧螺钉；
3—扁头；4—测头

③测钉：长度为（40±0.10）mm，直径为3.5mm，尖端锥度为45°。测钉量规的量规槽长度为$39.5_0^{+0.10}$mm。

（2）测点布置

检测时一般以相邻两轴线间的墙体或独立构件且面积不大于25m²的砌体为一个测区，测试面积一般不小于2m²。当同品种、同强度等级砌筑砂浆按批进行抽检时，抽检数量不少于砌体总测区数的30%，且不少于6个构件。测区应选择在承重结构的可测面上，并应避开门窗、洞口和预埋件的边缘。每一测区测试16点，测点在测区内的水平灰缝上均匀分布，测点间距不宜小于240mm，每条灰缝测点不宜多于2点。

（3）检测步骤

①试验前，清除测钉上附着的水泥灰渣等杂物，同时用测钉量规检验测钉的长度；若测钉能通过测钉量规槽时，应重新选用新的测钉。

②将贯入仪水平放置于平整的物体上，将测钉插入贯入杆的测钉座中，测钉尖端朝外，用小扳手拧紧测钉座，将测钉固定好。

③一手将贯入仪的扳手扳向把手，一手用摇柄旋紧螺母，直至挂钩挂上为止。松开贯入仪的扳手，将螺母退至贯入杆顶端。

④将贯入仪扁头对准灰缝中间，并垂直贴在被测砌体灰缝砂浆的表面，握紧仪器把手，扳动扳手，将测钉贯入被测砂浆中。

⑤将测钉拔出，用吹风器将测孔中的灰尘吹干净。将贯入深度测量表扁头对准灰缝，同时将测头插入测孔中，并保持测量表垂直于被测砌体灰缝砂浆的表面，从表盘中直接读取测

量表显示值，并记录。贯入深度按下式计算：

$$d_i = 20.00 - d'_i$$

式中　d_i——第 i 个测点贯入深度值，精确至 0.01mm；

　　　d'_i——第 i 个测点贯入深度测量表读数，精确至 0.01mm。

注：直接读数不方便时，可用锁紧螺钉锁定测头，然后取下贯入深度测量表读数。

⑥当砌体灰缝经打磨难以达到平整时，可在测点处标记，贯入检测前用贯入深度测量表读测点处的砂浆表面不平整度读数 d_i^0，然后在测点处进行贯入检测，读取 d'_i，则贯入深度按下式计算：

$$d_i = d_i^0 - d'_i$$

式中　d_i——第 i 个测点贯入深度值，精确至 0.01mm；

　　　d_i^0——第 i 个测点贯入深度测量表的不平整度读数，精确至 0.01mm；

　　　d'_i——第 i 个测点贯入深度测量表读数，精确至 0.01mm。

（4）结果计算

将一个测区内的 16 个贯入深度值中的 3 个较大值和 3 个较小值剔除，然后求取余下的 10 个贯入深度值的平均值。

根据平均贯入深度，通过测强曲线，计算砂浆抗压强度平均值。

414. 如何采用冲击法检测硬化砂浆抗压强度？

答：冲击法属取样检测，适用于烧结砖砌体中常用砂浆的强度检测评定，检测后只在原灰缝中留下局部轻微损伤。有专用检测仪器，操作方便。其基本原理是根据物体破坏能量定律，破碎强度高的材料破碎时所消耗的能量大，破碎强度低的材料所消耗的能量小；反之也可以根据物料所需要消耗能量的大小来确定相应物料的强度高低。冲击法检测硬化砂浆强度，实际上是给颗粒状的试料施加冲击荷载，并通过研究在冲击荷载作用下，颗粒状试料破碎过程的特征值（表面积增量），经过一系列的统计计算从而获得该物料的相关强度值。

具体检测过程为：①小心制取直径为 10~12mm 的近似圆形砂浆颗粒物料约 180~200g，烘干 2h 后冷却备用；②准确称取干物料 50g（三组）；③在冲击筒中进行冲击（选择适当的落锤重量和高度），筛分称量；④对不规则的试样应采用蜡封法测定其容重；⑤根据给定计算公式，分别计算试料总表面积（S）、试料破碎前原始表面积（S_0）及破碎后试料表面积增量（$\Delta S = S - S_0$）。

利用冲击法测定砂浆强度时，应注意以下几个技术要点：①选择适当的冲击功能量（W）的三要素：锤重（Q）、落距高度（H）和冲击次数（n）；②合理选择求 $\Delta S/\Delta W$ 值的试验点数和每次筛分时间；③砂浆中砂含量的影响；④砂浆碳化对冲击结果的影响。

415. 如何采用回弹法评定砌筑砂浆抗压强度？

答：回弹法采用砂浆回弹仪检测墙体中砂浆的表面硬度，根据回弹值和碳化深度，推定砂浆强度。

回弹法属于砌体原位无损检测，可以随意布置和增加测区，对墙体无损伤，适用于烧结砖砌体中砂浆强度≥2MPa 的检测和评定。有专门厂家生产专用砂浆回弹仪，其结构轻巧、性能稳定、测试迅速、操作简便，最适于进行大面积的砂浆强度匀质性普查，它只对墙体装饰面及局部有少量损伤。用回弹法测定砂浆强度的主要影响因素是碳化深度、测试面干湿度和测试面的平整程度，而不同品种的砂浆、不同品种水泥、不同粒径的砂对砂浆回弹强度均没有显著影响。

砂浆回弹测强公式的误差一般在 -15% ~ +22%，该误差范围基本上可以满足《砌体结构设计规范》GB 50003 对砂浆强度变异系数为 30% 的要求，即从结构的安全度考虑是允许的，也符合砂浆施工中的允许误差。

(1) 测试设备

①砂浆回弹仪：主要技术性能指标应符合表 415-1 的要求，其示值系统为指针直读式。

表 415-1　砂浆回弹仪技术指标

项　目	指　标
冲击功能（J）	0.196
弹击锤冲程（mm）	75
指针滑块的静摩擦力（N）	0.5 ±0.1
弹击球面曲率半径（mm）	25
在钢钻上率定平均回弹值（R）	74 ±2
外形尺寸（mm）	$\phi 60 \times 280$

砂浆回弹仪应每半年校验一次。在工程检测前后，应对回弹仪在钢钻上做率定试验。

(2) 检测步骤

①测位宜选在承重墙的可测面上，并避开门窗洞口及预埋件等附近的墙体。墙面上每个测位的面积宜大于 $0.3m^2$。测位处的粉刷层、勾缝砂浆、污物等应清除干净；弹击点处的砂浆表面，应仔细打磨平整，并除去浮灰。

②回弹法测试中的测区相当于一个砂浆试块，每一楼层或每 $250m^3$ 砌体的回弹测区不应少于 10 个，每个测区内均匀布置 12 个弹击点，相邻两点相隔 20 ~ 30mm；选择弹击点时应避开砖的边缘、气孔或松动的砂浆。测区应具有均匀性和代表性，随机分布，以减少测试误差。

③在每个弹击点上，使用回弹仪连续弹击 3 次，第 1、2 次不漆数，仅记读第 3 次回弹值，精确至 1 个刻度。测试过程中，回弹仪应始终处于水平状态，其轴线应垂直于砂浆表面，且不得移位。

④在每一测区内选择 1 ~ 3 处灰缝，用 1% 的酚酞试剂和游标卡尺测试砂浆碳化深度，读数应精确至 0.5mm。

(3) 结果计算

①每一测区的 12 个回弹值，各去掉一个最大值、一个最小值，然后计算 10 个回弹值的平均值；

②计算单个测区的碳化深度平均值，精确至 0.5mm；

平均碳化深度大于 3mm 时，取 3.0mm。

③根据测位的平均回弹值和平均碳化深度值，分别按下列公式计算砂浆强度换算值：

$d \leqslant 1.0$mm 时：

$$f_{2ij} = 13.97 \times 10^{-5} R^{2.57}$$

$1.0\text{mm} < d < 3.0\text{mm}$ 时：
$$f_{2ij} = 4.85 \times 10^{-4} R^{3.04}$$

$d \geqslant 3.0\text{mm}$ 时：
$$f_{2ij} = 6.34 \times 10^{-5} R^{3.60}$$

式中 f_{2ij}——第 i 个测区第 j 个测位的砂浆强度值，MPa；

d——第 i 个测区第 j 个测位的平均碳化深度，mm；

R——第 i 个测区第 j 个测位的平均回弹值。

④测区的砂浆抗压强度平均值按下式计算：
$$f_{2i} = \frac{1}{n_1} \sum_{j=1}^{n_1} f_{2ij}$$

416. 如何采用筒压法评定砌筑砂浆抗压强度？

答：筒压法是从砖墙中抽取砂浆试样，然后破碎、烘干并筛分成符合一定级配要求的颗粒，装入承压筒并施加筒压荷载后，检测其破损程度，用筒压比表示，以此推定其抗压强度。筒压比是指砂浆试样经筒压试验并筛分后留在孔径筛以上的累计筛余量与该试样总量的比值。

筒压法属取样检测方法，适用于烧结普通砖砌体中常用砂浆强度的检测评定，具有原理明确、仪器及工具简单、操作方便、准确度高、复演性好、对砌体破损程度小等特点。定量级配的硬化干燥砌筑砂浆颗粒，在承压筒中测得的破损程度（即筒压比）与砂浆强度之间有着比较显著的相关性和复演性，这是建立测强曲线的基础。

（1）测试仪器

①承压筒：如图 416-1 所示，可用普通碳素钢或合金钢制作，也可用测定轻骨料筒压强度的承压筒代替；

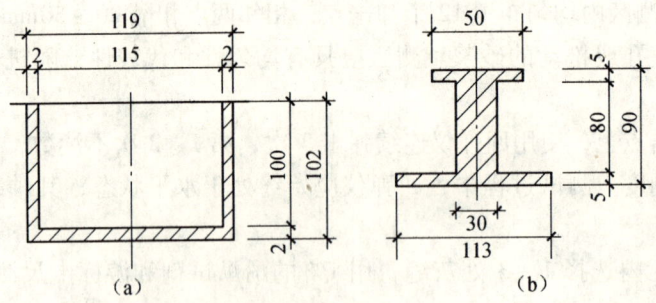

图 416-1 承压筒构造（单位：mm）
(a) 承压筒剖面；(b) 承压盖剖面

②试验机：50～100kN 压力试验机或万能试验机；

③筛子：孔径为 4.75mm、9.5mm、16.0mm 的标准砂石筛（包括筛盖和底盘）；

④其他：砂摇筛机；干燥箱；水泥跳桌；称量为 1000g、感量为 0.1g 的托盘天平等。

（2）检测步骤

①在每一测区，从距墙表面 20mm 以内的水平灰缝中凿取砂浆约 4000g，砂浆片（块）的最小厚度不得小于 5mm。各个测区的砂浆样品应分别放置并编号，不得混淆。

②使用手锤击碎样品，筛取 4.75~16.0mm 的砂浆颗粒约 3000g，在（105±5)℃的温度下烘干至恒重，冷却至室温后备用。

③每次取烘干样品约 1000g，置于孔径 4.75mm、9.5mm、16.0mm 标准筛所组成的套筛中，机械摇筛 2min 或手工摇筛 1.5min。称取 4.75~9.5mm 和 9.5~16.0mm 的砂浆颗粒各 250g，混合均匀后即为一个试样。共制备三个试样。

④每个试样应分两次装入承压筒，每次约装 1/2，在水泥跳桌上跳振 5 次。第二次装料并跳振后，整平表面，盖上承压盖。

如无水泥跳桌，可按照砂石紧密体积密度的试验方法颠击密实。

⑤将装好料的承压筒置于试验机上，盖上承压盖，开动试验机，应于 20~40s 内均匀加荷至规定的筒压荷载值后，立即卸荷。不同品种砂浆的筒压荷载值分别为：水泥砂浆、石粉砂浆为 20kN；水泥石灰混合砂浆、粉煤灰砂浆为 10kN。

⑥将施压后的试样倒入由孔径 4.75mm 和 9.5mm 标准筛所组成的套筛中，装入摇筛机摇筛 2min 或手工摇筛 1.5min，筛至每隔 5s 的筛出量基本相等为止。

⑦称量各筛筛余试样的质量（精确至 0.1g），各筛的分计筛余量和底盘剩余量的总和与筛分前的试样质量相比，相对差值不得超过试样质量的 0.5%；当超过时，应重新进行试验。

（3）结果计算

①标准试样的筒压比，按下式计算：

$$T_{ij} = \frac{t_1 + t_2}{t_1 + t_2 + t_3}$$

式中 T_{ij}——第 i 个测区中第 j 个试样的筒压比，以小数计；

t_1、t_2、t_3——分别为孔径 4.75mm、9.5mm 筛的分计筛余量和底盘剩余量。

②测区的砂浆筒压比，按下式计算：

$$T_i = \frac{1}{3} \times (T_{i1} + T_{i2} + T_{i3})$$

式中 T_i——第 i 个测区的砂浆筒压比平均值，以小数计，精确至 0.01；

T_{i1}、T_{i2}、T_{i3}——分别为第 i 个测区三个标准砂浆试样的筒压比。

③根据筒压比，测区的砂浆强度平均值按下列公式计算：

水泥砂浆：

$$f_{2,i} = 34.58 T_i^{2.06}$$

水泥石灰混合砂浆：

$$f_{2,i} = 6.1 T_i + 11 T_i^2$$

粉煤灰砂浆：

$$f_{2,i} = 2.52 - 9.4 T_i + 32.8 T_i^2$$

石粉砂浆：

$$f_{2,i} = 2.7 - 13.9 T_i + 44.9 T_i^2$$

评定时，分单元检测评定和按验收批抽样检测评定两类，砂浆强度选取两者中的较小值。按测定的变异系数判定砂浆强度的均匀性，分为较好、一般、差三个等级。

417. 如何采用推出法评定砌筑砂浆抗压强度？

答：推出法是用推出仪从墙体上水平推出单块丁砖，测得水平推力及推出砖下面的砂浆饱满度，以此推定砌筑砂浆抗压强度。推出法是利用小型推出装置对砖砌体中处于统一条件下的丁砖（即推出砖顶面及两侧的竖缝已清除）施加水平推力。在水平推力作用下，灰缝将产生剪应力和压应力，当达到极限推力时，试验砖块沿其底面灰缝被推出。砖被推出时的极限推力实质上反映了砖与砂浆的切向粘结强度。统计规律表明，灰缝粘结强度和砂浆抗压强度之间存在着良好的相关关系，因而可以通过不同的砂浆强度与极限推力的平行对比试验建立经验公式。

推出法属原位检测，可综合反映材料质量和施工质量（如强度、砌筑质量及砂浆饱满度），适用于烧结或非烧结普通砖墙体中的常用砂浆强度检测。有较简便的专用测试设备，构造简单，操作方便，检测后墙体会有局部损伤。当水平灰缝的砂浆饱满度低于65%时，则不宜选用该方法。

（1）测试设备

①推出仪：由钢制部件、传感器、推出力峰值测定仪等组成，其工作状况如图417-1所示；

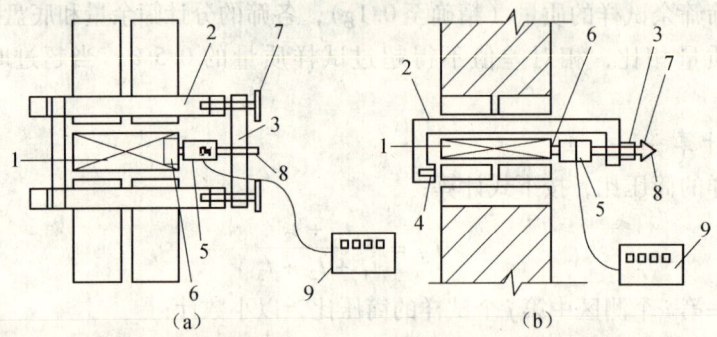

图 417-1 推出仪及测试安装

(a) 平剖面；(b) 纵剖面

1—被推出丁砖；2—支架；3—前梁；4—后梁；5—传感器；

6—垫片；7—调平螺丝；8—传力螺杆；9—推出力峰值测定仪

推出仪的主要技术指标应符合表417-1的要求。

表 417-1 推出仪的技术指标

项目	指标	项目	指标
额定推力（kN）	30	额定行程（mm）	80
相对测量范围（%）	20~80	示值相对误差（%）	±3

②力值显示仪器：最小分辨值为0.05kN，力值范围为0~30kN，具有测力峰值保持功能；仪器读数显示稳定，在4h内的读数漂移应小于0.05kN。

（2）检测步骤

①按下列要求选择测点：

a）测点宜均匀布置在墙上，并应避开施工中的预留洞；

b）被推丁砖的承压面可采用砂轮磨平，并应清理干净；

c）被推丁砖下的水平灰缝厚度应为8~12mm；

d）测试前，被推丁砖应编号，并详细记录墙体的外观情况。

②按下列步骤取出被推丁砖上部的两块顺砖，如图417-2所示。

a）用冲击钻在图417-2的A点打出约40mm的孔洞；

b）用锯条自A点至B点锯开灰缝；

c）将扁铲打入上一层灰缝，取出两块顺砖；

d）用锯条锯切被推丁砖两侧的竖向灰缝，直至下皮砖顶面；

e）开洞及清缝时，不得扰动被推丁砖。

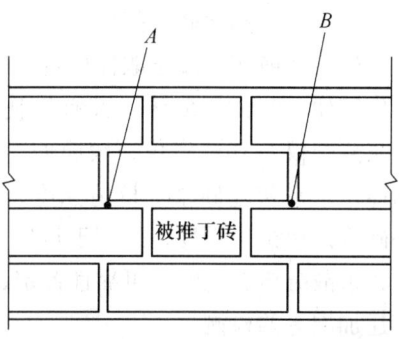

图417-2　试件加工示意图

③将推出仪安放在墙体的孔洞内，安装推出仪（图417-1）。用尺测量前梁两端与墙面距离，使其误差小于3mm。传感器的作用点，在水平方向应位于被推丁砖中间，沿垂直方向应距被推丁砖下表面之上15mm处。

④旋转加荷螺杆对试件施加荷载，加荷速度宜控制在5kN/min。当被推丁砖和砌体之间发生相对位移时，试件达到破坏状态，记录推出力N_{ij}。

⑤取下被推丁砖，用百格网检查砂浆饱满度B_{ij}。

（3）结果计算

①单个测区的推出力平均值，按下式计算：

$$N_i = \xi_{3i} \frac{1}{n_1} \sum_{j=1}^{n_1} N_{ij}$$

式中　N_i——第i个测区的推出力平均值，kN，精确至0.01kN；

N_{ij}——第i个测区第j块测试砖的推出力峰值，kN；

ξ_{3i}——砖品种的修正系数。对烧结普通砖，取1.00；对蒸压（养）灰砂砖，取1.14；

n_1——测区的测点数。

②测区的砂浆饱满度平均值，按下式计算：

$$B_i = \frac{1}{n_1} \sum_{j=1}^{n_1} B_{ij}$$

式中　B_i——第i个测区的砂浆饱满度平均值，以小数计；

B_{ij}——第i个测区第j块测试砖下的砂浆饱满度实测值，以小数计。

③测区的砂浆强度平均值，按下列公式计算：

$$f_{2i} = 0.3(N_i/\xi_{4i})^{1.19}$$

$$\xi_{4i} = 0.45 B_i^2 + 0.9 B_i$$

式中　f_{2i}——第i个测区的砂浆强度平均值，MPa；

ξ_{4i}——推出法的砂浆强度饱满度修正系数，以小数计。

当测区的砂浆饱满度平均值小于0.65时，不宜按上述公式计算砂浆强度，宜选用其他方法推定砂浆强度。

注：对蒸压（养）灰砂砖墙体，f_{2i}相当于以蒸压（养）灰砂砖为底模的砂浆试块强度。

418．如何采用砂浆片剪切法评定砌筑砂浆抗压强度？

答：砂浆片剪切法是从砖墙中抽取砂浆片试样，采用砂浆测强仪测试砂浆片的抗剪强度，以此推定砌筑砂浆强度。

砂浆片剪切法属于取样检测，适用于烧结普通砖砌体中常用砌筑砂浆的强度评定。试验工作简便，测试后墙体局部有损伤。有专用的砂浆测强仪及其标定仪，较简便。此法系检测砌体中水平灰缝砂浆片抗剪强度，换算为同条件砂浆试块抗压强度，适用于新建工程的验收、工程事故分析、建筑物可靠性鉴定、抗震加固、扩建加层等的检测。

(1) 测试仪器

①砂浆测强仪：工作状况如图 418-1 所示。

砂浆测强仪的主要技术指标应符合表 418-1 的要求。砂浆测强仪的力值应每半年校验一次。

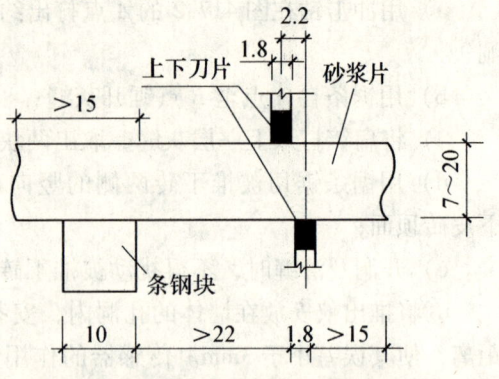

图 418-1 砂浆测强仪工作原理（单位：mm）

表 418-1 砂浆测强仪主要技术指标

项　目		指　标
上下刀片刃口厚度（mm）		1.8±0.02
上下刀片中心距离（mm）		2.2±0.05
试验荷载 N_v 范围（N）		40~1400
示值相对误差（%）		±3
刀片行程	下刀片	>30
	上刀片	>3
刀片刃口面平面度（mm）		0.02
刀片刃口面棱角线直线度（mm）		0.02
刀片刃口面棱角垂直度（mm）		0.02
刀片刃口硬度（HRC）		55~58

②砂浆测强标定仪：其主要技术指标应符合表 418-2 的要求。

表 418-2 砂浆测强标定仪主要技术指标

项　目	指　标
标定荷载 N_b 范围（N）	40~1400
示值相对误差（%）	±1
N_b 作用点偏离下刀片中心面距离（mm）	±0.2

(2) 检测步骤

①制备砂浆片试件

a) 从每个测点处，宜取出两个砂浆片：一片用于检测；一片备用。

b) 从测点处的单块砖大面上取下的原状砂浆大片，应编号，分别放入密封袋（如塑料袋）内。

c) 同一个测区的砂浆片，应加工成尺寸接近的片状体，大面、条面均匀平整，单个试件的尺寸宜为：厚度 7~15mm，宽度 15~50mm，长度按净跨度不小于 22mm 确定。

d) 试件加工完毕,应放入密封袋内。

②砂浆试件含水率,应与砌体正常工作时的含水率基本一致。如试件呈冻结状态,应缓慢升温解冻,并在与砌体含水率接近的条件下试验。

③砂浆试件剪切试验

a) 调平砂浆测强仪,使水准泡居中。

b) 将砂浆试件置于砂浆测强仪内,用上刀片压紧。

c) 开动砂浆测强仪,对试件匀速连续施加荷载,加荷速度不宜大于10N/s,直至试件破坏。

④试件未沿刀片刃口破坏时,此次试验作废,应取备用试件补测。

⑤试件破坏后,记读压力表指针读数,并根据砂浆测强仪的校验结果换算成剪切荷载值。

⑥用游标卡尺或最小刻度为0.5mm的钢板尺量测试件破坏截面尺寸,每个方向量测两次,分别取平均值。

(3) 结果计算

①砂浆试件的抗剪强度按下式计算:

$$\tau_{ij} = 0.95 \frac{V_{ij}}{A_{ij}} \tag{1}$$

式中 τ_{ij}——第i个测区第j个砂浆试件的抗剪强度,MPa;
V_{ij}——试件的抗剪荷载值,N;
A_{ij}——试件破坏截面面积,mm^2。

②测区的砂浆抗剪强度平均值按下式计算:

$$\tau_i = \frac{1}{n_1} \sum_{j=1}^{n_1} \tau_{ij} \tag{2}$$

式中 τ_i——第i个测区的抗剪强度平均值,MPa。

③测区的砂浆抗压强度平均值按下式计算:

$$f_{2i} = 7.17\tau_i \tag{3}$$

④当测区的砂浆抗剪强度低于0.3MPa时,应对式(3)的计算结果乘以表418-3中的修正系数。

表418-3 低强砂浆的修正系数

τ_i(MPa)	>0.30	0.25	0.20	<0.15
修正系数	1.00	0.86	0.75	0.35

419. 如何用点荷法评定砌筑砂浆抗压强度?

答:点荷法是从砖墙中抽取砂浆片试样,采用试验机在试件的受荷面上施加集中的点式荷载,以此推定砌筑砂浆的抗压强度。点荷载值与其抗压强度之间有较好的相关性。

点荷法属取样检测,试验工作较简便,只需试验机和配备专门加荷头,检测后墙体局部会损伤。点荷法强度测试是一种间接的抗压强度测试方法,具有试样尺寸小,对试样受荷面平整度要求不高等优点,适用于强度≥2MPa的砌筑砂浆。

（1）测试设备

①小吨位压力试验机（最小读数盘宜为 50kN 以内）。

②自制加荷装置作为试验机的附件，应符合下列要求：

a）钢质加荷头是内角为 60°的圆锥体，锥底直径为 ϕ40mm，锥体高度为 30mm；锥体的头部是半径为 5mm 的截球体，锥球高度为 3mm（图 419-1）；其他尺寸可自定。需制备 2 个加荷头。

b）加荷头与试验机的连接方法，可根据试验机的具体情况确定，宜将连接件与加荷头设计为一个整体附件；在满足上述要求的前提下，也可制作其他专用加荷附件。

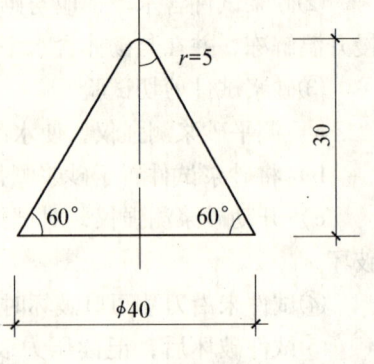

图 419-1 加荷头端部尺寸示意（单位：mm）

（2）检测步骤

①制备试件

a）先用钻头从砖砌体中钻取一段带砂浆层的芯样，将砂浆层剥离出来。每个测点处，宜取出两个砂浆大片，一片用于检测，一片备用。

b）加工或选取的砂浆试件应符合下列要求：厚度为 5~12mm，预估荷载作用半径为 15~25mm，大面应平整，但其边缘不要求非常规则。

c）在砂浆试件上画出作用点，量测其厚度，精确至 0.1mm。

②在压力试验机上、下压板上分别安装上、下加荷头，两个加荷头应对齐。

③将砂浆试件水平放置在下加荷头上，上、下加荷头对准预先画好的作用点，并使上加荷头轻轻压紧试件，然后缓慢匀速施加荷载至试件破坏。试件可能破坏成数个小块。记录荷载值，精确至 0.1kN。

④将破坏后的试件拼接成原样，测量荷载实际作用点中心到试件破坏线边缘的最短距离即荷载作用半径，精确至 0.1mm。

（3）结果计算

①砂浆试件的抗压强度换算值按下列式计算：

$$f_{2ij} = (33.3\xi_{5ij}\xi_{6ij}N_{ij} - 1.1)^{1.09}$$

$$\xi_{5ij} = 1/(0.05r_{ij} + 1)$$

$$\xi_{6ij} = 1/[(0.03t_{ij}(0.1t_{ij} + 1) + 0.4]$$

式中 f_{2ij}——第 i 个测区第 j 个测位的砂浆强度值，MPa；

N_{ij}——点荷载值，kN；

ξ_{5ij}——荷载作用半径修正系数；

ξ_{6ij}——试件厚度修正系数；

r_{ij}——荷载作用半径，mm；

t_{ij}——试件厚度，mm。

②测区的砂浆抗压强度平均值按下式计算：

$$f_{2i} = \frac{1}{n_1}\sum_{j=1}^{n_1}f_{2ij}$$

式中　f_{2ij}——第 i 个测区第 j 个测位的砂浆强度值，MPa；

　　　n_1——测区的测点数。

420. 如何用射钉法评定砌筑砂浆抗压强度？

答：射钉法是采用射钉枪将钢钉射入墙体的灰缝中，依据钢钉射入灰缝中的深度（射入量），来推定砌筑砂浆的抗压强度。检测原理：当运动的质点撞击物体时，质点的动量使物体表面产生的应力若大于物体的抗力时，该质点将穿入物体内部。而当该质点的初动量为常量，物体为匀质体时，质点穿透物体的深度 L 与物体强度 f 之间呈函数的关系。

射钉法属于原位无损检测，可随意布置和增加测区，对墙体无损伤（对装饰面层有局部损伤），适用于烧结普通砖和多孔砖中砌筑砂浆强度匀质性普查，与其他检测方法配合使用，可以定量确定强度≥2MPa 的砂浆强度。该检测方法有专用测试仪器，设备较简便。常用的检测仪器有 603 型射钉器、DDA87S8 型射钉、Sl 绿色射钉弹，射入量控制在 25～80mm 之间，适用于常用的 M2.5～M15 级砂浆。

（1）测试设备

①测试设备包括射钉、射钉器、射钉弹和游标卡尺。

②射钉、射钉器和射钉弹的指标应符合下列规定：

在标准靶上的平均射入量为 29.1mm；平均射入量的允许偏差为 ±5%；平均射入量的变异系数不大于 5%。

③射钉、射钉器和射钉弹每使用 1000 发或半年，应作一次计量校验。经配套校验的射钉、射钉器和射钉弹，应配套使用。

（2）检测步骤

①在各测区的水平灰缝上标出测点位置。每个测区的测点，在墙体两面的数量宜各半。测点处的灰缝厚度不应小于 10mm；在门窗洞口附近和经修补的砌体上不应布置测点。

②清除测点表面的覆盖层和疏松层，将砂浆表面修理平整。

③应事先量测射钉的全长 l_1；将射钉射入测点砂浆中，并量测射钉外露部分的长度 l_2。射钉的射入量按下式计算：

$$l = l_1 - l_2$$

对长度指标 l、l_1、l_2 的取值应精确至 0.1mm。

④射入砂浆中的射钉，应垂直于砌筑面且无擦靠块材的现象，否则应舍去，并重新补测。

（3）结果计算

①测区的射钉平均射入量按下式计算：

$$l_i = \frac{1}{n_1}\sum_{j=1}^{n_1} l_{ij}$$

式中　l_i——第 i 个测区的射钉平均射入量，mm；

　　　l_{ij}——第 i 个测区第 j 个测点的射入量，mm。

②测区的砂浆抗压强度按下式计算：

$$f_{2i} = a l_i^{-b}$$

式中　a、b——射钉常数，按表 420-1 取值。

表 420-1 射钉常数

砖品种	a	b
烧结普通砖	47000	2.52
烧结多孔砖	50000	2.40

421. 基础墙体为何不得采用多孔砖和混合砂浆砌筑?

答：基础墙体一般长期处于地面以下潮湿或含水饱和的环境中，多孔砖孔洞多、吸水率大，会降低砖的强度，冬季可能发生冻胀，影响砌体的耐久性；水泥混合砂浆中的石灰膏属气硬性胶凝材料，耐水性差，长期处在潮湿或含水饱和的土壤中，强度也会降低，影响砌体的强度和耐久性。因此，基础部位不得使用多孔砖砌筑，也不得使用水泥混合砂浆砌筑，应采用不低于 M5 的水泥砂浆砌筑。当采用多孔砖或混凝土小型空心砌块时，其孔洞应用强度等级不低于 M10 砂浆或 C15 级混凝土填灌实。

422. 砌筑砖砌体时，砖为何应提前浇水湿润?

答：由于砖的吸水率较大，如果采用干砖砌筑，则砂浆中的水分容易被干砖所吸收，砂浆也因缺水而流动性降低，砖砌筑就位困难，且影响水泥的水化，导致砂浆强度及砂浆与砖的粘结强度降低，砂浆与砖会出现粘结不牢的现象，对砌体质量产生不利影响。因此，砖的湿润程度对砌体的施工质量有较大影响。试验证明，适宜的含水率不仅可以提高砖与砂浆之间的粘结力，提高砌体的抗剪强度，还可以使砂浆强度保持正常增长，提高砌体的抗压强度。同时，适宜的含水率还可以使砂浆在操作面上保持一定的摊铺流动性能，便于施工操作，有利于保证砂浆的饱满度，这些对保证砌体施工质量和力学性能都是十分有利的。但是，将砖浇水过湿，砂浆与砖之间由于水膜存在，界面层水灰比增大，砂浆强度降低，也会防碍了水泥浆体向砖体的渗透。因此，砌筑砖砌体时，砖应提前 1~2d 浇水湿润。

因所用材料不同，砖的吸水率也不同。各种砖的适宜含水率为：烧结普通砖、多孔砖含水率宜为 10%~15%；灰砂砖、粉煤灰砖含水率宜为 8%~12%。现场检验砖含水率的简易方法为断砖法，即将砖砍断，当砖截面四周融水深度为 15~20mm 时，视为符合要求的适宜含水率。

对于灰砂砖、粉煤灰砖，因其具有吸水滞后特性，如采取临时浇水，砖块砌筑时可能游动，也会影响砌体强度。一般不采取浇水砌筑，可通过提高砂浆保水性来解决。

423. 砌筑时蒸压（养）砖的产品龄期为何不应小于 28d?

答：因灰砂砖、粉煤灰砖等出釜后早期收缩值大，如果这时用于墙体上，将很容易出现明显的收缩裂缝。因此要求蒸压（养）砖出釜后停放一段时间，不小于 28d，使其早期收缩值在此期间内完成大部分，这是预防墙体开裂的一个重要技术措施。

424. 砖墙的常见砌筑形式有哪些?

答：砖砌体砌筑时应上下错缝、内外搭砌，以保证砌体的整体性，砖柱不得采用包心砌法。常见的砌筑形式有以下几种：

(1) 一顺一丁

一顺一丁砌法是一皮顺砖与一皮丁砖相隔砌成，上下皮竖缝相互错开 1/4 砖长，如图 424-1（a）所示。这种砌法效率高，但当砖的规格不一致时，竖缝就难以对齐。

(2) 三顺一丁

三顺一丁砌法是三皮顺砖与一皮丁砖间隔砌成。上下皮顺砖间竖缝错开 1/2 砖长，上下皮顺砖与丁砖间竖缝错开 1/4 砖长，如图 424-1（b）所示。这种砌筑方法，由于顺砖较多，砌筑效率较高，适用于砌一砖和一砖以上的厚墙。

(3) 梅花丁

梅花丁又称沙包式、十字式。梅花丁砌法是每皮中顺砖与丁砖相隔，丁砖坐中于下层顺砖，上下皮竖缝相互错开 1/4 砖长，如图 424-1（c）所示。这种砌法内外竖缝每皮都能错开，故整体性较好，灰缝整齐，比较美观，但砌筑效率低。砌筑清水墙或当砖规格不一致时，采用这种砌法较好。

(4) 全顺

全顺砌法是各皮均为顺砖，上下皮顺砖间竖缝错开 1/2 砖长，如图 424-1（d）所示。这种砌法仅适合于砌半砖墙。

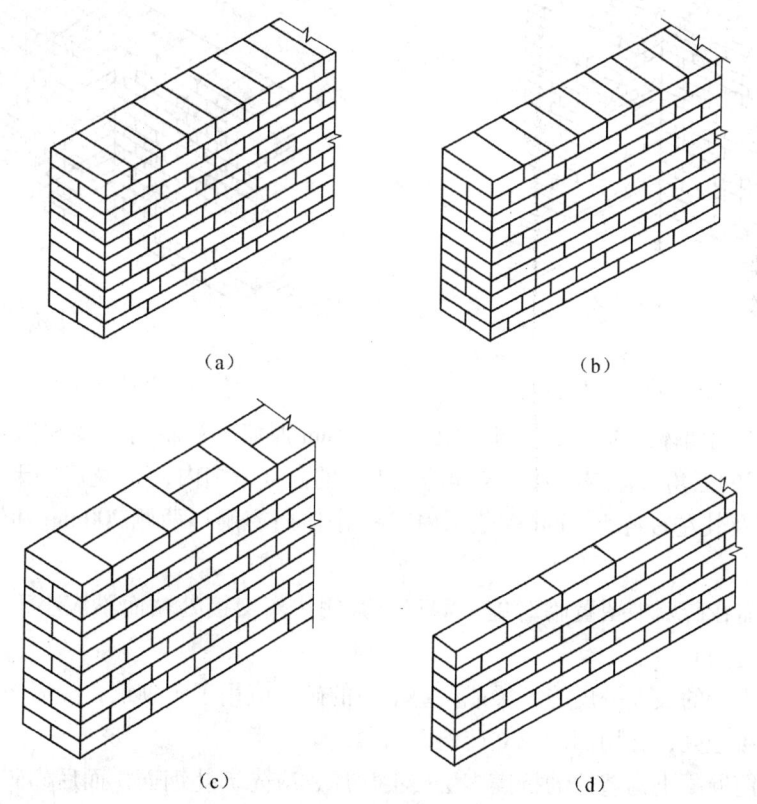

图 424-1　常见的砌筑形式
(a) 一顺一丁；(b) 三顺一丁；(c) 梅花丁；(d) 全顺

425. 砖砌体施工时应注意哪些方面？

答：①全部砖墙应平行砌起，砖层正确位置用皮数杆控制，基础和每楼层砌完后必须校对一次水平、轴线和标高。

②砖墙的水平灰缝厚度一般为10mm，但不小于8mm，也不大于12mm。水平灰缝的砂浆饱满度不低于80%，砂浆饱满度用百格网检查。竖向灰缝宜用挤浆或加浆方法，使其砂浆饱满，不得出现透明缝、瞎缝和假缝，严禁用水冲浆灌缝。

③砖墙的转角处和交接处应同时砌筑，以保证砌体的整体性和抗震性。不能同时砌筑处，应砌成斜槎，斜槎水平投影长度不应小于高度的2/3，如图425-1所示。如临时间断处留斜槎确有困难，除转角处外，也可以留直槎，但必须做成凸槎，并加设拉结筋，如图425-2所示。拉结筋的数量为每120mm墙厚设置一根直径6mm的钢筋；间距沿墙高不得超过500mm；埋入长度从留槎处算起，每边均不应小于500mm；末端应有90°弯钩，抗震设防地区建筑物的临时间断处不得留直槎。隔墙与墙或柱如不同时砌筑而又不留成斜槎时，可于墙或柱中引出凸槎，或于墙或柱的灰缝中预埋拉结筋。抗震设防地区建筑物的隔墙，除应留凸槎外，沿墙高每500mm配置2φ6mm钢筋与承重墙或柱拉结，伸入每边墙内的长度不应小于500mm。砖砌体接槎时，必须将接槎处的表面清理干净，浇水湿润，并应填实砂浆，保持灰缝平直。

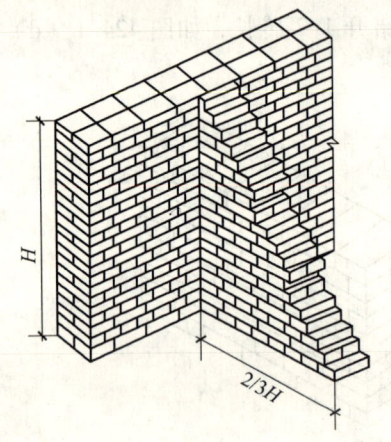

图425-1　砖砌体斜槎砌筑

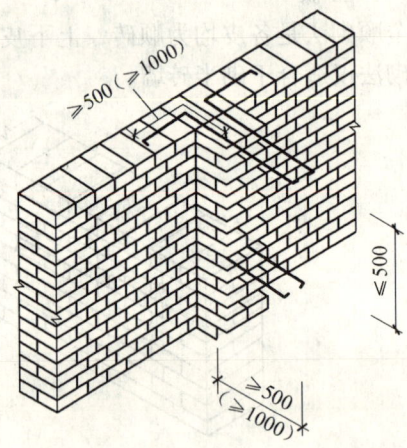

图425-2　留直槎处加设拉结钢筋

④不得在下列墙体或部位留设脚手眼：a. 120mm厚墙、料石清水墙和独立柱；b. 过梁上与过梁成60°的三角形范围内及过梁净跨度1/2的高度范围内；c. 宽度小于1m的窗间墙；d. 梁或梁垫下及其左右各500mm的范围内；e. 砌体门窗洞口两侧200mm和转角处450mm的范围内。

⑤施工时需在砖墙中留置临时施工洞口，其侧边离交接处墙面不应小于500mm，洞口净宽度不应超过1m。

⑥每层承重墙的最上一皮砖，梁或梁垫下面的砖，应用丁砖砌筑；隔墙与填充墙的顶面与上层结构的接触处，宜用侧砖或立砖斜砌挤紧。

⑦设有钢筋混凝土构造柱的抗震多层砖混房屋，应先绑扎钢筋，而后砌砖墙，最后浇筑混凝土。墙与柱应在高度方向每500mm设2φ6mm钢筋，每边伸入墙内不应小于1m；构造柱应与圈梁连接；砖墙应砌成马牙槎，每一马牙槎沿高度方向的尺寸不超过300mm，马牙槎从每层柱脚开始，应先退后进。该层构造柱混凝土浇完之后，才能进行上一层的施工。

⑧砖墙每天砌筑高度以不超过1.8m为宜，雨天施工时，每天砌筑高度不宜超过1.2m。

⑨砖砌体相邻工作段的高度差，不得超过一个楼层高度，也不宜大于4m。工作段的分段位置设在伸缩缝、沉降缝、防震缝或门窗洞口处。砌体临时间断处的高度差不得超过一步

脚手架的高度。

426. 砌筑时为何多孔砖的孔洞应垂直于受压面？

答：当多孔砖的孔洞垂直于受压面砌筑时，可使砌体有较大的有效受压面积，有利于砂浆结合层进入上下砖块的孔洞中产生"销键"作用，提高砌体的抗剪强度和砌体的整体性。砌筑前可试摆，有利于确定合适的组砌方式，并通过调整灰缝大小使砌体平面尺寸和块体尺寸相协调。

427. 砖砌体工程采用铺浆法砌筑时，对铺浆长度有何要求？

答：砌筑砖砌体时，要随铺砂浆随砌筑。当采用铺浆法砌筑时，铺浆长度不得超过750mm；施工期间气温超过30℃时，铺浆长度不得超过500mm。因铺浆长度对砌体的抗剪强度有较明显影响，有资料表明，在气温为15℃时，铺浆后立即砌砖和铺浆后3min再砌砖，砌体的抗剪强度能相差30%左右。施工气温越高，影响程度越大。另外，铺浆过长，砂浆的表面积大，砂浆中的水分容易过早地被砖吸收，尤其是保水性不好的砂浆，水分损失得更快。这样，待铺砖时难以将砂浆挤动，从而形成空隙，砂浆不饱满，粘结力差。

实际工程中，砌筑烧结普通实心砖墙体宜采用"三一"砌砖法，即一块砖、一铲灰、一揉挤。竖向灰缝应采用挤浆法或加浆方法。操作中应经常自检砂浆的饱满度，控制墙体水平灰缝砂浆饱满度在80%以上。

428. 砖砌体的灰缝为何应横平竖直，厚薄均匀？

答：灰缝横平竖直，厚薄均匀，既是对砌体表面美观的要求，尤其是清水墙的外观更为重要，又有利于砌体均匀传力；灰缝过大，会使砌体收缩变形增大；灰缝过小，则会因局部砖与砖之间没有砂浆而发生应力集中现象，从而降低砌体强度。试验表明，灰缝厚度还影响砌体的抗压强度。例如对普通砖砌体而言，与标准水平灰缝厚度10mm相比较，12mm水平灰缝厚度砌体的抗压强度降低5%；8mm水平灰缝厚度砌体的抗压强度提高6%。对多孔砖砌体，其变化幅度更大些。因此规定，水平灰缝的厚度不应小于8mm，也不应大于12mm，宜为10mm。

429. 砖砌体的竖向灰缝为何不得出现透明缝、瞎缝和假缝？

答：竖向灰缝砂浆的饱满度一般对砌体的抗压强度影响不大，但对砌体的抗剪强度影响明显。有资料表明：当竖缝砂浆很不饱满甚至完全无砂浆时，其砌体的抗剪强度将降低40%~50%。此外，透明缝、瞎缝和假缝对房屋的使用功能也会产生不良影响，容易造成墙体渗水。因此，砌体施工时，竖缝应采用挤浆或加浆方法使其饱满，防止出现透明缝、瞎缝和假缝。砌筑时应随砌随检查，并及时进行校正，以保证砖砌体的表面平整、垂直度、灰缝厚度和砂浆饱满度等。砌块的调整应在砂浆凝结前进行，否则会造成砌块与砂浆的粘结受到破坏，影响砌体的粘结强度、整体性和承载力。

430. 对砖砌体水平灰缝的砂浆饱满度有何要求？

答：砌体水平灰缝砂浆饱满度对砌体的抗压强度有一定的影响，因此要求水平灰缝的砂浆饱满度不得低于80%，以保证砌体的抗压强度能满足设计要求的抗压强度值。

砂浆饱满度的检验方法是采用百格网，检查砖底面与砂浆的粘结痕迹面积。要求每处检测 3 块砖，取其平均值。

431. 砌体临时间断处为何要设置留槎？

答：除设置构造柱的部位外，砌体的转角处和交接处应同时砌筑。对不能同时砌筑而又必须留置的临时间断处，应砌成斜槎，不允许采用留直槎的连接形式，以保证砌体的整体性。为施工方便并控制新砌砌体的变形和倒塌，限定临时间断处的高度差不得超过一步脚手架的高度。

为确保接槎处砌体的整体性和美观，砌体接槎时，必须将接槎处的表面清理干净，浇水湿润并填实砂浆，保持灰缝平直。

432. 混凝土小型空心砌块砌体工程对小砌块有何要求？

答：混凝土小型空心砌块，简称小砌块，是普通混凝土小型空心砌块和轻集料（浮石、火山渣、煤渣、自然煤矸石、陶粒等）混凝土小型空心砌块的总称。常用混凝土小砌块的主要规格为 390mm×190mm×190mm，辅助规格为 290（190、90）mm×190mm×190mm，空心率为 25%~50%。小砌块的特点是：块大、体轻、高强、节约砂浆，增加房屋使用面积，组砌方便，施工工效高，速度快，成本低，同时适应性强。多用于一般七层以下民用房屋及工业仓库、围护墙等工程。

由于小砌块在早期自身收缩较大且收缩速度较快，到后期收缩速度放缓，强度趋于稳定。如果将未经停置或陈放时间较短的小砌块直接用到工程上去，由于小砌块早期收缩值大，墙体容易产生收缩裂缝，影响砌体的整体性，引起渗漏水，并降低砌体强度和承载力。因此，为有效控制砌体收缩裂缝和保证砌体强度，要求砌体施工时，所用小砌块的产品龄期不应少于 28d。

433. 小砌块砌筑时是否可对小砌块提前浇水？

答：普通混凝土小砌块比较密实，具有饱和吸水率低和吸水速度迟缓的特点，浇过水的小砌块与表面明显潮湿的小砌块会产生膨胀和日后干缩，砌筑后墙体易产生裂缝，所以，一般情况下砌墙时可不浇水，砌筑时砌块的含水率宜为自然含水率。在天气干燥炎热、气温超过 30℃时，可提前洒水湿润小砌块，以减少砂浆铺摊后失水过快，影响砌筑砂浆与小砌块之间的粘结。而轻集料混凝土小砌块的吸水率较大，有些品种的轻集料小砌块的饱和含水率可达 15% 左右，对这类小砌块宜提前浇水湿润，但不宜过多。控制小砌块含水率的目的：一是避免砌筑时产生砂浆流淌；二是保证砂浆不至失水过快。因此，要合理控制小砌块的含水率，并与砌筑砂浆的稠度相适应。

小砌块进场后不宜贴地堆放，底部应架空垫高，雨天上部应遮盖。砌筑时，不得使用被雨、雪淋湿的小砌块进行砌筑，雨期应对小砌块墙体进行遮盖。另外，当小砌块表面有浮水时，不得施工。

434. 混凝土小砌块砌体所用砂浆为何宜使用专用砌筑砂浆？

答：专用砌筑砂浆是指符合行业标准《混凝土小型空心砌块砌筑砂浆》JC 860—2000

要求的砂浆。该砂浆的和易性、保水性及施工操作性较好，可提高小砌块与砂浆的粘结力，使砌体灰缝饱满，减少墙体的开裂和渗漏，提高砌体建筑质量。

混凝土小型空心砌块砌筑砂浆用 Mb 标记，按抗压强度分为 Mb5.0、Mb7.5、Mb10.0、Mb15.0、Mb20.0、Mb25.0、Mb30.0 七个等级，并应满足下列要求：水泥砂浆密度不小于 1900kg/m³，水泥混合砂浆密度不小于 1800kg/m³；砂浆稠度为 50～80mm；分层度为 10～30mm；当有抗冻性要求时，砂浆需进行冻融试验，且质量损失率不大于 5%，强度损失率不大于 25%。

435. 如何砌筑小砌块？

答：小砌块砌筑时采取"对孔、错缝、反砌"的工艺，以保证砌体的砌筑质量。所谓对孔，是将上皮小砌块的孔洞对准下皮小砌块的孔洞，上、下皮小砌块的壁、肋可较好地传递竖向荷载，保证砌体的整体性及强度。所谓错缝，即上、下皮小砌块错开砌筑（搭砌），搭接长度不小于 90mm，以增强砌体的整体性。所谓反砌，是将小砌块生产时的底面朝上砌筑于墙体上，这样铺灰面较大，易于铺放砂浆，保证水平灰缝砂浆的饱满度，且有利于小砌块的受力。

如需移动已砌好砌体的小砌块或被撞击的小砌块时，应重新铺浆砌筑。

436. 小砌块墙体施工时应注意哪些方面？

答：①小砌块墙体砌筑应从房屋外墙转角定位处开始。砌筑皮数、灰缝厚度、标高应与该工程的皮数杆相应标志一致。皮数杆是保证小砌块砌体砌筑质量的重要措施，它能使墙面平整，砌体水平灰缝平直且厚度一致，故施工中应坚持使用。皮数杆应竖立在墙的转角处和交接处，间距宜小于 15m；正常施工条件下，小砌块墙体每日砌筑高度宜控制在 1.4m 或一步脚手架高度内，以利于已砌筑墙体尽快形成强度使其稳定，有利于墙体收缩裂缝的减少。

②小砌块砌筑前一般不浇水。施工期间若天气干燥炎热、气温超过 30℃时，可在砌筑前稍喷水湿润，以减少砂浆铺摊后失水过快，影响砌筑砂浆与小砌块之间的粘结。轻集料小砌块宜提前浇水湿润，但不宜过多。

③砌筑时，小砌块应底面朝上砌筑。因反砌铺灰面较大，有利于铺摊砂浆，水平灰缝的饱满度容易保证，且对小砌块的受力有利；小砌块墙内不得混砌黏土砖或其他墙体材料，以防止混砌因线膨胀系数不同引起的砌体裂缝，影响砌体强度。镶砌时，应采用与小砌块材料强度同等级的预制混凝土块。

④小砌块砌筑形式应每皮顺砌，上下皮小砌块应对孔，竖缝应相互错开 1/2 主规格小砌块长度，以保证墙体传递竖向荷载的直接性，避免产生竖向裂缝，影响砌体强度。使用多排孔小砌块砌筑墙体时，应错缝搭砌，搭接长度不应小于主规格小砌块长度的 1/4。否则，应在此水平灰缝中设 4ϕ4 钢筋点焊网片，网片两端与竖缝的距离不得小于 400mm，竖向通缝不得超过两皮小砌块。

⑤190mm 厚度的小砌块内外墙和纵横墙必须同时砌筑并相互交错搭接，以保证墙体结构整体性，提高小砌块建筑抗震性能。临时间断处应砌成斜槎，斜槎水平投影长度不应小于斜槎高度。严禁留直槎，隔墙顶部接触梁板底部的部位应采用实心小砌块斜砌楔紧，房屋顶

层的内隔墙应离该处屋面板板底15mm，缝内采用1∶3石灰砂浆或弹性腻子嵌塞，以避免因屋面板温度变形而拉动隔墙导致的墙体开裂。砌筑中，若已砌筑的小砌块受撬动或碰撞时，应清除原砂浆，重新铺浆砌筑，以保证砌体质量。

⑥砌筑砂浆应随铺随砌，以防止砂浆中的水分被小砌块吸收。墙体灰缝应横平竖直，水平灰缝宜采用坐浆法满铺，竖向灰缝应采取满铺端面法，即将小砌块端面朝上铺满砂浆再上墙挤紧，然后加浆插捣密实。竖向灰缝饱满度对防止墙体裂缝和渗水至关重要，故要求饱满度均不宜低于90%。水平灰缝厚度和竖向灰缝宽度宜为10mm，不得小于8mm，也不应大于12mm。砌筑时，墙面必须用原浆做勾缝处理。缺灰处应补浆压实，并宜做成凹缝，凹进墙面2mm。砌入墙内的钢筋点焊网片和拉结筋必须放置在水平灰缝的砂浆层中，不得有露筋现象。钢筋网片的纵横筋不得重叠点焊，应控制在同一平面内。

⑦小砌块墙体孔洞中需充填隔热或隔声材料时，应砌一皮灌填一皮。应填满，不得捣实。充填材料必须干燥、洁净，粒径应符合设计要求。墙体采用内保温隔热或外保温隔热材料时，应按现行相关标准施工。砌筑带保温夹芯层的小砌块墙体时，应将保温夹芯层一侧靠置室外，并应对孔错缝。左右相邻小砌块中的保温夹芯层应互相衔接，上下皮保温夹芯层之间的水平灰缝处应砌入同质保温材料，以避免冷（热）桥现象，提高墙体保温效果。

437. 对小砌块砌体灰缝的砂浆饱满度有何要求？

答：砌体灰缝应横平竖直，全部灰缝均应铺填砂浆。水平灰缝的砂浆饱满度，按净面积计算不得低于90%；竖向灰缝采用加浆法，使其砂浆饱满，竖向灰缝的砂浆饱满度不得小于80%，竖缝凹槽部位应采用砌筑砂浆填实；不得出现瞎缝、透明缝。

对小砌块砌体施工时砂浆饱满度的要求比砖砌体的要严。这是因为：①小砌块壁较薄，肋较窄，应要求更严些；②砂浆饱满度对砌体强度及墙体整体性影响较大，其中抗剪强度较低又是小砌块砌体的一个弱点；③考虑建筑物使用功能（如防渗漏）的需要。

砂浆饱满度的检验方法是采用专用百格网，检测小砌块与砂浆粘结痕迹，每处检测3块小砌块，取其平均值。

438. 如何控制小砌块墙体灰缝的宽度？

答：小砌块墙体的水平灰缝厚度和竖向灰缝宽度宜为10mm，但不应大于12mm，也不应小于8mm。

这与对砖砌体的要求相同。砌筑时的铺灰长度不得超过800mm，严禁用水冲浆灌缝。

对墙体表面的平整度和垂直度、灰缝的厚度和饱满度应随时检查，校正偏差。在砌完每一层楼后，应校核墙体的轴线尺寸和标高，允许范围内的轴线及标高的偏差，可在楼板面上予以校正。

439. 如何防止混凝土小砌块外墙出现渗水？

答：导致外墙出现渗水现象的原因：一是因外墙出现裂缝，水从缝中进入；二是砌体灰缝嵌填不密实，外墙在风雨作用下，从灰缝渗水；另外，施工时墙上留下的孔洞，如封堵时砂浆不密实也容易引起渗漏水；此外，外墙抹灰未做防水处理，水沿砂浆中毛细管能爬高数米，因而会产生毛细管渗水。由于外墙渗水，影响了墙体的外观和使用功能。

因此，在小砌块砌筑时，砌块端槽应用砂浆填实，墙体随砌随勾缝，以提高竖缝的饱满度；采取反砌法，即盲孔面朝上，以保证水平灰缝的饱满度，消除渗水。采用专用砂浆是保证灰缝饱满度，保证砂浆与砌块粘结的重要措施。外墙基层抹灰砂浆应掺加防水剂，以提高外墙的抗渗性能。

440. 采取哪些控制措施可防止混凝土小型空心砌块墙体产生裂缝？

答：混凝土小型空心砌块建筑最主要的质量问题之一是墙面开裂。为防止裂缝产生，应采取以下控制措施。

（1）控制砌块上墙时的含水率

砌块因失水而收缩是墙体产生裂缝的主要原因。如这种裂缝是可见的（如清水砌块墙），那么就必须使用有含水率要求的砌块。砌块收缩大小取决于集料种类、养护方法和当地的空气相对湿度大小。普通混凝土小型空心砌块比轻集料混凝土小型空心砌块的收缩小，高压养护者比低压养护小，潮湿地区比干燥地区的砌块收缩小。但是在实践中较难测定砌块的潜在收缩可能，因此各国根据地区平均相对湿度控制运到施工现场或使用地点的砌块最大相对含水率。具体措施是砌块在生产厂中必须经充分养护，并使其含水率与空气湿度达到平衡后方能出厂，出厂前用塑料膜加以包裹以防到达工地后遭雨淋而增加含水率。

（2）采用配筋方法提高墙体的抗裂性

墙体的收缩应力可由配置在墙体灰缝内的水平钢丝网来承受，避免墙体开裂。水平钢丝网有多种形式，它是由两根以上的纵向连接筋，隔一定距离焊以横向短筋而成。水平钢丝网的放置和垂直间距（即墙体高度方向的间距）可参考如下规定：

咬槎砌筑的大面墙：由墙体往下第一皮，以下各相间两皮。

咬槎砌筑的墙上带门窗洞：由墙顶往下第一、二皮，门窗洞以上的第一皮，窗台以下第一皮内均需有钢丝网，其余地方可相间两皮。

直槎砌筑的大面墙：墙顶往下一、二、三皮内需有钢丝网，其余地方相间两皮。

地下室墙：墙顶往下第一皮，窗洞以下五皮内均需有钢丝网。

基础墙：墙高度的 $\frac{1}{2} \sim \frac{1}{3}$ 内每皮需有钢丝网。

（3）设置控制缝

控制缝用来调节砌块墙的水平变形，一般垂直设置于收缩裂缝最容易产生的地方，如墙高和墙厚的突变地方，落水管和垃圾管道凹槽，有扶壁或立柱处，直对基础、屋顶和地板的伸缩缝处，墙身呈L形、T形和U形的转角处等。

所有门窗洞的一侧或两侧应设置控制缝。窗台以下的控制缝可设在开孔的延长线上，但门窗上面的控制缝应错开过梁端。

441. 配筋砌体工程对砂浆层厚度有何要求？

答：配筋砌体是指在砌体中配置钢筋，它可提高砌体结构的承载力，改善结构变形性能，扩大砌体结构工程应用范围，施工较为方便、快速，造价较低。由于配筋砌体多应用于主要承重结构部位，因此对施工操作要求严，质量要求高。

配筋砌体工程中，要求水平灰缝内的钢筋应居中放置在砂浆层中，水平灰缝厚度应大于钢筋直径 4mm 以上。砌体外露面砂浆保护层的厚度应控制在不小于 15mm。

如果水平灰缝过厚，砂浆易受压变形，降低砌体的强度；若水平灰缝过薄或钢筋偏位，易使钢筋与砌块直接接触，不利于钢筋的保护，也不利于砂浆与砖的粘结，均会降低砌体的强度与承载力。水平灰缝内的钢筋居中放置：一是能很好地保护钢筋；二是使砂浆层能与块体较好地粘结在一起。

442. 蒸压加气混凝土砌块的施工要点有哪些？

答：使用蒸压加气混凝土砌块可以设计建造三层以下的全加气混凝土建筑，主要可用作框架结构、现浇混凝土结构建筑的外墙填充、内墙隔断，也可用于抗震圈梁构造柱多层建筑的外墙或保温隔热复合墙体。施工技术要点如下：

①砌筑前进行砌块排列设计，以减少现场切锯工作量，避免浪费。按砌块每皮高度制作皮数杆，并竖立于墙的两端，两相对皮数杆之间拉准线。在砌筑位置放出墙身边线。

②砌块墙底部应用烧结普通砖或多孔砖砌筑，其高度不宜小于 200mm。

③砌筑时，应向砌筑面适量浇水。不同干密度和强度等级的蒸压加气混凝土砌块不应混砌，也不得与其他砖、砌块混砌。但在墙底、墙顶及门窗洞口处局部采用烧结普通砖和多孔砖砌筑除外。

④砌块砌筑时，应上下错缝，搭接长度不宜小于砌块长度的 1/3。砌筑应采用专用砌筑砂浆，灰缝应横平竖直，砂浆饱满。水平灰缝厚度不宜大于 15mm，竖向灰缝宜用内外临时夹板夹住后灌缝，其宽度不宜大于 15mm。灰缝不宜太大，否则易产生"热桥"，且影响砌体强度。

⑤砌块墙的转角处，应隔皮纵、横墙砌块相互搭砌。砌块墙的 T 字交接处，应使横墙砌块隔皮端面露头。

⑥砌到接近上层梁、板底时，宜用烧结普通砖斜砌挤紧，砖倾斜度为 60°左右，砂浆应饱满。墙体洞口上部应放置 2 根 ϕ6mm 钢筋，伸过洞口两边长度每边不小于 50mm。

⑦砌块墙与承重墙或柱交接处，应在承重墙或柱的水平灰缝内预埋拉结钢筋，拉结钢筋沿墙或柱高每 1m 左右设一道，每道为 2 根 ϕ6mm 的钢筋（带弯钩），伸出墙或柱面长度不小于 700mm。在砌筑砌块时，将此拉结钢筋伸出部分埋置于砌块墙的水平灰缝中，如图 442-1 所示。埋入砌体内部的拉结钢筋应设置正确、平直，其外露部分在施工中不得任意弯折。

⑧砌筑时应在每一块砌块全长上铺满砂浆。铺浆要厚薄均匀，浆面平整。铺浆后立即放置砌块，要求对准皮数杆，一次摆正找平，保证灰缝厚度。如铺浆后不立即放置砌块，砂浆凝固了，需铲去砂浆，重新砌筑。竖缝可采用挡板堵缝法填满、捣实、刮平，也可采用其他能保证竖缝砂浆饱满的方法，随砌随将灰缝钩成深 0.5~0.8mm 的凹缝。每皮砌块均须拉水准线。灰缝要求横平竖直。严禁用水冲浆灌缝。每日砌筑高度不宜超过 1.8m。

⑨砌体的转角处和交接处的各方向砌体应同时砌筑。对不能同时砌筑而又必须留置的临时间断处，应按图 442-2 的要求留置斜槎。接槎时，应先清理基面，浇水润湿，然后铺浆接砌，并做到灰缝饱满。

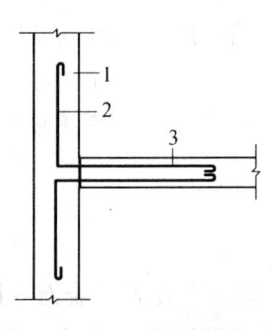

图442-1 砌块墙与承重墙拉结　　　　　图442-2 临时间断处斜槎

1—承重墙；2—ϕ6mm 钢筋；3—蒸压加气混凝土砌块墙

⑩蒸压加气混凝土砌块墙上不得留脚手眼。墙上孔洞需要堵塞时，应用经切锯而成的异型砌块和加气混凝土修补砂浆填堵，不得用其他材料塞堵。

⑪设计无规定时，不得有集中荷载直接作用在加气混凝土墙上；否则，应设置梁垫或采取其他措施。

⑫采用薄层砌筑砂浆是提高砌体砌筑质量和热工性能的一个重要举措，是砌筑砂浆的发展方向。

443. 什么是冬期施工？

答：当室外日平均气温连续5d稳定低于5℃时，即进入冬期施工，砌体工程应采取相应的冬期施工措施，并按冬期施工有关规定进行，以防砌体受冻，降低强度。除冬期施工期限以外，当日最低气温低于0℃时，也应采取冬期施工措施。冬期施工的砌体工程质量验收应符合《砌体工程施工质量验收规范》GB 50203—2002及《建筑工程冬期施工规程》JGJ 104的有关规定。

444. 冬期施工对原材料有何要求？

答：因石灰膏、电石膏、砂、砖、砌块等材料在负温时含有冰、霜，而水结成冰时体积通常膨胀6%～9%。如用受冻材料砌筑，不但不易操作，还会影响砖或块材与砂浆的粘结强度，并因它们温度较低而影响砂浆强度的增长，另外，解冻融化后，还会使砌体变形，降低砌体的强度和承载力。砂中含有冰块和大于10mm的冻结块，也将影响砂浆强度的增长和砌体灰缝厚度的控制。因此，冬期施工对原材料的要求如下：

①石灰膏、电石膏等应防止受冻，如遭冻结，应经融化后使用，但受冻已脱水风化的不得使用；

②拌制砂浆用砂，不得含有冰块和大于10mm的冻结块；

③砌体用砖或其他块材不得遭水浸冻。

445. 冬期施工如何留置砂浆试块？

答：由于冬期气温低，此时施工对砂浆强度影响较大，需留置与砌体同条件养护的砂浆试块，以获得砌体中砂浆在自然养护期间的强度，确保砌体工程结构安全可靠。

冬期施工，除按常温规定留置砂浆试块外，还要增留不少于1组与砌体同条件养护的砂浆试块，并测定其28d强度。

446. 冬期施工对砖是否浇水？

答：在气温低于0℃条件下砌筑时，如果对砖浇水，则水会在材料表面立即结成冰薄膜，难以进行砌筑，同时影响与砂浆的粘结，同时也给施工操作带来诸多不便；如果不浇水，采用干砖上墙，则砂浆水分容易被干砖吸收，也会影响砖与砂浆的粘结力。这样都会降低砌体的抗剪强度，影响墙体的承载力和稳定性。可见，普通砖、多孔砖和空心砖的湿润程度对砌体强度的影响较大，特别对抗剪强度的影响更为明显。

因此，烧结普通砖、多孔砖、空心砖在气温高于0℃条件下砌筑时，应浇水湿润。在气温低于、等于0℃条件下砌筑时，可不浇水，但必须增大砂浆稠度，一般砂浆稠度比常温增大10~30mm，以保证砖与砂浆的粘结力。

冬期施工不得使用水浸后受冻的小砌块，也不得使用受冻的砂浆。每日砌筑后，应采用保温材料覆盖新砌的砌体。

对于抗震设防烈度为9度的建筑物，当砖无法浇水湿润又无特殊措施时，不得砌筑。这是因为多孔砖的浇水湿润程度，对砌体的强度，尤其对抗剪强度的影响比较明显。对于9度抗震设防的建筑物，其所应承受的地震作用很大。冬期施工中，砖若不能浇水湿润，砌体的强度将难以保证。

447. 冬期施工对现场拌制砂浆有何要求？

答：冬期施工应采取措施防止砂浆受冻。因砂浆受冻后，强度停止增长，虽然开春解冻后强度能继续发展，但强度远远达不到未受冻砂浆的最大强度，从而影响砌体强度。可采用热水拌制砂浆法、掺外加剂法、掺盐法或电热法、暖棚法等措施防止砂浆受冻。当采用掺盐砂浆法施工时，宜将砂浆强度等级按常温施工的强度等级提高一级。但配筋砌体不得采用掺盐砂浆法施工。

现场拌制砂浆应采用机械搅拌，并采用两步投料法，即先投入砂和水拌合，然后再投入水泥拌合。为了防止因水和砂温度过低而使拌制的砂浆温度过低，不能保证砂浆在冻结前达到要求的抗冻强度，可采用热水法拌制，但拌合水的温度不得超过80℃，砂的温度不得超过40℃。不得将水泥与热水直接搅拌，以免过热水泥产生假凝现象，使砂浆和易性变差，降低后期强度。砂浆搅拌时间应比常温季节延长50%。砂浆应随拌随用。严寒季节、长距离运输，应考虑将运输器具进行适当保温，以减少热损失。已冻结的砂浆不得再用热水拌和使用。

448. 冬期施工什么情况下可采用掺盐砂浆法？

答：砂浆中掺入盐后，可使砂浆在一定负温下不冻结，且强度能继续缓慢增长，砌筑时可与砖形成较好的粘结力；或在砌筑后缓慢受冻，而在冻结前能达到20%以上的强度，解冻后砂浆强度与粘结力仍和常温一样继续上升，强度不受损失或损失很小。本法施工方便、经济，使用可靠，能保证质量。但掺入氯盐后，砂浆有析盐现象和吸湿性，因而会降低保温性能，并对钢材有腐蚀作用，同时有导电性，如在砌体工程不加限制地使用，将会影响建筑物的使用功能、装饰效果，降低砌体强度，造成不良后果。

掺盐砂浆法在下列情况不得使用：①对装饰有特殊要求的建筑物；②使用湿度大于80%的建筑物；③接近高压电线的建筑物，如变电所、发电站等；④配筋砌体、有预埋铁件而无可靠的防腐处理措施的砌体；⑤经常处于地下水位变化范围内，以及在地下未设防水层的砌体结构；⑥经常受40℃以上高温影响的建筑物等。

为了避免氯盐对砌体中钢筋的腐蚀，配筋砌体不得采用掺盐砂浆法施工。

由于掺盐砂浆在负温条件下，虽然强度仍能增长，但后期强度仍有一定损失。为了弥补冬期负温采用掺盐砂浆法施工对砂浆强度造成的损失，宜将砂浆强度等级按常温施工的强度等级提高一级，此时，砌体强度及稳定性可不验算。

掺盐砂浆法使用的抗冻氯盐主要是氯化钙和氯化钠，还有亚硝酸钠、碳酸钾和硝酸钙等，其特性是可降低水溶液的冰点，使砂浆中液态水可在负温下进行水化反应，同时不能形成冰膜，使砂浆与砌体能较好地接触粘结，从而保证砌体强度持续增长。

（二）抹灰工程施工质量验收

449. 什么是抹灰工程？

答：抹灰（亦称粉刷）工程是对建筑物的墙、柱、顶棚及地面表面的保护、美化或某些需要的一种传统做法的装饰工程。按抹灰的部位分为外墙（柱）抹灰、内墙（柱）抹灰、顶棚抹灰和地面抹灰等；按使用要求不同分为一般抹灰和装饰抹灰。

一般抹灰指石灰砂浆、水泥砂浆、水泥混合砂浆、聚合物水泥砂浆、麻刀石灰、纸筋石灰、石膏灰等墙面、顶棚的抹灰；装饰抹灰指水刷石、斩假石、干粘石、假面砖等墙（柱、地）面、顶棚饰面的抹灰。

450. 抹灰工程的质量验收依据哪些标准？

答：抹灰工程的质量验收依据《建筑装饰装修工程质量验收规范》GB 50210—2001，本规范应与国家标准《建筑工程施工质量验收统一标准》GB 50300—2001配套使用。本规范包括一般抹灰、装饰抹灰和清水砌体勾缝等分项工程的质量验收。

451. 抹灰工程对原材料有哪些要求？

答：抹灰工程常用的原材料有：胶凝材料、骨料、外加剂、掺合料、纤维材料及颜料等，其中常用的胶凝材料有水泥、石灰及建筑石膏等。

抹灰工程应对水泥的凝结时间和安定性进行复验。

抹灰用石灰，必须经过淋制熟化成石灰膏后才能使用，在常温下熟化时间不应少于15d；如果用于罩面灰时，磨细石灰粉的熟化时间应不少于3d，且不得含有未熟化颗粒，已冻结的石灰膏亦不得使用。

抹灰工程中，一般多采用河砂，并以中砂最好，也可将粗砂与中砂混合掺用。使用前，还应对砂的坚固性、含泥量及有害物质进行检验，不得使用超过有关标准规定的砂。

452. 抹灰工程常用的纤维材料有哪些？

答：常用的纤维材料有纸筋、麻刀、草秸及玻璃丝等，掺入抹灰砂浆中起拉结和骨架作用，可提高抹灰层的抗裂和抗拉强度，增强抹灰层的弹性和耐久性，使抹灰层收缩减少，不易裂缝脱落。

（1）纸筋

分干纸筋和湿纸筋两种。干纸筋的用法是在淋生石灰时，把干纸筋撕碎，除去尘土，用清水浸透，然后按100kg石灰膏掺入2.75kg纸筋的比例倒入淋灰池内搅拌均匀。使用时需用小钢磨搅拌打细，并用3mm孔径筛过滤成纸筋灰。

使用湿纸筋（俗称纸浆）时，每100kg石灰膏掺入2.9kg湿纸筋，具体操作方法同干纸筋。

（2）麻刀

麻刀要求均匀、坚韧、不含杂质，为便于敲打松散，还需干燥。麻丝剪断成20～30mm，每100kg石灰膏约掺1kg敲打松散的麻刀拌匀，即成麻刀灰。

（3）草秸

通常将稻草或麦秸断成不大于30mm长，泡在石灰水中半个月后使用。也可用石灰或火碱浸泡软化后轧磨成纤维状，当纸筋用。

（4）玻璃丝

将玻璃丝切成约10mm长，每100kg石灰膏中掺入200～300g。玻璃丝配制的灰浆耐热、耐久、耐腐蚀。但操作要注意劳动保护，防止玻璃丝刺激皮肤。

（5）合成纤维

主要为聚丙烯纤维和尼龙纤维。用于砂浆时，其长度为3～12mm，掺量为1‰～3‰。使用时，要注意其可分散性和耐碱性。

453. 施工时对抹灰厚度有何要求？

答：当抹灰厚度过大时，容易产生起鼓、脱落等质量问题，因此抹灰工程应分层进行。一般分为底层、中层、面层，各层砂浆的作用及技术要求见表453-1。当抹灰总厚度大于或等于35mm时，应采取加强措施。

表453-1 抹灰砂浆的作用及技术要求

层次	作用	砂浆稠度（mm）	备注
底层	1. 与基层粘结 2. 初步找平	100～120	常采用粘结力强，抗裂性好的砂浆
中层	主要起保护墙体和找平作用	70～90	常采用粘结力强的砂浆
面层	主要起装饰作用	70～80	常采用抗收缩、抗裂性强、粘结力强的砂浆

不同材料基体交接处，由于吸水和收缩性不一致，接缝处表面的抹灰层容易开裂，因此对交接处表面的抹灰，应采取防止开裂的加强措施。当采用加强网时，加强网与各基体的搭接宽度不应小于100mm，以切实保证抹灰工程的质量。

454. 抹灰工程施工前有何要求？

答：抹灰前将基层表面的尘土、污垢、油渍等清除干净，并洒水润湿。

外墙抹灰前应先安装钢木门窗框、护栏等，并将墙上的施工孔洞堵塞密实。室内墙面、柱面和门洞口的阳角做法应符合设计要求。设计无要求时，应采用1∶2水泥砂浆做暗护角，其高度不应低于2m，每侧宽度不应小于50mm。

455. 对抹灰层有何要求？

答：各种砂浆抹灰层，凝结前应防止快干、水冲、撞击、振动和受冻，凝结后采取措施防止玷污和损坏。水泥砂浆抹灰层应在湿润条件下养护。

抹灰层与基层之间及各抹灰层之间必须粘结牢固，抹灰层应无脱层、空鼓，面层应无爆灰和裂缝。

抹灰层的总厚度应符合设计要求；水泥砂浆不得抹在石灰砂浆层上；罩面石膏灰不得抹在水泥砂浆层上。

当要求抹灰层具有防水、防潮功能时，应采用防水砂浆。

456. 对一般抹灰工程的质量有何规定？

答：1）一般抹灰工程的表面质量应符合下列规定：
①普通抹灰表面应光滑、洁净、接槎平整，分格缝应清晰；
②高级抹灰表面应光滑、洁净、颜色均匀、无抹纹，分格缝和灰线应清晰美观。
2）护角、孔洞、槽、盒周围的抹灰表面应整齐、光滑；管道后面的抹灰表面应平整。
3）抹灰分格缝的设置应符合设计要求，宽度和深度均匀，表面光滑，棱角整齐。
4）有排水要求的部位应做滴水线（槽）。滴水线（槽）应整齐顺直，滴水线应内高外低，滴水槽的宽度和深度均不应小于10mm。
5）一般抹灰工程质量的允许偏差和检验方法应符合表456-1的规定。

表456-1 一般抹灰的允许偏差和检验方法

项次	项 目	允许偏差（mm）		检验方法
		普通抹灰	高级抹灰	
1	立面垂直度	4	3	用2m垂直检测尺检查
2	表面平整度	4	3	用2m靠尺和塞尺检查
3	阴阳角方正	4	3	用直角检测尺检查
4	分格条（缝）直线度	4	3	拉5m线，不足5m拉通线，用钢直尺检查
5	墙裙、勒脚上口直线度	4	3	拉5m线，不足5m拉通线，用钢直尺检查

注：1. 普通抹灰，本表第3项阴角方正可不检查；
　　2. 顶棚抹灰，本表第2项表面平整度可不检查，但应平顺。

457. 如何划分抹灰工程的检验批？检查数量有何规定？

答：抹灰工程检验批的划分如下：

①相同材料、工艺和施工条件的室外抹灰工程,每 500~1000m² 应划分为一个检验批,不足 500m² 也应划分为一个检验批。

②相同材料、工艺和施工条件的室内抹灰工程,每 50 个自然间(大面积房间和走廊按抹灰面积 30m² 为一间)应划分为一个检验批,不足 50 间也应划分为一个检验批。

检查数量应符合下列规定:

①室内每个检验批应至少抽查 10%,并不得少于 3 间;不足 3 间时应全数检查。

②室外每个检验批每 100m² 应至少抽查一处,每处不得小于 10m²。

458. 抹灰层出现空鼓、开裂、脱落等缺陷的原因是什么?如何防治?

答:抹灰工程的质量关键是粘结牢固,无开裂、空鼓与脱落。如果粘结不牢,出现空鼓、开裂、脱落等缺陷,会降低对墙体的保护作用,且影响装饰效果。引起抹灰层开裂、空鼓和脱落的主要原因有:①基体表面清理不干净,如:基体表面尘埃及疏松物、脱模剂和油渍等影响抹灰粘结牢固的物质未彻底清除干净;②基体表面光滑,抹灰前未作毛化处理;③抹灰前基体表面浇水不透或不匀,抹灰后砂浆中的水分很快被基体吸收,使砂浆中的水泥未充分水化生成水泥石,影响砂浆的粘结力;④砂浆质量不好,和易性、保水性、粘结性较差,或使用不当;⑤一次抹灰过厚,干缩率较大,或各层抹灰间隔时间太短收缩不匀,或表面撒干水泥粉;⑥夏期施工时砂浆失水过快或抹灰后没有适当浇水养护,以及冬期施工受冻。这些原因都会影响抹灰层与基体粘结牢固。

防治措施如下:

①抹灰前,应将基体表面清扫干净,脚手眼等孔洞填堵严实;混凝土墙表面凸出较大的地方应事先剔平刷净;蜂窝、凹洼、缺棱掉角处应修补抹平。

②基体表面应在施工前一天浇水,要浇透浇匀。让基体吸足一定的水分,使抹上底子灰后便于用刮杠刮平,以搓抹时砂浆还潮湿柔软为宜。

③表面较光滑的混凝土和加气混凝土墙面,抹底灰前宜先涂刷一层界面剂或水泥浆,以增加与光滑基层的粘结力。

④采用质量稳定、性能优良的预拌砂浆。

⑤应分层抹灰。水泥砂浆、混合砂浆等不能前后覆盖交叉涂抹。

⑥不同基体材料交接处,宜铺钉钢板网。

⑦室外抹灰,当长度较长(如檐口、勒脚等)、高度较高(如柱子、墙垛、窗间墙等)时,为了不显接槎,防止抹灰砂浆收缩开裂,一般应设分格缝。

⑧夏期应避免在日光暴晒下进行抹灰。抹灰后第二天应浇水养护,并坚持养护 7d 以上。

⑨窗台抹灰一般常在窗台中间部位出现一条或多条裂缝。其主要原因是窗口处墙身与窗间墙自重大小不同,传递到基础上的力也就不同。当基础刚度不足时,产生的沉降量就不同,由沉降差使窗台中间部位产生负弯矩而导致窗台抹灰裂缝。雨水容易从裂缝中渗透,导致膨胀或冻胀,使抹灰层空鼓,严重时会脱落。要避免窗台抹灰的裂缝问题,除从设计上加强基础刚度,设置地梁、圈梁外,应尽可能推迟抹窗台时间,使结构沉降稳定后进行。同时还应加强对抹灰层的养护,减少收缩。

459. 造成墙面起泡、开花或有抹纹的原因是什么?如何防治?

答:造成墙面起泡、开花或有抹纹的原因有以下几方面:

①抹完罩面后，砂浆未收水就开始压光，压光后产生起泡现象。

②石灰膏熟化不透，过火灰没有滤净，抹灰后未完全熟化的石灰颗粒继续熟化，体积膨胀，造成表面麻点和开花。

③底子灰过分干燥，抹罩面灰后水分很快被底层吸收，压光时易出抹子纹。

防治措施如下：

①待抹灰砂浆收水后终凝前进行压光；纸筋石灰罩面时，须待底子灰五六成干后再进行。

②石灰膏熟化时间不少于15d，淋灰时用小于3mm×3mm筛子过滤；采用磨细生石灰粉时，最好也提前2~3d化成石灰膏。

③对已开花的墙面，一般待未熟化的石灰颗粒完全熟化膨胀后再处理。处理方法为挖去开花处松散表面，重新用腻子刮平后喷浆。

④底层过干应浇水湿润，再薄薄地刷一层纯水泥浆后进行罩面。罩面压光时发现面层灰太干不易压光时，应洒水后再压以防止抹纹。

460. 如何防治墙面抹灰层析白？

答：水泥在水化过程中产生氢氧化钙，在砂浆硬化前受水浸泡渗聚到抹灰面与空气中二氧化碳化合成白色碳酸钙出现在墙面。在气温低或水灰比大的砂浆抹灰时，析白现象更严重。另外，若选用了不适当的外加剂时，也会加重析白产生。

防治措施如下：

①在保持砂浆流动性条件下掺减水剂来减少砂浆用水量，减少砂浆中的游离水，则减轻了氢氧化钙的游离渗至表面。

②加分散剂，使氢氧化钙分散均匀，不会成片出现析白现象，而是出现均匀的轻微析白。

③在低温季节水化过程慢，泌水现象普遍时，适当考虑加入促凝剂以加快硬化速度。

④选择适宜的外加剂品种。

461. 混凝土顶板抹灰层出现空鼓、裂缝的原因是什么？如何防治？

答：混凝土预制楼板常出现沿板缝的纵向裂缝和空鼓；混凝土现浇楼板，往往在顶板四角产生不规则裂缝，中部产生通长裂缝。原因有以下几方面：

①基层清理不干净，抹灰前浇水不透。

②预制混凝土楼板板底安装不平，相邻板底高低偏差大，造成抹灰厚薄不均，产生空鼓和裂缝。

③预制混凝土楼板安装排缝不均、灌缝不密实，整体性差，挠曲变形不一致，板缝方向出现通长裂缝。

④砂浆配合比不当，底层灰浆与楼板底粘结不牢，产生空鼓、裂缝。

防治措施如下：

①预制混凝土楼板安装要平整，相邻两板板底高低差不应超过5mm；板缝灌缝时必须清扫干净，浇水湿润，用C20级细石混凝土灌实，并加强养护。

②混凝土楼板板底表面的污物必须清理干净；使用钢模、组合小钢模现浇混凝土楼板或

预制楼板时，应用清水加10%的火碱，将隔离剂、油垢清刷干净；现浇楼板如有蜂窝、麻面时，宜先用1∶2水泥砂浆补平，凸出部分需剔凿平整；预制混凝土楼板板缝应先用1∶2水泥砂浆勾缝找平。

③为了使底层砂浆与基层粘结牢固，抹灰前一天顶板应喷水湿润，抹灰时再洒水一遍。混凝土顶板抹灰，一般应安排在上层地面做完后进行。

462. 墙裙、踢脚线水泥砂浆空鼓、裂缝的原因及防治措施是什么？

答：水泥砂浆产生空鼓、裂缝的原因有以下几方面：
①内墙抹灰常用石灰砂浆，做水泥砂浆墙裙时直接坐在石灰砂浆底层上。
②抹石灰砂浆时抹过了墙裙线而没有清除或清除不净。
③为了赶工，当天打底灰，当天抹找平层。
④压光面层时间掌握不准。
⑤没有分层施工。

防治措施如下：
①各层应是相同的水泥砂浆或是水泥用量偏大的混合砂浆。
②铲除底层石灰砂浆层时，应用钢丝刷，边刷边冲洗。
③底层砂浆在终凝前不准抹第二层砂浆。
④面层未收水前不准用抹子搓压，砂浆已硬化后不允许再用抹子用力强行搓抹；应而采取再薄薄地抹一层砂浆来弥补表面不平或抹平印痕。'
⑤应分层抹灰。

463. 如何防治接槎有明显抹纹、色泽不匀的缺陷？

答：造成接槎有明显抹纹、色泽不匀的原因有：墙面没有分格或分格太大；抹灰留槎位置不正确；罩面灰压光操作方法不当；砂浆原材料不一致，没有统一配料；浇水不均匀等。

为此，抹面层时要注意接槎部位操作，避免发生高低不平、色泽不一致等现象；接槎位置应留在分格条处或阴阳角、水落管等处；阳角抹灰应用反贴八字尺的方法操作。

室外抹灰面积较大，罩面抹纹不易压光，尤其在阳光下观看，稍有些抹纹就很显眼，影响墙面外观效果，因此，室外抹水泥砂浆墙面宜做成毛面，不宜抹成光面。用木抹子搓抹毛面时，要做到轻重一致，先以圆圈形搓抹，然后上下抽拉，方向要一致，不然表面会出现色泽深浅不一、起毛纹等问题。

464. 如何防治阳台、雨篷、窗台等抹灰饰面在水平和垂直方向不一致的缺陷？

答：在结构施工中，现浇混凝土和构件安装偏差过大，抹灰不易纠正；抹灰前未拉水平和垂直通线；施工误差较大等都会导致抹灰饰面在水平和垂直方向不一致的缺陷。因此，在结构施工中，现浇混凝土或构件安装都应在水平和垂直两个方向拉通线，找平找直，减少结构偏差。安窗框前应根据窗口间距找出各窗口的中心线和窗台的水平通线，认真按中心线和水平线立窗框。抹灰前应在阳台、阳台分户隔墙板、雨篷、柱垛、窗台等处，在水平和垂直方向拉通线找平找正，每步架贴灰饼，再进行抹灰。

（三）地面工程施工质量验收

465. 地面工程施工质量验收依据哪个标准？

答：地面工程施工质量验收依据国家标准《建筑地面工程施工质量验收规范》GB 50209—2002。建筑地面是指建筑物底层地面（地面）和楼层地面（楼面）的总称。

466. 水泥砂浆面层对原材料及配合比有何要求？

答：水泥采用硅酸盐水泥、普通硅酸盐水泥。因矿渣水泥需水量较大，容易引起泌水，不宜使用，且不同品种、不同强度等级的水泥禁止混用。砂应选用中粗砂，因用中粗砂配制的砂浆强度较高，且和易性能满足要求；也可采用石屑，但其粒径应为 1~5mm，且含泥量不应大于 3%。

面层水泥砂浆的强度等级应符合设计要求，现场拌制水泥砂浆面层的体积比为 1:2，强度等级不小于 M15。

另外，建筑地面工程施工时，对掺有水泥、石灰的拌合料铺设时，环境温度不应低于 5℃。

467. 对水泥砂浆面层有何要求？

答：水泥砂浆面层表面应洁净，无裂纹、脱皮、麻面、起砂等缺陷，表面的坡度符合设计要求，并不得有倒泛水和积水现象。

水泥砂浆面层的厚度应符合设计要求，且不小于 20mm；面层与下一层应结合牢固，无空鼓、裂纹。

水泥砂浆面层的允许偏差应符合下列要求：
①表面平整度的允许偏差为 4mm，采用 2m 靠尺和楔形塞尺检查；
②踢脚线上口平直的允许偏差为 4mm，采用拉 5m 线和用钢尺检查；
③缝格平直的允许偏差为 3mm，采用拉 5m 线和用钢尺检查。

468. 地面铺设砂浆时应提前做好哪些工作？

答：铺设整体面层时，当基层为水泥类材料时，其抗压强度不得小于 1.2MPa，且表面应粗糙、洁净、湿润，并不得有积水，以保证上下层粘结牢固。因普通水泥砂浆粘性较低，与基层的粘结强度较低。为了提高水泥砂浆与基层的粘结性能，可先在基层上涂刷一层界面处理剂，然后铺设水泥砂浆。也可在基层上涂刷一层水泥浆，但不能涂刷过早，以免因水泥浆风干硬化形成一道隔离层，反而影响砂浆与基层的粘结。应随涂刷随施工，且涂刷均匀，不漏涂。若涂刷的水泥浆已风干硬化，应先铲除，再重新刷一遍。

铺设砂浆面层前，应对基层进行处理，将基层上的垃圾、落地灰、污染物、松动的混凝土等清理干净，以免影响面层与基层的粘结。此外，对基层表面过于光滑的部位应进行凿毛处理，对高出基层的部位应凿掉，使基层表面平整，这样才能保证所铺设的砂浆层厚薄均匀。

施工前应对基层进行洒水湿润。因干燥基层的吸水性较强，当砂浆与基层接触时，基层就会从砂浆中吸取水分，尤其是保水性不好的砂浆，被吸取的水分更多。砂浆因失水而影响水泥的水化，降低砂浆的粘结强度，导致砂浆面层起壳、开裂，影响地面的耐久性。因此，施工前应提前一天对基层进行洒水处理，并根据气候条件控制洒水量。如夏季天气炎热可多洒些水，秋冬季应少洒些水，但不得积水，以免砂浆因水灰比增大而降低砂浆的强度。

469. 地面砂浆施工完后如何进行养护？

答：由于水泥为水硬性胶凝材料，水泥砂浆加水拌合、硬化后，水泥仍继续水化，强度不断提高。在潮湿环境中水泥水化才能充分进行，而在干燥空气中，由于水分的不断蒸发，水化作用就会受到影响，减缓硬化速度，从而降低面层砂浆的强度；同时水泥在水化过程中产生的体积收缩，在硬化初期尤为显著。水分不断蒸发，也会促使体积发生收缩变化，引起表面产生干缩裂缝，容易造成面层起砂、脱皮、开裂，甚至损坏。而水泥在水中或潮湿环境中进行硬化时，不仅能充分水化，加快硬化速度，且能提高面层强度，有效避免出现干缩裂缝。因此，水泥砂浆地面施工完成后应进行适当养护。一般 1d 后进行洒水养护，或用草袋等覆盖后洒水养护，养护时间不应少于 7d。

养护期间，由于面层强度较低，应禁止人员走动或进行下一道工序作业，以免对刚硬化的表面造成损伤和破坏，导致砂浆表面起砂、起灰，降低面层的强度和耐久性。地面面层砂浆强度达到 5MPa 以上时，方可在其上面行走或进行其他作业；抗压强度达到设计要求后，方可正常使用，以保证面层的耐久性能。如确需提前使用，应采取有效的防护措施，如铺垫草帘或芦席等。

470. 地面砂浆施工应采取哪些防控裂缝的措施？

答：水泥砂浆面层容易因温差、干缩、地面下沉等原因出现各种类型的裂缝。如：大面积地面未分段、分块铺设，未留设伸缩缝，在温度（差）变形作用下产生温度裂缝；水泥砂浆自身在硬化过程中，由于水化反应和水分蒸发而产生收缩裂缝；地面凝结和养护期间，强度较低，过早上人、运输、踩踏等受到振动、撞击而产生施工裂缝；砂浆强度达不到设计等级要求，或砂浆配合比不合理，水泥用量较大，配制不计量，搅拌不均匀，或使用含泥量较大的细砂，导致产生收缩、干缩裂缝；或首层地面地基土未进行处理而出现不均匀沉降裂缝等，从而导致面层强度低，影响整体性、使用功能和外观质量。

可采取如下的防控措施：

①优先选用硅酸盐水泥、普通硅酸盐水泥，因矿渣水泥需水量较大，容易引起泌水。砂浆配合比设计合理，水泥用量不宜过大，避免因水泥用量过大而增大收缩。砂应选用中粗砂，且控制含泥量不超过 3%。

②铺设面积较大的地面面层时，应采取分段、分块措施，并根据开间大小，设置适当的纵、横向缩缝，以消除杂乱的施工缝和温度裂缝。

③水泥砂浆抹压应分两遍进行，水泥初凝前进行抹平，终凝前进行压实、压光，以消除早期收缩裂缝；同时要掌握好压光时间，过早压不实，过晚压不平，不出亮光。

④底层做地面前应清理、处理好地基，浇筑垫层前应夯实两遍，不得在地基上随意浇水、踩踏、扰动地基，以免局部产生不均匀沉陷。

471. 水泥砂浆地面面层为何应在室内装饰工程基本完工后进行？

答： 若先施工水泥砂浆面层，因水泥砂浆早期强度较低，如此时进行室内装饰装修，就会使已做好的面层受到污染和损坏，清理和修补困难，费工费时，同时不利于门框的矫正；若等到水泥砂浆面层有一定的强度，可以承受一定的荷载时再施工，就会耽误工期。因此，水泥砂浆地面面层应在室内装饰工程基本完工后进行，如必须在其他装饰工程之前施工，此时应采取有效的覆盖措施。

472. 如何留置砂浆试块？

答： 检验水泥砂浆强度试块的组数，按每一层（或检验批）建筑地面工程不应小于 1 组。当每一层（或检验批）建筑地面工程面积大于 $1000m^2$ 时，每增加 $1000m^2$ 应增做 1 组试块，小于 $1000m^2$ 按 $1000m^2$ 计算。当改变配合比时，应相应地制作试块组数。

附　录

附录1　相关标准

标准号	标准名称
GB 175—2007/XG 1—2009	《通用硅酸盐水泥》国家标准第1号修改单
GB/T 1596—2005	用于水泥和混凝土中的粉煤灰
GB/T 1728—1979	漆膜、腻子膜干燥时间测定法
GB/T 1733—1993	漆膜耐水性测定法
GB/T 1748—1979	腻子膜柔韧性测定法
GB/T 1768—2006	色漆和清漆　耐磨性的测定　旋转橡胶砂轮法
GB/T 12573—2008	水泥取样方法
GB/T 3186—2006	色漆、清漆和色漆与清漆用原材料取样
GB 6566—2010	建筑材料放射性核素限量
GB 8076—2008	混凝土外加剂
GB 8624—2006	建筑材料及制品燃烧性能分级
GB/T 9265—2009	建筑涂料　涂层耐碱性的测定法
GB/T 10801.1—2002	绝热用模塑聚苯乙烯泡沫塑料
GB/T 14684—2011	建筑用砂
GB 16777—2008	建筑防水涂料试验方法
GB/T 16925—1997	混凝土及其制品耐磨性试验方法（滚珠轴承法）
GB/T 17146—1997	建筑材料水蒸气透过性能试验方法
GB/T 9776—2008	建筑石膏
GB/T 17671—1999	水泥胶砂强度检验方法（ISO法）
GB/T 20473—2006	建筑保温砂浆
GB 50003—2011	砌体结构设计规范
GB 50178—1993	建筑气候区划标准
GB 50203—2011	砌体结构工程施工质量验收规范
GB 50204—2002	混凝土结构工程施工质量验收规范（2010版）
GB 50209—2010	建筑地面工程施工质量验收规范
GB 50210—2001	建筑装饰装修工程质量验收规范
GB 50411—2007	建筑节能工程施工质量验收规范
GB/T 50448—2008	水泥基灌浆材料应用技术规范
GB/T 50129—2011	砌体基本力学性能试验方法标准
JGJ 46—2005	施工现场临时用电安全技术规范（附条文说明）
JGJ 52—2006	普通混凝土用砂、石质量及检验方法标准（附条文说明）

JGJ 63—2006	混凝土用水标准（附条文说明）
JGJ/T 70—2009	建筑砂浆基本性能试验方法标准
JGJ 110—2008	建筑工程饰面砖粘结强度检验标准
JG 149—2003	膨胀聚苯板薄抹灰外墙外保温系统
JG/T 157—2009	建筑外墙用腻子
JG 158—2004	胶粉聚苯颗粒外墙外保温系统
JG/T 164—2004	砌筑砂浆增塑剂
JG/T 229—2007	外墙外保温柔性耐水腻子
JG/T 230—2007	预拌砂浆
JG/T 298—2010	建筑室内用腻子
JC 474—2008	砂浆、混凝土防水剂
JC/T 480—1992	建筑生石灰
JC/T 481—1992	建筑消石灰粉
JC/T 517—2004	粉刷石膏
JC/T 539—1994	混凝土和砂浆用颜料及其试验方法
JC/T 547—2005	陶瓷墙地砖胶粘剂
JC/T 841—2007	耐碱玻璃纤维网布
JC 890—2001	蒸压加气混凝土用砌筑砂浆与抹面砂浆
JC/T 906—2002	混凝土地面用水泥基耐磨材料
JC/T 907—2002	混凝土界面处理剂
JC/T 984—2011	聚合物水泥防水砂浆
JC/T 985—2005	地面用水泥基自流平砂浆
JC/T 986—2005	水泥基灌浆材料
JC/T 992—2006	墙体保温用膨胀聚苯乙烯板胶粘剂
JC/T 993—2006	外墙外保温用膨胀聚苯乙烯板抹面胶浆
JC/T 1004—2006	陶瓷墙地砖填缝剂
JC/T 1023—2007	石膏基自流平砂浆
JC/T 1024—2007	墙体饰面砂浆
JC/T 1025—2007	粘结石膏

附录2 预拌砂浆 (JG/T 230—2007)

1 范围

本标准规定了预拌砂浆的定义、分类、符号、标记、原材料、要求、制备、试验方法、检验规则、订货与交货及干混砂浆的包装、标志、运输和贮存。

本标准适用于由专业生产厂生产的、用于一般工业与民用建筑物（构筑物）的砌筑、抹灰、地面工程及其他特种用途的水泥基预拌砂浆。

2 规范性引用文件

下列文件中的条款通过本标准的引用而成为本标准的条款。凡是注日期的引用文件，其随后所有的修改单（不包括勘误的内容）或修订版均不适用于本标准，然而，鼓励根据本标准达成协议的各方研究是否可使用这些文件的最新版本。凡是不注日期的引用文件，其最新版本适用于本标准。

GB 175 硅酸盐水泥、普通硅酸盐水泥

GB/T 1596 用于水泥和混凝土中的粉煤灰

GB/T 1914 化学分析滤纸

GB 6566 建筑材料放射性核素限量

GB 8076 混凝土外加剂

GB 8624 建筑材料及制品燃烧性能分级

GB/T 9142 混凝土搅拌机

GB 9774 包装袋

GB/T 18046 用于水泥和混凝土中的粒化高炉矿渣粉

GB/T 18736 高强高性能混凝土用矿物外加剂

GB 50003 砌体结构设计规范

GB/T 20473—2006 建筑保温砂浆

GBJ 129 砌体基本力学性能试验方法标准

JC 474 砂浆、混凝土防水剂

JC 476 混凝土膨胀剂

JC/T 547—2005 陶瓷墙地砖胶粘剂

JC/T 906—2002 混凝土地面用水泥基耐磨材料

JC/T 907—2002 混凝土界面处理剂

JC/T 984—2005 聚合物水泥防水砂浆

JC/T 985—2005 地面用水泥基自流平砂浆

JC/T 986—2005 水泥基灌浆材料

JG 149—2003 膨胀聚苯板薄抹灰外墙外保温系统

JG 158—2004 胶粉聚苯颗粒外墙外保温系统

JG/T 164 砌筑砂浆增塑剂

JG/T 3049 建筑室内用腻子

JGJ 52　普通混凝土用砂、石质量及检验方法标准

JGJ 63　混凝土用水标准

JGJ 70　建筑砂浆基本性能试验方法

JGJ/T 112　天然沸石粉在混凝土与砂浆中应用技术规程

3　术语和定义

下列术语和定义适用于本标准。

3.1　预拌砂浆 ready-mixed mortar

由专业生产厂生产的湿拌砂浆或干混砂浆。

3.2　湿拌砂浆 wet-mixed mortar

水泥、细集料、外加剂和水以及根据性能确定的各种组分，按一定比例，在搅拌站经计量、拌制后，采用搅拌运输车运至使用地点，放入专用容器储存，并在规定时间内使用完毕的湿拌拌合物。

3.2.1　湿拌砌筑砂浆 wet-mixed masonry mortar

用于砌筑工程的湿拌砂浆。

3.2.2　湿拌抹灰砂浆 wet-mixed plastering mortar

用于抹灰工程的湿拌砂浆。

3.2.3　湿拌地面砂浆 wet-mixed floor screeding mortar

用于建筑地面及屋面找平层的湿拌砂浆。

3.2.4　湿拌防水砂浆 wet-mixed waterproof mortar

用于抗渗防水部位的湿拌砂浆。

3.3　干混砂浆 dry-mixed mortar

经干燥筛分处理的集料与水泥以及根据性能确定的各种组分，按一定比例在专业生产厂混合而成，在使用地点按规定比例加水或配套液体拌合使用的干混拌合物。干混砂浆也称为干拌砂浆。

3.3.1　普通干混砂浆 ordinary dry-mixed mortar

用于砌筑、抹灰、地面和普通防水工程的干混砂浆。

3.3.1.1　干混砌筑砂浆 dry-mixed masonry mortar

用于砌筑工程的干混砂浆。

3.3.1.2　干混抹灰砂浆 dry-mixed plastering mortar

用于抹灰工程的干混砂浆。

3.3.1.3　干混地面砂浆 dry-mixed floor screeding mortar

用于建筑地面及屋面找平层的干混砂浆。

3.3.1.4　干混普通防水砂浆 dry-mixed ordinary waterproof mortar

用于抗渗防水部位的干混砂浆。

3.3.2　特种干混砂浆 special dry-mixed mortar

具有特种性能的干混砂浆。

3.3.2.1　干混瓷砖粘结砂浆 dry-mixed tile adhesive mortar

用于陶瓷墙地砖粘贴的干混砂浆。

3.3.2.2 干混耐磨地坪砂浆 dry-mixed floor hardener mortar

用于混凝土地面、具有一定耐磨性的干混砂浆。

3.3.2.3 干混界面处理砂浆 dry-mixed interface treating mortar

用于改善砂浆层与基面粘结性能的干混砂浆。

3.3.2.4 干混特种防水砂浆 dry-mixed special waterproof mortar

用于有特殊抗渗防水要求部位的干混砂浆。

3.3.2.5 干混自流平砂浆 dry-mixed self-leveling floor mortar

用于地面、能流动找平的干混砂浆。

3.3.2.6 干混灌浆砂浆 dry-mixed grouting mortar

用于设备基础二次灌浆、地脚螺栓锚固等的干混砂浆。

3.3.2.7 干混外保温粘结砂浆 dry-mixed adhesive mortar used in external thermal insulation systems

用于膨胀聚苯板外墙外保温系统的粘结砂浆。

3.3.2.8 干混外保温抹面砂浆 dry-mixed base coat mortar used in external thermal insulation systems

用于膨胀聚苯板外墙外保温系统的抹面砂浆。

3.3.2.9 干混聚苯颗粒保温砂浆 dry-mixed expanded polystyrene granule thermal insulating mortar

用于建筑物墙体保温隔热层、以聚苯颗粒为集料的干混砂浆。

3.3.2.10 干混无机集料保温砂浆 dry-mixed abio-aggregate thermal insulating mortar

用于建筑物墙体保温隔热层、以膨胀珍珠岩或膨胀蛭石等为集料的干混砂浆。

3.4 保水增稠材料 water-retentive and plastic material

改善砂浆可操作性及保水性能的非石灰类材料。

3.5 添加剂 additive

改善砂浆某些性能的改性材料。

3.6 填料 stuffing

增加砂浆容量的填充剂。

4 分类、符号及标记

4.1 分类和符号

预拌砂浆分为湿拌砂浆和干混砂浆。

4.1.1 湿拌砂浆分类和符号

4.1.1.1 按用途分为湿拌砌筑砂浆、湿拌抹灰砂浆、湿拌地面砂浆和湿拌防水砂浆,并采用表1的符号。

表1 湿拌砂浆符号

品种	湿拌砌筑砂浆	湿拌抹灰砂浆	湿拌地面砂浆	湿拌防水砂浆
符号	WM	WP	WS	WW

4.1.1.2 按强度等级、稠度、凝结时间和抗渗等级的分类应符合表2的规定。

表2 湿拌砂浆分类

项 目	湿拌砌筑砂浆	湿拌抹灰砂浆	湿拌地面砂浆	湿拌防水砂浆
强度等级	M5、M7.5、M10、M15、M20、M25、M30	M5、M10、M15、M20	M15、M20、M25	M10、M15、M20
稠度(mm)	50、70、90	70、90、110	50	50、70、90
凝结时间(h)	8、12、24	8、12、24	4、8	8、12、24
抗渗等级	—	—	—	P6、P8、P10

4.1.2 干混砂浆分类和符号

按用途分为普通干混砂浆和特种干混砂浆。

4.1.2.1 普通干混砂浆分类和符号

4.1.2.1.1 按用途分为干混砌筑砂浆、干混抹灰砂浆、干混地面砂浆和干混普通防水砂浆，并采用表3的符号。

表3 普通干混砂浆符号

品种	干混砌筑砂浆	干混抹灰砂浆	干混地面砂浆	干混普通防水砂浆
符号	DM	DP	DS	DW

4.1.2.1.2 按强度等级和抗渗等级的分类应符合表4的规定。

表4 普通干混砂浆分类

项 目	干混砌筑砂浆	干混抹灰砂浆	干混地面砂浆	干混普通防水砂浆
强度等级	M5、M7.5、M10、M15、M20、M25、M30	M5、M10、M15、M20	M15、M20、M25	M10、M15、M20
抗渗等级	—	—	—	P6、P8、P10

4.1.2.2 特种干混砂浆分类和符号

按用途分为干混瓷砖粘结砂浆、干混耐磨地坪砂浆、干混界面处理砂浆、干混特种防水砂浆、干混自流平砂浆、干混灌浆砂浆、干混外保温粘结砂浆、干混外保温抹面砂浆、干混聚苯颗粒保温砂浆和干混无机集料保温砂浆，并采用表5的符号。

表5 特种干混砂浆符号

品种	干混瓷砖粘结砂浆	干混耐磨地坪砂浆	干混界面处理砂浆	干混特种防水砂浆	干混自流平砂浆
符号	DTA	DFH	DIT	DWS	DSL
品种	干混灌浆砂浆	干混外保温粘结砂浆	干混外保温抹面砂浆	干混聚苯颗粒保温砂浆	干混无机集料保温砂浆
符号	DGR	DEA	DBI	DPG	DTI

4.2 标记

4.2.1 湿拌砂浆标记如下：

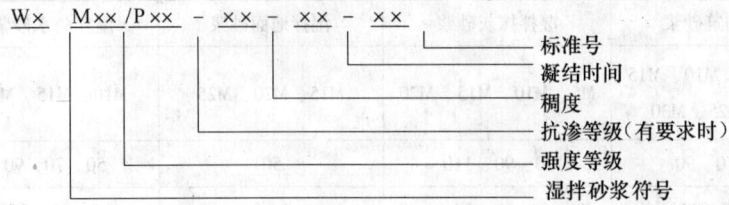

示例1：湿拌砌筑砂浆的强度等级为M10，稠度为70mm，凝结时间为12h，其标记为：
WM M10-70-12-JG/T 230-2007

示例2：湿拌防水砂浆的强度等级为M15，稠度为70mm，凝结时间为12h，抗渗要求为P8，其标记为：
WW M15/P8-70-12-JG/T 230-2007

4.2.2 干混砂浆标记

4.2.2.1 普通干混砂浆标记如下：

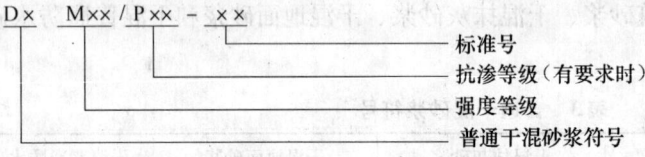

示例1：干混砌筑砂浆的强度等级为M10，其标记为：
DM M10-JG/T 230-2007

示例2：干混普通防水砂浆的强度等级为M15，抗渗要求为P8，其标记为：
DW M15/P8-JG/T 230-2007

4.2.2.2 特种干混砂浆标记如下：

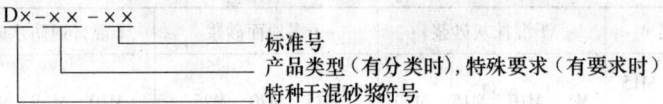

示例1：干混灌浆砂浆标记为：
DGR-JG/T 230-2007

示例2：Ⅰ型干混界面处理砂浆标记为：
DIT-Ⅰ-JG/T 230-2007

5 原材料

5.1 预拌砂浆所用原材料不应对人体、生物与环境造成有害的影响，并应符合 GB 6566 的规定

5.2 水泥

5.2.1 宜采用硅酸盐水泥、普通硅酸盐水泥，且应符合相应标准的规定。采用其他水泥时应符合相应标准的规定。

5.2.2 水泥进厂时应具有质量证明文件。对进厂水泥应按国家现行标准的规定按批进行复验，复验合格后方可使用。

5.3 集料

5.3.1 细集料应符合 JGJ 52 及其他国家现行标准的规定，且不应含有公称粒径大于 5mm 的颗粒。

5.3.2 细集料进厂时应具有质量证明文件。对进厂细集料应按 JGJ 52 等国家现行标准的规定按批进行复验，复验合格后方可使用。

5.3.3 轻集料应符合相关标准的要求或有充足的技术依据，并应在使用前进行试验验证。

5.4 矿物掺合料

5.4.1 粉煤灰、粒化高炉矿渣粉、天然沸石粉、硅灰应分别符合 GB/T 1596、GB/T 18046、JGJ/T 112、GB/T 18736 的规定。当采用其他品种矿物掺合料时，应有充足的技术依据，并应在使用前进行试验验证。

5.4.2 矿物掺合料进厂时应具有质量证明文件，并按有关规定进行复验，其掺量应符合有关规定并通过试验确定。

5.5 外加剂

5.5.1 外加剂应符合 GB 8076、JC 474、JC 476 等国家现行标准的规定。

5.5.2 外加剂进厂时应具有质量证明文件。对进厂外加剂应按批进行复验，复验项目应符合相应标准的规定，复验合格后方可使用。

5.6 保水增稠材料

采用保水增稠材料时，必须有充足的技术依据，并应在使用前进行试验验证。用于砌筑砂浆的应符合 JG/T 164 的规定。

5.7 添加剂

可再分散胶粉、颜料、纤维等应符合相关标准的要求或有充足的技术依据，并应在使用前进行试验验证。

5.8 填料

重质碳酸钙、轻质碳酸钙、石英粉、滑石粉等应符合相关标准的要求或有充足的技术依据，并应在使用前进行试验验证。

5.9 拌合用水

拌制砂浆用水应符合 JGJ 63 的规定。

6 要求

6.1 湿拌砂浆

6.1.1 湿拌砌筑砂浆的砌体力学性能应符合 GB 50003 的规定，湿拌砌筑砂浆拌合物的密度不应小于 1800kg/m³。

6.1.2 湿拌砂浆性能应符合表 6 的要求。

表6 湿拌砂浆性能指标

项 目	湿拌砌筑砂浆	湿拌抹灰砂浆		湿拌地面砂浆	湿拌防水砂浆
强度等级	M5、M7.5、M10、M15、M20、M25、M30	M5	M10、M15、M20	M15、M20、M25	M10、M15、M20
稠度（mm）	50、70、90	70、90、110		50	50、70、90
凝结时间（h）	≥8、≥12、≥24	≥8、≥12、≥24		≥4、≥8	≥8、≥12、≥24
保水性（%）	≥88	≥88		≥88	≥88
14d 拉伸粘结强度（MPa）	—	≥0.15	≥0.20	—	≥0.20
抗渗等级	—	—		—	P6、P8、P10

6.1.3 湿拌砂浆稠度实测值与合同规定的稠度值之差应符合表7的规定。

表7 湿拌砂浆稠度允许偏差

规定稠度（mm）	允许偏差（mm）
50、70、90	±10
110	−10～+5

6.2 干混砂浆

6.2.1 普通干混砂浆

6.2.1.1 干混砌筑砂浆的砌体力学性能应符合GB 50003的规定，干混砌筑砂浆拌合物的密度不应小于1800kg/m³。

6.2.1.2 普通干混砂浆性能应符合表8的要求。

表8 普通干混砂浆性能指标

项 目	干混砌筑砂浆	干混抹灰砂浆	干混地面砂浆	干混普通防水砂浆
强度等级	M5、M7.5、M10、M15、M20、M25、M30	M5	M10、M15、M20	M15、M20、M25	M10、M15、M20
凝结时间（h）	3～8	3～8	3～8	3～8
保水性（%）	≥88	≥88	≥88	≥88
14d拉伸粘结强度（MPa）	—	≥0.15	≥0.20	≥0.20
抗渗等级	—	—	—	P6、P8、P10

6.2.2 特种干混砂浆

6.2.2.1 外观

粉状产品应均匀、无结块。

双组分产品液料组分经搅拌后应呈均匀状态、无沉淀；粉料组分应均匀、无结块。

6.2.2.2 干混瓷砖粘结砂浆的性能应符合表9的要求。

表9 干混瓷砖粘结砂浆性能指标

项 目			性能指标
基本性能	普通型	拉伸粘结强度（MPa）	未处理	≥0.5
			浸水处理	
			热处理	
			冻融循环处理	
			晾置20min	
	快硬型	拉伸粘结强度（MPa）	24h	≥0.5
			晾置10min	
			其他要求同普通型	

续表

项目			性能指标
可选性能	滑移（mm）		≤0.5
	拉伸粘结强度（MPa）	未处理	≥1.0
		浸水处理	
		热处理	
		冻融循环处理	
		晾置30min	≥0.5

6.2.2.3 干混耐磨地坪砂浆的性能应符合表10的要求。

表10 干混耐磨地坪砂浆性能指标

项目	性能指标	
	Ⅰ型	Ⅱ型
集料含量偏差	生产商控制指标的±5%	
28d抗压强度（MPa）	≥80.0	≥90.0
28d抗折强度（MPa）	≥10.5	≥13.5
耐磨度比（%）	≥300	≥350
表面强度（压痕直径）（mm）	≤3.30	≤3.10
颜色（与标准样比）	近似～微	

注：1. "近似"表示用肉眼基本看不出色差，"微"表示用肉眼看似乎有点色差。
2. Ⅰ型为非金属氧化物集料干混耐磨地坪砂浆；Ⅱ型为金属氧化物集料或金属集料干混耐磨地坪砂浆。

6.2.2.4 干混界面处理砂浆的性能应符合表11的要求。

表11 干混界面处理砂浆性能指标

项目			性能指标	
			Ⅰ型	Ⅱ型
剪切粘结强度（MPa）	7d		≥1.0	≥0.7
	14d		≥1.5	≥1.0
拉伸粘结强度（MPa）	未处理	7d	≥0.4	≥0.3
		14d	≥0.6	≥0.5
	浸水处理		≥0.5	≥0.3
	热处理			
	冻融循环处理			
	碱处理			
晾置时间（min）			—	≥10

注：Ⅰ型适用于水泥混凝土的界面处理；Ⅱ型适用于加气混凝土的界面处理。

6.2.2.5 干混特种防水砂浆的性能应符合表12的要求。

表12 干混特种防水砂浆性能指标

项 目		性能指标	
		Ⅰ型（干粉类）	Ⅱ型（乳液类）
凝结时间	初凝（min）	≥45	≥45
	终凝（h）	≤12	≤24
抗渗压力（MPa）	7d	≥1.0	
	28d	≥1.5	
28d抗压强度（MPa）		≥24.0	
28d抗折强度（MPa）		≥8.0	
压折比		≤3.0	
拉伸粘结强度（MPa）	7d	≥1.0	
	28d	≥1.2	
耐碱性：饱和 $Ca(OH)_2$ 溶液，168h		无开裂、剥落	
耐热性：100℃水，5h		无开裂、剥落	
抗冻性：-15~+20℃，25次		无开裂、剥落	
28d收缩率（%）		≤0.15	

6.2.2.6 干混自流平砂浆的性能应符合表13的要求。

表13 干混自流平砂浆性能指标

项 目		性能指标				
流动度（mm）	初始流动度	≥130				
	20min流动度	≥130				
拉伸粘结强度（MPa）		≥1.0				
耐磨性（g）		≤0.50				
尺寸变化率（%）		-0.15~+0.15				
抗冲击性		无开裂或脱离底板				
24h抗压强度（MPa）		≥6.0				
24h抗折强度（MPa）		≥2.0				
抗压强度等级						
强度等级	C16	C20	C25	C30	C35	C40
28d抗压强度（MPa）	≥16	≥20	≥25	≥30	≥35	≥40
抗折强度等级						
强度等级	F4		F6		F7	F10
28d抗折强度（MPa）	≥4		≥6		≥7	≥10

6.2.2.7 干混灌浆砂浆的性能应符合表14的要求。

表14 干混灌浆砂浆性能指标

项 目		性能指标
粒径	4.75mm方孔筛筛余（%）	≤2.0
凝结时间	初凝（min）	≥120
泌水率（%）		≤1.0
流动度（mm）	初始流动度	≥260
	30min流动度保留值	≥230
抗压强度（MPa）	1d	≥22.0
	3d	≥40.0
	28d	≥70.0
竖向膨胀率（%）	1d	≥0.020
钢筋握裹强度（圆钢）（MPa）	28d	≥4.0
对钢筋锈蚀作用		应说明对钢筋有无锈蚀作用

6.2.2.8 干混外保温粘结砂浆的性能应符合表15的要求。

表15 干混外保温粘结砂浆性能指标

项 目		性能指标
拉伸粘结强度（MPa）（与水泥砂浆）	未处理	≥0.60
	浸水处理	≥0.40
拉伸粘结强度（MPa）（与膨胀聚苯板）	未处理	≥0.10，破坏界面在膨胀聚苯板上
	浸水处理	≥0.10，破坏界面在膨胀聚苯板上
可操作时间（h）		1.5~4.0

6.2.2.9 干混外保温抹面砂浆的性能应符合表16的要求。

表16 干混外保温抹面砂浆性能指标

项 目		性能指标
拉伸粘结强度（MPa）（与膨胀聚苯板）	未处理	≥0.10，破坏界面在膨胀聚苯板上
	浸水处理	≥0.10，破坏界面在膨胀聚苯板上
	冻融循环处理	≥0.10，破坏界面在膨胀聚苯板上
抗压强度/抗折强度		≤3.0
可操作时间（h）		1.5~4.0

6.2.2.10 干混聚苯颗粒保温砂浆的性能应符合表17的要求。

表17 干混聚苯颗粒保温砂浆性能指标

项 目	性能指标
湿表观密度（kg/m³）	≤420
干表观密度（kg/m³）	180~250
导热系数［W/(m·K)］	≤0.060

续表

项目	性能指标
蓄热系数 [W/(m²·K)]	≥0.95
抗压强度（kPa）	≥200
压剪粘结强度（kPa）	≥50
线性收缩率（%）	≤0.3
软化系数	≥0.5
难燃性	B_1 级

6.2.2.11 干混无机集料保温砂浆的性能应符合表18的要求。

表18 干混无机集料保温砂浆性能指标

项目	性能指标	
	Ⅰ型	Ⅱ型
分层度（mm）	≤20	≤20
堆积密度（kg/m³）	≤250	≤350
干密度（kg/m³）	240~300	301~400
抗压强度（MPa）	≥0.20	≥0.40
导热系数（平均温度25℃）[W/(m·K)]	≤0.070	≤0.085
线收缩率（%）	≤0.30	
压剪粘结强度（kPa）	≥50	
燃烧性能级别	应符合 GB 8624 规定的 A 级要求	

注：Ⅰ型和Ⅱ型根据干密度划分。

7 制备

7.1 湿拌砂浆

7.1.1 材料贮存

7.1.1.1 各种材料必须分仓贮存，并应有明显的标识。

7.1.1.2 水泥应按生产厂家、水泥品种及强度等级分别贮存，同时应具有防潮、防污染措施。

7.1.1.3 细集料的贮存应保证其均匀性，不同品种、规格的细集料应分别贮存。细集料的贮存地面应为能排水的硬质地面。

7.1.1.4 保水增稠材料、外加剂应按生产厂家、品种分别贮存，并应具有防止质量发生变化的措施。

7.1.1.5 矿物掺合料应按品种、级别分别贮存，严禁与水泥等其他粉状料混杂。

7.1.2 搅拌楼

7.1.2.1 搅拌机应采用符合 GB/T 9142 规定的固定式搅拌机。

7.1.2.2 计量设备应按有关规定由法定计量部门进行检定，使用期间应定期进行校准。

7.1.2.3 计量设备应能连续计量不同配合比砂浆的各种材料，并应具有实际计量结果逐盘记录和贮存功能。

7.1.3 运输车

7.1.3.1 应采用搅拌运输车运送。

7.1.3.2 运输车在运送时应能保证砂浆拌合物的均匀性，不应产生分层离析现象。

7.1.4 计量

7.1.4.1 各种固体原材料的计量均应按质量计，水和液体外加剂的计量可按体积计。

7.1.4.2 原材料的计量允许偏差不应大于表19规定的范围。

表19 湿拌砂浆原材料计量允许偏差

序号	原材料品种	水泥	细集料	水	保水增稠材料	外加剂	掺合料
1	每盘计量允许偏差（％）	±2	±3	±2	±4	±3	±4
2	累计计量允许偏差（％）	±1	±2	±1	±2	±2	±2

注：累计计量允许偏差是指每一运输车中各盘砂浆的每种材料计量和的偏差。

7.1.5 生产

7.1.5.1 湿拌砂浆应采用符合本标准7.1.2.1条规定的搅拌机进行搅拌。

7.1.5.2 湿拌砂浆最短搅拌时间（从全部材料投完算起）不应小于90s。

7.1.5.3 生产中应测定细集料的含水率，每一工作班不宜少于1次。

7.1.5.4 湿拌砂浆在生产过程中应避免对周围环境的污染，搅拌站机房应为封闭式建筑，所有粉料的输送及计量工序均应在密封状态下进行，并应有收尘装置。砂料场应有防扬尘措施。

7.1.5.5 搅拌站应严格控制生产用水的排放。

7.1.6 运送

7.1.6.1 湿拌砂浆应采用本标准7.1.3.1条规定的运输车运送。

7.1.6.2 运输车在装料前，装料口应保持清洁，筒体内不应有积水、积浆及杂物。

7.1.6.3 在装料及运送过程中，应保持运输车筒体按一定速度旋转。

7.1.6.4 严禁向运输车内的砂浆加水。

7.1.6.5 运输车在运送过程中应避免遗洒。

7.1.7 湿拌砂浆供货量以 m^3 为计算单位。

7.2 干混砂浆

7.2.1 材料贮存

7.2.1.1 各种原材料贮存应符合本标准7.1.1条的规定。

7.2.1.2 集料应进行干燥处理，砂含水率应小于0.5％，轻集料含水率应小于1.0％，其他材料含水率应小于1.0％。

7.2.1.3 添加剂、填料应按生产厂家、品种分别贮存，并应具有防止质量发生变化的措施。

7.2.2 混合系统

7.2.2.1 混合机宜采用自动控制的干粉混合机。

7.2.2.2 计量设备应按有关规定由法定计量部门进行检定，使用期间应定期进行校准。

7.2.2.3 计量设备应满足计量精度要求。

7.2.3 计量

7.2.3.1 各种原材料的计量均应按质量计。

7.2.3.2 原材料的计量允许偏差不应大于表20规定的范围。

表20 干混砂浆原材料计量允许偏差

原材料品种	水泥	集料	保水增稠材料	外加剂	掺合料	其他材料
计量允许偏差（%）	±2	±2	±2	±2	±2	±2

7.2.4 生产

7.2.4.1 干混砂浆宜采用符合本标准7.2.2.1条规定的混合机进行混合。

7.2.4.2 生产中应测定干砂及轻集料的含水率，每一工作班不宜少于1次。

7.2.4.3 砂浆品种更换时，混合及输送设备应清理干净。

7.2.4.4 干混砂浆在生产过程中应避免对周围环境的污染，所有材料的输送及计量工序均应在密封状态下进行，并应有收尘装置。砂料场应有防扬尘措施。

8 试验方法

湿拌砂浆按实际稠度试验。普通干混砂浆试验时的稠度为：砌筑砂浆70～80mm，抹灰砂浆90～100mm，地面砂浆45～55mm，普通防水砂浆70～80mm。

8.1 密度

湿拌砌筑砂浆、干混砌筑砂浆的密度试验应按JGJ 70的有关规定进行。

8.2 稠度

湿拌砂浆的稠度试验应按JGJ 70的有关规定进行。

8.3 凝结时间

8.3.1 普通干混砂浆的凝结时间试验应按JGJ 70的有关规定进行。

8.3.2 湿拌砂浆凝结时间的试验除应按JGJ 70的有关规定进行外，尚应符合下列规定：

8.3.2.1 装有砂浆的试模应置于密闭容器中；

8.3.2.2 贯入值的测定时间应取该砂浆凝结时间的1/4、1/2、3/4和凝结时间对应的时间。

8.4 抗压强度

湿拌砂浆和普通干混砂浆的抗压强度试验应按JGJ 70的有关规定进行。

8.5 保水性

湿拌砂浆和普通干混砂浆的保水性试验应按附录A的规定进行。

8.6 拉伸粘结强度

湿拌砂浆和普通干混砂浆的拉伸粘结强度试验应按附录B的规定进行。

8.7 抗渗性

湿拌防水砂浆、干混普通防水砂浆的抗渗性试验应按JC 474的规定进行。

8.8 砌体力学性能

湿拌砌筑砂浆、干混砌筑砂浆的砌体抗压强度、抗剪强度试验应按GBJ 129的规定进行。

8.9 干混瓷砖粘结砂浆性能

干混瓷砖粘结砂浆的性能试验应按 JC/T 547—2005 的规定进行。

8.10 干混耐磨地坪砂浆性能

干混耐磨地坪砂浆的性能试验应按 JC/T 906—2002 的规定进行。

8.11 干混界面处理砂浆性能

干混界面处理砂浆的性能试验应按 JC/T 907—2002 的规定进行。

8.12 干混特种防水砂浆性能

干混特种防水砂浆的性能试验应按 JC/T 984—2005 的规定进行。

8.13 干混自流平砂浆性能

干混自流平砂浆的性能试验应按 JC/T 985—2005 的规定进行。

8.14 干混灌浆砂浆性能

干混灌浆砂浆的性能试验应按 JC/T 986—2005 的规定进行。

8.15 干混外保温粘结砂浆性能

干混外保温粘结砂浆的性能试验应按 JG 149—2003 的规定进行。

8.16 干混外保温抹面砂浆性能

干混外保温抹面砂浆的性能试验应按 JG 149—2003 的规定进行。

8.17 干混聚苯颗粒保温砂浆性能

干混聚苯颗粒保温砂浆的性能试验应按 JG 158—2005 的规定进行。

8.18 干混无机集料保温砂浆性能

干混无机集料保温砂浆的性能试验应按 GB/T 20473—2006 的规定进行。

9 检验规则

9.1 一般规定

9.1.1 预拌砂浆质量的检验分出厂检验、型式检验和交货检验。

9.1.2 预拌砂浆出厂前应按要求对砂浆质量进行检验。出厂检验的取样试验工作应由供方承担。

9.1.3 型式检验项目为第6章规定的全部项目。

在下列情况下进行型式检验：

a) 新产品投产或产品定型鉴定时；
b) 正常生产时，每1a至少进行一次；
c) 主要原材料、配合比或生产工艺有较大改变时；
d) 出厂检验结果与上次型式检验结果有较大差异时；
e) 停产六个月以上恢复生产时；
f) 国家质量监督检验机构提出型式检验要求时。

9.1.4 交货检验应按下列规定进行：

a）供需双方应在合同规定的交货地点对湿拌砂浆质量进行检验。湿拌砂浆交货检验的取样试验工作应由需方承担，当需方不具备试验条件时，供需双方可协商确定承担单位，其中包括委托供需双方认可的有检验资质的检验单位，并应在合同中予以明确。

b）干混砂浆交货时的质量验收可抽取实物试样，以其检验结果为依据，或以同批号干混砂浆的检验报告为依据。采取的验收方法由供需双方商定并在合同中注明。

9.1.5 当判定预拌砂浆质量是否符合要求时，交货检验项目以交货检验结果为依据；其他检验项目按合同规定执行。

9.1.6 交货检验的结果应在试验结束后15d内通知供方。

9.2 检验项目

9.2.1 湿拌砂浆

湿拌砂浆的出厂及交货检验项目应符合表22的规定。

表22 湿拌砂浆的出厂及交货检验项目

品　种	出厂检验项目	交货检验项目
湿拌砌筑砂浆	强度、稠度、密度、凝结时间、保水性	强度、稠度、保水性
湿拌抹灰砂浆	强度、稠度、凝结时间、保水性、拉伸粘结强度	强度、稠度、保水性、拉伸粘结强度
湿拌地面砂浆	强度、稠度、凝结时间、保水性	强度、稠度、保水性
湿拌防水砂浆	强度、稠度、凝结时间、保水性、拉伸粘结强度、抗渗等级	强度、稠度、保水性、拉伸粘结强度、抗渗等级

9.2.2 干混砂浆

9.2.2.1 普通干混砂浆

普通干混砂浆的出厂及交货检验项目应符合表23的规定。

表23 普通干混砂浆的出厂及交货检验项目

品　种	出厂检验项目	交货检验项目
干混砌筑砂浆	强度、密度、凝结时间、保水性	强度、保水性
干混抹灰砂浆	强度、凝结时间、保水性、拉伸粘结强度	强度、保水性、拉伸粘结强度
干混地面砂浆	强度、凝结时间	强度
干混普通防水砂浆	强度、凝结时间、保水性、拉伸粘结强度、抗渗等级	强度、保水性、拉伸粘结强度、抗渗等级

9.2.2.2 特种干混砂浆

特种干混砂浆的出厂及交货检验项目应符合表24的规定。

表24 特种干混砂浆的出厂及交货检验项目

品　种	出厂检验项目	交货检验项目
干混瓷砖粘结砂浆	晾置时间、拉伸粘结原强度	晾置时间、拉伸粘结原强度
干混耐磨地坪砂浆	外观、集料含量偏差、耐磨度比	外观、集料含量偏差、耐磨度比
干混界面处理砂浆	外观、7d剪切粘结强度、7d拉伸粘结原强度	外观、7d剪切粘结强度、7d拉伸粘结原强度

续表

品　种	出厂检验项目	交货检验项目
干混特种防水砂浆	外观、凝结时间、抗渗压力（7d）、粘结强度（7d）	外观、凝结时间、抗渗压力（7d）、粘结强度（7d）
干混自流平砂浆	外观、流动度、抗压强度（24h、28d）、抗折强度（24h、28d）	外观、抗压强度（24h、28d）、抗折强度（24h、28d）
干混灌浆砂浆	粒径、流动度、抗压强度（1d、3d、28d）、竖向膨胀率	粒径、流动度、抗压强度（1d、3d、28d）、竖向膨胀率
干混外保温粘结砂浆	拉伸粘结原强度、可操作时间	拉伸粘结原强度、可操作时间
干混外保温抹面砂浆	拉伸粘结原强度、可操作时间	拉伸粘结原强度、可操作时间
干混聚苯颗粒保温砂浆	湿表观密度	湿表观密度
干混无机集料保温砂浆	外观、堆积密度、分层度	外观、堆积密度、分层度

9.3 取样与组批

9.3.1 湿拌砂浆

9.3.1.1 用于出厂检验的湿拌砂浆试样应在搅拌地点采取，用于交货检验的湿拌砂浆试样应在交货地点采取。

9.3.1.2 交货检验的湿拌砂浆试样应随机从同一运输车中抽取，砂浆试样应在卸料过程中卸料量的1/4～3/4之间采取。

9.3.1.3 交货检验湿拌砂浆试样的采取及稠度、保水性试验应在砂浆运到交货地点时开始算起20min内完成，试件的制作应在30min内完成。

9.3.1.4 每个试验取样量应大于砂浆检验项目所需用量的2倍，且不宜少于0.01m³。

9.3.1.5 湿拌砂浆强度检验的试样，其取样频率和组批应按下列规定进行：

a) 用于出厂检验的试样，每50m³相同配合比的湿拌砂浆，取样不应少于一次；每一工作班相同配合比的湿拌砂浆不足50m³时，取样不应少于一次。

b) 用于交货检验的试样，湿拌砌筑砂浆应按GB 50203规定执行；湿拌地面砂浆应按GB 50209规定执行；湿拌抹灰砂浆和湿拌防水砂浆每一工作班取样不应少于一次。

9.3.1.6 湿拌砂浆的稠度、密度、保水性、凝结时间和拉伸粘结强度检验试样的取样频率应与湿拌砂浆强度检验的取样频率一致。

9.3.1.7 湿拌防水砂浆抗渗性能检验的试样，用于出厂及交货检验的取样频率均应为每100m³相同配合比的砂浆，取样不应少于一次；每一工作班相同配合比的砂浆不足100m³时，取样不应少于一次。

9.3.1.8 特殊要求项目检验的取样频率应按合同规定进行。

9.3.2 干混砂浆

9.3.2.1 根据生产厂产量和生产设备条件，按同品种、同规格型号分批：

a) 普通干混砂浆

年产量$10×10^4$t以上，不超过800t为一批；

年产量$4×10^4$～$10×10^4$t，不超过600t为一批；

年产量$4×10^4$t以下，不超过400t或4d产量为一批。

b) 特种干混砂浆

　　特种干混砂浆以不超过 400t 或 4d 产量为一批。

　　每批为一取样单位,取样应随机进行。

9.3.2.2 出厂检验试样应在出料口连续采取,或从 20 个以上不同部位取等量样品。普通干混砂浆试样总量不少于 40kg,特种干混砂浆试样总量不少于 30kg。

9.3.2.3 交货时干混砂浆的质量验收可抽取实物试样以其检验结果为依据,也可以生产厂同批砂浆的检验报告为依据,采取何种方法验收由供需双方商定,并在合同中注明。

9.3.2.3.1 交货检验以抽取实物试样的检验结果为验收依据时,供需双方应在发货前或交货地点共同取样和签封。每批的取样应随机进行,普通干混砂浆试样不少于 80kg,特种干混砂浆试样不少于 60kg。将试样缩分为两等份,一份由供方封存 40d,另一份由需方按本标准规定进行检验。

　　在 40d 内,需方经检验认为产品质量有问题而供方又有异议时,双方应将供方保存的另一份试样送省级或省级以上国家认可的质量监督检验机构进行仲裁检验。

9.3.2.3.2 交货检验以生产厂同批砂浆的检验报告为验收依据时,在发货前或交货时需方在同批砂浆中抽取试样,普通干混砂浆试样不少于 40kg,特种干混砂浆试样不少于 30kg,双方共同签封后保存,普通干混砂浆保存 3 个月,特种干混砂浆保存 6 个月(干混灌浆砂浆保存 3 个月)。

　　在 3 个月内,需方对普通干混砂浆和干混灌浆砂浆质量有疑问时,则供需双方应将签封的试样送省级或省级以上国家认可的质量监督检验机构进行仲裁检验。在 6 个月内,需方对特种干混砂浆质量有疑问时,则供需双方应将签封的试样送省级或省级以上国家认可的质量监督检验机构进行仲裁检验。

9.3.2.4 特殊要求项目检验的取样频率应按合同规定进行。

9.4 判定规则

9.4.1 湿拌砂浆

9.4.1.1 全部检验项目符合第 6 章要求时,则判该批产品合格。若有一项不符合要求,则判该批产品不合格。

9.4.1.2 其他特殊要求项目的检验结果符合合同要求为单项合格。

9.4.2 干混砂浆

9.4.2.1 全部检验项目符合第 6 章要求时,则判该批产品合格。若有一项不符合要求,则判该批产品不合格。

9.4.2.2 其他特殊要求项目的检验结果符合合同要求为单项合格。

10 订货与交货

10.1 订货

10.1.1 购买预拌砂浆时,供需双方应先签定订货合同。

10.1.2 订货合同签订后,供方应按订货单组织生产和供应。订货单应包括以下内容:

　　a) 订货单位及联系人;

　　b) 施工单位及联系人;

c）工程名称；
d）施工部位；
e）交货地点；
f）砂浆标记；
g）要求；
h）供货时间；
i）供货量；
j）其他。

10.2 交货

10.2.1 供需双方应在合同规定的地点交货。

10.2.2 交货时，供方应随每一运输车向需方提供所运送预拌砂浆的发货单。发货单应包括以下内容：

a）合同编号；
b）发货单编号；
c）工程名称；
d）施工部位；
e）需方；
f）供方；
g）砂浆标记；
h）要求；
i）适用范围；
j）供货日期；
k）运输车号；
l）供货量；
m）发车时间、到达时间；
n）供需双方确认手续；
o）其他。

需方应指定专人及时对所供预拌砂浆的质量、数量进行确认。

10.2.3 供方提供发货单时应附上产品质量证明文件。

11 干混砂浆的包装、标志、运输和贮存

11.1 包装

11.1.1 干混砂浆可袋装或散装。袋装干混砂浆每袋净含量不应少于其标志质量的98%，随机抽取20袋总质量不应少于标志质量的总和。

11.1.2 干混砂浆包装袋应符合 GB 9774 的规定。

11.2 标志

11.2.1 袋装普通干混砂浆包装上应有标志标明产品名称、标记、商标、强度等级、加水量范围、净含量、生产日期或批号、生产单位、地址和电话；袋装特种干混砂浆包装上应有标志标明产品名称、标记、商标、加水量范围、净含量、生产日期或批号、生产单位、地址和电话。若采用小包装应附有产品使用说明书。

11.3 运输和贮存

11.3.1 干混砂浆在运输及贮存过程中不应受潮和混入杂物。不同品种和规格型号的干混砂浆应分别贮运,不应混杂。

11.3.2 散装干混砂浆宜采用专用罐装车运送,并提交与袋装标志相同内容的卡片。贮存罐应密封、防水、防潮,并具有除尘装置。更换砂浆品种时,贮存罐应清空并清理干净。

11.3.3 袋装普通干混砂浆的储存期为 3 个月,袋装特种干混砂浆的储存期为 6 个月(干混灌浆砂浆为 3 个月)。散装干混砂浆应在专用封闭式筒仓内储存,储存期为 3 个月。不同品种和规格型号的产品应分别贮存,不应混杂。

附录 A
(规范性附录)
砂浆保水性试验方法

A.1 试验条件

标准试验条件为空气温度 23℃±2℃,相对湿度 45%~70%。

A.2 试验仪器

A.2.1 可密封的取样容器,应清洁、干燥。

A.2.2 金属或硬塑料圆环试模,内径 100mm,内部深度 25mm。

A.2.3 2kg 的重物。

A.2.4 医用棉纱,尺寸为 110mm×110mm,宜选用纱线稀疏、厚度较薄的棉纱。

A.2.5 超白滤纸,符合 GB/T 1914 中速定性滤纸,直径 110mm,200g/m^2。

A.2.6 2 片金属或玻璃的方形或圆形不透水片,边长或直径大于 110mm。

A.2.7 电子天平:量程 2000g,分度值 0.1g。

A.3 试验步骤

A.3.1 将试模放在下不透水片上,接触面用黄油密封,保证水分不渗漏,称其质量 m_1。

A.3.2 称量 8 片超白滤纸质量 m_2。

A.3.3 对于湿拌砂浆,直接用取样容器在现场取样。将取来的样品一次装入试模,装至略高于试模边缘,用捣棒顺时针插捣 25 次,然后用抹刀将砂浆表面刮平,将试模边的砂浆擦净,称量试模、下不透水片和砂浆的质量 m_3。

对于干混砂浆,先将水加入砂浆搅拌机中,再加入待检干混砂浆样品,启动机器,搅拌 3min,砂浆稠度应符合第 8 章的要求。将搅拌均匀的砂浆一次装入试模,装至略高于试模边缘,用捣棒顺时针插捣 25 次,然后用抹刀将砂浆表面刮平,将试模边的砂浆擦净,称量试模、下不透水片和砂浆的质量 m_3。

A.3.4 用 2 片医用棉纱覆盖在砂浆表面,再在棉纱表面放上 8 片滤纸。将上不透水片盖在滤纸表面,然后用 2kg 的重物压着上不透水片。

A.3.5 静置 2min 后移走重物及上不透水片,取出滤纸(不包括棉纱),迅速称量滤纸质

量 m_4。

A.3.6 根据砂浆配合比及加水量计算砂浆的含水率;若无法计算,可按 A.5 测定砂浆的含水率。

A.4 试验结果

A.4.1 砂浆保水性按下式计算:

$$W = \left[1 - \frac{m_4 - m_2}{\alpha \times (m_3 - m_1)}\right] \times 100\% \quad (A.1)$$

式中 W——砂浆保水性,%;
m_1——试模与下不透水片的质量,g;
m_2——8 片滤纸吸水前质量,g;
m_3——试模、下不透水片与砂浆总质量,g;
m_4——8 片滤纸吸水后质量,g;
α——砂浆含水率。

A.4.2 取两次试验结果的平均值作为试验结果。若两个测定值中有一个超出平均值的 5%,则此组试验结果无效。

A.5 砂浆含水率测试方法

A.5.1 称取 100g 砂浆拌合物试样,置于一干燥并已称重的盘中,在 105℃±5℃ 的烘箱中烘干至恒重。按下式计算砂浆的含水率,精确至 0.1%。

$$\alpha = \frac{m_6 - m_5}{m_6} \times 100\% \quad (A.2)$$

式中 α——砂浆含水率,%;
m_5——烘干后砂浆样本质量,g;
m_6——砂浆样本总质量,g。

附录 B
(规范性附录)
砂浆拉伸粘结强度试验方法

B.1 试验条件

B.1.1 标准试验条件为空气温度 23℃±2℃,相对湿度 45%~70%。

B.2 试验仪器

B.2.1 拉力试验机:破坏荷载应在其量程的 20%~80% 范围内,精度 1%,最小示值 1N。

B.2.2 拉伸专用夹具:符合 JG/T 3049 的要求。

B.2.3 成型框:外框尺寸 70mm×70mm,内框尺寸 40mm×40mm,厚度 6mm,材料为硬聚氯乙烯或金属。

B.2.4 钢制垫板:外框尺寸 70mm×70mm,内框尺寸 43mm×43mm,厚度 3mm。

B.3 试件制备

B.3.1 基底水泥砂浆试块的制备

B.3.1.1 原材料:水泥:符合 GB 175 的 42.5 级水泥;砂:符合 JGJ 52 的中砂;水:符合

JGJ 63 的饮用水。

B.3.1.2 配合比：水泥：砂：水 = 1∶3∶0.5（质量比）。

B.3.1.3 成型：按上述配合比制成的砂浆倒入 70mm×70mm×20mm 的硬聚氯乙烯或金属模具中，振动成型。试模宜采用水性脱模剂。

B.3.1.4 成型 24h 后脱模，放入水中养护 6d，再在试验条件下放置 21d 以上。试验前用 200# 砂纸将水泥砂浆试块的成型面磨平。

B.3.2 干混砂浆料浆的制备

B.3.2.1 待检干混砂浆样品应在试验条件下放置 24h 以上。

B.3.2.2 将水加入砂浆搅拌机中，再加入待检样品，启动机器，搅拌 3min。砂浆稠度应符合第 8 章的规定。

B.3.3 拉伸粘结强度试件的制备

B.3.3.1 将成型框放在按 B.3.1 条制备好的水泥砂浆试块的成型面上，将按 B.3.2 条制备好的干混砂浆料浆或直接从现场取来的湿拌砂浆试样倒入成型框中，用捣棒均匀插捣 15 次，人工颠实 5 次，再转 90°，人工颠实 5 次，然后用刮刀以 45°方向抹平砂浆表面，轻轻脱模，在温度 23℃±2℃、相对湿度 60%～80% 的环境中养护至规定龄期。

每一砂浆试样至少制备 10 个试件。

B.4 拉伸粘结强度试验

B.4.1 第 13d 时，在试件表面以及上夹具表面涂上高强度环氧树脂粘合剂，然后将上夹具对正位置放在粘合剂上，并确保上夹具不歪斜，除去周围溢出的粘合剂，继续养护 24h，其示意图如图 B.1 所示。

B.4.2 将钢制垫板套入基底水泥砂浆试块上，将拉伸夹具安装到试验机上，夹具与试验机的连接宜采用球铰活动连接，以（5±1）mm/min 速度加荷至试件破坏，记录试件破坏时的荷载值。若破坏型式为拉伸夹具与粘合剂破坏，则试验结果无效。

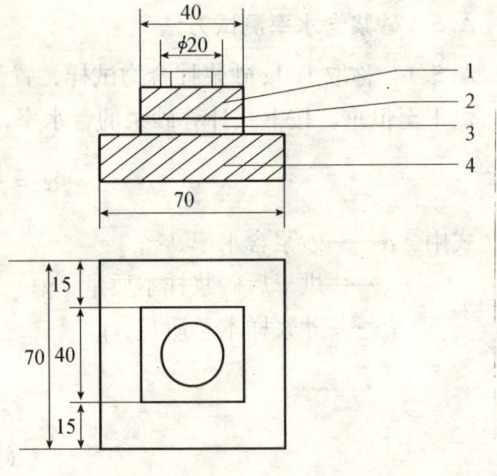

图 B.1 砂浆拉伸粘结强度示意图
1—拉伸用钢制上夹具；2—粘合剂；
3—检验砂浆；4—水泥砂浆试块

B.5 试验结果

B.5.1 砂浆拉伸粘结强度按下式计算：

$$f_{at} = \frac{F}{A} \tag{B.1}$$

式中 f_{at}——砂浆拉伸粘结强度，MPa；
F——试件破坏时的荷载，N；
A——粘结面积，mm²。

单个试件的拉伸粘结强度值精确至 0.001MPa。计算 10 个试件的平均值，如单个试件的强度值与平均值之差超过 20%，则逐次剔除偏差最大的试验值，直至各试验值与平均值之差不超过 20%。如剩余数据不少于 6 个，则结果以剩余数据的平均值表示，精确至 0.01MPa；如剩余数据少于 6 个，则本次试验结果无效，应重新制备试件进行试验。

附录3 通用硅酸盐水泥 （GB 175—2007）

1 范围

本标准规定了通用硅酸盐水泥的术语和定义、分类、组成与材料、强度等级、技术要求、试验方法、检验规则和包装、标志、运输与贮存等。

本标准适用于通用硅酸盐水泥。

2 规范性引用文件

下列文件中的条款通过本标准的引用而成为本标准的条款。凡是注日期的引用文件，其随后所有的修改单（不包括勘误的内容）或修订版均不适用于本标准，然而，鼓励根据本标准达成协议的各方研究是否可使用这些文件的最新版本。凡是不注日期的引用文件，其最新版本适用于本标准。

GB/T 176   水泥化学分析方法（GB/T 176—1996，eqv ISO 680：1990）

GB/T 203   用于水泥中的粒化高炉矿渣

GB/T 750   水泥压蒸安定性试验方法

GB/T 1345   水泥细度检验方法 筛析法

GB/T 1346   水泥标准稠度用水量、凝结时间、安定性检验方法（GB/T 1346—2001，eqv ISO 9597：1989）

GB/T 1596   用于水泥和混凝土中的粉煤灰

GB/T 2419   水泥胶砂流动度测定方法

GB/T 2847   用于水泥中的火山灰质混合材料

GB/T 5483   石膏和硬石膏

GB/T 8074   水泥比表面积测定方法 勃氏法

GB 9774   水泥包装袋

GB 12573   水泥取样方法

GB/T 12960   水泥组分的定量测定

GB/T 17671   水泥胶砂强度检验方法（ISO 法）（GB/T 17671—1999，idt ISO 679：1989）

GB/T 18046   用于水泥和混凝土中的粒化高炉矿渣粉

JC/T 420   水泥原料中氯离子的化学分析方法

JC/T 667   水泥助磨剂

JC/T 742   掺入水泥中的回转窑窑灰

3 术语和定义

下列术语和定义适用于本标准。

通用硅酸盐水泥 common portland cement

以硅酸盐水泥熟料和适量的石膏，及规定的混合材料制成的水硬性胶凝材料。

4 分类

本标准规定的通用硅酸盐水泥按混合材料的品种和掺量分为硅酸盐水泥、普通硅酸盐水泥、矿渣硅酸盐水泥、火山灰质硅酸盐水泥、粉煤灰硅酸盐水泥和复合硅酸盐水泥。各品种的组分和代号应符合5.1的规定。

5 组分与材料

5.1 组分

通用硅酸盐水泥的组分应符合表1的规定。

表1   %

品 种	代 号	组分（质量分数）				
		熟料+石膏	粒化高炉矿渣	火山灰质混合材料	粉煤灰	石灰石
硅酸盐水泥	P·I	100	—	—	—	—
	P·II	≥95	≤5	—	—	—
		≥95	—	—	—	≤5
普通硅酸盐水泥	P·O	≥80且<95	>5且≤20ª			—
矿渣硅酸盐水泥	P·S·A	≥50且<80	>20且≤50ᵇ	—	—	—
	P·S·B	≥30且<50	>50且≤70ᵇ	—	—	—
火山灰质硅酸盐水泥	P·P	≥50且<80	—	>20且≤40ᶜ	—	—
粉煤灰硅酸盐水泥	P·F	≥60且<80	—	—	>20且≤40ᵈ	—
复合硅酸盐水泥	P·C	≥60且<80	>20且≤50ᵉ			

a 本组分材料为符合本标准第5.2.3条的活性混合材料，其中允许用不超过水泥质量8%且符合本标准第5.2.4条的非活性混合材料，或不超过水泥质量5%且符合本标准第5.2.5条的窑灰代替。

b 本组分材料为符合GB/T 203或GB/T 18046的活性混合材料，其中允许用不超过水泥质量8%且符合本标准第5.2.3条的活性混合材料或符合本标准第5.2.4条的非活性混合材料或符合本标准第5.2.5条的窑灰中的任一种材料代替。

c 本组分材料为符合GB/T 2847的活性混合材料。

d 本组分材料为符合GB/T 1596的活性混合材料。

e 本组分材料为由两种（含）以上符合本标准第5.2.3条的活性混合材料或/和符合本标准第5.2.4条的非活性混合材料组成，其中允许用不超过水泥质量8%且符合本标准第5.2.5条的窑灰代替。掺矿渣时混合材料掺量不得与矿渣硅酸盐水泥重复

5.2 材料

5.2.1 硅酸盐水泥熟料

由主要含 CaO、SiO_2、Al_2O_3、Fe_2O_3 的原料，按适当比例磨成细粉烧至部分熔融所得以硅酸钙为主要矿物成分的水硬性胶凝物质。其中硅酸钙矿物含量（质量分数）不小于66%，氧化钙和氧化硅质量比不小于2.0。

5.2.2 石膏

5.2.2.1 天然石膏：应符合GB/T 5483中规定的G类或M类二级（含）以上的石膏或混合

石膏。

5.2.2.2 工业副产石膏：以硫酸钙为主要成分的工业副产物。采用前应经过试验证明对水泥性能无害。

5.2.3 活性混合材料

应符合 GB/T 203、GB/T 18046、GB/T 1596、GB/T 2847 标准要求的粒化高炉矿渣、粒化高炉矿渣粉、粉煤灰、火山灰质混合材料。

5.2.4 非活性混合材料

活性指标分别低于 GB/T 203、GB/T 18046、GB/T 1596、GB/T 2847 标准要求的粒化高炉矿渣、粒化高炉矿渣粉、粉煤灰、火山灰质混合材料；石灰石和砂岩，其中石灰石中的三氧化二铝含量（质量分数）应不超过 2.5%。

5.2.5 窑灰

应符合 JC/T 742 的规定。

5.2.6 助磨剂

水泥粉磨时允许加入助磨剂，其加入量应不大于水泥质量的 0.5%，助磨剂应符合 JC/T 667 的规定。

6 强度等级

6.1 硅酸盐水泥的强度等级分为 42.5、42.5R、52.5、52.5R、62.5、62.5R 六个等级。

6.2 普通硅酸盐水泥的强度等级分为 42.5、42.5R、52.5、52.5R 四个等级。

6.3 矿渣硅酸盐水泥、火山灰质硅酸盐水泥、粉煤灰硅酸盐水泥、复合硅酸盐水泥的强度等级分为 32.5、32.5R、42.5、42.5R、52.5、52.5R 六个等级。

7 技术要求

7.1 化学指标

通用硅酸盐水泥化学指标应符合表 2 的规定。

表 2   %

品 种	代 号	不溶物（质量分数）	烧失量（质量分数）	三氧化硫（质量分数）	氧化镁（质量分数）	氯离子（质量分数）
硅酸盐水泥	P·Ⅰ	≤0.75	≤3.0	≤3.5	≤5.0[a]	≤0.05[b]
	P·Ⅱ	≤0.50	≤3.5			
普通硅酸盐水泥	P·O	—	≤5.0			
矿渣硅酸盐水泥	P·S·A	—	—	≤4.0	≤6.0[b]	
	P·S·B	—	—		—	
火山灰质硅酸盐水泥	P·P	—	—	≤3.5	≤6.0[b]	
粉煤灰硅酸盐水泥	P·F	—	—			
复合硅酸盐水泥	P·C	—	—			

[a] 如果水泥压蒸试验合格，则水泥中氧化镁的含量（质量分数）允许放宽至 6.0%。
[b] 如果水泥中氧化镁的含量（质量分数）大于 6.0% 时，需进行水泥压蒸安定性试验并合格。
[c] 当有更低要求时，该指标由买卖双方确定

7.2 碱含量（选择性指标）

水泥中碱含量按 $Na_2O + 0.658K_2O$ 计算值表示。若使用活性骨料，用户要求提供低碱水泥时，水泥中的碱含量应不大于0.60%或由买卖双方协商确定。

7.3 物理指标

7.3.1 凝结时间

硅酸盐水泥初凝时间不小于45min，终凝时间不大于390min。

普通硅酸盐水泥、矿渣硅酸盐水泥、火山灰质硅酸盐水泥、粉煤灰硅酸盐水泥和复合硅酸盐水泥初凝不小于45min，终凝不大于600min。

7.3.2 安定性

沸煮法合格。

7.3.3 强度

不同品种不同强度等级的通用硅酸盐水泥，其不同龄期的强度应符合表3的规定。

表3 单位为兆帕（MPa）

品种	强度等级	抗压强度 3d	抗压强度 28d	抗折强度 3d	抗折强度 28d
硅酸盐水泥	42.5	≥17.0	≥42.5	≥3.5	≥6.5
	42.5R	≥22.0		≥4.0	
	52.5	≥23.0	≥52.5	≥4.0	≥7.0
	52.5R	≥27.0		≥5.0	
	62.5	≥28.0	≥62.5	≥5.0	≥8.0
	62.5R	≥32.0		≥5.5	
普通硅酸盐水泥	42.5	≥17.0	≥42.5	≥3.5	≥6.5
	42.5R	≥22.0		≥4.0	
	52.5	≥23.0	≥52.5	≥4.0	≥7.0
	52.5R	≥27.0		≥5.0	
矿渣硅酸盐水泥 火山灰质硅酸盐水泥 粉煤灰硅酸盐水泥 复合硅酸盐水泥	32.5	≥10.0	≥32.5	≥2.5	≥5.5
	32.5R	≥15.0		≥3.5	
	42.5	≥15.0	≥42.5	≥3.5	≥6.5
	42.5R	≥19.0		≥4.0	
	52.5	≥21.0	≥52.5	≥4.0	≥7.0
	52.5R	≥23.0		≥4.5	

7.3.4 细度（选择性指标）

硅酸盐水泥和普通硅酸盐水泥的细度以比表面积表示，其比表面积不小于$300m^2/kg$；

矿渣硅酸盐水泥、火山灰质硅酸盐水泥、粉煤灰硅酸盐水泥和复合硅酸盐水泥的细度以筛余表示，其80μm方孔筛筛余不大于10%或45μm方孔筛筛余不大于30%。

8 试验方法

8.1 组分

由生产者按GB/T 12960或选择准确度更高的方法进行。在正常生产情况下，生产者应至少每月对水泥组分进行校核，年平均值应符合5.1的规定，单次检验值应不超过本标准规定最大限量的2%。

为保证组分测定结果的准确性，生产者应采用适当的生产程序和适宜的方法对所选方法的可靠性进行验证，并将经验证的方法形成文件。

8.2 不溶物、烧失量、氧化镁、三氧化硫和碱含量

按GB/T 176进行试验。

8.3 压蒸安定性

按GB/T 750进行试验。

8.4 氯离子

按JC/T 420进行试验。

8.5 标准稠度用水量、凝结时间和安定性

按GB/T 1346进行试验。

8.6 强度

按GB/T 17671进行试验。火山灰质硅酸盐水泥、粉煤灰硅酸盐水泥、复合硅酸盐水泥和掺火山灰质混合材料的普通硅酸盐水泥在进行胶砂强度检验时，其用水量按0.50水灰比和胶砂流动度不小于180mm来确定。当流动度小于180mm时，应以0.01的整倍数递增的方法将水灰比调整至胶砂流动度不小于180mm。

胶砂流动度试验按GB/T 2419进行，其中胶砂制备按GB/T 17671规定进行。

8.7 比表面积

按GB/T 8074进行试验。

8.8 80μm和45μm筛余

按GB/T 1345进行试验。

9 检验规则

9.1 编号及取样

水泥出厂前按同品种、同强度等级编号和取样。袋装水泥和散装水泥应分别进行编号和取样。每一编号为一取样单位。水泥出厂编号按年生产能力规定为：

200×10^4 t以上，不超过4000t为一编号；

$120 \times 10^4 \sim 200 \times 10^4$ t，不超过2400t为一编号；

$60 \times 10^4 \sim 120 \times 10^4$ t，不超过1000t为一编号；

$30 \times 10^4 \sim 60 \times 10^4$ t，不超过 600t 为一编号；

$10 \times 10^4 \sim 30 \times 10^4$ t，不超过 400t 为一编号；

10×10^4 t 以下，不超过 200t 为一编号。

取样方法按 GB 12573 进行。可连续取，亦可从 20 个以上不同部位取等量样品，总量至少 12kg。当散装水泥运输工具的容量超过该厂规定出厂编号吨数时，允许该编号的数量超过取样规定吨数。

9.2 水泥出厂

经确认水泥各项技术指标及包装质量符合要求时方可出厂。

9.3 出厂检验

出厂检验项目为 7.1、7.3.1、7.3.2、7.3.3 条。

9.4 判定规则

9.4.1 检验结果符合 7.1、7.3.1、7.3.2、7.3.3 的规定为合格品。

9.4.2 检验结果不符合 7.1、7.3.1、7.3.2、7.3.3 中的任何一项技术要求为不合格品。

9.5 检验报告

检验报告内容应包括出厂检验项目、细度、混合材料品种和掺加量、石膏和助磨剂的品种及掺加量、属旋窑或立窑生产及合同约定的其他技术要求。当用户需要时，生产者应在水泥发出之日起 7d 内寄发除 28d 强度以外的各项检验结果，32d 内补报 28d 强度的检验结果。

9.6 交货与验收

9.6.1 交货时水泥的质量验收可抽取实物试样以其检验结果为依据，也可以生产者同编号水泥的检验报告为依据。采取何种方法验收由买卖双方商定，并在合同或协议中注明。卖方有告知买方验收方法的责任。当无书面合同或协议，或未在合同、协议中注明验收方法的，卖方应在发货票上注明"以本厂同编号水泥的检验报告为验收依据"字样。

9.6.2 以抽取实物试样的检验结果为验收依据时，买卖双方应在发货前或交货地共同取样和签封。取样方法按 GB 12573 进行，取样数量为 20kg，缩分为二等份。一份由卖方保存 40d，一份由买方按本标准规定的项目和方法进行检验。

在 40d 以内，买方检验认为产品质量不符合本标准要求，而卖方又有异议时，则双方应将卖方保存的另一份试样送省级或省级以上国家认可的水泥质量监督检验机构进行仲裁检验。水泥安定性仲裁检验时，应在取样之日起 10d 以内完成。

9.6.3 以生产者同编号水泥的检验报告为验收依据时，在发货前或交货时买方在同编号水泥中取样，双方共同签封后由卖方保存 90d，或认可卖方自行取样、签封并保存 90d 的同编号水泥的封存样。

在 90d 内，买方对水泥质量有疑问时，则买卖双方应将共同认可的试样送省级或省级以上国家认可的水泥质量监督检验机构进行仲裁检验。

10 包装、标志、运输与贮存

10.1 包装

水泥可以散装或袋装，袋装水泥每袋净含量为 50kg，且应不少于标志质量的 99%；随机抽取 20 袋总质量（含包装袋）应不少于 1000kg。其他包装形式由供需双方协商确定，但有关袋装质量要求，应符合上述规定。水泥包装袋应符合 GB 9774 的规定。

10.2 标志

水泥包装袋上应清楚标明：执行标准、水泥品种、代号、强度等级、生产者名称、生产许可证标志（QS）及编号、出厂编号、包装日期、净含量。包装袋两侧应根据水泥的品种采用不同的颜色印刷水泥名称和强度等级，硅酸盐水泥和普通硅酸盐水泥采用红色，矿渣硅酸盐水泥采用绿色；火山灰质硅酸盐水泥、粉煤灰硅酸盐水泥和复合硅酸盐水泥采用黑色或蓝色。

散装发运时应提交与袋装标志相同内容的卡片。

10.3 运输与贮存

水泥在运输与贮存时不得受潮和混入杂物，不同品种和强度等级的水泥在贮运中避免混杂。

附录4 砂浆、混凝土防水剂 (JC 474—2008)

1 范围

本标准规定了砂浆、混凝土防水剂的术语和定义、要求、试验方法、检验规则、产品说明书、包装、出厂、运输和贮存。

本标准适用于砂浆和混凝土防水剂。

2 规范性引用文件

下列文件中的条款通过本标准的引用而成为本标准的条款。凡是注日期的引用文件，其随后所有的修改单（不包括勘误的内容）或修订版均不适用于本标准，然而，鼓励根据本标准达成协议的各方研究是否可使用这些文件的最新版本。凡是不注日期的引用文件，其最新版本适用于本标准。

GB/T 176　水泥化学分析方法（eqv ISO 680：1990）

GB 178　水泥强度试验用标准砂

GB/T 1346　水泥标准稠度用水量、凝结时间、安定性检验方法（eqv ISO 9597：1989）

GB/T 2419　水泥胶砂流动度测定方法

GB/T 8075　混凝土外加剂定义、分类、命名与术语

GB 8076　混凝土外加剂

GB/T 8077　混凝土外加剂匀质性试验方法

GBJ 82　普通混凝土长期性能及耐久性试验方法

JC 475—2004　混凝土防冻剂

JGJ 70—1990　建筑砂浆基本性能试验方法

3 术语和定义

GB/T 8075确立的术语及下列术语和定义适用于本标准。

3.1 砂浆、混凝土防水剂 water-repellent admixture for mortar and concrete

能降低砂浆、混凝土在静水压力下的透水性的外加剂。

3.2 基准混凝土（砂浆） reference concrete (mortar)

按照本标准规定的试验方法配制的不掺防水剂的混凝土（砂浆）。

3.3 受检混凝土（砂浆） test concrete (mortar)

按照本标准规定的试验方法配制的掺防水剂的混凝土（砂浆）。

4 要求

4.1 防水剂匀质性指标

匀质性指标应符合表1的要求。

表 1 匀质性指标

试验项目	指标	
	液体	粉状
密度（g/cm³）	$D>1.1$ 时，要求为 $D±0.03$ $D≤1.1$ 时，要求为 $D±0.02$ D 是生产厂提供的密度值	—
氯离子含量（%）	应小于生产厂最大控制值	应小于生产厂最大控制值
总碱量（%）	应小于生产厂最大控制值	应小于生产厂最大控制值
细度（%）	—	0.315mm 筛筛余应小于 15%
含水率（%）	—	$W≥5\%$ 时，$0.90W≤X<1.10W$； $W<5\%$ 时，$0.80W≤X<1.20W$ W 是生产厂提供的含水率（质量%）， X 是测试的含水率（质量%）
固体含量/%	$S≥20\%$ 时，$0.95S≤X<1.05S$； $S<20\%$ 时，$0.90S≤X<1.10S$； S 是生产厂提供的固体含量（质量%）； X 是测试的固体含量（质量%）	—

注：生产厂应在产品说明书中明示产品匀质性指标的控制值。

4.2 受检砂浆的性能指标

受检砂浆的性能应符合表 2 的要求。

表 2 受检砂浆的性能

试验项目		性能指标	
		一等品	合格品
安定性		合格	合格
凝结时间	初凝（min） ≥	45	45
	终凝（h） ≤	10	10
抗压强度比（%） ≥	7d	100	85
	28d	90	80
透水压力比（%） ≥		300	200
吸水量比（48h）（%） ≤		65	75
收缩率比（28d）（%） ≤		125	135

注：安定性和凝结时间为受检净浆的试验结果，其他项目数据均为受检砂浆与基准砂浆的比值。

4.3 受检混凝土的性能指标

受检混凝土的性能应符合表 3 的规定。

表3 受检混凝土的性能

试验项目			性能指标	
			一等品	合格品
安定性			合格	合格
泌水率比（%）		≤	50	70
凝结时间差（min） ≥		初凝	−90[a]	−90[a]
抗压强度比（%） ≥		3d	100	90
		7d	110	100
		28d	100	90
渗透高度比（%）		≤	30	40
吸水量比（48h）（%）		≤	65	75
收缩率比（28d）（%）		≤	125	135

注：1. 安定性为受检净浆的试验结果，凝结时间差为受检混凝土与基准混凝土的差值，表中其他数据为受检混凝土与基准混凝土的比值。

2. a "−" 表示提前。

5 试验方法

5.1 匀质性

5.1.1 含水率的测定方法见 JC 475—2004 中附录 A。矿物膨胀型防水剂的碱含量按 GB/T 176 规定进行。

5.1.2 其他性能按照 GB/T 8077 规定的方法进行匀质性项目试验。

5.1.3 氯离子含量和总碱量测定值应在有关技术文件中明示，供用户选用。

5.2 受检砂浆的性能

5.2.1 材料和配比

5.2.1.1 水泥应为符合 GB 8076—1997 中附录 A 规定的水泥，砂应为符合 GB 178 规定的标准砂。

5.2.1.2 水泥与标准砂的质量比为 1:3，用水量根据各项试验要求确定。

5.2.1.3 防水剂掺量采用生产厂家的推荐掺量。

5.2.2 搅拌、成型和养护

5.2.2.1 采用机械搅拌或人工搅拌。粉状防水剂掺入水泥中，液体或膏状防水剂掺入拌合水中。先将干物料干拌至均匀后，再加入拌合水搅拌均匀。

5.2.2.2 在 (20±3)℃ 环境温度下成型，采用混凝土振动台振动 15s。然后静停 (24±2)h 脱模。如果是缓凝型产品，需要时可适当延长脱模时间。随后将试件在 (20±2)℃、相对湿度大于 95% 的条件下养护至龄期。

5.2.3 试验项目和数量

试验项目和数量见表4。

表4 砂浆试验项目及数量

试验项目	试验类别	试验所需试件数量			
		砂浆(净浆)拌合次数	每拌取样数	基准砂浆取样数	受检砂浆取样数
安定性	净浆	3	1次	0	3个
凝结时间	净浆		1次	0	3个
抗压强度比	硬化砂浆	3	6块	12块	12块
吸水量比(48h)	硬化砂浆		6块	6块	6块
透水压力比	硬化砂浆		2块	6块	6块
收缩率比(28d)	硬化砂浆		1块	3块	3块

5.2.4 净浆安定性和凝结时间

按照GB/T 1346规定进行试验。

5.2.5 抗压强度比

5.2.5.1 试验步骤

按照GB/T 2419确定基准砂浆和受检砂浆的用水量,水泥与砂的比例为1:3,将二者流动度均控制在(140±5)mm。试验共进行3次,每次用有底试模成型70.7mm×70.7mm×70.7mm的基准和受检试件各两组,每组六块,两组试件分别养护至7d、28d,测定抗压强度。

5.2.5.2 结果计算

砂浆试件的抗压强度按式(1)计算:

$$f_m = \frac{P_m}{A_m} \tag{1}$$

式中 f_m——受检砂浆或基准砂浆7d或28d的抗压强度,单位为兆帕(MPa);

P_m——破坏荷载,单位为牛顿(N);

A_m——试件的受压面积,单位为平方毫米(mm²)。

抗压强度比按式(2)计算:

$$R_{f_m} = \frac{f_{tm}}{f_{rm}} \times 100 \tag{2}$$

式中 R_{f_m}——砂浆的7d或28d抗压强度比,用百分比表示(%);

f_{tm}——不同龄期(7d或28d)的受检砂浆的抗压强度,单位为兆帕(MPa);

f_{rm}——不同龄期(7d或28d)的基准砂浆的抗压强度,单位为兆帕(MPa)。

5.2.6 透水压力比

5.2.6.1 试验步骤

按GB/T 2419确定基准砂浆和受检砂浆的用水量,二者保持相同的流动度,并以基准砂浆在0.3~0.4MPa压力下透水为准,确定水灰比。用上口直径70mm、下口直径80mm、高30mm的截头圆锥带底金属试模成型基准和受检试样,成型后用塑料布将试件盖好静停。脱模后放入(20±2)℃的水中养护至7d,取出待表面干燥后,用密封材料密封装入渗透仪中进行透水试验。水压从0.2MPa开始,恒压2h,增至0.3MPa,以后每隔1h增加水压0.1MPa。当六个试件中有三个试件端面呈现渗水现象时,即可停止试验,记下当时的水压值。若加压至1.5MPa，恒压1h还未透水，应停止升压。砂浆透水压力为每组六个试件中四个未出现渗水时的最大水压力。

5.2.6.2 结果计算

透水压力比按照式（3）计算，精确至1%：

$$R_{pm} = \frac{P_{tm}}{P_{rm}} \times 100 \tag{3}$$

式中 R_{pm}——受检砂浆与基准砂浆透水压力比，用百分比表示（%）；

P_{tm}——受检砂浆的透水压力，单位为兆帕（MPa）；

P_{rm}——基准砂浆的透水压力，单位为兆帕（MPa）。

5.2.7 吸水量比（48h）

5.2.7.1 试验步骤

按照抗压强度试件的成型和养护方法成型基准和受检试件。养护28d后，取出试件，在75~80℃温度下烘干（48±0.5）h后称量，然后将试件放入水槽。试件的成型面朝下放置，下部用两根ϕ10mm的钢筋垫起，试件浸入水中的高度为35mm。要经常加水，并在水槽上要求的水面高度处开溢水孔，以保持水面恒定。水槽应加盖，放在温度为（20±3）℃、相对湿度80%以上的恒温室中，试件表面不得有结露或水滴。然后在（48±0.5）h时取出，用挤干的湿布擦去表面的水，称量并记录。称量采用感量1g、最大称量范围为1000g的天平。

5.2.7.2 结果计算

吸水量按照式（4）计算：

$$W_m = M_{m1} - M_{m0} \tag{4}$$

式中 W_m——砂浆试件的吸水量，单位为克（g）；

M_{m1}——砂浆试件吸水后质量，单位为克（g）；

M_{m0}——砂浆试件干燥后质量，单位为克（g）。

结果以六块试件的平均值表示，精确至1g。吸水量比按照式（5）计算，精确至1%：

$$R_{wm} = \frac{W_{tm}}{W_{rm}} \times 100 \tag{5}$$

式中 R_{wm}——受检砂浆与基准砂浆吸水量比，用百分比表示（%）；

W_{tm}——受检砂浆的吸水量，单位为克（g）；

W_{rm}——基准砂浆的吸水量，单位为克（g）。

5.2.8 收缩率比（28d）

5.2.8.1 试验步骤

按照5.2.5.1确定的配比，JGJ 70试验方法测定基准和受检砂浆试件的收缩值，测定龄期为28d。

5.2.8.2 结果计算

收缩率比按照式（6）计算，精确至1%：

$$R_{\varepsilon m} = \frac{\varepsilon_{tm}}{\varepsilon_{rm}} \times 100 \tag{6}$$

式中 $R_{\varepsilon m}$——受检砂浆与基准砂浆28d收缩率之比，用百分比表示（%）；

ε_{tm}——受检砂浆的收缩率，用百分比表示（%）；

ε_{rm}——基准砂浆的收缩率,用百分比表示(%)。

5.3 受检混凝土的性能

5.3.1 材料和配比

试验用各种原材料应符合 GB 8076 规定。防水剂掺量为生产厂的推荐掺量。基准混凝土与受检混凝土的配合比设计、搅拌应符合 GB 8076 规定,但混凝土坍落度可以选择(80±10)mm 或者(180±10)mm。当采用(180±10)mm 坍落度的混凝土时,砂率宜为 38%~42%。

5.3.2 试验项目和数量

试验项目和数量见表 5。

表 5 混凝土试验项目及数量

试验项目	试验类别	试验所需试件数量			
		混凝土拌合次数	每拌取样数	基准混凝土取样数	受检混凝土取样数
安定性	净浆	3	1 个	0	3 个
泌水率比	新拌混凝土	3	1 次	3 次	3 次
凝结时间差	新拌混凝土	3	1 次	3 次	3 次
抗压强度比	硬化混凝土	3	6 块	18 块	18 块
渗透高度比	硬化混凝土	3	2 块	6 块	6 块
吸水量比	硬化混凝土	3	1 块	3 块	3 块
收缩率比	硬化混凝土	3	1 块	3 块	3 块

5.3.3 安定性

净浆安定性按照 GB/T 1346 规定进行试验。

5.3.4 泌水率比、凝结时间差、收缩率比和抗压强度比

按照 GB 8076 规定进行试验。

5.3.5 渗透高度比

5.3.5.1 试验步骤

渗透高度比试验的混凝土一律采用坍落度为(180±10)mm 的配合比。参照 GBJ 82 规定的抗渗透性能试验方法,但初始压力为 0.4MPa。若基准混凝土在 1.2MPa 以下的某个压力透水,则受检混凝土也加到这个压力,并保持相同时间,然后劈开,在底边均匀取 10 点,测定平均渗透高度。若基准混凝土与受检混凝土在 1.2MPa 时都未透水,则停止升压,劈开,如上所述测定平均渗透高度。

5.3.5.2 结果计算

渗透高度比按照式(7)计算,精确至 1%:

$$R_{hc} = \frac{H_{tc}}{H_{rc}} \times 100 \tag{7}$$

式中 R_{hc}——受检混凝土与基准混凝土渗透高度之比,用百分比表示(%);

H_{tc}——受检混凝土的渗透高度,单位为毫米(mm);

H_{rc}——基准混凝土的渗透高度,单位为毫米(mm)。

5.3.6 吸水量比

5.3.6.1 试验步骤

按照抗压强度试件的成型和养护方法成型基准和受检试件。养护 28d 后取出在 75 ~

80℃温度下烘（48±0.5）h后称量，然后将试件放入水槽中。试件的成型面朝下放置，下部用两根ϕ10mm的钢筋垫起，试件浸入水中的高度为50mm。要经常加水，并在水槽上要求的水面高度处开溢水孔，以保持水面恒定。水槽应加盖，放在温度为（20±3）℃、相对湿度80%以上的恒温室中，试件表面不得有结露或水滴。在（48±0.5）h时取出，用挤干的湿布擦去表面的水，称量并记录。称量采用感量1g、最大称量范围为5000g的天平。

5.3.6.2 结果计算

混凝土试件的吸水量按照式（8）计算：

$$W_c = M_{c1} - M_{c0} \tag{8}$$

式中 W_c——混凝土试件的吸水量，单位为克（g）；

W_{c1}——混凝土试件吸水后质量，单位为克（g）；

W_{c0}——混凝土试件干燥后质量，单位为克（g）。

结果以三块试件的平均值表示，精确至1g。吸水量比按照式（9）计算，精确至1%：

$$R_{wc} = \frac{W_{tc}}{W_{rc}} \times 100 \tag{9}$$

式中 R_{wc}——受检混凝土与基准混凝土吸水量之比，用百分比表示（%）；

W_{tc}——受检混凝土的吸水量，单位为克（g）；

W_{rc}——基准混凝土的吸水量，单位为克（g）。

6 检验规则

6.1 检验分类

6.1.1 检验分为出厂检验和型式检验两种。

6.1.2 出厂检验项目包括4.1规定的项目。

6.1.3 型式检验项目包括第4章全部性能指标。有下列情况之一时，应进行型式检验：

a) 新产品或老产品转厂生产的试制定型鉴定；

b) 正式生产后，如材料、工艺有较大改变，可能影响产品性能时；

c) 正常生产时，一年至少进行一次检验；

d) 产品长期停产后，恢复生产时；

e) 出厂检验结果与上次型式检验有较大差异时；

f) 国家质量监督机构提出进行型式检验要求时。

6.2 组批与抽样

6.2.1 试样分点样和混合样。点样是在一次生产的产品中所得的试样，混合样是三个或更多点样等量均匀混合而取得的试样。

6.2.2 生产厂应根据产量和生产设备条件，将产品分批编号。年产不小于500t的每50t为一批；年产500t以下的每30t为一批；不足50t或者30t的，也按照一个批量计。同一批号的产品必须混合均匀。

6.2.3 每一批取样量不少于0.2t水泥所需用的外加剂量。

6.2.4 每一批取样应充分混合均匀，分为两等份，其中一份按照本标准表1规定的方法与项目进行试验。另一份密封保存半年，以备有疑问时，提交国家指定的检验机构进行复验或仲裁。

6.3 判定规则

6.3.1 出厂检验判定

型式检验报告在有效期内,且出厂检验结果符合表1的技术要求,可判定出厂检验合格。

6.3.2 型式检验判定

砂浆防水剂各项性能指标符合本标准表1和表2中硬化砂浆的技术要求,可判定为相应等级的产品。混凝土防水剂各项性能指标符合本标准表1和表3中硬化混凝土的技术要求,可判定为相应等级的产品。如不符合上述要求时,则判该批号防水剂不合格。

7 产品说明书、包装、出厂、运输和贮存

7.1 产品说明书

产品出厂时应提供产品说明书,产品说明书应包括下列内容:

a) 生产厂名称;
b) 产品名称及等级;
c) 适用范围;
d) 推荐掺量;
e) 产品的匀质性指标;
f) 有无毒性;
g) 易燃状况、贮存条件及有效期;
h) 使用方法和注意事项等。

7.2 包装

粉状防水剂应采用有塑料袋衬里的编织袋包装,每袋净质量(25±0.5)kg或(50±1)kg。液体防水剂应采用塑料桶、金属桶包装或用槽车运输。产品也可根据用户要求进行包装。所有包装容器上均应在明显位置注明以下内容:产品名称和质量等级、型号、产品执行标准、商标、净质量或体积(包括含量或浓度)、生产厂家、有效期限。生产日期和出厂编号应在产品合格证中予以说明。

7.3 出厂

凡有下列情况之一者,不得出厂:技术资料(产品说明书、合格证、检验报告)不全、包装不符、质量不足、产品受潮变质,以及超过有效期限。

7.4 运输和贮存

防水剂应存放在专用仓库或固定的场所妥善保管,以易于识别和便于检查、提货为原则。搬运时应轻拿轻放,防止破损,运输时避免受潮。

主要参考文献

[1] 张雄,张永娟. 建筑功能砂浆 [M]. 北京:化学工业出版社,2006.
[2] 沈春林. 聚合物水泥防水砂浆 [M]. 北京:化学工业出版社,2007.
[3] 傅德海,赵四渝,徐洛屹. 干粉砂浆应用指南 [M]. 北京:中国建材工业出版社,2006.
[4] 张承志. 商品混凝土 [M]. 北京:化学工业出版社,2006.
[5] 王新民,李颂. 新型建筑干拌砂浆指南 [M]. 北京:中国建筑工业出版社,2004.
[6] 王新民,薛国龙,何俊高. 干粉砂浆百问 [M]. 北京:中国建筑工业出版社,2006.
[7] 王培铭. 商品砂浆 [M]. 北京:化学工业出版社,2008
[8] 杨绍林. 建筑砂浆实用手册 [M]. 北京:中国建筑工业出版社,2003.
[9] 王培铭,孙振平,蒋正武. 商品砂浆的研究与应用 [M]. 北京:机械工业出版社,2006.
[10] 王培铭,张承志等. 商品砂浆的研究进展 [M]. 北京:机械工业出版社,2008.
[11] 全国建筑干混砂浆生产应用技术论文集 [M]. 北京:中国建筑业协会材料分会,2005.
[12] 中国建筑业协会材料分会砂浆工作部. 中国干混砂浆市场调研报告(一). 中国砂浆,2007,(1).
[13] 中国建筑业协会材料分会砂浆工作部. 中国干混砂浆市场调研报告(二). 中国砂浆,2007,(2):6~11.
[14] 王培铭. 商品砂浆在中国的发展 [J]. 上海建材,2002(5):19~21.
[15] 预拌砂浆(JG/T 230—2007). 北京:中国标准出版社,2008.
[16] 江正荣. 砌体与地面工程施工禁忌手册 [M]. 北京:机械工业出版社,2006.
[17] 陕西省发展计划委员会. 砌体工程施工质量验收规范(GB 50203—2002). 北京:中国建筑工业出版社,2002.
[18] 江苏省建设厅. 建筑地面工程施工质量验收规范(GB 50209—2002). 北京:中国计划出版社,2002.
[19] 中国建筑科学研究院. 建筑装饰装修工程质量验收规范(GB 50210—2001). 北京:中国建筑工业出版社,2001.
[20] 王华生,赵慧如,王江南. 装饰工程质量通病防治手册 [M]. 北京:中国建筑工业出版社,1995.
[21] 建设部. 建筑装饰装修工程质量验收规范(GB 50210—2001). 北京:中国建筑工业出版社,2001.
[22] 崔琪,姚燕,李清海. 新型墙体材料 [M]. 北京:化学工业出版社,2004.
[23] 姜继圣,孙利,张云莲. 新型墙体材料实用手册 [M]. 北京:化学工业出版社,2006.
[24] 熊大玉,王小虹. 混凝土外加剂 [M]. 北京:化学工业出版社,2002.
[25] 龚洛书,柳春圃. 轻集料混凝土 [M]. 北京:中国铁道出版社,1996.
[26] 胡曙光,王发洲. 轻集料混凝土 [M]. 北京:化学出版社,2006.